超低空探测与制导系列

海面目标电磁散射及回波特性理论与试验

彭　鹏　童创明　黄大荣　周　焯　高鹏程
孙华龙　蔡继亮　冯为可　王　童　宋　涛　编著

西北工業大學出版社
西　安

【内容简介】 本书系统介绍了海面目标电磁散射及回波特性的理论建模与试验验证。全书共有8章内容，主要包括概述、多尺度海环境形态及电磁特性描述、多尺度海环境电磁散射特性计算与试验分析、复杂电大目标电磁散射建模、电大海面目标复合散射特性计算与试验分析、时变海面-目标动态电磁散射及雷达信号建模、高动态雷达导引头海面目标回波特性建模与试验以及机载合成孔径雷达海面目标回波模拟及成像特性等。

本书可供高等院校相关专业高年级本科生及研究生、相关科研院所的工程技术人员在研究目标-海环境复合散射特性、海面目标雷达回波信号特性建模及成像与试验时阅读和参考。

图书在版编目(CIP)数据

海面目标电磁散射及回波特性理论与试验 / 彭鹏等编著. — 西安 ：西北工业大学出版社，2023.1
ISBN 978-7-5612-8458-2

Ⅰ.①海… Ⅱ.①彭… Ⅲ.①海洋遥感-合成孔径雷达-电磁波散射-频谱分析-数值计算 Ⅳ.①P715.7

中国国家版本馆CIP数据核字(2023)第032639号

HAIMIAN MUBIAO DIANCI SANSHE JI HUIBO TEXING LILUN YU SHIYAN
海面目标电磁散射及回波特性理论与试验
彭 鹏 童创明 黄大荣 周 焯 高鹏程 孙华龙 蔡继亮 冯为可 王 童 宋 涛 编著

责任编辑：王梦妮 **策划编辑**：杨 睿
责任校对：张 潼 **装帧设计**：董晓伟
出版发行：西北工业大学出版社
通信地址：西安市友谊西路127号 邮编：710072
电 话：(029)88491757，88493844
网 址：www.nwpup.com
印 刷 者：西安五星印刷有限公司
开 本：787 mm×1 092 mm 1/16
印 张：12.875
字 数：329千字
版 次：2023年1月第1版 2023年1月第1次印刷
书 号：ISBN 978-7-5612-8458-2
定 价：68.00元

前言

随着人类文明的进步,人类对海洋环境的探索、开发及控制能力逐步增强,人类的生产、生活与海洋的关联性也与日俱增,海洋及沿海区域发生的事件很大程度上影响和改变着人们的生活。海洋科学是与物理学、生物学和军事学等传统学科交叉关联产生的新兴学科。近年来,演变出了海洋物理学、海洋军事学和海洋微波遥感等新兴的分支学科,特别是海洋安全的学科领域近年来引起了国际社会及学术领域的广泛关注。我国具有漫长的大陆海岸线与岛屿海岸线,领海安全长期受到海面突防目标的严重威胁,因此,开展对海面突防目标的监控、防御的研究尤为重要。各种复杂目标、海况以及雷达参数条件下的海面目标雷达散射与回波特性理论模型与试验是该领域不可或缺的重要研究基础。该领域的研究对评估和提升复杂海战场环境下海面雷达对掠海目标的探测性能具有十分重要的意义,同时也可为海面目标的雷达探测、跟踪、遥感与识别等领域的相关技术发展提供有价值的参考。本书共分为 8 章,主要内容介绍如下:

第 1 章为概述,主要介绍海面目标的现实威胁、海环境中的雷达平台及其面临的现实问题。

第 2 章为多尺度海环境形态及电磁特性描述。介绍海况与海面特征描述、海谱模型和随机粗糙海面模拟方法;介绍解析、线性叠加和线性过滤三种线性海面模拟方法,以及非线性海面模拟方法;介绍海面介电常数模型。

第 3 章为多尺度海环境电磁散射特性计算与试验分析。研究海面多尺度结构散射机理;建立经典电磁理论模型,采用微扰法、基尔霍夫近似方法、双尺度方法、小斜率近似方法、积分方程方法(Integral Equation Model, IEM)进行求解;建立基于多尺度散射机理的海面面元修正散射模型,包括基于基尔霍夫近似的面元模型、基于双尺度方法的面元模型、基于修正小斜率近似方法的面元模型、高海况白浪层结构修正的面元模型;完成海面散射特性的造波池测试试验,以及仿真结果与测试结果对比与分析。

第 4 章为复杂电大目标电磁散射建模。介绍复杂目标三角面元几何建模,以及棱边结构的识别方法、面元与棱边结构的快速消隐处理;介绍 Stratton - Chu 方程及其在远场条件下无源区散射场的近似处理;介绍复杂电大目标电磁散射的物理光学法、等效电磁流法、弹跳射线方法、时域高频方法、时域物理光学法、时域等效电磁流法等时频域高频求解方法。

第 5 章为电大海面目标复合散射特性计算与试验分析。介绍修正“四路径”散射模型，研究基于 GO－PO 和曲率加权的多路径散射模型；研究基于面元散射模型的源镜像和GO－PO－BFSSA 混合计算的海面目标复合散射计算方法；完成海面目标散射特性造波池测试试验，以及仿真结果与测试结果对比与分析。

第 6 章为时变海面-目标动态电磁散射及雷达信号建模。研究基于电磁散射的运动目标雷达回波建模，完成高、低速目标的宽带回波信号仿真；研究时变海面几何建模，完成掠海目标动态散射回波计算；研究回波幅度统计模型，以及幅度统计分布判决与参数估计方法、海杂波与多径散射回波序列统计分布特性等相关理论；研究掠海目标回波多普勒谱计算方法及机理，仿真分析海杂波和掠海目标多径散射多普勒谱特性。

第 7 章为高动态雷达导引头海面目标回波特性建模与试验。建立探测跟踪回路、天线收发方向图、回波信号接收处理及检测、单脉冲等雷达导引头功能模型；建立基于雷达导引头的掠海目标电磁信号模型，完成全弹道雷达导引头回波仿真，仿真计算不同弹目运动状态掠海目标回波距离-多普勒谱、不同海况条件下雷达导引头掠海目标回波距离-多普勒谱、近区回波距离-多普勒谱；完成掠海目标造波池和高动态平台海面挂飞回波采集试验，并对试验结果进行处理与分析。

第 8 章为机载合成孔径雷达海面目标回波模拟及成像特性。建立机载雷达海面合成孔径雷达（Synthetic Aperture Radar，SAR）回波模型；研究海面目标 SAR 成像方法，仿真分析掠海导弹目标 SAR 成像特性和海环境 SAR 图像杂波及其统计特性；研究时变海面上方运动掠海目标 SAR 方法，仿真分析掠海目标 SAR 成像特性，研究基于 Keystone 的动目标成像矫正方法。

本书由空军工程大学彭鹏、童创明主要编写，中国航天科技集团 802 研究所周焯和高鹏程等完成了雷达回波信号外场采集试验和造波池散射试验，参加编写的还有空军工程大学的黄大荣、孙华龙、冯为可、蔡继亮、王童、宋涛等。本书的研究得到了中国博士后基金面上项目（项目编号：2021M693943）的资助。

编写本书曾参阅了相关文献、资料，在此，谨向其作者深表谢意。

由于笔者水平有限，书中难免存在疏漏之处，敬请广大读者批评指正。

编著者

2022 年 12 月

目 录

第1章　概　　述

1.1　海面目标的现实威胁

海洋占地表环境面积的71%，是地球环境中非常重要的组成部分。随着人类文明的进步，人类对海洋环境的探索、开发及控制能力逐步增强。人类的生产、生活与海洋的关联性与日俱增。海洋及沿海区域发生的事件很大程度上影响和改变着我们的生活，诸如领海争端、走私、非法捕捞及海环境中出现的军事武装冲突等事件近年来也层出不穷，这就要求人类进一步提高对海环境事件的监测与控制能力，促进了海洋科学的快速发展。海洋科学是与物理学、生物学和军事学等传统学科交叉关联产生的新兴学科。近年来演变出了海洋物理学、海洋军事学和海洋微波遥感等新兴的分支学科，关于海洋资源的开发和利用以及海上军事活动等方面的研究都可以纳入海洋科学。在这些学科方向中，涉及海洋安全的学科领域近年来引起了国际社会及学术领域的广泛关注。海面目标的监控、防御就是这一领域里极为重要的方面。我国有长约18 000 km的大陆海岸线及长约14 000 km的岛屿海岸线，海面目标威胁也受到保护我国国土安全领域的相关机构高度关注。

在军事上，常规海面目标主要分为两大类，一类是以航母战斗群、大型驱逐舰为代表的海面舰船类目标。从战略意义上来说，大型舰船编队一直是控制制海权战争中的主要力量。例如在第二次世界大战时期，美、日在太平洋战争中展开的军事较量与得失，主要是由其拥有航母战斗群的战斗实力大小决定的。另一类目标是以巡航导弹与反舰导弹为代表的掠海空袭目标。掠海突防在现代战争中是一种常用且有效的空袭作战样式。战场空间按照海平面上垂直海拔高度可分为超高空[15 000 m以上，北大西洋公约组织(NATO)的定义，下同]、高空(7 500～15 000 m)、中空(600～7 500 m)、低空(150～600 m)、超低空(150 m以下，我国定义为100 m以下)。掠海目标主要是指海面上方超低空飞行的目标，也就是在海面上飞行高度在100m以下的空气动力目标。以巡航导弹为例，这是一种最典型的掠海突防进攻武器。美国在1991年海湾战争中首次使用“战斧”巡航导弹。美国海军一共发射了228枚“战斧”巡航导弹，据美国国防部公布的结果，命中率高达85%。1993年1月17日，美国向伊拉克的军事基地发射了45枚“战斧”巡航导弹，据称有40枚导弹命中了目标；同年6月25日，美国又对伊拉克情报总部大楼发射了23枚“战斧”巡航导弹，对外公布的有19枚导弹命中了目标；1995年9月10日，北约对波黑塞族发动空袭，美国海军“诺曼底”号导弹巡洋舰发射“战斧”巡航导弹13枚；1996年9月3—4日，美国对伊拉克南部“禁飞区”内的防空设施进行了海空联合导弹突击，其中，美国海军发射了31枚“战斧”巡航导弹，据美国国防部透露，有29枚导弹命中了目标，命中率达到了94%。在当代战场上，利用航母战斗群配合掠海攻击武器对敌核心要害部分实施精确打击，已经成为沿海登陆战争的主要方式之一。在民间，沿海领域发生的恐怖、暴力与犯罪活动也是各国所关注的焦点问题之一。如利用海洋运输的走私活动，以小型有人机、无人机为代表的掠海飞行器被海盗、恐怖组织等以非法目的利用，可进行危险物或非法物品投递、走私，以及对海上要害设施从事违法侦察、拍照、轰炸破坏等活动，这也是目前世界海洋安全中各国十分关注的热点问题之一。2018年8月4日，委内瑞拉总统马杜罗在首都加拉加斯出席国民卫队成立81周年庆典活动时就遭遇了2架携带C-4炸药低空无人机的袭击。2019年9月14日，沙特阿美石油公司所属的2处炼油厂也遭受到反政府武装无人机的袭击，引发连环爆炸，而据媒体披露，反政府武装已多次采用无人机对沙特石油设施进行空中侦察和拍照，而无人机通过掠海突防，规避了海岸防空设施对其有效的监测和拦截，这类问题在民间安保领域的海疆安全方面也受到了当今社会的高度关注。综上所述，随着掠海飞行技术的快速发展和广泛应用，掠海低飞目标的监测、防御与对抗在国家安全领域中凸显出越来越重要的意义和价值。

1.2 海环境中的雷达平台及其面临的现实问题

先进的海面目标监测技术对海洋安全及海洋经济利益维护具有重要意义。其中，微波遥感是一种重要的观测手段。雷达是目前运用最广泛的目标监测平台，可以全天时、全天候地完成对远程目标的探测、搜索、监视及目标信息获取等任务，在国防军事与民用领域都发挥着重要的作用。近年来，许多雷达都被研发应用于海环境及海面目标的遥感、监测以及对抗中，如岸基雷达、舰载雷达、机载雷达、舰空导弹的弹载雷达等。这些雷达装在不同的平台上，具有不同的性能和技术特点。雷达是利用目标的电磁散射现象探测和感知目标的。这些雷达在海环境中工作时，海面目标的雷达散射及回波特性是其完成目标探测及信息感知的基础，也会影响海面工作各类雷达的工作性能。因此，近年来海面目标探测识别与遥感监控等领域也受到各国的广泛关注。图1.1所示为几种典型的海面工作雷达平台与掠海飞行的巡航导弹目标对抗的场景。

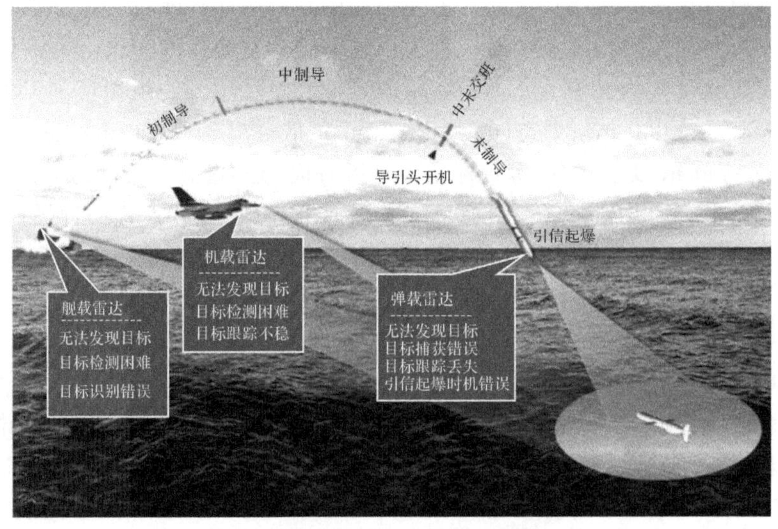

图1.1 海面目标雷达对抗示意图

岸基雷达主要部署在海岸、港口、防空基地等沿海区域，用于监视、探测及跟踪海上来袭舰船及低飞目标。下面介绍几种岸基雷达。

图 1.2 所示的 LCR2020 型雷达，是 ITT 电子系统公司生产的 G 波段海岸监视雷达，主要用于探测跟踪低空飞行目标和海上目标，采用自动化操作、模块化设计和开放式架构，在各种恶劣的海岸环境中，可以有效抑制地海杂波，进行目标识别，提高系统总体态势感知能力。

图 1.3 所示的 Mys - ME 岸基雷达为俄罗斯军方配备的岸基雷达，主要完成海上舰船目标以及海面上方低飞无人机、巡航导弹等目标的截获、探测、跟踪、定位和识别。

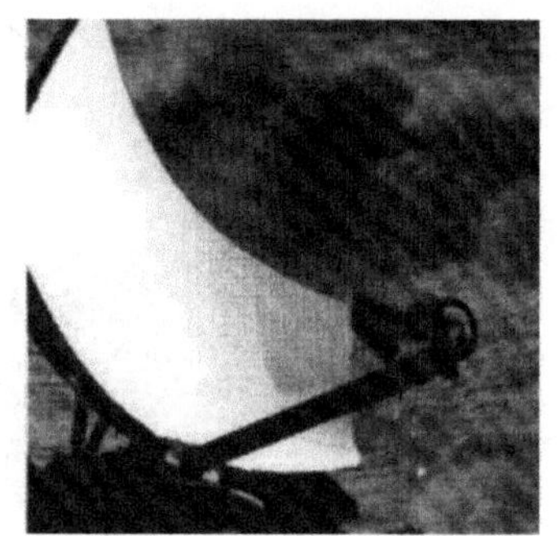

图 1.2　LCR2020 雷达

图 1.3　Mys - ME 岸基雷达

图 1.4 所示的 TRS 3405 海岸对海监视雷达由法国泰雷兹公司研制，工作在 I 波段，法国、加拿大、印度尼西亚和沙特阿拉伯等国海军皆配备了该型岸基雷达，特别用于海峡、海港等海上通道的监视。该雷达通过频率分集等技术对抗海杂波，提高了对海环境中船舶和漂浮目标的检测能力。

舰载雷达包括装载在舰船平台上的搜索雷达、火控雷达、监视雷达等。相对岸基雷达，舰船平台自身所处海面环境是一种起伏变化的状态，这对舰载雷达的目标特性、信号处理特性以及对雷达目标的探测、跟踪、信息测量等会产生一定影响。经典的舰载雷达，如 AN/SPY 系列舰载雷达，其为美国海军主战舰载雷达，装备在 DDX 级驱逐舰、CVN21 航母和两栖登陆舰等装备上，是一部里程碑式的舰载雷达，目前已发展到第五代。图 1.5 所示为 AN/SPY - 1 型舰载雷达。该雷达能在海上常见的恶劣环境中提供掠海飞行导弹、飞机以及潜艇目标的探测、跟踪和照射。

图 1.4　TRS 3405 监视雷达

图 1.5　AN/SPY - 1 舰载雷达

机载雷达包括装载在预警机、战斗机、直升机和无人机等平台上的雷达。预警机雷达主要在预警工作状态下，探测和自动跟踪不同高度上的空中目标，在海面监视工作状态下，能够在远程和多种海情状态下探测和跟踪小型水面目标、掠海巡航导弹等。经典的雷达有英国的装在 MK3 AEW“猎迷”预警机上的 Nimrod 雷达(见图 1.6)，美国的 AN/APY－9 雷达(见图 1.7)。它们被装载在美国 E－2D 舰载预警机上，被称为先进鹰眼雷达，为航母战斗群提供海面来袭敌方船只、飞机和巡航导弹等目标的预警，并完成海上区域监视和协同搜救等任务。

图 1.6　Nimrod 雷达

图 1.7　AN/APY－9 雷达

战斗机雷达主要为装载在各类海上攻击舰载机上的雷达。图 1.8 所示的 AN/APG－81 雷达为 F－35“闪电Ⅱ”联合攻击机装载的火控雷达，具备强大的电子攻击、无源海上探测跟踪等功能，曾完成对阿拉斯加湾 50 000 mi^2 (1 $mi^2 \approx 2.59$ km^2)海域水面舰船目标的搜索、探测与跟踪。

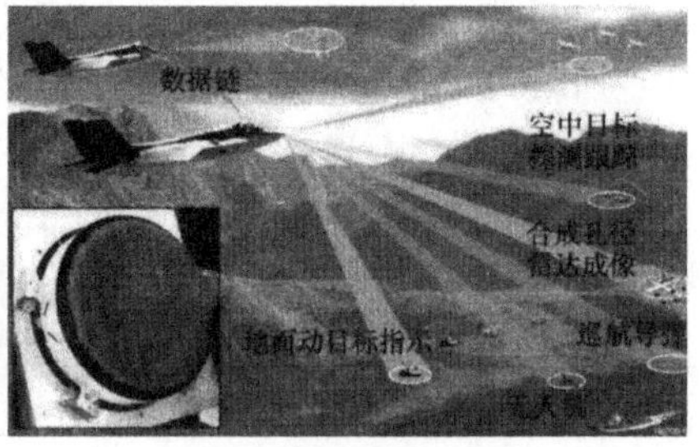

图 1.8　F－35“闪电Ⅱ”联合攻击机装载的火控雷达

用于海面目标探测的直升机雷达有 AN/APS－124 雷达、Sea Searcher 雷达等，如图1.9和图 1.10 所示。AN/APS－124 雷达为 Raytheon 公司研制，美国海军 SH－60B“海鹰”ASW 直升机和西班牙海军 S－70B－1 舰载反潜战直升机都有装配。该雷达携带快速扫描天线，具有高发射能量、高海况下海面小目标检测、低剖面线阵天线设计，以及远距离目标探测、海杂波去除相关能力。Sea Searcher 雷达为 Racal Radar Defense Systems 公司研制，装备在英国海军的 Sea King“海王”直升机、AWE 预警机、Y－8C 干扰机平台上，完成为反舰武器提供超目视距离目标数据，为歼击机提供引导、补盲、监视海面，以及超视距目标搜索和营救等任务，可应对高海情杂波对目标检测的干扰，具备高目标密度环境中高目标分辨力。

图 1.9 AN/APS-124 雷达

图 1.10 Sea Searcher 雷达

无人机雷达主要用于执行广域面积上的海上目标监视。如图 1.11 所示，MQ-4C“全球鹰”高空监视无人机装载了 MFAS 雷达系统(见图 1.12)，它是一部二坐标有源相控阵雷达，可以对重点关注区域进行长时间聚束成像，并采用了多种方式提高海杂波条件下的小目标探测能力，可以在执行侦察任务的同时完成对上百个目标的跟踪，适用于多海上目标环境作战。

图 1.11 “全球鹰”无人机

弹载雷达主要包括地-空、空-空、舰-空导弹的雷达导引头和引信设备。雷达导引头主要完成目标的探测、跟踪和导弹的引导，引信主要负责感知战斗部的起爆环境，根据预设弹目交汇条件给出战斗部起爆指令。雷达导引头包括主动体制和被动体制雷达导引头两种，图 1.13 所示的俄罗斯 9B-1103M 导弹的雷达导引头为一种主动体制的雷达导引头，采用主动雷达导引头的导弹可以实现导弹发射后不管，导弹完全靠导引头引导其攻击目标。雷达导引头相当于一部小雷达，可以完成目标的探测、跟踪及目标信息的解算，获取的目标信息将并入导弹制导过程，直接影响导弹的拦截成功率。

图 1.12 装载了 MFAS 雷达系统的“全球鹰”

图 1.13 俄罗斯 9B-1103M 导弹主动导引头

海面舰载雷达与机载雷达通常负责遂行监视、探测、跟踪和火控等任务。受到复杂海环境的影响，这些任务的完成变得困难，舰载与机载雷达在对抗海面目标时会发生无法发现目标、目标检测困难、目标跟踪不稳定与目标识别错误等问题，影响雷达性能水平的发挥。产生这些问题的根源是雷达在探测中、高空目标时，接收的回波信号比较纯净，目标发现、捕获、跟踪相对容易，而对于海面目标，雷达回波成分复杂，除目标回波外，主要存在两类重要的干扰：一类是由于海环境散射造成的强海杂波干扰，另一类是目标与海面之间的耦合散射导致的多径干扰。因此，研究海面雷达回波特性以及复杂环境中目标回波特征、强杂波与多径干扰中目标的检测与分离技术对海环境中雷达性能的评估与提升有重要的意义。相比舰载雷达和机载雷达，由于导弹发射后雷达导引头基本无法回收，而且弹上数据容量有限，雷达导引头在制导后处于高动态飞行，其回波数据难以实时下传，所以目前真实弹道飞行中的雷达导引头回波数据更加难以获取。防空导弹发射以后的制导过程可以分为初、中、末三个阶段，末制导段是决定导弹拦截成功率的最重要阶段，雷达导引头在防空导弹的中、末段交班后开机，在末制导段导弹主要靠雷达导引头引导其攻击目标。雷达导引头在末制导开机后接收目标的电磁散射回波，经过信号处理，提取导弹-目标距离、速度和角偏差等信息，并将其反馈给导弹的伺服系统和陀螺仪，形成制导指令控制导弹飞向目标。在实际靶试中，防空导弹对掠海目标的拦截成功率要普遍低于其他中高空飞行的飞机目标。雷达导引头在末制导段开机后，常会出现无法发现目标、目标捕获错误以及跟踪丢失等一系列异常现象。分析原因，正是这两类干扰严重影响了雷达导引头的探测跟踪性能及导弹最终的拦截成功率。

海面目标的回波特性与雷达导引头运动及信号参数、目标运动、海况等因素密切相关。开展不同海况、目标运动参数、信号参数等条件下的雷达导引头掠海目标回波特性研究，形成大样本数据库，对评估和提升海面雷达在复杂战场环境中对掠海目标的探测跟踪性能具有重要意义。外场测试获取海面目标的回波成本高且具有一定的局限性，例如一些高海情回波样本难以获取，而弹载雷达的回波，目前也难以模拟实际情形中高动态导引头、目标及动态海面“三动”情形下的导引头回波。随着计算机技术的发展，采用数值仿真技术，更加灵活地开展多种复杂目标、海况以及雷达参数条件下的海面目标回波特性研究是一项具有实际意义和价值的工作。现有的关于海面目标特性的文献和著作中以海面舰船目标作为研究对象的居多，但事实上，当今海面目标已经不仅仅局限于海面舰船目标了，海面上飞行器、巡航导弹、反舰导弹等目标的雷达散射与回波特性皆引起雷达界的广泛关注。相对于已有的主要研究海面舰船目标的散射及回波特性的著作，本书也更多展示了巡航导弹、无人机等海面上方低飞目标散射与回波特性的理论与试验研究结果，可以为海面目标的雷达探测、跟踪、遥感与识别等领域的相关技术发展提供一些有价值的参考。

参考文献

[1] 黄晓刚，徐佳龙. 机载海面监视雷达技术特点及发展趋势[J]. 现代雷达，2012(7)：8 -11.

[2] GOLDA E M. An assessment of full-scale, land based testing of surface ship propulsion systems at the naval surface Warfare Center, Philadelphia Division (formerly the Naval Ship Systems Engineering Station (NAVSSES))[J]. Naval

Engineers Journal, 2016, 128(3):41 - 55.

[3] SETH G J. Waging Insurgent Warfare: Lessons from the Vietcong to the Islamic State[M]. Oxford: Oxford University Press, 2016.

[4] 赵登平. 世界海用雷达手册[M]. 北京:国防工业出版社,2012.

[5] 陈向东. 微波被动遥感在海况监测中的应用[M]. 北京: 测绘出版社, 1992.

[6] 谢寿生, 徐永进. 微波遥感技术与应用[M]. 北京: 电子工业出版社, 1987.

[7] 赵丹. 关于低空雷达导引头海面目标检测性能的研究[J]. 中国设备工程,2018(5): 77 -78.

[8] 周上元. 机载对海雷达发展态势分析[J]. 现代雷达,2018(11):18 - 20.

第 2 章　多尺度海环境形态及电磁特性描述

海面波动不仅与海面风场作用有关，还受到洋流流向、潮汐、降雨、海底地形等多种实际因素的影响。当忽略海浪波之间复杂的非线性相互作用以及波浪破碎等水体现象时，简化的海浪波可以认为是由沿不同方向独立传播的具有不同频率的谐波线性叠加所组成。从统计角度来看，海面是一种具有复杂多尺度结构的随机粗糙面，其高度场起伏可以用统计特征来描述。在海浪波观测数据的基础上，国内外学者提出了多种用于描述随机海浪波的功率谱模型。根据随机粗糙面理论结合海谱函数，可通过蒙特卡洛试验模拟任意时刻一个有限区域大小的静态海面样本高程场的几何轮廓。海谱函数是通过长时间的试验观测样本结合海洋物理结构形成机理拟合成的一种含有海洋统计特征的表征函数，可以反映随机海面的能量分布与传播特性。在海谱函数中，海况等级主要由海环境中风场参数的影响来表征，海面高程场起伏剧烈程度与海况等级有关。不同海况等级下的海浪具有不同剧烈程度的起伏轮廓，海浪的几何轮廓形态也是开展海面电磁散射计算与分析的基础。实际海面上往往还具有大尺度长波、小尺度毛细波以及局部海面白冠层的卷浪、碎浪、泡沫等多尺度轮廓结构，这些结构在不同的雷达频段与海况下，所带来的多尺度散射机理也是影响海面散射特性的重要因素。另外，真实海面往往不能简单地看成不同海浪成分的线性叠加，因此近年来也出现了一些非线性海面模型，可以更真实地描述局部海面的非线性作用机理。本章首先介绍不同海况等级下风浪及海面特征的描述方法与常见海谱的表达形式，分析比较典型海谱模型在不同海况参数下的功率谱和方向谱特性，其次介绍采用不同方法利用随机粗糙面理论结合海谱模型模拟生成海面，比较不同海谱模型在不同海况下海面高程场几何轮廓样本以及非线性海面的模拟，最后介绍海面的介电常数模型。

2.1　海况描述及海谱模型

2.1.1　海况与海面特征描述

海面的起伏程度通常用海况来描述，海况包含了海面的波浪状况、风力等级、风速、浪高等概念。这几个特征的描述又具有相互的内在联系，国际标准海况划分了 9 种海况等级，表 2.1 列出了最常见的 7 种海况等级下波浪状况、风力等级、风速、浪高范围、海面特征等参数的描述关系。

表 2.1 国际海况等级

海况等级	波浪状况	风力等级	风速 m/s	浪高范围 m	海面特征
0 级	无浪	0 级无风	0～0.2	0	海面光滑如镜或仅存在一些涌浪
1 级	微浪	1 级软风	0.3～1.5	0～0.1	海面波纹和涌浪同时存在
2 级	小浪	2 级轻风	1.6～3.5	0.1～0.5	小波浪，细小浪花起伏
3 级	轻浪	3 级微风	3.6～6.4	0.5～1.25	中等程度波浪，局部有少许白色浪花
4 级	中浪	5 级劲风	6.5～10.7	1.25～2.5	波浪起伏明显，形成较多白浪
5 级	大浪	6 级强风	10.8～13.8	2.5～4.0	波峰起伏剧烈，较多卷浪、碎浪
6 级	巨浪	7 级疾风	13.9～17.1	4.0～6.0	波峰上被风削去的浪花，开始沿着波浪斜面伸长成带状，有时波峰出现风暴波的长波形状

可以看出实际影响海况的因素很多，其中风浪是描述海况最重要的特征，而海面上的海风是海面波浪起伏与传播最主要的驱动力。因此很多学者也将海面简化为风驱海面来研究，这样只需测量海面上方的风速就可以对应到相应的海况等级。风借助气流和海面的摩擦作用，可以将能量传递给海浪，当风力很弱时，海面平静光滑、无波浪，随着海况等级增加，海面风速提高，海面表层逐渐出现一些小的起伏，这些起伏波浪称为毛细波。毛细波波长短、浪高幅度小，在低海况下占海面波浪的主要成分。当受风速影响更加剧烈时，海浪的波长和浪高增大，逐渐演变成重力波，随着海面风速增大，波浪传播的速度和起伏的剧烈程度也就越来越大。

浪向的定义：以正北为 0°方向，顺时针从 0°变化到 360°，如图 2.1 所示。浪向为 0°方向时，则波束朝正南方向为逆向，朝正北方向为同向。

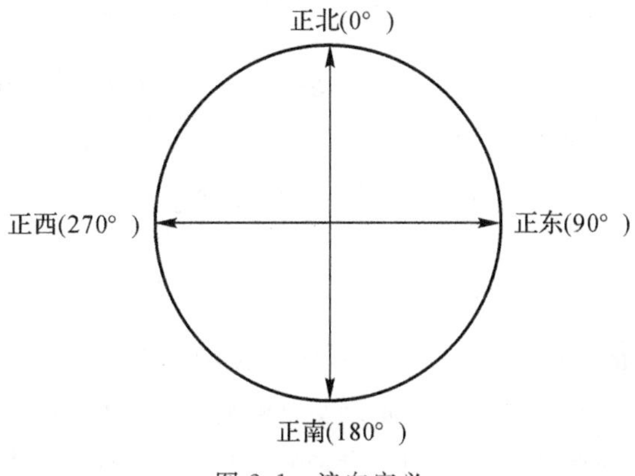

图 2.1 浪向定义

海面的形态是不断变化的，因此海面上每一位置处的高程是无法用确定值来表征的随机变量，海面高程场是时变的随机场，海面高程场的几何特征受到海况的影响，进而又会有不一样的雷达散射及回波特征。

从统计意义上描述海面，其具有以下特征。

1. 概率密度函数

设粗糙面上任意一点相对于参考面的高度为 $h(r)$，它的概率密度函数反映了高度起伏的分布情况，用 $p(h)$ 表示。知道了高度分布的概率密度函数 $p(h)$，就可以求出其他的一些统计参量，如高度起伏的均值、均方高等。

高度起伏的均值定义为

$$\bar{h}=\langle h(\boldsymbol{r})\rangle_{s}=\int_{-\infty}^{\infty} hp(h)\mathrm{d}h \tag{2-1}$$

式中：$\langle\cdot\rangle_s$ 表示沿整个粗糙面求平均，通常都选取适当的参考面，使得相对于此参考面的高度 $h(r)$ 的均值为零，这会给计算带来很大的方便。

均方高是反映粗糙面粗糙程度的一个基本量，其原始定义为

$$\sigma^2=\langle h^2(\boldsymbol{r})\rangle_{s}=\int_{-\infty}^{\infty} h^2 p(h)\mathrm{d}h \tag{2-2}$$

它可以由功率谱求出，见式(2-1)。均方高也可以通过数值计算得到。以一维情况为例：以适当间隔对粗糙面进行离散，设取样数目为 N，取样间隔为 Δx，根据经验，Δx 应选择为 $\Delta x\leqslant 0.1\lambda$（$\lambda$ 为入射波波长），然后对离散值 $Z_i(x_i)$ 进行数值计算，计算公式为

$$\sigma^2=\frac{1}{N-1}\left[\sum_{i=1}^{N}(Z_i)^2-N(\bar{Z})^2\right] \tag{2-3}$$

式中：$\bar{Z}=\dfrac{1}{N}\sum_{i=1}^{N}Z_i$ 为粗糙面高度的均值。

2. 相关函数

相关函数表明随机表面上任意两点间的关联程度，它的定义为

$$C(R)=\langle h(\boldsymbol{r})h(\boldsymbol{r}+R)\rangle \tag{2-4}$$

还可以进一步定义归一化相关函数，即相关系数为

$$\rho(R)=\frac{C(R)}{\sigma^2}=\frac{\langle h(\boldsymbol{r})h(\boldsymbol{r}+R)\rangle}{\sigma^2} \tag{2-5}$$

式中：σ^2 是表面的均方高，相关函数 $C(R)$ 与功率谱 $S(k)$ 之间呈 Fourier 变换与逆变换的关系，即有

$$C(R)=\int_{-\infty}^{\infty} S(k)\mathrm{e}^{-\mathrm{j}kR}\mathrm{d}k \tag{2-6}$$

$$S(k)=\frac{1}{4\pi^2}\int_{-\infty}^{\infty} C(R)\mathrm{e}^{\mathrm{j}kR}\mathrm{d}R \tag{2-7}$$

相关系数 $\rho(R)$ 在 $R=0$ 时具有最大值 1，随着 R 的增大，$C(R)$ 逐渐减小，当 $R\to\infty$ 时，$\rho(R)\to 0$。把 $\rho(R)$ 降至 $1/\mathrm{e}$ 时的 R 值称为表面相关长度，记为 l，即 $\rho(l)=1/\mathrm{e}$。表面相关长度是描述随机粗糙面各统计参量中的一个最基本的量，它提供了估计表面上两点相互独立的一种基准，即如果表面上两点在水平距离上相隔距离大于 l，那么该两点的高度值从统计意义上说是近似独立的。在极限情况下，即当表面为完纯光滑表面（镜面）时，面上每一点与其他各点都是相关的，相关系数 $\rho(R)=1$，相关长度 $l\to\infty$。

同均方高一样，相关系数也可以通过对粗糙面离散化并数值计算得到。对取样间隔为

Δx 的离散数据 $Z_i(x_i)$，相距为 $x'=(n-1)\Delta x(1\leqslant n\leqslant N)$ 的两点的归一化相关系数由下式给出：

$$\rho(x')=\frac{\sum_{i=1}^{N+1-n} Z_i Z_{i+n-1}}{\sum_{i=1}^{N} Z_i^2} \tag{2-8}$$

3. 结构函数

结构函数定义为表面上两点高度差的均值，即

$$S(R)=\langle[h(\boldsymbol{r})-h(\boldsymbol{r}+R)]^2\rangle \tag{2-9}$$

它与相关函数实际是等效的，对于平稳随机过程，结构函数与相关函数的关系为

$$S(R)=2\sigma^2[1-C(R)] \tag{2-10}$$

采用结构函数的一个优点是它与测量表面高度所选取的参考面无关，从而给计算带来了方便。

4. 均方斜度

均方斜度定义为表面上每一点的斜率的均方根值，即

$$\sigma_s=\sqrt{\left\langle\left(\frac{\mathrm{d}h}{\mathrm{d}x}\right)^2\right\rangle} \tag{2-11}$$

它与海谱之间的关系为

$$\sigma_s=\langle s^2\rangle^{1/2}=\left[\int\kappa^2 S(\kappa)\mathrm{d}\kappa\right]^{1/2} \tag{2-12}$$

2.1.2　海谱模型

海谱模型是描述风驱海面波浪起伏与传播的重要工具。海谱模型可以通过波浪的能量平衡方程推导得到，更多的是根据定点观测的实际海面波浪数据计算出海面高程起伏的自相关函数反演得到。通常意义上的海谱是指海洋的功率密度谱，记为 $S(\kappa)$，它反映了海浪各谐波成分随海浪空间波数和传播方向的能量分布情况，海洋功率谱与海面高程点的空间相关函数 $C(\boldsymbol{r}-\boldsymbol{r}')$ 是傅里叶变换对的关系，则有

$$S(\boldsymbol{\kappa})=\frac{\hat{s}_{\mathrm{rms}}}{(2\pi)^2}\int_{-\infty}^{\infty}C(\boldsymbol{r}-\boldsymbol{r}')\mathrm{e}^{\mathrm{j}\kappa(\boldsymbol{r}-\boldsymbol{r}')}\mathrm{d}r \tag{2-13}$$

式中：$\boldsymbol{\kappa}$ 是海浪的空间波数矢量，其模值记为 $\kappa=\sqrt{\kappa_x^2+\kappa_y^2}$；$\hat{s}_{\mathrm{rms}}$ 是海面的均方根高度。

根据式(2-1)的关系，可以通过海谱函数反演海面的高程起伏，而要反演实际二维海面的几何轮廓还需要海浪能量传播方向信息，可以用角分布函数来描述。角分布函数记作 $\Phi(\boldsymbol{\kappa},\varphi-\varphi_{\mathrm{w}})$。其中，$\varphi$ 为波数方向角，φ_{w} 为风向角。同时考虑功率谱和方向谱函数后的海谱模型可以写为

$$S(\boldsymbol{\kappa},\varphi)=\frac{1}{K}S(\boldsymbol{\kappa})\Phi(\boldsymbol{\kappa},\varphi-\varphi_{\mathrm{w}}) \tag{2-14}$$

不同的海谱反映了海浪能量空间频率分布的不同，体现了海面统计特性的差异，最终将导致海面电磁散射计算得到的散射现象的不同。常见的海谱有很多种，如 PM(Pierson -

Moskowitz)海谱、A. K. Fung 海谱、JONSWAP 海谱、Elfouhaily 海谱等。PM 海谱是由大量实测数据统计得到的经验谱，不仅具有数学上的简洁性，而且相比其他海谱模型在反映海浪功率谱密度分布和海面自相关特性等方面更具有“中庸”特性。A. K. Fung 海谱是建立在 PM 海谱基础上的一种半经验海谱，低频部分与 PM 海谱相同。JONSWAP 海谱是英、荷、美、德等国在联合北海波浪计划(JONSWAP)测量实验的基础上提出的。相比 PM 海谱、A. K. Fung 海谱这两种稳态海谱，JONSWAP 海谱测试了更多数据，考虑了风速以外的影响条件，是一种非稳态海谱，更接近实际。Elfouhaily 海谱相比以上几种海谱出现更晚，是融合以上几种海谱后得到的一种非稳态全波海谱。

下面介绍两种最经典的海谱模型及角分布函数。

1. PM 海谱

PM 是一种根据大量海面高程观测数据资料反演估计和拟合得到的海谱模型，是一种半经验的海谱模型，它的实测数据来自于 Pierson 和 Moskowitz 在 1955—1960 年长达 5 年的时间对北大西洋海域的观测，其具体的表达形式为

$$S_{\mathrm{PM}}(\boldsymbol{\kappa})=\frac{\alpha}{2\boldsymbol{\kappa}^4}\mathrm{e}^{-\frac{\beta g^2}{\boldsymbol{\kappa}^2 U_{19.5}^4}} \tag{2-15}$$

式中：$\alpha=8.1\times10^{-3}$ 和 $\beta=0.74$ 是通过观测数据拟合的无量纲的经验系数；$g=9.81\ \mathrm{m/s^2}$ 是重力加速度；$U_{19.5}$ 是海平面上方 19.5 m 海拔高度位置处的风速。PM 海谱是一种完全发展的稳态海谱，通过风速参数 $U_{19.5}$ 表征海况。

2. Elfouhaily(E)海谱

实际海面环境中充斥着各种非稳态因素，这样会使海谱能量具有多种成分的分布，这样也出现了一些可描述海面多种能量成分分布的非稳态海谱，如比较典型的实测海谱有 JONSWAP 海谱，它来源于英、荷、美、德等国开展的联合北海波浪计划的观测数据。Efouhaily 等人在综合 JONSWAP 海谱与 PM 海谱的观测数据并结合实际海浪成分结构修正的基础上，提出了 Efouhaily 海谱，也可简称为“E 谱”，其表达式为

$$S_{\mathrm{E}}(\boldsymbol{\kappa})=\frac{1}{\kappa^3}[B_{\mathrm{L}}(\boldsymbol{\kappa})+B_{\mathrm{S}}(\boldsymbol{\kappa})] \tag{2-16}$$

可以看出 E 谱直接具有双尺度的表征形式，因此具有更明确的物理意义，可以反映实际多尺度海面的结构特点，具有更宽泛的适用范围。E 谱中的 $B_{\mathrm{L}}(\boldsymbol{\kappa})$ 项是大尺度长波的曲率谱，其表达式为

$$B_{\mathrm{L}}(\boldsymbol{\kappa})=\frac{1}{2}\alpha_{\mathrm{p}}\frac{c(\kappa_{\mathrm{p}})}{c(\boldsymbol{\kappa})}F_{\mathrm{p}} \tag{2-17}$$

式中：$\alpha_{\mathrm{p}}=0.006\sqrt{\Omega}$，$\Omega=U_{10}/c(\kappa_{\mathrm{p}})$ 为逆波龄，表征了海浪的发展状态；κ_{p} 为波峰处的波数值；$c(\boldsymbol{\kappa})=\sqrt{g/\boldsymbol{\kappa}(1+\boldsymbol{\kappa}^2/\kappa_{\mathrm{m}}^2)}$ 波浪相速为，其中 $\kappa_{\mathrm{m}}=g\rho/\tau$，$g$ 为重力加速度，ρ 为海水密度，τ 为海水表面张力，κ_{m} 一般取典型值 363 rad/m；$F_{\mathrm{p}}=L_{\mathrm{PM}}J_{\mathrm{p}}\mathrm{e}^{-\frac{\Omega}{\sqrt{10}}\left[\left(\frac{\boldsymbol{\kappa}}{\kappa_{\mathrm{p}}}\right)^{1/2}-1\right]}$ 为谱峰因子，它包含 PM 海谱的形态参数 L_{PM} 和 JONSWAP 谱的谱峰因子 J_{P}，其形式分别为

$$L_{\mathrm{PM}}=\mathrm{e}^{-1.25\left(\frac{\kappa_{\mathrm{p}}}{\boldsymbol{\kappa}}\right)^2} \tag{2-18}$$

$$J_{\mathrm{p}}=\gamma^{B_{\mathrm{e}}} \tag{2-19}$$

$$B_e = e^{-\frac{[(\kappa/\kappa_p)^{1/2}-1]^2}{2q_J^2}} \tag{2-20}$$

$$q_J = \begin{cases} 0.08(1+4\Omega_c^{-3}), & \Omega_c < 5 \\ 0.16, & \Omega_c \geqslant 5 \end{cases} \tag{2-21}$$

式中：Ω_c 为逆波龄的峰值，其形式为 $\Omega_c = 0.84\left[\tanh\left(\dfrac{X}{X_0}\right)^{0.4}\right]^{0.75}$，$X_0 = 2.2\times 10^4$。E 谱中的另一项称为短波曲率谱 $B_S(\boldsymbol{\kappa})$，可表示为

$$B_S(\boldsymbol{\kappa}) = \frac{1}{2}\alpha_m \frac{c(\kappa_m)}{c(\boldsymbol{\kappa})}F_m \tag{2-22}$$

式中：$c(\kappa_m) = \sqrt{2g/\kappa_m} \approx 0.23$ m/s；$F_m = e^{-\frac{1}{4}\left(1-\frac{\kappa}{\kappa_m}\right)^2}$；$\alpha_m$ 为小尺度波广义平衡参数，其数学形式为

$$\alpha_m = 0.01\begin{cases} 1+\ln\dfrac{U_f}{c(\kappa_m)}, & u_f \leqslant c(\kappa_m) \\ 1+3\ln\dfrac{U_f}{c(\kappa_m)}, & u_f > c(\kappa_m) \end{cases} \tag{2-23}$$

式中：U_f 为海面摩擦风速；U_{10} 为海平面高度 10 m 处的风速，其与海面上任意高度风速可进行换算如下：

$$U_z = U_{10}\left\{1 + 2.5\lg(z/10)\left[\sqrt{0.0015/(1+e^{-\frac{U_{10}-12.5}{1.56}})} + 0.00104\right]\right\} \tag{2-24}$$

图 2.2 给出了在风速参数分别为 $U_{10}=U_{19.5}=5$ m/s 与 $U_{10}=U_{19.5}=10$ m/s 两种海况下 PM 谱与 E 谱随波数的变化。图 2.2(a) 所示为 $U_{10}=U_{19.5}=5$ m/s 的情形下功率谱值随波数的变化，图 2.2(b) 所示为 $U_{10}=U_{19.5}=10$ m/s 的情形下功率谱值随波数的变化。

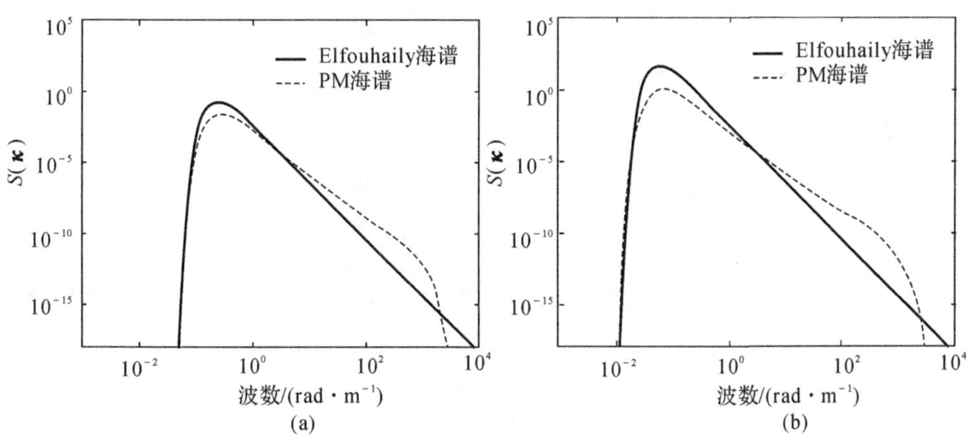

图 2.2　两种风速参数条件下 PM 谱与 E 谱比较

(a)$U_{10}=U_{19.5}=5$ m/s；　(b)$U_{10}=U_{19.5}=10$ m/s

可以看出，当海况风速参数条件相同时，两种海谱所对应的主波峰的位置是基本相同的，功率谱能量的增减趋势也基本相同，并且在低频下，两海谱模型所对应的功率谱(重力波谱) 基本吻合，比较各模型的高频分量，E 谱对高频部分的毛细波描述能力强于 PM 谱。图 2.3 比较了多种风速条件 PM 谱与 E 谱的变化。

可以看出，两种波谱在风速较大时，对应的波峰位置都向低频部分移动，且功率谱对

应的峰值更大，对应的功率谱能量也更大。而 E 谱的结果不仅反映了低频部分波峰能量的增加，波峰后高频部分的能量也随风速的增大而增大，高频部分主要是受毛细波结构的调制，这也说明了 E 谱相对 PM 谱能更好地描述和反映出实际海面多尺度结构的能量分布特点。

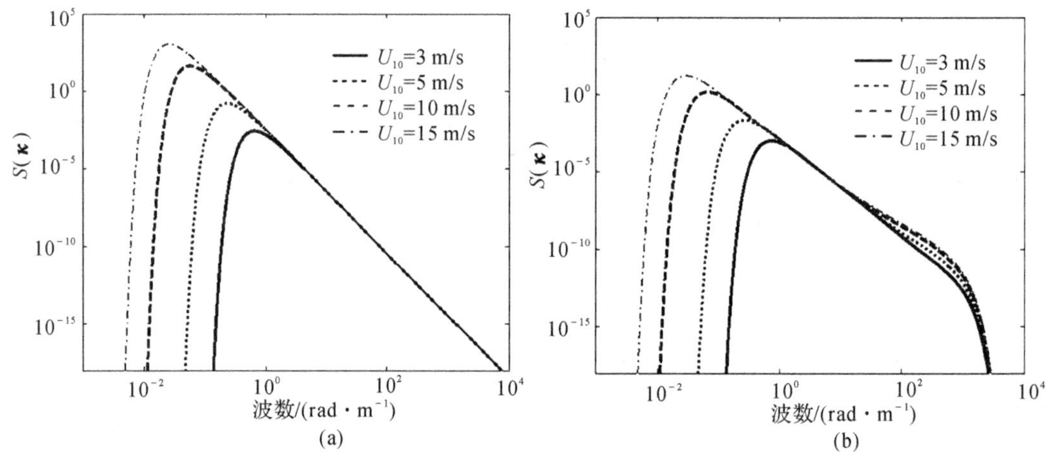

图 2.3　多种风速条件下 PM 谱与 E 谱的变化

(a)PM 谱；(b)E 谱

海面能量传播的方向性通常用角分布函数描述，结合海谱模型可以得到方向谱，Elfouhaily 给出海洋功率谱形式时也给出了角分布函数对应的方向谱形式：

$$\Phi_{\mathrm{E}}(\boldsymbol{\kappa},\varphi)=\frac{1}{2\pi}\{1+\Delta(\boldsymbol{\kappa})\cos[2(\varphi-\varphi_{\mathrm{w}})]\} \tag{2-25}$$

式中：$\Delta(\boldsymbol{\kappa})$ 称为逆侧风因子，其表达式为

$$\Delta(\boldsymbol{\kappa})=\tanh\left\{\frac{\ln 2}{4}+4\left[\frac{c(\kappa)}{c(\kappa_{\mathrm{n}})}\right]^{2.5}+0.13\frac{U_f}{c(\kappa_{\mathrm{m}})}\left[\frac{c(\kappa_{\mathrm{m}})}{c(\kappa)}\right]^{2.5}\right\} \tag{2-26}$$

式中：U_f 为摩擦风速；$\kappa_{\mathrm{n}}=\Omega_{\mathrm{c}}^2 g/U_{10}^2$，为无因次峰峰值波数。

Longuet - Higgins 等人也提出了一种单边余弦谱，其形式可写作

$$\Phi_{\mathrm{LH}}(\boldsymbol{\kappa},\varphi)=G(s)\cos\left(\frac{\varphi-\varphi_{\mathrm{w}}}{2}\right)^{2s} \tag{2-27}$$

式中

$$s=1-\frac{1}{\ln 2}\ln\frac{1-\Delta(\boldsymbol{\kappa})}{1+\Delta(\boldsymbol{\kappa})} \tag{2-28}$$

$$G(s)=\frac{1}{\int_{-\pi}^{\pi}\cos^{2s}\left(\frac{\varphi}{2}\right)\mathrm{d}\varphi} \tag{2-29}$$

图 2.4 比较了风向角为 0°和 90°时，Longuet - Higgins 方向谱和 Elfouhaily 方向谱的形式。

可以看出，Elfouhaily 方向谱和 Longuet - Higgins 方向谱都可以反映海浪能量的分布，Longuet - Higgins 方向谱滤除了在传播方向反向传播的海面能量，因此可以更好地反映顺风和逆风向时能量的传播，更贴合工程实际应用。

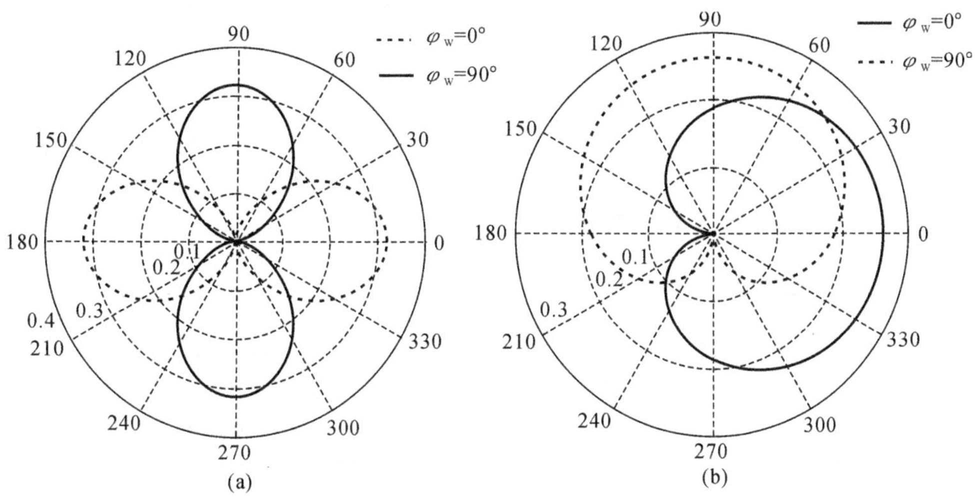

图 2.4　Elfouhaily 角分布函数与 Longuet - Higgins 分布函数方向谱

(a)Elfouhaily 方向谱；　(b)Longuet - Higgins 方向谱

2.2　随机粗糙海面模拟

2.2.1　解析方法

最早模拟粗糙海面的方法是用解析的统计方法，它由 Pierson 等人在 1955 年提出，其构造的粗糙面的高度起伏函数为

$$f(\boldsymbol{r},t)=\int_0^{\infty}\int_{-\pi}^{\pi}\cos[k(x\cos\theta+y\sin\theta)-\omega_k t+\varphi(k,\theta)][\Psi(\boldsymbol{k})k\mathrm{d}k\mathrm{d}\theta]^{1/2} \quad (2-30)$$

式中：波矢量 $\boldsymbol{k}=(k\cos\theta,k\sin\theta)$；$\varphi(k,\theta)$ 是$[0,2\pi)$内均匀分布的一个随机相位，对深水 $\omega_k=\sqrt{gk}$；g 为重力加速度；$\Psi(\boldsymbol{k})$ 是功率谱密度，构造时只需将已知的海谱的表达式代入即可；t 是时间因子，根据这个公式构造出来的是高度起伏函数随时间变化的粗糙面，并且它的谱是 $\Psi(\boldsymbol{k})$。

在一维情况下，式(2-30)变为

$$f(x,t)=\int_0^{\infty}\cos[kx-\omega_k t+\varphi(k)][\Psi(\boldsymbol{k})\mathrm{d}k]^{1/2} \quad (2-31)$$

2.2.2　线性叠加法

在任意时刻 t，海面上一个固定点的起伏运动可以用许多随机余弦波叠加来表示，即海面上某一点的波高 $\eta_L(x,y,t)$ 可表示为

$$\eta_L(x,y,t)=\sum_{l=1}^{N_k}\sum_{j=1}^{N_\varphi}\sqrt{2S(k_l,\varphi_j-\varphi_w)\Delta k\Delta\varphi}\cos[\omega_l t-k_l(x\cos\varphi_j+y\sin\varphi_j)+\varepsilon_{lj}] \quad (2-32)$$

式中：$S(k)$ 采用二维 ELH 谱；k_l 表示波数；ω_l 表示频率；φ_j 表示方向角；ε_{lj} 表示初始相位，相

位 ε_{lj} 在 $0\sim 2\pi$ 之间满足均匀分布；N_k 表示频率的采样点数；N_φ 表示方向上的采样点数。假设待仿真的二维海面在 x 方向上长度为 L_x，在 y 方向上长度为 L_y，等间隔离散点数为分别为 M 和 N，在 x 方向上间隔为 Δx，在 y 方向上间隔为 Δy，则可模拟出不同的风向和风速条件下的海面轮廓。

运用线性叠加模型模拟海面，虽然原理简单，模拟过程清晰明朗，但效率低下，计算时间长，不适合大尺度、精细的海面模拟，同时也不符合实时性模拟的需求。

2.2.3 线性过滤法

线性过滤模型又称蒙特卡洛方法，其步骤是先确定海谱，然后通过傅里叶变换将白噪声从时域转移到频域，利用海谱对白噪声在频域上进行滤波处理。海面上的高程点随时间与空间是随机起伏变化的。随机粗糙面的生成可以用于构建海面几何轮廓。随机粗糙面生成实际上是利用蒙特卡洛方法进行随机试验，海谱模型模拟符合相应统计特性的随机粗糙面几何高程的样本，它依据的是统计学中的维纳-辛钦定理，即随机场的功率谱函数和海浪高程场起伏相关函数是傅里叶变换对的关系。这种关系须满足一个假设，即认为海洋粗糙面的高程场是独立且统计均匀的，通过海谱在频域对海面高程随机场进行滤波，然后逆傅里叶变换到空间域得到具有相应海谱特征的海洋粗糙面样本。二维粗糙海面高程函数可表示为

$$z(x,y)=\frac{1}{L_xL_y}\sum_{m=-\infty}^{\infty}\sum_{n=-\infty}^{\infty}b_{mn}\mathrm{e}^{\frac{\mathrm{j}2\pi mx}{L_x}}\mathrm{e}^{\frac{\mathrm{j}2\pi ny}{L_y}} \tag{2-33}$$

式中：傅里叶变换系数为

$$b_{mn}=2\pi\sqrt{L_xL_yS(\boldsymbol{\kappa}_{xm},\boldsymbol{\kappa}_{yn})}\begin{cases}\dfrac{N(0,1)+\mathrm{j}N(0,1)}{\sqrt{2}}, & m\neq 0,N_x/2,n\neq 0,N_y/2\\ N(0,1), & m=0,N_x/2\text{ 或 }n=0,N_y/2\end{cases} \tag{2-34}$$

式中：$S(\boldsymbol{\kappa}_{xm},\boldsymbol{\kappa}_{yn})$ 为二维海谱函数；L_x，L_y 分别为 x，y 方向的粗糙面的长度；N_x，N_y 分别是 x，y 方向的采样点的个数；$\boldsymbol{\kappa}_{xm}$，$\boldsymbol{\kappa}_{yn}$ 分别为 x，y 方向的空域频率矢量，且有

$$\boldsymbol{\kappa}_{xm}=\frac{2\pi m}{L_x},\quad \boldsymbol{\kappa}_{yn}=\frac{2\pi n}{L_y} \tag{2-35}$$

粗糙表面的实际高程值是实数，因此根据复系数关于原点的共轭对称性，则有

$$b(m,n)=b^*(-m,-n) \tag{2-36}$$

$$b(m,-n)=b^*(-m,n) \tag{2-37}$$

当海谱 $S(\boldsymbol{\kappa}_{xm},\boldsymbol{\kappa}_{yn})$ 采用不同的模型时，通过调整海谱模型中的风速、风向参数就可以模拟在不同海况下具有相应海面参数特征的海面几何轮廓样本。

图 2.5 给出分别采用 PM 谱与 Elfouhaily 谱在不同风速、风向条件下模拟的海面高程图。

从图 2.5 中可以明显观察到在不同海面风速和风向参数下，海面上不同位置高程场的起伏大小和传播的方向。采用 Elfouhaily 海谱生成的海面明显具有更精细的多尺度结构，而 PM 谱主要能描述海面重力波谱引起的大波浪的传播。当风速 $U_{10}=5$ m/s 时，海浪起伏高度较小，小尺度短波结构占据海面的主要部分。当风速 $U_{10}=10$m/s 时，海浪起伏幅度更大，波浪长度显著增大，短波结构则附着在大尺度结构上。

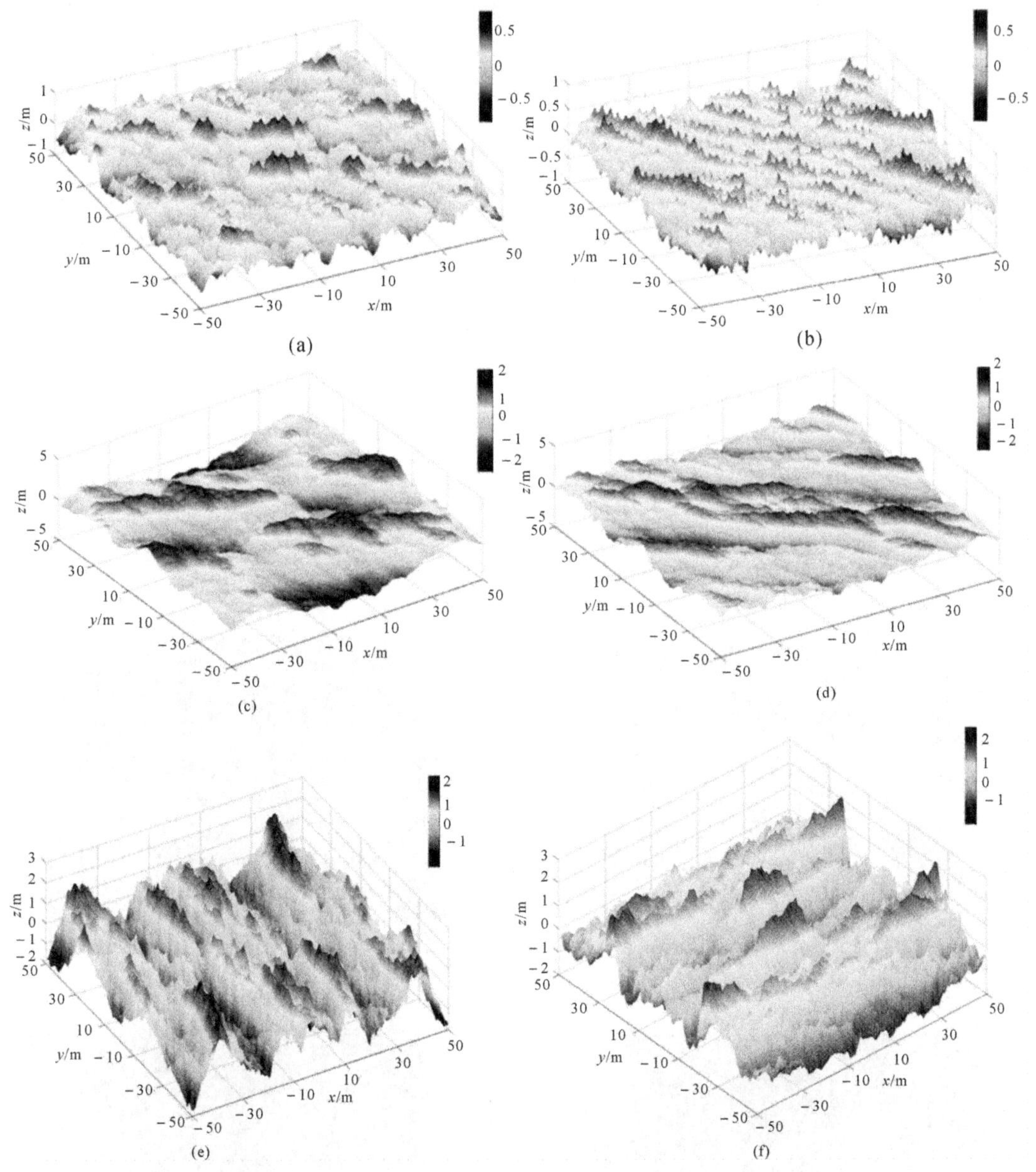

图 2.5　不同风速及风向参数下的 PM 与 Elfouhaily 海洋面

(a)PM 海洋面($U_{19.5}=5$ m/s, $\varphi_w=45°$)；(b)Elfouhaily 海洋面($U_{10}=5$ m/s, $\varphi_w=45°$)；(c)PM 海洋面($U_{19.5}=10$ m/s, $\varphi_w=45°$)；(d)Elfouhaily 海洋面($U_{10}=10$ m/s, $\varphi_w=45°$)；(e)Elfouhaily 海洋面($U_{10}=10$ m/s, $\varphi_w=0°$)；(f)Elfouhaily 海洋面($U_{10}=10$ m/s, $\varphi_w=90°$)

2.2.4　非线性海面模拟

线性海面模型描述的是一种理想海面情形。实际海波浪间还具有复杂的非线性相互作用，而线性海面只是具有不同权重的一系列沿不同方向传播的不同频率的谐波的线性组合，它忽略掉了海浪波之间的非线性相互作用。近些年来，学者们也提出了一些非线性海面模型来描述海波浪之间的复杂的非线性作用。比较经典的有 Creamer 非线性海面模型、二阶 Creamer 非线性海面模型、"choppy wave"非线性海面模型、West 非线性海面模型、基于分形理论的非线性海面模型等。这里将主要介绍两种典型非线性海面模型，即 Creamer 非线性海面模型和 CWM 非线性海面模型。

1. Creamer 非线性海面模型

Creamer 非线性海面模型的基本思想是在线性海面的基础上通过在海面起伏的频域加入扰动项模拟生成具有弱非线性特征的非线性海面，如图 2.6 所示。根据弱波-湍流理论，Creamer 非线性模型中的非线性项可以通过线性海面的希尔伯特变换来表示。针对二维海面情形，希尔伯特变换需要表示为矢量形式。在时刻 t，该希尔伯特变换可以表示为

$$\boldsymbol{h}_t(\boldsymbol{r}) = \mathrm{Re}\sum_{k}\left(-\mathrm{j}\,\frac{\boldsymbol{k}}{k}\right)A(\boldsymbol{k})\exp(\mathrm{j}\boldsymbol{k}\cdot\boldsymbol{r}) \tag{2-38}$$

$\boldsymbol{h}_t(\boldsymbol{r})$ 是一个二维矢量，其分量为

$$h_{tx}(\boldsymbol{r}) = \mathrm{Re}\sum_{k}\left(-\mathrm{j}\,\frac{k_x}{k}\right)A(\boldsymbol{k},t)\exp(\mathrm{j}\boldsymbol{k}\cdot\boldsymbol{r}) \tag{2-39}$$

$$h_{ty}(\boldsymbol{r}) = \mathrm{Re}\sum_{k}\left(-\mathrm{j}\,\frac{k_y}{k}\right)A(\boldsymbol{k},t)\exp(\mathrm{j}\boldsymbol{k}\cdot\boldsymbol{r}) \tag{2-40}$$

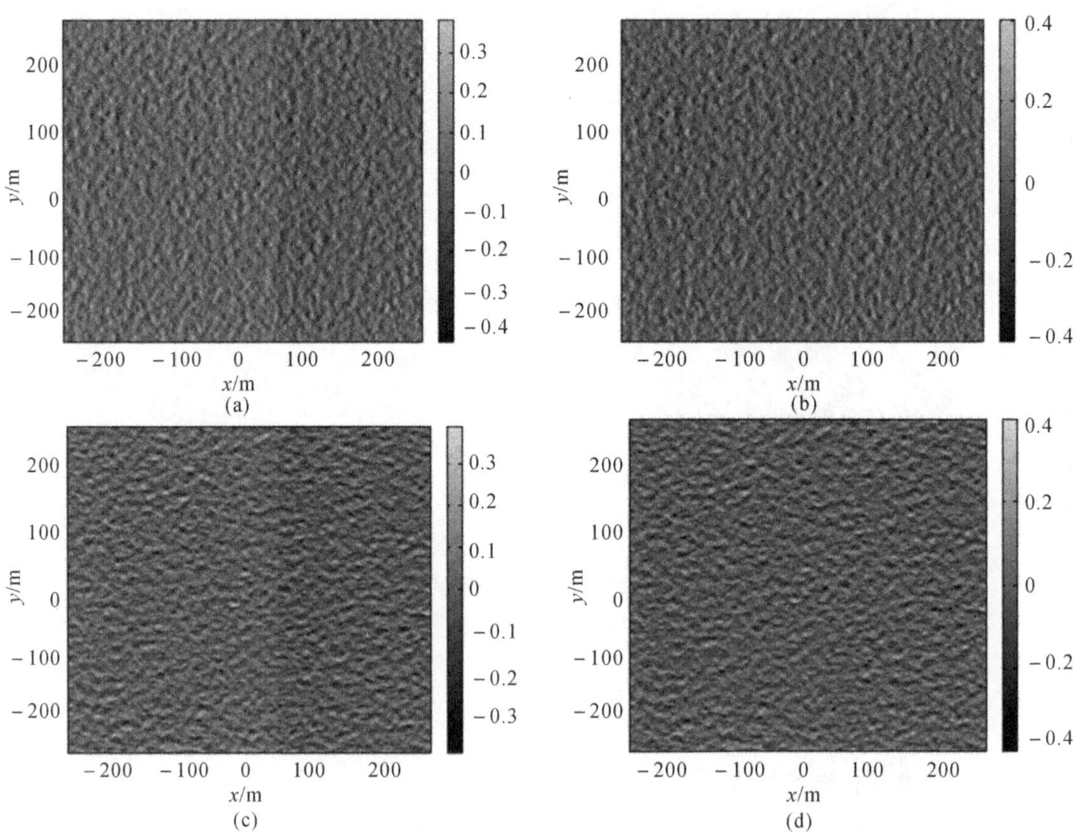

图 2.6 Elfouhaily 谱生成的线性海面和相应的 Creamer(2)非线性海面

(a)线性海面，$\varphi_w=0°$； (b)Creamer(2)非线性海面，$\varphi_w=0°$；

(c)线性海面，$\varphi_w=90°$； (d)Creamer(2)非线性海面，$\varphi_w=90°$

式(2-38)所表示的希尔伯特变换可以利用逆快速傅里叶变换来快速计算。这样，Creamer 模型中的非线性项在频域可以表示为

$$C_t(\boldsymbol{k})=\frac{1}{N}\sum_{r}\frac{\exp[\mathrm{j}\boldsymbol{k}\cdot\boldsymbol{h}_t(\boldsymbol{r})]-1}{k}\exp(-\mathrm{j}\boldsymbol{k}\cdot\boldsymbol{r}) \tag{2-41}$$

可以看出,式(2-41)的计算仍然十分耗时。为了能利用快速傅里叶变换来计算式(2-41),需对其中指数项进行泰勒级数展开,得到其 n 阶展开式为

$$C_t^n(\boldsymbol{k})=\frac{1}{N}\sum_{r}\frac{[\mathrm{j}\boldsymbol{k}\cdot\boldsymbol{h}_t(\boldsymbol{r})]^n}{n!\,k}\exp(-\mathrm{j}\boldsymbol{k}\cdot\boldsymbol{r}) \tag{2-42}$$

式(2-42)取 $n=2$ 可得其二阶近似形式为

$$C_t^2=-\frac{k_x^2}{2k}\mathcal{F}[h_{tx}^2]-\frac{k_xk_y}{k}\mathcal{F}[h_{tx}h_{ty}]-\frac{k_y^2}{2k}\mathcal{F}[h_{ty}^2] \tag{2-43}$$

式中:$\mathcal{F}[\cdot]$表示快速傅里叶变换(FFT)。此外,可以验证式(2-41)的一阶结果 C_t^1 与 $A(k,t)$ 相等。这样,任一时刻 t,二阶 Creamer 非线性海面的高度起伏可表示为

$$h_{nl}(\boldsymbol{r},t)=\sum_{k}[A(\boldsymbol{k},t)+C_t^2(\boldsymbol{k},t)]\exp(\mathrm{j}\boldsymbol{k}\cdot\boldsymbol{r}) \tag{2-44}$$

图 2.6 模拟了由 Elfouhaily 谱生成的线性海面和相应的二阶 Creamer[Creamer (2)]非线性海面模型,其中风速为 $U_{10}=5$ m/s。图中彩色条的单位为 m。通过比较图 2.6(a)和 2.6(b)以及比较图 2.6(c)和 2.6(d)似乎不太容易观察到二维线性以及相应的二阶 Creamer 非线性海面模型之间的差异。因此,为了更好地比较线性以及相应的 Creamer 非线性海面之间的细小的差异,图 2.7 和图 2.8 分别给出了风速 $U_{10}=3$ m/s 和 $U_{10}=5$ m/s 下一维线性以及 Creamer 非线性海面高度轮廓的对比。

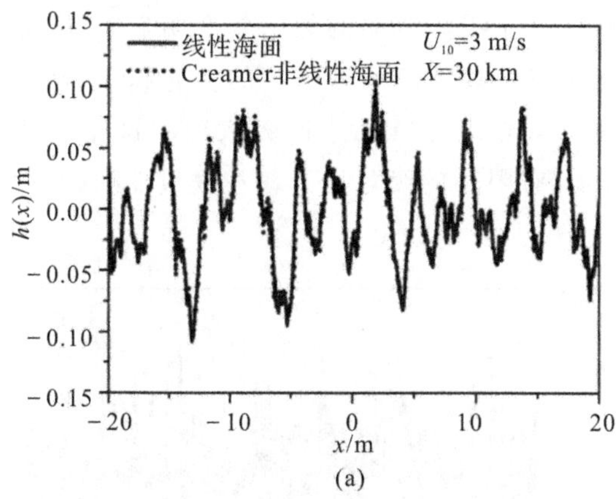

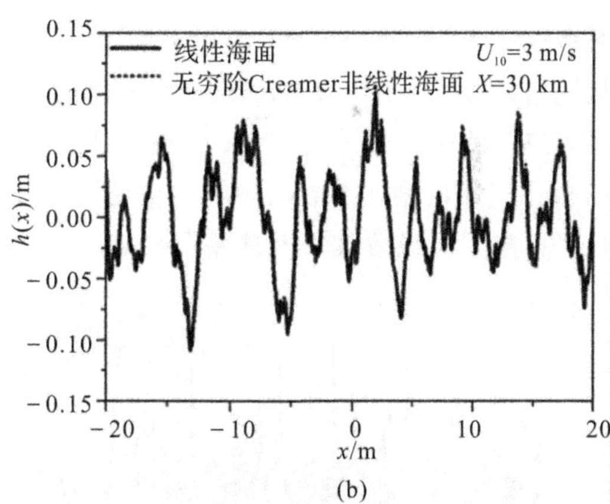

图 2.7　风速 $U_{10}=3$ m/s 时一维线性海面和相应的 Creamer 非线性海面高度轮廓的对比

(a)二阶 Creamer 模型；　(b)无穷阶 Creamer 模型

通过比较二阶 Creamer 以及无穷阶 Creamer 非线性海面模型可以发现,二阶 Creamer 模型比无穷阶 Creamer 模型表现出更为尖锐的尖峰,尤其风速越大,Creamer(2)模型的尖峰越尖锐。这是因为 Creamer(2)模型在级数展开时只保留到了 $n=2$ 项,风速越大级数收敛性越差。事实上,鉴于级数展开的收敛性问题,Creamer(2)模型只适用于低风速情形,G. Soriano等人指出 Creamer(2)模型只适用于风速不超过 5m/s 的情形。这极大地限制了

二阶 Creamer 模型在海面散射回波多普勒谱模拟中的应用。因此也可以看出，发展合理且高效的非线性海面模型并非易事，这也从侧面说明为何直到现在，合理而又高效的非线性海面模型仍然受到人们的广泛关注。

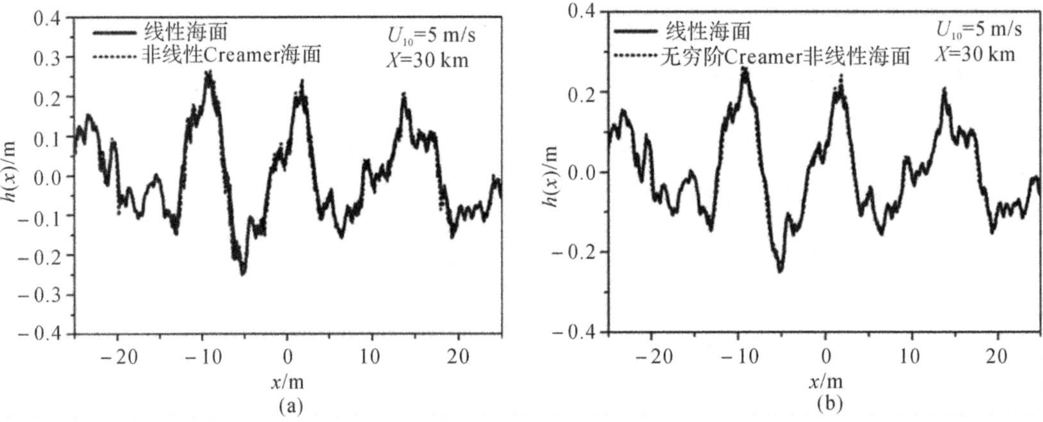

图 2.8　风速 $U_{10}=5$ m/s 时一维线性海面和相应的 Creamer 非线性海面高度轮廓的对比

(a)二阶 Creamer 模型；　(b)无穷阶 Creamer 模型

为了更好地比较二阶 Creamer 模型和无穷阶 Creamer 模型的差异，图 2.9 和图 2.10 所示分别给出了风速 $U_{10}=3$ m/s 和 $U_{10}=5$ m/s 时一维线性以及 Creamer 非线性海面斜率的对比。从图中可以看出，从风速 $U_{10}=3$ m/s 到风速 $U_{10}=5$ m/s，无穷阶的 Creamer 模型和线性海面模型的斜率都比较接近，然而，比较二阶 Creamer 非线性海面和线性海面的斜率可以发现，二阶 Creamer 非线性海面预测的斜率和非线性海面的斜率具有明显差异，而且风速越大，二阶 Creamer 非线性海面的斜率与相应的线性海面的斜率的差异越大，这意味着二阶 Creamer 模型会人为地放大海面的斜率，尤其是当风速比较大时。这是因为 Creamer(2)模型在级数展开时只保留到了 $n=2$ 项，有限项的级数展开存在收敛性问题，而且风速越大时级数收敛性越差。

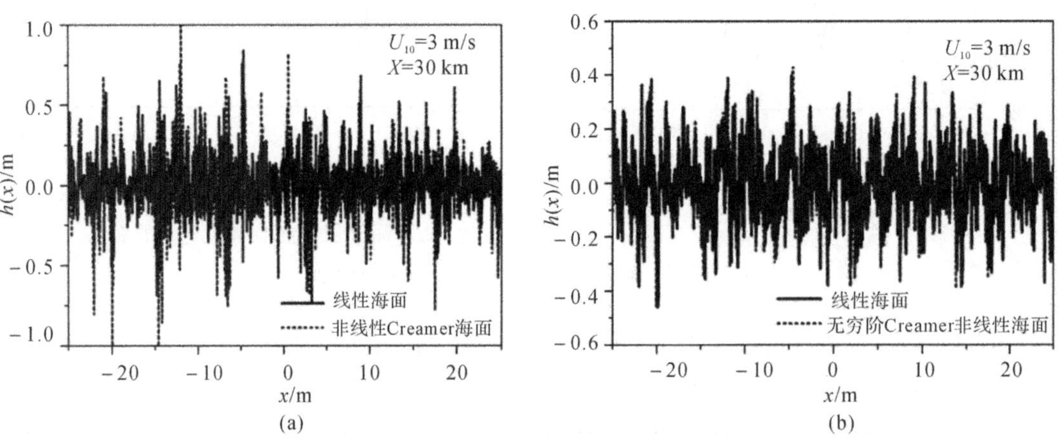

图 2.9　风速 $U_{10}=3$ m/s 下一维线性海面和相应的 Creamer 非线性海面的斜率的对比

(a)二阶 Creamer 模型；　(b)无穷阶 Creamer 模型

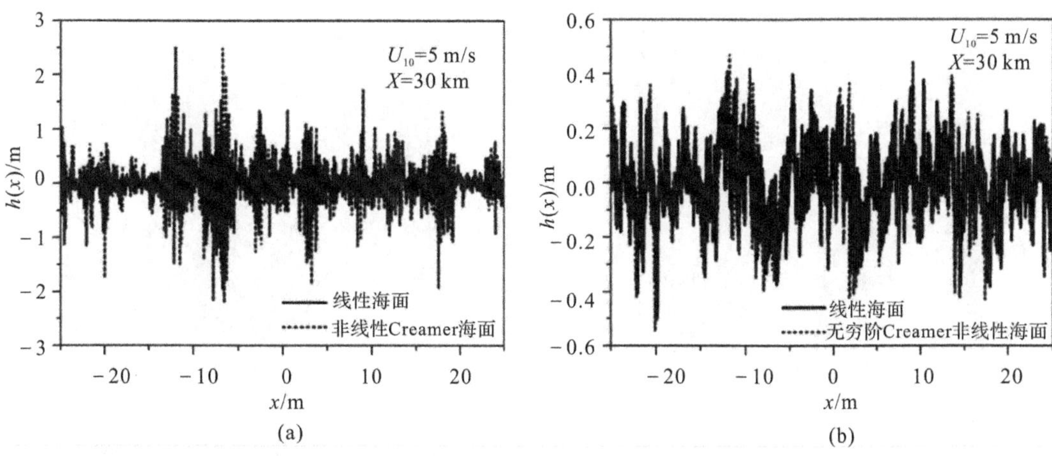

图 2.10　风速 $U_{10}=5$ m/s 下一维线性海面和相应的 Creamer 非线性海面的斜率的对比

(a)二阶 Creamer 模型；(b)无穷阶 Creamer 模型

为了产生符合实际情况的海面，需对 Creamer 模型导致的人为放大海面斜率的问题加以处理。从理论上来讲，尽管无穷阶的 Creamer 模型可以适用于更高风速情形，但是其无法利用 FFT 进行快速计算，因此对二维海面而言，无穷阶的 Creamer 模型难以取得实际应用。然而，对一维海面而言，无穷阶的 Creamer 模型在数值仿真中具有相当重要的意义。

2. CWM 非线性海面模型

CWM 模型生成非线性海面的基本思想同样是在已经生成的线性海面的基础上模拟生成具有弱非线性特性的非线性海面。具体来说，CWM 模型基于弱波-湍流理论，利用希尔伯特变换在水平方向上引入了位移附加项，对线性海面的水平坐标进行修正得到了具有弱非线性特征的非线性海面，这一过程可以表示为

$$\tilde{h}[\boldsymbol{r}+D(\boldsymbol{r},t),t]=h(\boldsymbol{r},t) \tag{2-45}$$

式中：$D(\boldsymbol{r},t)$ 为不同时刻 t 下利用希尔伯特变换引入的水平方向的位移修正项，可表示为

$$D(\boldsymbol{r},t)=\int -\mathrm{j}\,\frac{\boldsymbol{k}}{k}\hat{h}(\boldsymbol{k},t)\exp(\mathrm{j}\boldsymbol{k}\cdot\boldsymbol{r})\,\mathrm{d}\boldsymbol{k} \tag{2-46}$$

式中：

$$\hat{h}(\bar{\boldsymbol{k}},t)=\frac{1}{(2\pi)^2}\int \mathrm{d}\bar{\boldsymbol{r}}\exp(-\mathrm{j}\bar{\boldsymbol{k}}\cdot\bar{\boldsymbol{r}})h(\bar{\boldsymbol{r}},t) \tag{2-47}$$

图 2.11 模拟了由 Elfouhaily 谱生成的线性海面和相应的 CWM 非线性海面，其中风速为 $U_{10}=10$ m/s。图中彩色条的单位为 m。从图中所展示的二维海面高度轮廓中不太容易观察到线性海面和相应的 CWM 非线性海面之间细小的差异，这主要是因为 CWM 非线性海面只是在线性海面的基础上微小的非线性修正项。为了更好地观察线性海面和相应的 CWM 非线性海面之间的细小差异，图 2.12(a)(b)所示分别给出了风速为 $U_{10}=5$ m/s 和 $U_{10}=10$ m/s 条件下，一维线性海面和相应的 CWM 非线性海面几何轮廓的对比。从图中可以观察到 CWM 非线性海面相对于线性海面在水平方向上具有微小的相对位移，这和理论上 CWM 非线性模型的描述是一致的。

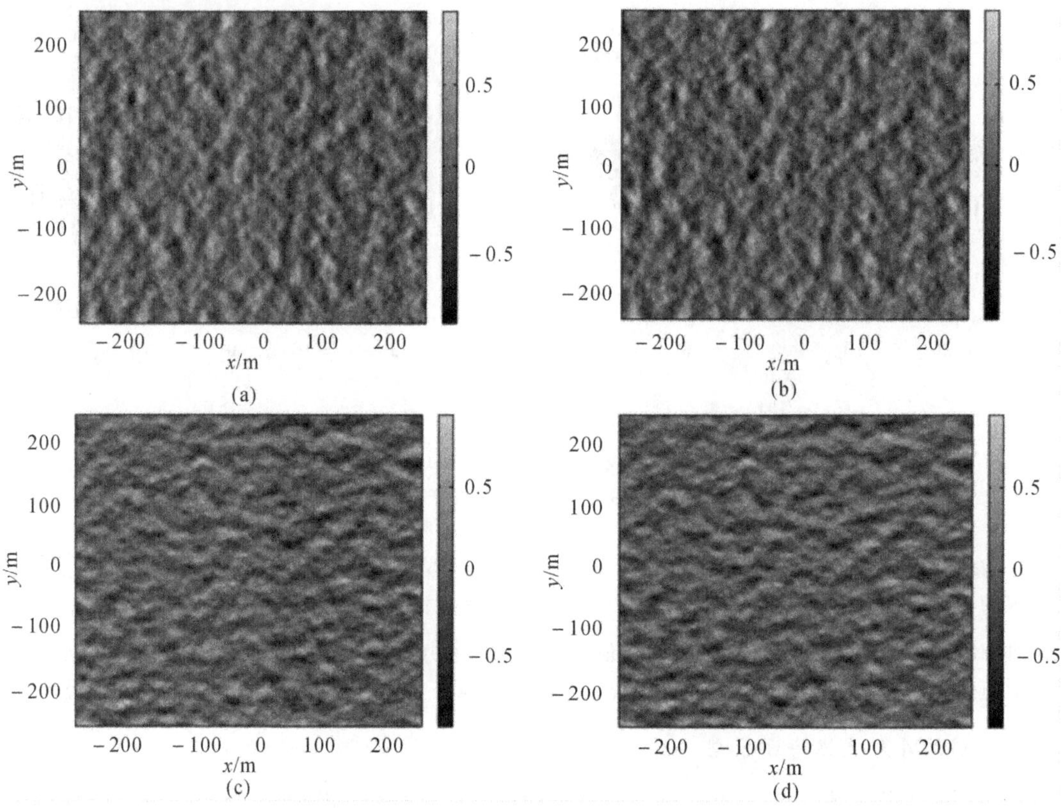

图 2.11　Elfouhaily 谱生成的线性海面和相应的 CWM 非线性海面

(a)线性海面,$\varphi_w=0°$;　(b)CWM 非线性海面,$\varphi_w=0°$;

(c)线性海面,$\varphi_w=90°$;　(d)CWM 非线性海面,$\varphi_w=90°$

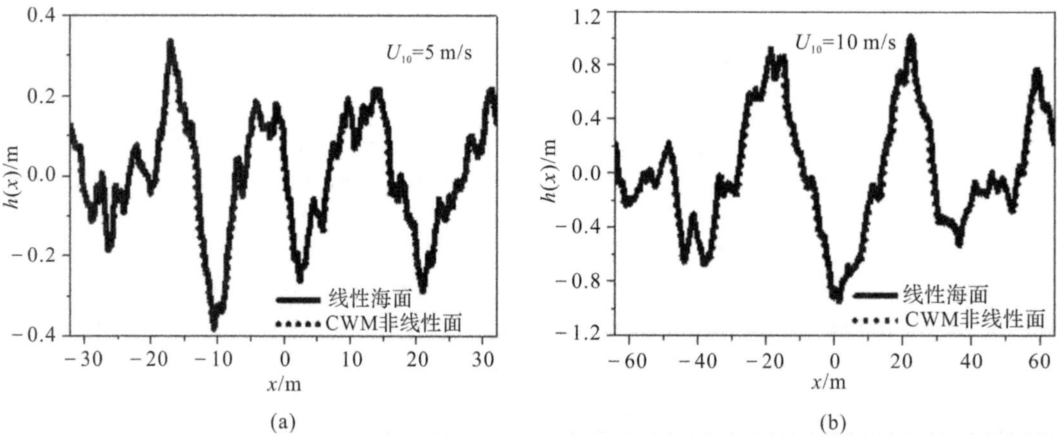

图 2.12　不同风速下一维线性海面和相应的 CWM 非线性海面的高度轮廓的对比

(a)风速 $U_{10}=5$ m/s;　(b)风速 $U_{10}=10$ m/s

2.3　海面介电常数模型

海水的介电常数和电导率在海面电磁散射特性的分析中是很重要的参量。海水的电磁参数主要由其介电特性(即复介电常数)描述，复介电常数通常是电磁波频率、海水的温度和海水的含盐度的复函数。1977 年 Klein 等人提出了 Debye 模型，即

$$\varepsilon_{\mathrm{sea}}(T,S)=\varepsilon_{\infty}+\frac{\varepsilon_{\mathrm{s}}(T,S)-\varepsilon_{\infty}}{1+[\mathrm{j}f/f_1(T,S)]^{1-\eta}}-\mathrm{j}\frac{\sigma(T,S)}{(2\pi\varepsilon_0)f} \tag{2-48}$$

Debye 方程描述了海水的介电常数与频率 f 的关系，海水是典型的盐溶液，S 表示含盐量(‰)，含盐浓度定义为 1 kg 溶液中溶解固体盐的质量。T 表示海面温度(℃)。η 表征松弛时间传播因子，一般取 $\eta=0.02\pm0.007$。$\varepsilon_0=8.854\times10^{-12}$ F/m 为自由空间的介电常数。ε_{∞} 为海水在 f 趋于无限大时的介电常数，它的值与温度 T 和盐度 S 均无关，一般设定为 $\varepsilon_{\infty}=4.9$。ε_{s} 为静态介电常数。σ 为海水媒质的电导率。实验测量表明，经典 Debye 模型仅在低频($f\leqslant2.66$ GHz)下有效，当频率升高时误差变大。2004 年 Meissner 和 Wentz 提出双 Debye 模型，即

$$\varepsilon_{\mathrm{sea}}(T,S)=\frac{\varepsilon_{\mathrm{s}}(T,S)-\varepsilon_1(T,S)}{1+\mathrm{j}f/f_1(T,S)}+\frac{\varepsilon_1(T,S)-\varepsilon_{\infty}(T,S)}{1+\mathrm{j}f/f_2(T,S)}+\varepsilon_{\infty}(T,S)-\mathrm{j}\frac{\sigma(T,S)}{(2\pi\varepsilon_0)f} \tag{2-49}$$

式中：$f_1(T,S)$ 和 $f_2(T,S)$ 分别表示一阶、二阶 Debye 松弛频率(GHz)，则有

$$f_1(T,S)=\frac{45+T}{a_1+a_2T+a_3T^2}[1+S(b_1+b_2T+b_3T^2)] \tag{2-50a}$$

$$f_2(T,S)=\frac{45+T}{a_4+a_5T+a_6T^2}[1+S(b_4+b_5T)] \tag{2-50b}$$

式中，$a_i(i=1,\cdots,6)$，$b_k(k=1,\cdots,5)$ 表示测量值和理论计算值的匹配参数，其值和其他表达式参见本章文献[7]。Meissner 等人的双 Debye 模型没有考虑松弛参数的影响，为了使双 Debye 模型适用更高频段，本书给出了修正的 Meissner 模型，即

$$\varepsilon_{\mathrm{msea}}(T,S)=\varepsilon_{\infty}(T,S)+\frac{\varepsilon_{\mathrm{s}}(T,S)-\varepsilon_1(T,S)}{1+[\mathrm{j}f/f_1(T,S)]^{1-\eta}}+\frac{\varepsilon_1(T,S)-\varepsilon_{\infty}(T,S)}{1+[\mathrm{j}f/f_2(T,S)]^{1-\eta}}-\mathrm{j}\frac{\sigma(T,S)}{(2\pi\varepsilon_0)f} \tag{2-51}$$

要研究高频或低温下纯水的介电常数时，只需令含盐量 $S=0$。图 2.13 给出了由式(2-51)求得的介电常数随频率变化，海水含盐量取 $S=0.035$。从图中可看出，随着频率的升高，海水介电常数迅速减小。总的来说，温度越高，介电常数越大。不同温度、频段下，实、虚部的变化规律并不一致。低温下，实部在 X 波段以下迅速减小，虚部变化却很缓慢；常温下，两者的变化则相反，这就是介电常数虚部对发射率影响较大的缘故，因为此时虚部随频率的变化很大。这也说明在求解海面的色散特性时，需要考虑介电常数色散特性的影响。

图 2.13 给出了四组频率下，海水介电常数随温度的变化关系。从图中可以看出，温度升高，介电常数增大，不同频段下增大的幅度不同；当频率超过 W 波段时，温度变化对介电常数的影响很小。需要进一步说明的是，较低温度($T<-50$℃)时，介电常数实部随温度升高而减小。

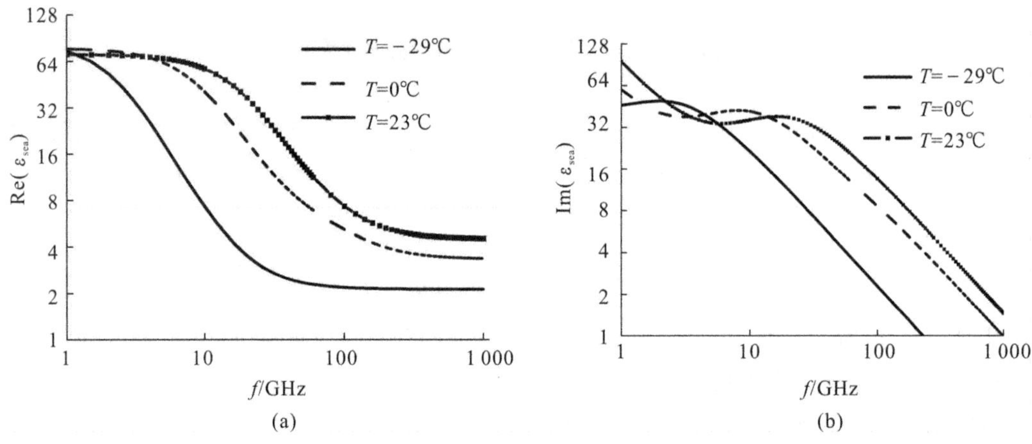

图 2.13 海水介电常数实、虚部随频率的变化

(a)实部；(b)虚部

图 2.14 所示为海水介电常数实部随温度的变化。图 2.15 给出了两个 Debye 松弛频率随温度的变化关系。图 2.15 的计算表明，第一个松弛频率的变化范围为 0.566 8～2.659 5 GHz，而第二个松弛频率的变化范围为 10.779～335.33 GHz，正是第二个松弛频率变化范围大，才拓宽了海水(纯水，盐度 $S=0$)在不同频段和温度下的介电常数的表征。

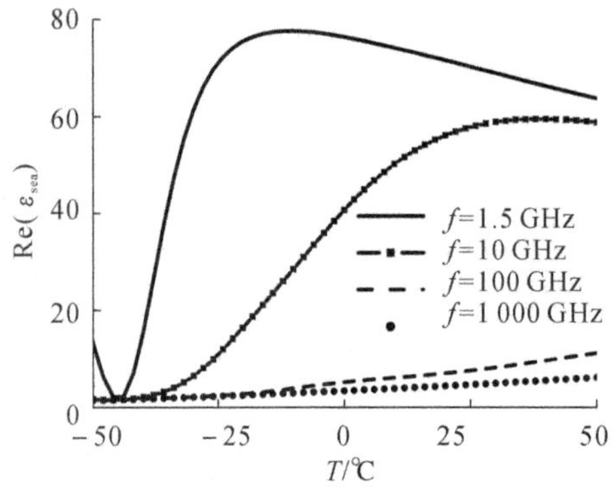

图 2.14 海水介电常数实部随温度的变化

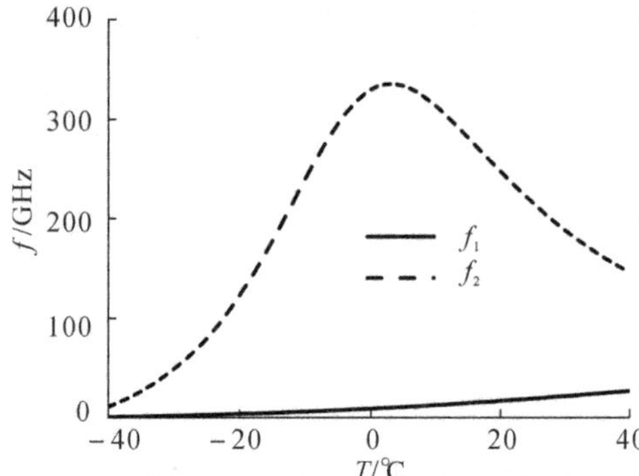

图 2.15 两个松弛频率随温度的变化

参考文献

[1] 许小剑，李晓飞，刁桂杰，等. 时变海面雷达目标散射现象学模型[M]. 北京：国防工业出版社，2013.

[2] PIERSON W J, MOSKOWITZ L. A proposed spectral form for fully developed wind seas based on the similarity theory of S. A. Kitaigorodskii[J]. Journal of Geophysical Research, 1964, 69(24): 5181 - 5190.

[3] FUNG A K. Microwave scattering and emission models and their applications[M]. Boston: Artech House, 1994.

[4] WU S T, FUNG A K. A noncoherent model for microwave emissions and backscattering from the sea surface[J]. Journal of Geophysical Research, 1972, 77(30): 5917－5927.

[5] ELFOUHAILY T, CHAPRON B, KATSAROS K, et al. A unified directional spectrum for long and short wind-driven waves[J]. Journal of Geophysical Research Oceans, 1997, 102(C7):15781－15796.

[6] CLARIZIA M P, GOMMENGINGER C, BISCEGLIE M D, et al. Simulation of L-band bistatic returns from the ocean surface: a facet approach with application to ocean GNSS reflectometry[J]. IEEE Transactions on Geoscience and Remote Sensing, 2012, 50(3): 960－971.

[7] MIRET D, SORIANO G, NOUGUIER F. Sea surface microwave scattering at extreme grazing angle: Numerical investigation of the Doppler shift [J]. IEEE Transactions on Geoscience and Remote Sensing, 2014, 52(11):7120－7129.

[8] YUROVSKAYA M V, DULOV V A, CHAPRON B. Directional short wind wave spectra derived from the sea surface photography [J]. Journal of Geophysical Research, 2013, 118(9): 4380－4394.

[9] NOUGUIER F, GUERIN C, CHAPRON B. Scattering from nonlinear gravity waves: The choppy wave[J]. IEEE Geosciences and Remote Sensing, 2010, 48(12): 4184－4192.

[10] APEL J R. An improved model of the ocean surface wave vector spectrum and its effects on radar backscatter[J]. Journal of Geophysical Research, 1994, 99: 16269－16291.

[11] KLEIN L A, SWIFT C T. An improved model for-the dielectric constant of sea water at microwave frequencies[J]. IEEE Transactions on Antennas and Propagation, 1977, 25(1):104－111.

[12] MEISSNER T, WENTZ J. The complex dielectric constant of pure and sea water from microwave satellite observations[J]. IEEE Transactions on Geoscience and Remote Sensing, 2004, 42(9): 1836－1849.

第3章　多尺度海环境电磁散射特性计算与试验分析

海面电磁散射特性的研究在军事和民用方向都吸引了广大研究人员的参与。研究人员进行了广泛而深入的研究并且提出了大量的理论和方法。但由于海面的电磁散射具有随机性和电大性的特点，高频段海面的电磁散射算法研究仍有大量的工作可做。就随机性而言，需要生成一定尺寸、一定数量的粗糙海面样本，这是进行电磁散射计算的基础。只有使用合适的方法生成的海面，才能通过计算得到正确的电磁散射现象。就电大性而言，需要在保证精度的同时采用合适的方法来提高计算效率。在微波高频段，海面的电磁散射计算也一直是计算电磁学领域的难点问题，其难点在于：①雷达视景中海面对传统计算电磁学方法来说具有超电大特性；②局部海面上的多尺度结构具有复杂的散射机理，因此传统意义上的电磁场数值计算方法很难准确且符合工程实际地描述这一散射问题。面元散射模型是近年来新兴的一种电大海面电磁散射计算模型。该模型基于微波高频段海面散射的去相关性特性，将海面作面元化处理，通过统计或解析方法描述局部海面散射单元的散射机理，可应用于电大多尺度海面散射特性计算、雷达回波模拟、雷达成像等方面。

3.1　海面多尺度结构散射机理

实际海面由于海洋运动及局部相互作用，包含一些更复杂的多尺度结构。雷达照射电磁波与海洋表面的多尺度结构作用，会呈现出多样化的散射机理，各种散射机理的贡献与入射电磁波波长、入射角度以及波浪结构的粗糙尺度等因素有关，对散射产生主要贡献的局部海面结构包含大尺度长波、小尺度毛细波、泡沫和大尺度卷浪与碎浪等，如图3.1所示。

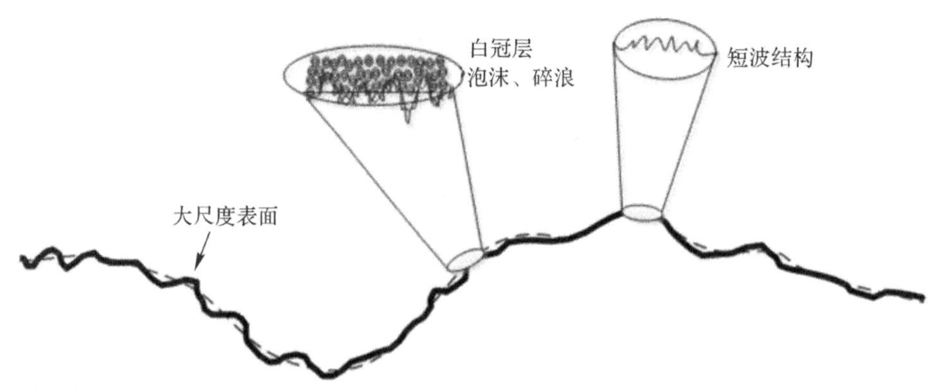

图3.1　多尺度海面结构示意图

海面散射也是多种散射成分共同作用的结果，因此在海面建模时也应考虑毛细波、白冠层的泡沫、碎浪等几种海面特殊多尺度结构的散射贡献，根据其结构特点，建立能描述其散射机理的计算模型。复合表面散射理论给出了这一问题的描述方法，电磁波在复合粗糙尺度海洋表面的散射作用机理与电磁波长和波浪粗糙尺度有关，根据不同粗糙结构几何尺度对电磁波的响应，局部海面散射大体可以分为镜面反射和漫散射，如图 3.2 所示。镜面反射是一种相干分量，主要来自波长大于入射电磁波长的大尺度重力波结构的反射，散射强度一般较强，而漫散射主要来源于局部海面小尺度微粗糙结构的散射，是一种非相干分量，因此一般散射强度较弱。总的海面散射贡献是大尺度波镜面反射与小尺度波漫反射的叠加，小尺度波的散射是在大尺度波倾斜效应基础上的一种调制。

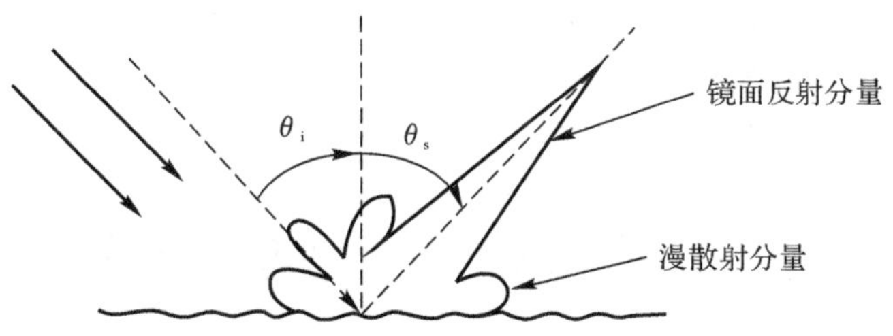

图 3.2　局部海面散射机理示意图

局部海洋表面的散射根据电磁波与海浪的作用又可以划分到布拉格散射与非布拉格散射两类作用机制中。

1. 布拉格散射

雷达观测结果表明，在雷达微波高频段，毛细波结构的主要散射贡献来自其中具有布拉格波长的波浪成分与入射电磁波的谐振作用，这种作用称为布拉格谐振(Bragg resonant)现象，与电磁波发生谐振的波浪成分称为布拉格波。布拉格波可以等效为海洋波浪成分中具有布拉格谐振波长的正弦波，布拉格谐振现象的产生机理如图 3.3 所示，当电磁波以入射角 θ_i 照射海面时，布拉格波长 λ_B 与入射电磁波长 λ 满足以下关系：

$$\lambda_B = \frac{\lambda}{2\sin\theta_i} \tag{3-1}$$

当电磁波照射的散射体的传播速度接近半个电磁波波长时，从各散射体反射回来的信号因相位波程差相同，使得各处后向散射的电磁波能同相叠加，引起显著的相干散射，形成局部海面毛细波的后向散射中主要的散射贡献。

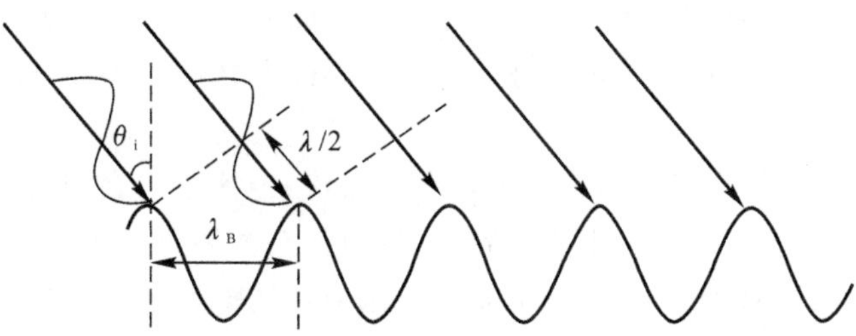

图 3.3　布拉格散射示意图

2. 非布拉格散射

复合表面散射理论将布拉格散射之外的散射统称非布拉格散射。非布拉格散射的贡献主要是指大尺度海面起伏结构的局部倾斜效应导致的局部海面镜面反射的叠加。但在复杂海况下，局部海面还会出现一些复杂的海面结构，而形成主要散射贡献的是局部海面的白冠(White Cap, WC)层。白冠层中海浪成白色，因此称为白浪，其中对雷达散射产生贡献的主要有两种结构：一是卷浪及破碎波结构，这类结构主要存在于高海情下的海环境中，这时海面风力强，使得局部形成具有大浪高的卷曲波浪甚至波峰发生破碎；二是泡沫结构，这种结构也是在高海情下波浪在风里发生破碎，风将空气吹入海水中形成泡沫粒子群，由于泡沫粒子外观呈白色，这也是造成白冠层白浪外观的主要原因。海面白浪的覆盖率是对海面白浪存在程度的一个衡量标准，通常可以通过观测并对数据取平均的方法获取，通过对观测数据拟合也可以得到白浪覆盖率的经验公式，通常白浪覆盖率与海水温度 T 以及海况风速参数有关，这里采用海面白浪覆盖率的经验公式如下：

$$C_w = 1.95\times10^{-5}U_{10}^{2.55}\mathrm{e}^{0.0861T} \tag{3-2}$$

白浪覆盖率主要海况及海面温度有关，图 3.4 给出了白浪覆盖率随海面风速和温度的变化趋势。

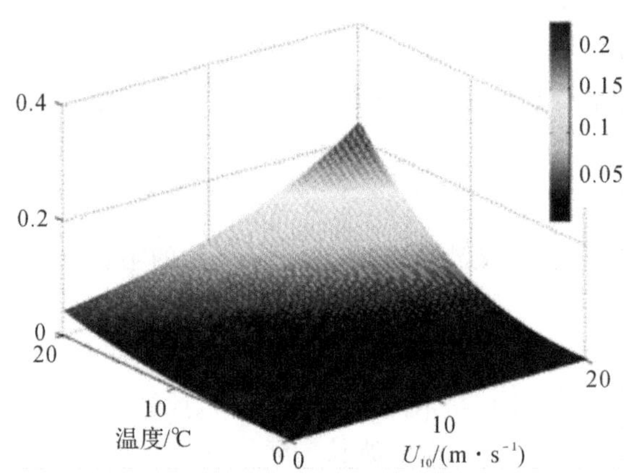

图 3.4 海面白浪覆盖率随风速海况及温度的变化

可以看出，当风速海况很低时，白浪的覆盖率亦很低，随着风速的增高，海面白浪的覆盖率也会相应增高。通常白浪出现在海面上斜率较高的点，这样根据白浪覆盖率及海面高程点的斜率分布可获取白浪在海面上的分布，图 3.5 所示为 $U_{10}=5$ m/s 和 $U_{10}=15$ m/s 两种风速海况下海面上白浪的分布，图中灰度色条代表海面上点的高程起伏大小，白色圆圈代表白浪分布位置。可以看出，白浪在高风速海况下的海面上分布较多，并且主要存在于大起伏波浪的周围。

许多文献表明，在 X,Ku 波段，白浪中包含的卷浪、泡沫结构会对海面后向散射形成明显贡献。其中，卷浪碎浪结构则会形成耦合散射结构，对入射电磁波形成多次散射效应，强多径散射甚至会形成局部超强散射，泡沫是海水包裹空气核心的多孔物质，单个泡沫微粒可以看成一个水膜包裹空气的散射体，会呈现体散射机理，而泡沫粒子群由会呈现一种群体稠密粒子的散射机理，其散射特性受到泡沫粒子输运过程、多次散射和干涉效应的影响。经过大量仿真计算和外场试验观测处理结果比对，海面散射与回波特性与海面几何形态起伏特性呈现一定的规律性。总的来说，海面后向散射以及海杂波与风向的关系的结论则比较明确，逆风时最强，侧风时最弱，顺风时中等，总的变化量为 5 dB。逆风向与顺风向的海面散射是随着入射余角和表面粗糙度的增大而减小的。在大入射角情况下，海面散射通常被认为是倾斜海表面的一种镜面散射，需要注意的是，当入射角为 80°时，海面后向散射可以认为与风速无关。可以证明，随着风速的升高，散射面的数量增加而使海杂波变强，海表面的粗糙度导致杂波衰减，二者在这些角度下处于平衡状态。在小入射余角下，即低于平均海表面倾角时，海杂波呈现不同的特性。雷达回波上将出现海表面尖峰，并且概率分布呈现不同的形式。当入射余角小于临界角(1°)时，海杂波可能迅速衰减。

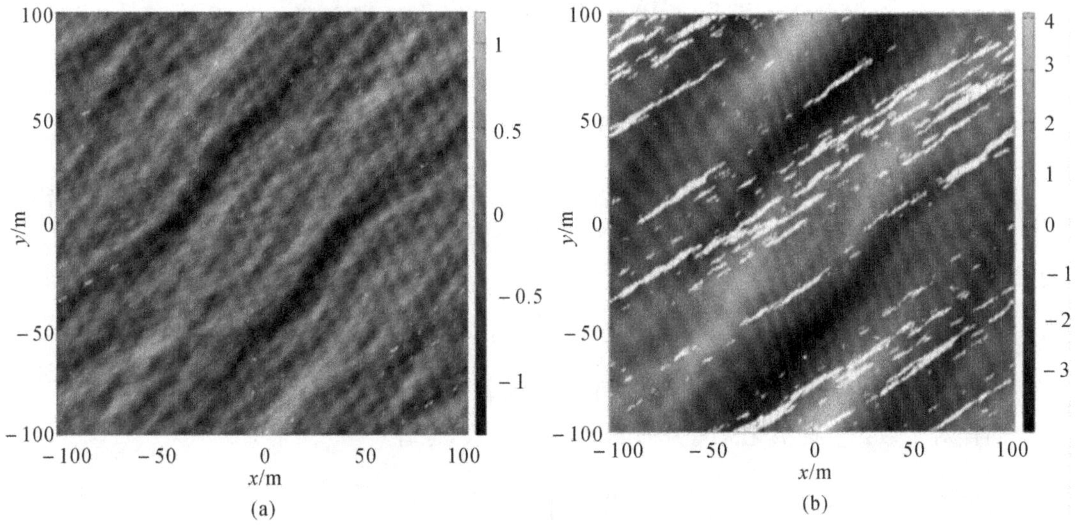

图 3.5　不同风速海况下海面白浪区域分布示意图

(a)$U_{10}=5$ m/s，$\varphi_w=45°$；　(b)$U_{10}=15$ m/s，$\varphi_w=45°$

3.2　经典电磁理论模型

粗糙面的电磁散射问题已经得到了广泛的研究。其中两种经典方法得到了最广泛的应用，即微扰法与基尔霍夫近似法(也称物理光学近似法)。这两种方法根据各自的近似条件都有局限的适用范围，但是由于表示形式简单、物理机理明确，所以至今在粗糙面的散射和参数反演方面仍有广泛的应用。

3.2.1　微扰法(SPM)

粗糙面散射问题示意图如图 3.6 所示。

图 3.6 中 θ_i 与 θ_s 分别为入射和散射俯仰角，ϕ_i 与 ϕ_s 分别为入射与散射方位角。$\boldsymbol{k}_i$ 与 $\boldsymbol{k}_s$ 分别是入射与散射矢量，且有 $\boldsymbol{k}_i=\boldsymbol{k}_0-\boldsymbol{q}_0\hat{z}$，$\boldsymbol{k}_s=\boldsymbol{k}+\boldsymbol{q}_k\hat{z}$。其中 $\boldsymbol{k}_0$ 和 $\boldsymbol{k}$ 分别为入射波 $\boldsymbol{k}_i$ 和散射波 $\boldsymbol{k}_s$ 水平投影矢量，$\boldsymbol{q}_0$ 和 $\boldsymbol{q}_k$ 为相应的垂直分量值。当 $\boldsymbol{k}_i$ 与 $\boldsymbol{k}_s$ 方向相反时为单站散射问题，反之则为双站散射问题。这里要特别强调矢量与标量的标识方法，$\boldsymbol{k}_i$ 表示矢量，k_i 为其

模值，$\hat{\boldsymbol{k}}_i$ 则为 $\boldsymbol{k}_i$ 的单位矢量，全书均依照此原则。结合图 3.6 不难发现：

$$\hat{\boldsymbol{k}}_i = \sin\theta_i\cos\phi_i\hat{x} + \sin\theta_i\sin\phi_i\hat{y} - \cos\theta_i\hat{z} \tag{3-3}$$

$$\hat{\boldsymbol{k}}_s = \sin\theta_s\cos\phi_s\hat{x} + \sin\theta_s\sin\phi_s\hat{y} - \cos\theta_s\hat{z} \tag{3-4}$$

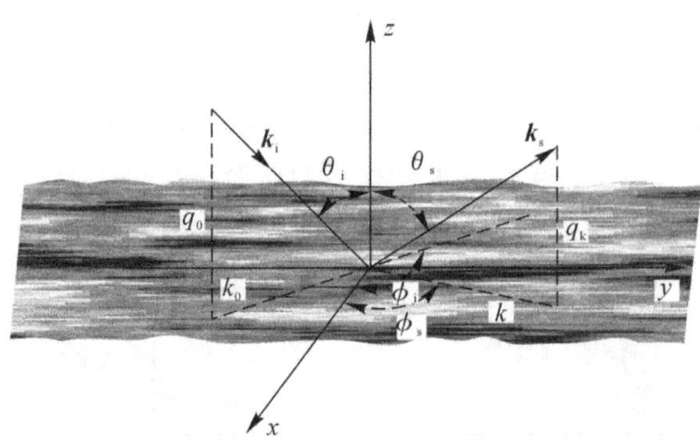

图 3.6　粗糙面电磁散射示意图

对于平面波入射的情况，定义入射场为 $\boldsymbol{E}_i = \hat{\boldsymbol{e}}_i E_0 \exp(-\mathrm{i}\hat{\boldsymbol{k}}_i \cdot \boldsymbol{r})$，其中 E_0 为入射场幅度，$\boldsymbol{r}$ 为位置矢量，$\hat{\boldsymbol{e}}_i$ 为极化矢量方向，在图 3.6 的坐标系中，$\hat{\boldsymbol{e}}_i$ 有水平极化($\hat{\boldsymbol{h}}_i$)与垂直极化($\hat{\boldsymbol{v}}_i$)两种极化方式且分别定义为

$$\hat{\boldsymbol{h}}_i = \frac{\hat{\boldsymbol{k}}_i \times \hat{\boldsymbol{z}}}{|\hat{\boldsymbol{k}}_i \times \hat{\boldsymbol{z}}|} \tag{3-5}$$

$$\hat{\boldsymbol{v}}_i = \hat{\boldsymbol{h}}_i \times \hat{\boldsymbol{k}}_i \tag{3-6}$$

同样对于散射场的极化矢量方向 $\hat{\boldsymbol{e}}_s$ 的极化方式，也有

$$\hat{\boldsymbol{h}}_s = \frac{\hat{\boldsymbol{k}}_s \times \hat{\boldsymbol{z}}}{|\hat{\boldsymbol{k}}_s \times \hat{\boldsymbol{z}}|} \tag{3-7}$$

$$\hat{\boldsymbol{v}}_s = \hat{\boldsymbol{h}}_s \times \hat{\boldsymbol{k}}_s \tag{3-8}$$

微扰法要求粗糙面均方根及其表面斜率远小于入射波长，这样微扰级数才会收敛。微扰法的零阶解相当于平面反射的能量，该解也称为相干场。一阶解则给出了最低阶的非相干场散射能量。但是它不能给出后向散射的交叉极化信息。二阶解是对一阶解的修正并能提供后向散射的交叉极化信息。微扰法认为粗糙面的均方根高度与斜率远小于入射波长，则有

$$kh \gg 1,\quad s \ll 1 \tag{3-9}$$

式中：s 为均方根斜率，只有满足以上条件才可以利用微扰理论研究粗糙面的散射问题。式(3-9)第一个条件是对表面高度进行泰勒级数展开时的收敛条件。

SPM 的精度不仅取决于式(3-9)中的条件，还与入射及散射的角度有关。随着入射与散射角接近掠入射，遮挡与多次散射效应增强，这就大大限制了低阶 SPM 的使用。SPM 在高斯粗糙面(均方根高度为 h，相关长度为 l)的应用研究表明，对于固定 kh 且无论其多小，一阶微扰解随着 kl 过大或过小都会变得不准确。如果固定 kl，而 kh 变小，则一阶微扰解会变得更加接近准确解。对大入射角，后向散射的一阶微扰解会变得无效。因此为了获得较准确的一阶微扰解，较小的相关长度与斜率是必需的。对于海洋面的散射，在较小风速下，一阶微扰解可以获得较好的结果，随着风速的增加，需要二阶微扰法修正才能获得满意结果。考虑计算效率与本书应用，这里仅考虑一阶微扰解。

根据图 3.6 中矢量定义，把入射矢量具体写为

$$\boldsymbol{k}_{\mathrm{i}}=k_{xi}\hat{\boldsymbol{x}}+k_{yi}\hat{\boldsymbol{y}}-k_{zi}\hat{\boldsymbol{z}}=k\hat{\boldsymbol{k}}_{\mathrm{i}}=\boldsymbol{k}_{i\perp}-k_{zi}\hat{\boldsymbol{z}} \tag{3-10}$$

式中：$k=2\pi/\lambda$，为自由空间波数；$k_1=k\sqrt{\varepsilon}$，为粗糙面介质中的波数；ε 为介电常数。同样的，对于散射波矢量，有

$$\boldsymbol{k}_{\mathrm{s}}=k_{xs}\hat{\boldsymbol{x}}+k_{ys}\hat{\boldsymbol{y}}-k_{zs}\hat{\boldsymbol{z}}=\boldsymbol{k}\hat{k}_{\mathrm{s}}=\boldsymbol{k}_{s\perp}-k_{zs}\hat{\boldsymbol{z}} \tag{3-11}$$

介质中的相应波矢量垂直分量分别为

$$k_{1zi}=\sqrt{k_1^2-k_{xi}^2-k_{yi}^2},\quad k_{1z}=\sqrt{k_1^2-k_x^2-k_y^2} \tag{3-12}$$

不同的推导方式会导致不同的微扰解表示形式，这里采用 Johnson 形式，该形式将单、双站散射的表达式统一起来，形式简单、实用且方便。根据式(3-10)～式(3-12)定义的变量，给出一阶微扰解。粗糙面的归一化雷达散射截面可表示为

$$\sigma_{\alpha\beta}=16\pi\ |\varepsilon-1|^2(k_z^2k_{zi}^2\ |g_{\alpha\beta}|^2)\ [k^4W(\boldsymbol{k}_{s\perp}-\boldsymbol{k}_{i\perp})] \tag{3-13}$$

式中：α 与 β 分别代表散射与入射波的极化方式；$W(\boldsymbol{k}_{s\perp}-\boldsymbol{k}_{i\perp})$ 为粗糙面的功率谱密度，从式(3-13)功率谱密度的表示可知，谱密度中只有单一分量对散射有贡献，故式(3-13)表示的是一阶布拉格散射，即一阶微扰解；$g_{\alpha\beta}$ 是极化因子，是入射与散射角度以及介电常数的函数，则有

$$g_{\mathrm{hh}}=\frac{\cos(\phi-\phi_{\mathrm{i}})}{(k_z+k_{1z})(k_{zi}+k_{1zi})} \tag{3-14}$$

$$g_{\mathrm{vh}}=\frac{\sin(\phi-\phi_{\mathrm{i}})k_{1z}}{(\varepsilon k_z+k_{1z})(k_{zi}+k_{1zi})k} \tag{3-15}$$

$$g_{\mathrm{hv}}=\frac{\sin(\phi-\phi_{\mathrm{i}})k_{1zi}}{(k_z+k_{1z})(\varepsilon k_{zi}+k_{1zi})k} \tag{3-16}$$

$$g_{\mathrm{vv}}=\frac{1}{(\varepsilon k_z+k_{1z})(\varepsilon k_{\mathrm{i}}+k_{1zi})k^2}[\varepsilon k_{\rho i}k_{\rho}-k_{1zi}k_{1z}\cos(\phi-\phi_{\mathrm{i}})] \tag{3-17}$$

式中：$k_{\rho i}=|\boldsymbol{k}_{\mathrm{i}\perp}|$；$k_{\rho}=|\boldsymbol{k}_{\mathrm{s}\perp}|$。

3.2.2　基尔霍夫近似法

基尔霍夫近似(KA)法认为粗糙面上每一点的切向场等价于切向平面的感应场。在 KA 中遮挡与多次散射都被忽略，因此 KA 要求粗糙面具有相对较小的斜率和大的曲率，该条件下粗糙面的多次散射与遮挡效应才可以忽略不计。需要指出的是 KA 法是对表面积分方程远场近似与切平面近似后的结果，计算的后向散射场也没有交叉极化信息。经远场近似后的散射场的表面积分方程形式为

$$\boldsymbol{E}_{\mathrm{s}}(r)=\frac{\mathrm{i}k\mathrm{e}^{\mathrm{i}kr}}{4\pi r}(\bar{\bar{\boldsymbol{I}}}-\hat{\boldsymbol{k}}_{\mathrm{s}}\hat{\boldsymbol{k}}_{\mathrm{s}})\int_S\{\hat{\boldsymbol{k}}_{\mathrm{s}}\times[\hat{\boldsymbol{n}}\times\boldsymbol{E}(r)]+\eta[\hat{\boldsymbol{n}}\times\boldsymbol{H}(\boldsymbol{r})]\}\mathrm{e}^{-\mathrm{i}\boldsymbol{k}_{\mathrm{s}}\cdot\boldsymbol{r}} \tag{3-18}$$

式中：$\bar{\bar{\boldsymbol{I}}}$ 为并矢单位矢量；η 为特征阻抗；$\hat{\boldsymbol{n}}$ 为表面的方向。其与表面某处(x,y,z)的斜率有如下关系：

$$\hat{\boldsymbol{n}}=\frac{-f_x\hat{\boldsymbol{x}}-f_y\hat{\boldsymbol{y}}+\hat{\boldsymbol{z}}}{\sqrt{f_x^2+f_y^2+1}} \tag{3-19}$$

$$f_x=\frac{\partial z(x,y)}{\partial x},\quad f_y=\frac{\partial z(x,y)}{\partial y} \tag{3-20}$$

再进行切面平近似，即表面某一点可视为无穷大的切向平面，设该处的局部坐标系下极

化矢量分别定义为

$$\hat{\boldsymbol{q}}_i = \frac{\hat{\boldsymbol{k}}_i \times \hat{\boldsymbol{n}}}{|\hat{\boldsymbol{k}}_i \times \hat{\boldsymbol{n}}|}, \quad \hat{\boldsymbol{p}}_i = \hat{\boldsymbol{q}}_i \times \hat{\boldsymbol{k}}_i \tag{3-21}$$

此时表面场为

$$\hat{\boldsymbol{n}} \times \boldsymbol{E}(\boldsymbol{r}) = [(\hat{\boldsymbol{n}} \times \hat{\boldsymbol{q}}_i)(\hat{\boldsymbol{e}}_i \cdot \hat{\boldsymbol{q}}_i)(1+R_h) + (\hat{\boldsymbol{e}}_i \cdot \hat{\boldsymbol{p}}_i)(\hat{\boldsymbol{n}} \cdot \hat{\boldsymbol{k}}_i)\hat{\boldsymbol{q}}_i(1-R_v)] E_0 e^{i\boldsymbol{k}_i \cdot \boldsymbol{r}} \tag{3-22}$$

$$\hat{\boldsymbol{n}} \times \boldsymbol{H}(\boldsymbol{r}) = \frac{1}{\eta}[-(\hat{\boldsymbol{e}}_i \cdot \hat{\boldsymbol{q}}_i)(\hat{\boldsymbol{n}} \cdot \hat{\boldsymbol{k}}_i)\hat{\boldsymbol{q}}_i(1-R_h) + (\hat{\boldsymbol{e}}_i \cdot \hat{\boldsymbol{p}}_i)(\hat{\boldsymbol{n}} \times \hat{\boldsymbol{q}}_i)(1+R_v)\} E_0 e^{i\boldsymbol{k}_i \cdot \boldsymbol{r}} \tag{3-23}$$

式中：R_h 与 R_v 是菲涅尔反射系数，当局部入射角度为 θ_{li} 时的表达式分别为

$$R_h = \frac{\cos\theta_{li} - \sqrt{\varepsilon_r - \sin^2\theta_{li}}}{\cos\theta_{li} + \sqrt{\varepsilon_r - \sin^2\theta_{li}}}, \quad R_v = \frac{\varepsilon_r\cos\theta_{li} - \sqrt{\varepsilon_r - \sin^2\theta_{li}}}{\varepsilon_r\cos\theta_{li} + \sqrt{\varepsilon_r - \sin^2\theta_{li}}} \tag{3-24}$$

将式(3-20)与式(3-21)代入(3-18)，可得散射场为

$$\boldsymbol{E}_s(\boldsymbol{r}) = \frac{ike^{ikr}}{4\pi\boldsymbol{r}} E_0 (\overline{\overline{I}} - \hat{\boldsymbol{k}}_s\hat{\boldsymbol{k}}_s) \int_S \boldsymbol{F}(\alpha, \beta) e^{i(\boldsymbol{k}_i - \boldsymbol{k}_s)\boldsymbol{r}} d\boldsymbol{r} \tag{3-25}$$

$\boldsymbol{F}(\alpha,\beta)$ 为斜率 α,β 的表达式，对 $\boldsymbol{F}(\alpha,\beta)$ 关于斜率为 0 的点进行级数展开，保留几项级数则称为 KA 的几阶解。一般采用的是一阶解，其表达式为

$$\boldsymbol{E}_s(\boldsymbol{r}) = \frac{ike^{ikr}}{4\pi\boldsymbol{r}} E_0 (\overline{\overline{I}} - \hat{\boldsymbol{k}}_s\hat{\boldsymbol{k}}_s) \boldsymbol{F}(0,0) \int_S e^{i(\boldsymbol{k}_i - \boldsymbol{k}_s)\boldsymbol{r}} d\boldsymbol{r} \tag{3-26}$$

$$\begin{aligned}\boldsymbol{F}(0,0) = &-(\hat{\boldsymbol{e}}_i \cdot \hat{\boldsymbol{h}}_i)(\hat{\boldsymbol{z}} \cdot \hat{\boldsymbol{k}}_i)\hat{\boldsymbol{h}}_i(1-R_h) + (\hat{\boldsymbol{e}}_i \cdot \hat{\boldsymbol{v}}_i)(\hat{\boldsymbol{z}} \times \hat{\boldsymbol{k}}_i)\hat{\boldsymbol{h}}_i(1+R_v) + (\hat{\boldsymbol{e}}_i \cdot \hat{\boldsymbol{h}}_i) \times \\ &[\hat{\boldsymbol{k}}_s \times (\hat{\boldsymbol{z}} \times \hat{\boldsymbol{h}}_i)](1+R_h) + (\hat{\boldsymbol{e}}_i \cdot \hat{\boldsymbol{h}}_i)(\hat{\boldsymbol{z}} \cdot \hat{\boldsymbol{k}}_i)(\hat{\boldsymbol{k}}_s \times \hat{\boldsymbol{h}}_i)(1-R_v)\end{aligned} \tag{3-27}$$

粗糙面的归一化散射截面可以分为相干场部分与非相干场部分，经过复杂推导，相干场的归一化雷达散射截面可表示为

$$\sigma_{c,ab} = \frac{k^2 A_0}{4\pi} = F_{ab}^2 \exp(-k_{dz}^2 h^2) \operatorname{sinc}^2(k_{dx}L_x) \operatorname{sinc}^2(k_{dy}L_y) \tag{3-28}$$

式中：A_0 为粗糙面面积；L_x 与 L_y 分别为粗糙面 x，y 方向的长度；F_{ab}^2 为极化因子，则有

$$F_{hh} = [(1-R_h)\cos\theta_i - (1+R_h)\cos\theta]\cos(\phi_s - \phi_i) \tag{3-29}$$

$$F_{vv} = [-(1+R_v)\cos\theta_s - (1-R_v)\cos\theta]\cos(\phi_s - \phi_i) \tag{3-30}$$

$$F_{hv} = [(1+R_v) - (1-R_v)\cos\theta_i\cos\theta_s]\sin(\phi_s - \phi_i) \tag{3-31}$$

$$F_{vh} = [(1-R_h)\cos\theta_i\cos\theta_s - (1+R_h)]\sin(\phi_s - \phi_i) \tag{3-32}$$

非相干场的归一化雷达散射截面为

$$\sigma_{ic,ab} = \pi k^2 \exp(-h^2 k_{dz}^2) F_{ab} \sum_{m=1}^{\infty} \frac{k_{dz}^{2m}}{m!} W^{(m)}(|\boldsymbol{k}_{dz\perp}|) \tag{3-33}$$

式中：$W^{(m)}(|\boldsymbol{k}_{dz\perp}|)$ 为粗糙面的 m 阶谱密度函数，对于高斯粗糙面有

$$W^{(m)}(k) = \frac{l_c^2}{2m} \exp\left[-\left(\frac{kl_c}{2m}\right)^2\right] \tag{3-34}$$

对于指数粗糙面，则有

$$W^{(m)}(k) = \left(\frac{l_c}{m}\right)^2 \left[1 + \left(\frac{kl_c}{m}\right)^2\right]^{-\frac{3}{2}} \tag{3-35}$$

最终的 KA 解是通过对 Stratton－Chu 积分方程关于零斜率的级数展开并忽略绕射贡

献获得的。遮挡效应与多次散射效果在KA近似中均被忽略。为了避免能量收敛困难，对计算结果采用统计分析，可使用遮挡函数。由于只有单一散射被考虑，所以交叉极化在该近似中无法获得。然而对于起伏较为平缓的粗糙面，KA可以在镜向以及附近区域获得较为精确的结果。Thorsos研究了高斯与PM海洋面的KA结果，研究中粗糙面均方根斜率小于20°，同时入射角为大掠入射角（小入射角），使用KA表面局部的曲率半径要满足以下条件：

$$2kR\cos^3\theta_i \leqslant 1 \tag{3-36}$$

式中：k 是波数；θ_i 为局部入射角；R 为曲率半径。研究还指出，决定KA精度的关键参数是表面相关长度与入射波长之比（l/λ）。如果该比值大于1且遮挡效应不明显，同时不在小擦地角区域，那么KA的结果是准确的。在小擦地角附近，由于散射变为复杂的多次散射，遮挡等都十分明显，这时KA是无法使用的。对于具有多尺度的PM海洋面，研究表明在掠入射角大于10°的情况下，镜面方向（specular dierection）附近，KA能够获得较为准确的结果，后向的结果则不够准确。

当入射频率足够高（$k=2\pi/\lambda\rightarrow\infty$），通过镜相法可以从KA中获得几何光学（GO）解。在该近似条件下，不存在漫散射，同时散射场的相关分量消失，只有非相关分量。GO解与频率无关，散射能量正比于表面发生镜向反射的表面斜率的概率密度。经过数学推导并简化后的GO解为

$$\sigma_{ab}=\frac{\pi k_d^4}{|\hat{\boldsymbol{k}}_i\times\hat{\boldsymbol{k}}_s|k_{dz}^2}f_{ab}P\left(-\frac{k_{dx}}{k_{dz}},-\frac{k_{dy}}{k_{dz}}\right) \tag{3-37}$$

式中：P 为粗糙面斜率概率密度函数；f_{ab} 为极化因子，则有

$$\left.\begin{aligned}
f_{vv}&=|(\hat{h}_s\cdot\hat{\boldsymbol{k}}_i)(\hat{h}_i\cdot\hat{\boldsymbol{k}}_s)R_h+(\hat{v}_s\cdot\hat{\boldsymbol{k}}_i)(\hat{v}_i\cdot\hat{\boldsymbol{k}}_s)R_v|^2\\
f_{hv}&=|(\hat{v}_s\cdot\hat{\boldsymbol{k}}_i)(\hat{h}_i\cdot\hat{\boldsymbol{k}}_s)R_h-(\hat{h}_s\cdot\hat{\boldsymbol{k}}_i)(\hat{v}_i\cdot\hat{\boldsymbol{k}}_s)R_v|^2\\
f_{vh}&=|(\hat{h}_s\cdot\hat{\boldsymbol{k}}_i)(\hat{v}_i\cdot\hat{\boldsymbol{k}}_s)R_h-(\hat{v}_s\cdot\hat{\boldsymbol{k}}_i)(\hat{h}_i\cdot\hat{\boldsymbol{k}}_s)R_v|^2\\
f_{hh}&=|(\hat{v}_s\cdot\hat{\boldsymbol{k}}_i)(\hat{v}_i\cdot\hat{\boldsymbol{k}}_s)R_h+(\hat{h}_s\cdot\hat{\boldsymbol{k}}_i)(\hat{h}_i\cdot\hat{\boldsymbol{k}}_s)R_v|^2
\end{aligned}\right\} \tag{3-38}$$

3.2.3 双尺度方法

双尺度模型的近似方法在粗糙面的散射问题中也得到了广泛的应用。这种方法主要应用于具有较大空间尺度范围的粗糙面，比如海洋粗糙面。在该模型中，大尺度部分采用KA，小尺度部分则利用SPM来求解。研究表明，在多种照射频率下，双尺度模型与海洋散射的实验数据能获得较好的匹配。

作为对KA与SPM的结合，双尺度模型已经广泛应用于多尺度粗糙面的散射。应用最多的主要是海洋粗糙面，大尺度部分对应重力波，其波长大于入射波长，小尺度部分对应张力波，波长一般为毫米量级。假设这两部分具有独立的统计特性，则总的散射截面可认为是两部分结合，即小尺度部分受大尺度部分的倾斜调制。从目前的研究成果来看，双尺度模型对于计算或解释海洋的电磁散射机理具有重要作用。

在双尺度模型中，KA或GO处理长波部分的散射，SPM用来计算远离镜面方向的短波散射贡献。SPM的结果通过大尺度的倾斜调制贡献到总的散射截面中。目前的研究结果表明，在海洋散射中，双尺度能够在一个十分广泛的入射角范围内获得较为准确的结果。

双尺度模型来源于物理上的期望，并没有经过严格的数学推理，其海谱大小尺度之分靠人为截断，因此截断波数的选取具有经验性。仿真与实验数据说明提高对截断波数的理解，

提出更合理的选取原则对双尺度模型更广泛的应用具有重要意义。双尺度模型可以表示为

$$\sigma_{pq}=\sigma_{pq}^{\mathrm{GO}}+\langle\sigma_{pq}^{\mathrm{SPM}}\rangle \tag{3-39}$$

式中:$\langle\cdot\rangle$ 表示对粗糙面的斜率取集求平均,双尺度模型中小尺度部分的计算建立在局部坐标系中,对于斜率为(z_x,z_y) 的某处,其局部坐标系定义为

$$\hat{\boldsymbol{n}}=\frac{-z_x\hat{\boldsymbol{x}}-z_y\hat{\boldsymbol{y}}+\hat{\boldsymbol{z}}}{\sqrt{z_x^2+z_y^2+1}} \tag{3-40}$$

$$\hat{\boldsymbol{z}}_l=\hat{\boldsymbol{n}} \tag{3-41}$$

$$\hat{\boldsymbol{y}}_l=\frac{\hat{\boldsymbol{k}}_{\mathrm{i}}\times\hat{\boldsymbol{n}}}{|\hat{\boldsymbol{k}}_{\mathrm{i}}\times\hat{\boldsymbol{n}}|} \tag{3-42}$$

$$\hat{\boldsymbol{x}}_l=\hat{\boldsymbol{y}}_l\times\hat{\boldsymbol{z}}_l \tag{3-43}$$

在局部的坐标系中,极化矢量方向为

$$\hat{\boldsymbol{h}}'_{\mathrm{i}}=\frac{\hat{\boldsymbol{k}}_{\mathrm{i}}\times\hat{\boldsymbol{z}}_l}{|\hat{\boldsymbol{k}}_{\mathrm{i}}\times\hat{\boldsymbol{z}}_l|},\quad \hat{\boldsymbol{v}}'_{\mathrm{i}}=\hat{\boldsymbol{k}}'_{\mathrm{i}}\times\hat{\boldsymbol{k}}_{\mathrm{i}} \tag{3-44}$$

$$\hat{\boldsymbol{h}}'_{\mathrm{i}}=\frac{\hat{\boldsymbol{k}}_{\mathrm{s}}\times\hat{\boldsymbol{z}}_l}{|\hat{\boldsymbol{k}}_{\mathrm{s}}\times\hat{\boldsymbol{z}}_l|},\quad \hat{\boldsymbol{v}}'_{\mathrm{s}}=\hat{\boldsymbol{k}}'_{\mathrm{s}}\times\hat{\boldsymbol{k}}_{\mathrm{s}} \tag{3-45}$$

Fung 给出了 TSM 的后向散射,其表示形式为

$$\langle\sigma_{\mathrm{HH,SPM}}(\theta_{\mathrm{i}})\rangle=\int_{-\infty}^{\infty}\int_{-\cot\theta_{\mathrm{i}}}^{\infty}(\hat{\boldsymbol{h}}_{\mathrm{i}}\cdot\hat{\boldsymbol{h}}_{\mathrm{i}})^4\sigma_{\mathrm{HH}}^0(\theta'_{\mathrm{i}})(1+z_x\tan\theta_{\mathrm{i}})P(z_x,z_y)\,\mathrm{d}z_x\mathrm{d}z_y \tag{3-46}$$

$$\langle\sigma_{\mathrm{VV,SPM}}(\theta_{\mathrm{i}})\rangle=\int_{-\infty}^{\infty}\int_{-\cot\theta_{\mathrm{i}}}^{\infty}(\hat{\boldsymbol{v}}_{\mathrm{i}}\cdot\hat{\boldsymbol{v}}'_{\mathrm{i}})^4\sigma_{\mathrm{VV}}^0(\theta_{\mathrm{i}})(1+z_x\tan\theta_{\mathrm{i}})P(z_x,z_y)\,\mathrm{d}z_x\mathrm{d}z_y \tag{3-47}$$

式中:θ_{i},θ'_{i} 分别为全局与局部入射角;$P(z_x,z_y)$ 为粗糙面斜率的联合概率密度函数;$\sigma^0(\theta'_{\mathrm{i}})$ 为局部坐标系下面元的后向散射系数。这里结合式(3-13)中的 SPM 表示形式,可给出双站的 TSM 表达式为

$$\begin{aligned}\sigma_{pq}=\langle&(\boldsymbol{p}\cdot\hat{\boldsymbol{v}}'_{\mathrm{s}})^2(\boldsymbol{q}\cdot\hat{\boldsymbol{v}}'_{\mathrm{i}})\sigma_{v'_{\mathrm{s}}v'_{\mathrm{i}}}+(\boldsymbol{p}\cdot\hat{\boldsymbol{v}}'_{\mathrm{s}})^2(\boldsymbol{q}\cdot\hat{\boldsymbol{h}}'_{\mathrm{i}})^2\sigma_{v'_{\mathrm{s}}h'_{\mathrm{i}}}+\\&(\boldsymbol{p}\cdot\hat{\boldsymbol{h}}'_{\mathrm{s}})^2(\boldsymbol{q}\cdot\hat{\boldsymbol{v}}'_{\mathrm{i}})^2\sigma_{h'_{\mathrm{s}}v'_{\mathrm{i}}}+(\boldsymbol{p}\cdot\hat{\boldsymbol{h}}'_{\mathrm{s}})^2(\boldsymbol{q}\cdot\hat{\boldsymbol{h}}'_{\mathrm{i}})^2\sigma_{h'_{\mathrm{s}}h'_{\mathrm{i}}}+\\&(\boldsymbol{p}\cdot\hat{\boldsymbol{h}}'_{\mathrm{s}})^2(\boldsymbol{q}\cdot\hat{\boldsymbol{v}}'_{\mathrm{i}})(\boldsymbol{q}\cdot\hat{\boldsymbol{h}}'_{\mathrm{i}})\sigma_{h'_{\mathrm{s}}h'_{\mathrm{i}}h'_{\mathrm{s}}v'_{\mathrm{i}}}+(\boldsymbol{p}\cdot\hat{\boldsymbol{v}}'_{\mathrm{s}})(\boldsymbol{p}\cdot\hat{\boldsymbol{h}}'_{\mathrm{s}})(\boldsymbol{q}\cdot\hat{\boldsymbol{h}}'_{\mathrm{i}})^2\sigma_{h'_{\mathrm{s}}h'_{\mathrm{i}}v'_{\mathrm{s}}h'_{\mathrm{i}}}+\\&(\boldsymbol{p}\cdot\hat{\boldsymbol{v}}'_{\mathrm{s}})(\boldsymbol{p}\cdot\hat{\boldsymbol{h}}'_{\mathrm{s}})(\boldsymbol{q}\cdot\hat{\boldsymbol{h}}'_{\mathrm{i}})(\boldsymbol{q}\cdot\hat{\boldsymbol{v}}'_{\mathrm{i}})\sigma_{h'_{\mathrm{s}}v'_{\mathrm{i}}v'_{\mathrm{s}}h'_{\mathrm{i}}}+\\&(\boldsymbol{p}\cdot\hat{\boldsymbol{v}}'_{\mathrm{s}})(\boldsymbol{p}\cdot\hat{\boldsymbol{h}}'_{\mathrm{s}})(\boldsymbol{q}\cdot\hat{\boldsymbol{h}}'_{\mathrm{i}})(\boldsymbol{q}\cdot\hat{\boldsymbol{v}}'_{\mathrm{i}})\sigma_{v'_{\mathrm{s}}v'_{\mathrm{i}}h'_{\mathrm{s}}h'_{\mathrm{i}}}+\\&(\boldsymbol{p}\cdot\hat{\boldsymbol{v}}'_{\mathrm{s}})^2(\boldsymbol{p}\cdot\hat{\boldsymbol{h}}'_{\mathrm{s}})(\boldsymbol{q}\cdot\hat{\boldsymbol{v}}'_{\mathrm{i}})\sigma_{h'_{\mathrm{s}}v'_{\mathrm{i}}v'_{\mathrm{s}}v'_{\mathrm{i}}}+(\boldsymbol{p}\cdot\hat{\boldsymbol{h}}'_{\mathrm{s}})^2(\boldsymbol{q}\cdot\hat{\boldsymbol{v}}'_{\mathrm{i}})(\boldsymbol{q}\cdot\hat{\boldsymbol{h}}'_{\mathrm{i}})\sigma_{v'_{\mathrm{s}}v'_{\mathrm{i}}v'_{\mathrm{s}}h'_{\mathrm{i}}}\rangle\end{aligned} \tag{3-48}$$

式中

$$\sigma_{pqmn}=8\pi k^2\mathrm{Re}(g_{pq}\cdot g_{mn}^*)\,|g_{mn}|^2\cos^2\theta_{\mathrm{s}}W(\boldsymbol{k}_{\mathrm{s}\perp}-\boldsymbol{k}_{\mathrm{i}\perp}) \tag{3-49}$$

式(3-46)与式(3-47)中的$\langle\cdot\rangle$ 的数学表达式为

$$\langle G\rangle=\iint G(z_x,z_y)P(z_x,z_y)I\,\mathrm{d}z_x\mathrm{d}z_y \tag{3-50}$$

式中:I 为遮挡判断函数。

$$I=\begin{cases}1, & \boldsymbol{n}_{\mathrm{i}}\cdot\boldsymbol{n}<0\\0, & \boldsymbol{n}\cdot\boldsymbol{n}\geqslant 0\end{cases} \tag{3-51}$$

3.2.4 小斜率近似方法

小斜率近似模型包含了 SPM 和 KA 两种散射机理的贡献。对于大、中、小尺度粗糙面的散射计算都是一种较好的解析近似方法。同传统电磁散射模型相比,在满足粗糙面斜率均方根较小的情况下,(SSA,Small Slope Approximation) 的结果几乎不受入射波频率的限制,因而有着较广的应用范围。SSA 是将散射幅度对粗糙面的斜率作级数展开,其精度取决于保留的展开项数。级数越高,精度越高,其复杂度也越高。常用的有一阶小斜率(SSA1) 与二阶小斜率(SSA2)。综合考虑计算复杂度与精度需求,这里仅考虑 SSA1。在平面波的照射下,散射幅度具体表达式为

$$S(\boldsymbol{k},\boldsymbol{k}_0)=\frac{2\,(q_k q_0)^{1/2}}{q_k+q_0}B(\boldsymbol{k},\boldsymbol{k}_0)\int\frac{\mathrm{d}\boldsymbol{r}_\perp}{(2\pi)^2}\exp[-\mathrm{i}(\boldsymbol{k}-\boldsymbol{k}_0)\cdot\boldsymbol{r}+\mathrm{i}(q_k+q_0)h(\boldsymbol{r})] \tag{3-52}$$

式中:$\boldsymbol{k}_0$ 和 $\boldsymbol{k}$ 分别为入射波 $\boldsymbol{k}_\mathrm{i}$ 和散射波 $\boldsymbol{k}_\mathrm{s}$ 的水平投影矢量,q_0 和 q_k 为相应的垂直分量值,即有入射波 $\boldsymbol{k}_\mathrm{i}=\boldsymbol{k}_0-q_0\hat{z}$,$\boldsymbol{k}_\mathrm{s}=\boldsymbol{k}+q_k\hat{z}$,$B(\boldsymbol{k},\boldsymbol{k}_0)$ 为极化因子,源于 SPM 系数的推导,代表布拉格散射对结果的影响。粗糙面上某一点位置矢量 $\boldsymbol{r}=(x,y)$ 为水平分量,$h(\boldsymbol{r})$ 则为该点的高程值。

求取粗糙面归一化的雷达散射截面(NRCS),可通过建立确定性的粗糙面样本数值求取式(3-52),然后采用蒙特卡洛方法对多次样本的结果求平均来获取。但这种方法在高频段,需要对粗糙面进行较细的剖分,同时对于多尺度粗糙面的仿真,其准确性有限。这里采用具有统计意义的解析表达式来求取 NRCS。根据式(3-52),定义

$$\Delta S(\boldsymbol{k},\boldsymbol{k}_0)=S(\boldsymbol{k},\boldsymbol{k}_0)-\langle S(\boldsymbol{k},\boldsymbol{k}_0)\rangle \tag{3-53}$$

式中:$\langle\cdot\rangle$ 表示取集。归一化的雷达散射截面可表示为

$$\sigma_{\mathrm{SSA1}}=q_0q_k\langle\Delta S(\boldsymbol{k},\boldsymbol{k}_0)\times\Delta S^*(\boldsymbol{k},\boldsymbol{k}_0)\rangle \tag{3-54}$$

式中:* 表示取共轭。经过复杂的推导可得到 NRCS 具有统计意义的表达式为

$$\sigma_{\mathrm{ab}}^{\mathrm{SSA1}}(\boldsymbol{k},\boldsymbol{k}_0)=\frac{1}{\pi}\left|\frac{2q_kq_0}{q_k+q_0}B_{\mathrm{ab}}(\boldsymbol{k},\boldsymbol{k}_0)\right|^2\exp[-(q_k+q_0)^2C(0)]\times$$
$$\int\{\exp[(q_k+q_0)^2C(\boldsymbol{r})-1]\}\times\exp[-\mathrm{i}(\boldsymbol{k}-\boldsymbol{k}_0)\cdot\boldsymbol{r}]\,\mathrm{d}\boldsymbol{r} \tag{3-55}$$

式中:a,b 分别代表散射波与入射波的极化方式;$C(\boldsymbol{r})$ 为粗糙面的相关函数,对于高斯型、指数型的粗糙面,其相关函数都具有简明具体的表达形式,而对于很多尺度粗糙面,尤其是海洋类型粗糙面,$C(\boldsymbol{r})$ 就需要对大量点进行积分运算,因此这里对 SSA 在 Elfouhaily 模型中的应用进行特别的说明。

对于风向为 φ 的 Elfouhaily 海浪谱,其表达式为

$$W(K,\varphi)=W(K)G(K,\varphi) \tag{3-56}$$

式中

$$W(K)=(B_\mathrm{L}+B_\mathrm{H})/K^3,\quad G(K)=[1+\Delta(K)\cos(2\varphi)]/2\pi \tag{3-57}$$

式中:B_L 和 B_H 分别为海谱中的重力波与毛细波部分;$\Delta(K)$ 为逆侧风比例因子。海面相关函数通过海谱函数的傅里叶变换获得,即

$$C(\boldsymbol{r})=\int_0^{2\pi}\mathrm{d}\varphi\int_0^{\infty}W(\boldsymbol{K})\exp(\mathrm{i}\boldsymbol{K}\cdot\boldsymbol{r})\,\mathrm{d}\boldsymbol{K} \tag{3-58}$$

根据 Elfouhaily 海浪谱表达形式，对式(3-58)的积分可借助贝塞尔函数，其相关函数可简化为两个一维积分。

$$C(\boldsymbol{r})=C(\boldsymbol{r},\phi)=C_0(\boldsymbol{r})-\cos(2\phi)\times C_2(\boldsymbol{r}) \tag{3-59}$$

式中

$$\left.\begin{aligned} C_0(\boldsymbol{r})&=\int_0^{\infty}W(K)J_0(K\boldsymbol{r})\,\mathrm{d}K \\ C_2(\boldsymbol{r})&=\int_0^{\infty}W(K)J_2(K\boldsymbol{r})\Delta(K)\mathrm{d}K \end{aligned}\right\} \tag{3-60}$$

式中：J_n 为第一类 n 阶贝塞尔函数；$C_0(\boldsymbol{r})$ 代表着相关函数中各项同性的部分；$C_2(\boldsymbol{r})$ 则为非各项同性部分。

图 3.7 所示为 $\phi=0$ 时，$C_0(\boldsymbol{r})$ 与 $C_2(\boldsymbol{r})$ 随距离 r 变化的曲线。从图 3.7 中可以发现在一定的距离范围内相关函数值变化剧烈，尤其某些负值情况，当距离较近时，相关函数主要受到相关项的影响，随着 r 的增大相关函数及其中的各项同性部分的数值减小，而风速参数越大，这种变化越剧烈，这也会影响散射计算结果。

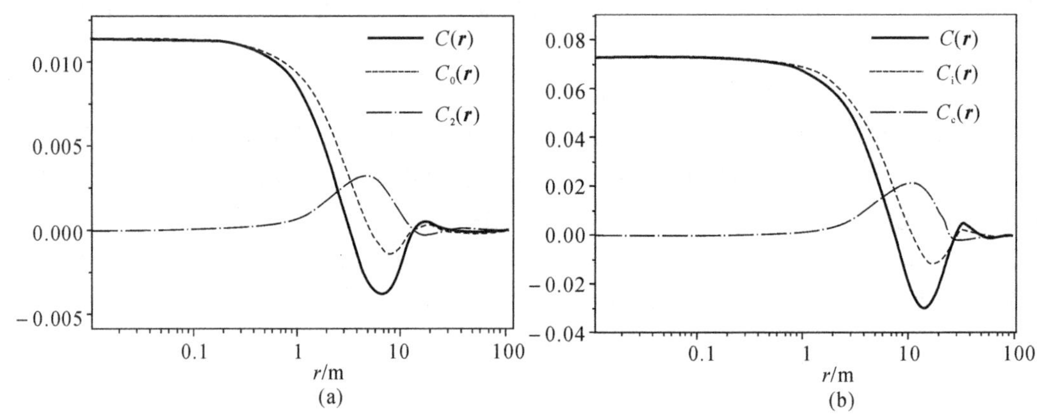

图 3.7 不同风速下 $C_0(\boldsymbol{r})$，$C_2(\boldsymbol{r})$，$C(\boldsymbol{r})$ 随距离变化曲线

(a) $U_{10}=5$ m/s； (b) $U_{10}=10$ m/s

3.2.5 积分方程方法(Integral Equation Model，IEM)

双尺度与真实的自然环境有着本质的区别，自然界中的粗糙面其表面是众多尺度连续分布的，而并非像双尺度那样由两个差异十分明显的尺度构成，尤其是对于斜率分布相对偏大的土壤等陆地环境。因此双尺度是一种十分理想的电磁模型，研究更加符合真实自然环境的方法十分有必要。

积分方程模型是针对裸露地表环境散射的电磁模型，IEM 将表面的场分为基尔霍夫场(或称切面近似场)与补偿场，从而得到了较基尔霍夫模型更为精确的电磁散射解。SPM 适用于较为平坦的粗糙面，GO 与 KA 比较适用于相对比较粗糙的表面。相比经典电磁模型，IEM 比这三种方法的适用范围都要广。IEM 能够提供较为准确的地表后向散射分布，而且对于地表的粗糙度的要求大大减小。目前，IEM 模型在土壤等陆地环境的电磁散射模拟与参数反演方面有着极为广泛的应用。

IEM由表面积分方程推导而来，具有代数式的表示形式，同时没有牺牲计算精度。IEM结合了SPM和KA的优点，能够解决更大范围粗糙度与入射波频率的粗糙面散射问题。IEM的推导较为复杂，这里直接给出其表示形式。IEM散射系数最终形式由两部分组成，即来自粗糙面的单次散射贡献与粗糙面内多次散射的贡献，则有

$$\sigma_{pq}=\sigma_{pq}^{S}+\sigma_{pq}^{M} \tag{3-61}$$

对于单次散射其表达式为

$$\sigma_{pq}^{\mathrm{IEM}}=\frac{k^2}{2}\exp[-h^2(k_{iz}^2+k_{sz}^2)]\sum_{n=1}^{\infty}h^{2n}\,|I_{pq}^{n}|\frac{W^n(k_{sx}-k_{ix},k_{sy}-k_{iy})}{n!} \tag{3-62}$$

$$I_{pq}^{n}=(k_{zi}+k_{zs})^n f_{pq}\exp(-h^2k_{zi}k_{zs})+\frac{(k_{zs})^nF_{pq}(-k_{xi},-k_{yi})+(k_{is})^nF_{pq}(-k_{xs},-k_{ys})}{2} \tag{3-63}$$

式中：f_{pq} 与 F_{pq} 的具体形式可见文献[7]；W^n 为 n 阶谱函数，对于高斯谱函数，有

$$W^n=\frac{l_c^2}{2n}\exp\left[-\left(\frac{kl_c}{2n}\right)^2\right] \tag{3-64}$$

对于指数谱函数，有

$$W^n=\left(\frac{l_c}{n}\right)^2\exp\left[1+\left(\frac{kl_c}{n}\right)^2\right]^{-3/2} \tag{3-65}$$

对于过大的 kh 会导致粗糙面较强的多次散射，这时式(3-61)中的第二项不可忽略，同时式(3-62)中的求和项采用几何光学中的镜向近似后可以用一指数函数替代。

TSM，SSA，IEM方法都同时结合了SPM与KA方法描述的散射机理，大大拓展了应用范围。对于多尺度模型，这些模型后向散射结果在小角度入射时接近KA，大角度时则接近SPM。TSM实际上是通过人为截断粗糙面的尺度将KA与SPM的表示形式结合在一起。而SSA与IEM都是通过严格的数学推理并进行合理的近似后获得的，并且都具有单一的表示形式，通过保留级数项或者补充项可以将多次散射包含其中以提高结果精度，从这一方面来讲SSA与IEM更具有优势。

对于较为平滑的高斯粗糙面SSA1与IEM的单站与双站结果吻合都较好，而且与数值结果也基本匹配。在粗糙面的斜率增大后，SSA只有在小入射角度区域(20°)才获得准确结果，当大角度入射时散射结果比IEM，MOM均低，考虑二阶项后才能获得与IEM及数值法相应的精度。对于粗糙度很小的指数粗糙面，SSA2的结果优于IEM，随着粗糙度的增加，SSA2的误差明显增大。在模拟裸露地表环境时，指数粗糙面表现得更为接近真实的自然环境，而且相比高斯及海洋粗糙面，指数粗糙面的表面起伏更为剧烈，表面的斜率相对较大。同时考虑计算效率，SSA2的计算复杂性与时间都明显大于IEM。因此分析裸露地表环境的散射特性时，采用IEM模型有更多的优势。海洋环境则与陆地不同，海洋为风驱粗糙面，一般风速下，其表面斜率均较小。而限制SSA应用的便是粗糙面的斜率大小，因此SSA十分适用于海洋粗糙面，研究与实验表面，海洋散射模拟中SSA1能获得较为满意的结果。此外，研究时变海洋面的散射及多普勒特性也是一个重要研究内容，这需要提供各个时刻海洋局部的散射信息，对于传统的IEM模型获得是粗糙面的平均场，而SSA通过对蒙特卡洛生成的海洋面进行离散，然后积分便可获得具有局部信息的散射场。因此SSA在海环境散射特性的分析计算中应用十分广泛。Elfouhaily海浪谱将海面划分为重力波与张力波，与TSM的物理含义十分匹配，因此尽管具有截断波数的选取问

题，TSM 在海洋散射的模拟也得到众多应用。基于以上原因，在海洋散射的分析中，采用 TSM 比 SSA1 更有优势。

本节比较两种方法计算的海面单双站散射特性。选择 Elfouhaily 海谱模拟实际海表面。入射电磁波频率选择为 X 与 Ku 波段，其相对介电常数分别为 54.87－38.42j 与 42.08－39.45j。截断波数取 $k_0/3$，海面上方 10 m 风速 $U_{10}=10$ m/s，海面单、双站 NRCS 如图 3.8 所示。

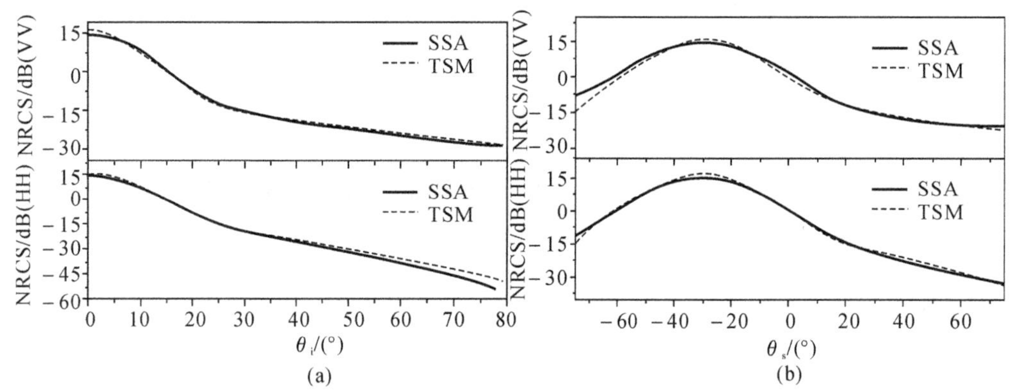

图 3.8　SSA 与 TSM 单、双站散射结果比较

(a)单站散射；　(b)双站散射

由图 3.8 可以观察到，SSA 与 TSM 的结果十分近似，这也说明 SSA1 不引入截断波数就可以获得 TSM 的精度。截断波数的选取要考虑入射波频率、海面风速等因素，在仿真多种不同海况的海面散射特性时，SSA1 避免了截断波数的选取更为方面。同时由于海面的斜率一般较小，即满足 SSA 的使用条件，故下面仿真分析海面散射特性时采用 SSA1。

采用 SSA 仿真分析不同风速(3 m/s, 10 m/s)与不同入射频率下(10 GHz, 16 GHz)的海面单站散射，仿真结果如图 3.9 所示。从图 3.9(a)(b)中不难看出，相同入射频率下，海面风速越大，其近垂直区域后向散射越小，中等与大角度入射区域(大于 10°)的后向散射越大。这是由于海面风速越大，海面越粗糙，镜向反射变弱而漫散射增强。同时观察图 3.9(c)(d)发现，相同风速不同入射频率下的海面，其后向散射差异不大。对比土壤环境对入射波频率的敏感程度，说明在微波频段，海面对入射波频率的敏感性不如土壤环境。如果考虑 NRCS 细微变化的话，从图 3.9(d)中也可以发现，VV 极化较 HH 极化方式对频率变化更为敏感。

采用 SSA 仿真分析不同风速(3 m/s, 10 m/s)与不同入射频率下(10 GHz, 16 GHz)的海面双站散射，入射姿态角为 30°，仿真结果如图 3.10 所示。图 3.10(a)(b)显示相同入射频率下，海面风速越大，其镜向区域散射功率越小，其他散射角度区域其散射功率越大，而且散射角度越大(擦地角越小)散射功率差异越大。同单站散射原理相同，这是由于海面风速越大，海面越粗糙，镜向反射变弱而漫散射增强。同时相同风速不同入射频率下的海面，其双站散射与单站散射也类似，即海面双站散射对入射波频率的敏感性不如土壤环境，同时 VV 极化方式下，入射波频率改变引起的散射场的变化较 HH 极化更为明显。

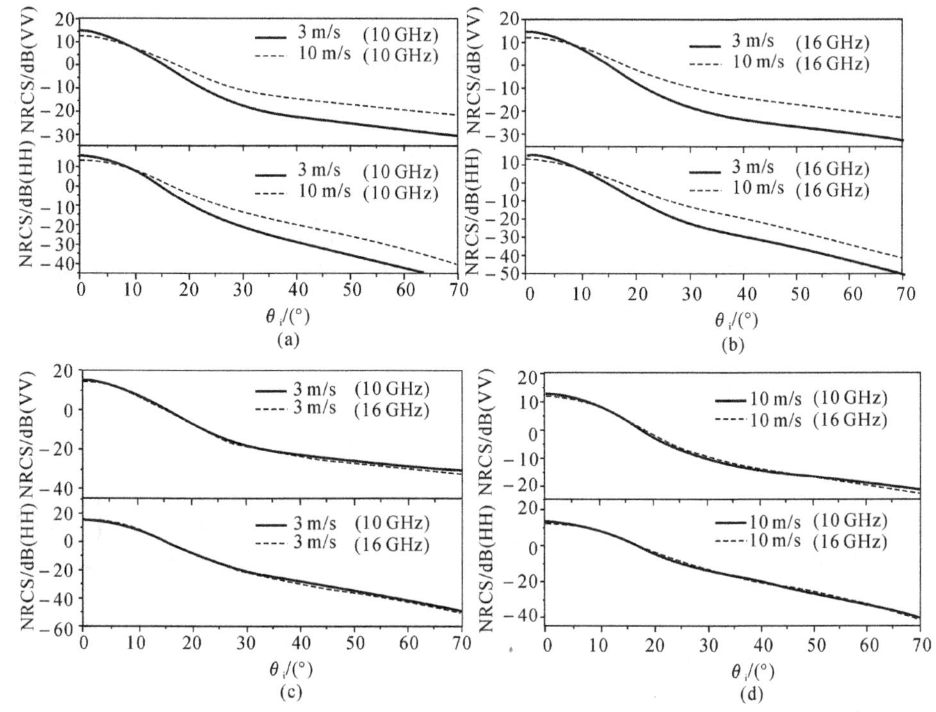

图 3.9 海面风速与入射波频率对单站 NRCS 的影响

(a)(b)不同风速下海面 NRCS；(c)(d)不同入射波频率海面 NRCS

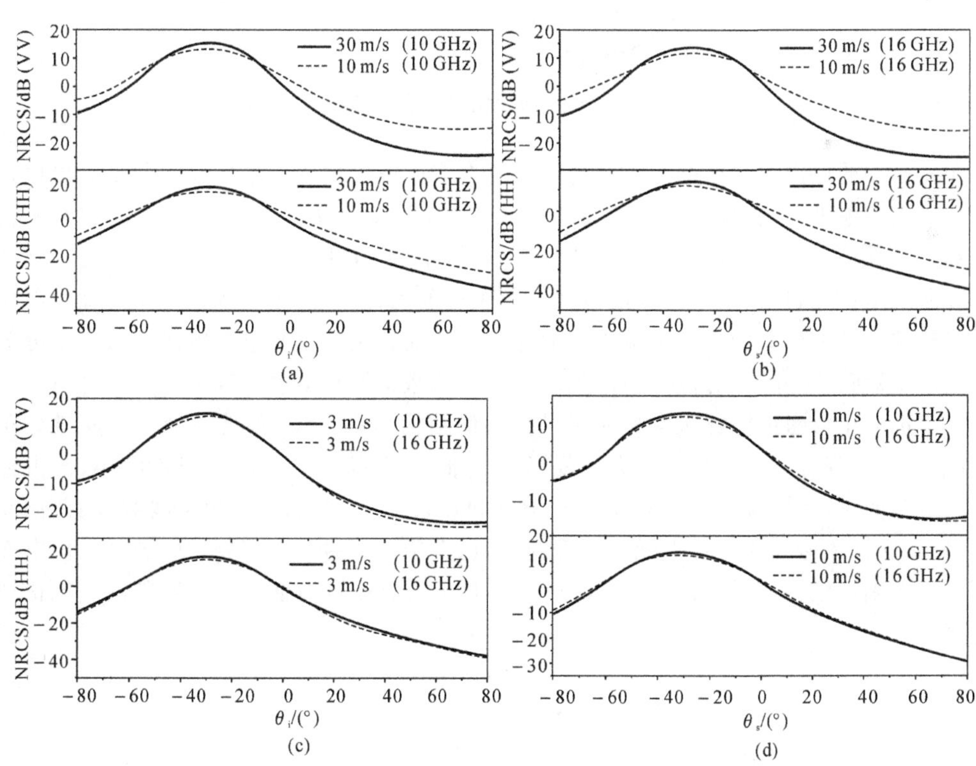

图 3.10 海面风速与入射波频率对双站 NRCS 的影响

(a)(b)不同风速下海面 NRCS；(c)(d)不同入射波频率海面 NRCS

3.3 基于多尺度散射机理的海面面元修正散射模型

3.3.1 面元化模型处理

根据前面介绍的海面高程场几何轮廓模拟方法和局部散射机理，可以看出海面具有多尺度结构和局部复杂散射机理，在 X、Ku 等雷达微波高频段，雷达视景中的实际海面具有超电大特性，如要采用传统计算电磁学数值方法比较准确地计算海面电磁散射，须对局部海面结构进行精细剖分，剖分精度要满足数值计算要求，而这种方式很难在计算满足实际工程需求的电大海面散射特性同时还能准确描述局部海面结构的散射。还有一些解析方法，如基尔霍夫近似法、微扰法、双尺度方法等，可以满足一定条件下获取海面后向散射系数均值，但难以描述局部海面的散射机理。事实上，雷达入射电磁波长较远，小于海浪大尺度曲率，海面散射的去相关性增强，海面散射是各局部海面散射贡献的矢量叠加。各局部区域海面散射又相对独立，在这种条件下，在海场景电磁散射计算中可以将海面做面元化处理，如图 3.11 所示。

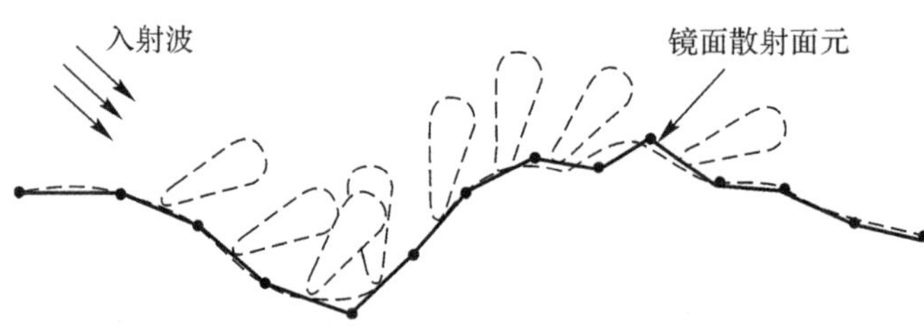

图 3.11　面元化处理示意图

面元模型的提出仍是依据海面双尺度或复合表面散射理论。海面面元化处理可以根据海面大尺度波浪进行，直接在每个海面高程采样点上取矩形平面面元，本书在随机粗糙面模型的基础上采用平面三角面元能更好地与原先的海面轮廓贴合，这样每一个面元是一个独立的海面散射单元，根据微波高频段海面去相关性的前提条件，独立描述每个海面散射单元的散射机理并叠加到总的散射贡献中。面元化后的面元尺寸及数量是电磁计算中十分关注的内容，如果面元尺寸选取过小，会产生较高的面元数量导致电磁计算中巨大的计算量。面元尺寸的选取主要考虑能够包含海面大尺度起伏结构信息，这与海谱能量的空间谱分布有关，海谱中低频部分对应的是海面大尺度的隆起部分，该部分的对应谱域跨度小，却占据了海谱的主要能量。设 $\Delta\kappa$ 为海面样本的空间谱间隔，$\kappa_{\max}$ 为海面最高频率波数，因此谱间隔要足够小，这样才能保证不丢失低频部分的能量，大于$\kappa_{\max}$ 的频率部分对应的是局部海面上的小尺度毛细波结构，计算海面样本尺寸为 L、面元数为 n，则海面几何轮廓与其空间谱波数应满足：

$$\left.\begin{aligned}\Delta\kappa &= \frac{2\pi}{L}\\ \kappa_{\max} &= \frac{n\pi}{L}\end{aligned}\right\} \tag{3-66}$$

式中：$\Delta\kappa$ 决定了计算海面的最大尺寸；$\kappa_{\max}$ 决定了海面离散的密度。这样设 $\tilde{R}$ 为面元化后的边长，r_c 为局部海面区域的曲率半径，则面元尺寸选取范围只要满足：

$$\widetilde{R} > \frac{1}{k_0 \cos(\theta_{il})} \tag{3-67}$$

$$\widetilde{R} < \sqrt{\left[\frac{\cos(\theta_{il})}{k_0}\right]^2 + 2\frac{r_c \cos(\theta_{il})}{k_0}} \tag{3-68}$$

式中：θ_{il} 为局部面元下入射角；k_0 为电磁波在真空中传播的波数。面元散射模型中，海洋空间谱的高频部分所描述的局部海面上的小尺度毛细波结构可采用统计或解析的方法描述，相对传统电磁计算方法不需要将面元剖分太细也能保持较高精度。文献[18] 比较了不同面元尺寸选取对散射计算精度的影响，在 X 波段、Ku 波段面元尺寸取 0.5 ～ 2 m 之间均可保持较高的计算精度。面元电磁散射模型示意图如图 3.12 所示。类似于双尺度模型，定义全局坐标系 $\{x, y, z\}$ 与局部坐标系 $\{x_l, y_l, z_l\}$。此时的局部坐标系为粗糙面离散后的小面元，面元沿 x 方向的斜率 z_x 可以由面元中心点在 x 方向两侧点的差分获得，同理沿 y 方向的斜率 z_y 也可获得。全局坐标系下，电磁波的入射与散射角度为 $(\theta_i, \theta_s, \phi_i, \phi_s)$。在局部坐标系中，入射波的方位角我们设定恒为 0°，故入射与散射角度为 $(\theta_i^l, \theta_s^l, 0, \phi_s^l)$。全局与局部坐标系的极化矢量分别为 $\{\hat{\boldsymbol{h}}_i, \hat{\boldsymbol{v}}_i, \hat{\boldsymbol{h}}_s, \hat{\boldsymbol{v}}_s\}$ 与 $\{\hat{\boldsymbol{h}}'_i, \hat{\boldsymbol{v}}'_i, \hat{\boldsymbol{h}}'_s, \hat{\boldsymbol{v}}'_s\}$。

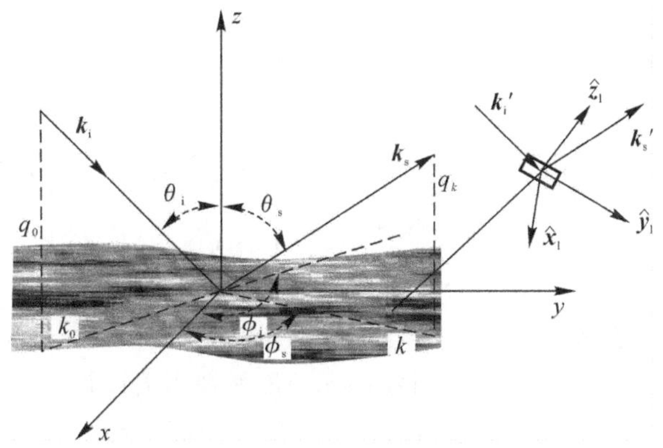

图 3.12 面元电滋散射模型示意图

3.3.2 基于基尔霍夫近似的面元模型

基于 KA 的面元模型(Facet Approach - KA，FAKA) 首先被提出用来计算海面的局部散射场及相延多普勒图(Delay Doppler Mapps，DDMs)。基于 KA 中的切平面近似，认为粗糙面由一系列表面光滑的小平板组成。每一个小平板类似于天线，向各个方向辐射电磁波，某一方向接收的电磁波则为所有小面元在该方向辐射电磁波的矢量叠加。

FAKA 既保留了 KA 的优点，同时又能够解决粗糙面的局部散射问题。粗糙面几何样本主要表现的是大尺度部分的特征，粗糙面的散射场可以通过 FAKA 直接计算离散后的面元散射场然后叠加获得。无论是局部面元的散射场还是总场都不再是一个简单的统计性幅度信息，而是包含相位信息的复数。

KA 的具体形式可重写为

$$\boldsymbol{E}^s(\boldsymbol{r}) = -\frac{\mathrm{j}k\exp(-\mathrm{j}kr)}{4\pi \boldsymbol{r}} E_p \iint_A \boldsymbol{F}_p(\alpha, \beta) \exp[-\mathrm{j}(\boldsymbol{k}_i - \boldsymbol{k}_s)\boldsymbol{r}'] \mathrm{d}A \tag{3-69}$$

$$\boldsymbol{F}_p(z_x,z_y)=\Big\{(\hat{\boldsymbol{p}}\cdot\hat{\boldsymbol{v}}')[\hat{\boldsymbol{k}}_{\mathrm{s}}\times(\hat{\boldsymbol{n}}\times\hat{\boldsymbol{v}}')](1+R_{\mathrm{v}})+(\hat{\boldsymbol{p}}\cdot\hat{\boldsymbol{h}}')[\hat{\boldsymbol{k}}_{\mathrm{s}}\times(\hat{\boldsymbol{n}}\times\hat{\boldsymbol{h}}')](1+R_{\mathrm{h}})+ [(\hat{\boldsymbol{p}}\cdot\hat{\boldsymbol{h}}')(\hat{\boldsymbol{n}}\times\hat{\boldsymbol{v}}')(1-R_{\mathrm{h}})-(\hat{\boldsymbol{p}}\cdot\hat{\boldsymbol{v}}')(1-R_{\mathrm{v}})]\Big\}\sqrt{1+z_x^2+z_y^2} \tag{3-70}$$

式中：$\boldsymbol{r}=[x,y,z(x,y)]$；$E_p$ 为入射波幅度；A 为入射波照射区域；$\hat{\boldsymbol{k}}_{\mathrm{i}}$，$\hat{\boldsymbol{k}}_{\mathrm{s}}$ 为入射和散射方向单位矢量；$\hat{\boldsymbol{n}}$ 为表面法向单位矢量；$\hat{\boldsymbol{v}}'$，$\hat{\boldsymbol{h}}'$ 表示局部垂直极化与水平极化的入射波；$\hat{\boldsymbol{p}}$ 代表入射波的极化方式；z_x 和 z_y 分别为表面沿 x 和 y 方向的斜率，即

$$\left.\begin{aligned} z_x&=\frac{\partial z(x,y)}{\partial x}\\ z_y&=\frac{\partial z(x,y)}{\partial y}\end{aligned}\right\} \tag{3-71}$$

基于面元模型，海面轮廓的大尺度部分以 n 个面元近似逼近。每一个小面元由于海面的起伏，具有不同的斜率与法向方向。这样 KA 的积分区域则变为每一个小面元。我们认为每一个小面元具有相同水平投影，即 Δx，Δy，同时面元的尺度要明显大于入射电磁波长，这样式(3-69)的积分形式可以写为众多小面元的积分之和，即

$$\boldsymbol{E}^s=\sum_{n=1}^{N}\boldsymbol{E}^{s,k}=-\frac{\mathrm{j}k\exp(-\mathrm{j}kr)}{4\pi\boldsymbol{r}}\sum_{n=1}^{N}E_p\iint_{A_n}\boldsymbol{F}_p(\alpha,\beta)\exp[-\mathrm{j}(\boldsymbol{k}_{\mathrm{i}}-\boldsymbol{k}_{\mathrm{s}})\boldsymbol{r}']\,\mathrm{d}A \tag{3-72}$$

式(3-72)中积分区域的水平投影为矩形的小面元，这样可用代数式的形式给出积分式，即

$$\boldsymbol{E}^{s,k}=-\frac{\mathrm{j}k\exp(-\mathrm{j}kr)}{4\pi\boldsymbol{r}}E_p\boldsymbol{F}_p(\alpha,\beta)\sqrt{1+z_{x,k}^2+z_{y,k}^2}\exp(q\cdot\boldsymbol{r}')L_xL_y\times \mathrm{sinc}[(q_x+q_yz_{x,k})L_x/2]\,\mathrm{sinc}[(q_y+q_zz_{y,k})L_y/2] \tag{3-73}$$

式中：$\boldsymbol{q}=-\mathrm{j}(\boldsymbol{k}_{\mathrm{i}}-\boldsymbol{k}_{\mathrm{s}})$；$L_x$，$L_y$ 分别为面元在 x 轴和 y 轴上的投影；$z_{x,k}$，$z_{y,k}$ 分别为第 k 个小面元沿 x 轴和 y 轴上的斜率；$\boldsymbol{r}'$ 为第 k 个小面元的中心点；函数 $\mathrm{sinc}(x)$ 定义为 $\sin(x)/x$，式(3-72)中的该函数部分表明 FAKA 将小面元的散射视为天线辐射，具有明显的波瓣宽度，保证了在非镜向方向具有散射能量。sinc 的波瓣宽度由面元尺度决定，面元越大，则波瓣越窄，散射能量就越集中于镜面方向。

基于 FAKA 的面元模型提供了一种简单、高效的局部场获取方式，而且由于考虑粗糙面斜率的影响，其总场对极化信息更为敏感。因此，面元大小的选取是一个重要问题，直接决定了该方法的适用范围。面元的选取必须要综合考虑计算量与 KA 的适用条件，同时面元尺寸也不能过大以致无法近似模拟粗糙面的轮廓。

如图 3.13 所示，A 为粗糙面上电磁波照射的一点，并且认为 AB 为粗糙面在 A 点的切平面边长的一半。

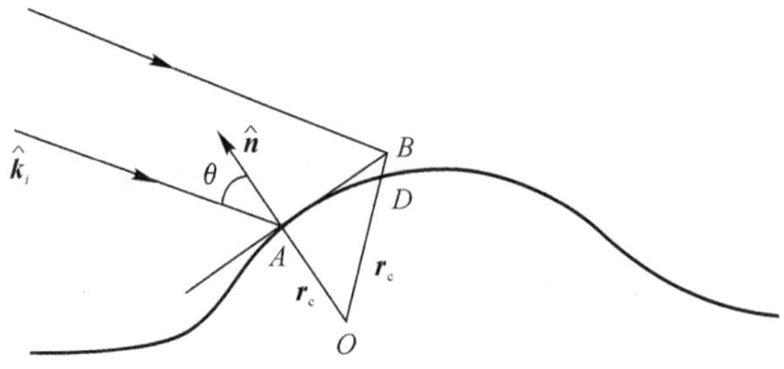

图 3.13　粗糙面局部散射示意

我们认为粗糙面由许多这样的小面元拟合而成，应满足：

$$AB \gg \frac{1}{k_0\cos(\theta)}, \quad BD \ll \frac{\cos(\theta)}{k_0} \tag{3-74}$$

同时又有

$$BD = OB - OD = \sqrt{AB^2 + r_c^2} - r_c \tag{3-75}$$

式中：r_c 为粗糙面局部区域的曲率半径，结合式(3-74)和(3-75)，可得

$$AB \gg \frac{1}{k_0\cos(\theta)} \tag{3-76}$$

$$AB \ll \sqrt{\left[\frac{\cos(\theta)}{k_0}\right]^2 + 2\,\frac{r_c\cos(\theta)}{k_0}} \tag{3-77}$$

面元的大小由 AB 决定，因此式(3-76)与(3-77)就决定了面元的选取范围。实际计算中，在一定精度的前提下，往往希望面元越大越好，这样会大大提高计算速度，因此更关注式(3-76)对面元尺寸的限制。在对大范围环境的散射特性进行计算时，将式(3-76)不等号右边的条件进行了放宽，即将不等号右边的值乘以10，这样可以建立尺寸大约为1 m量级的面元模型。

采用面元法的重要原则是不能违背其相应统计模型的特性，因此采用其相应的统计模型来验证面元化后的合理性。由于FA视面元为平板，所以不受粗糙面类型的影响，只要提供确定的几何模型即可。这里以分形粗糙面为例，分形环境模型参数选取 $k_0=5.71$，$B=0.011$，$H=0.7$，$v=\exp(0.5)$，$M=20$，粗糙面尺寸为1.5 m×1.5 m。采用面元模型的尺寸分别为0.03 m和0.015 m，入射电磁波为10 GHz。分形粗糙面与仿真结果如图3.14所示，其中面元模型结果为50次样本结果取平均而得。

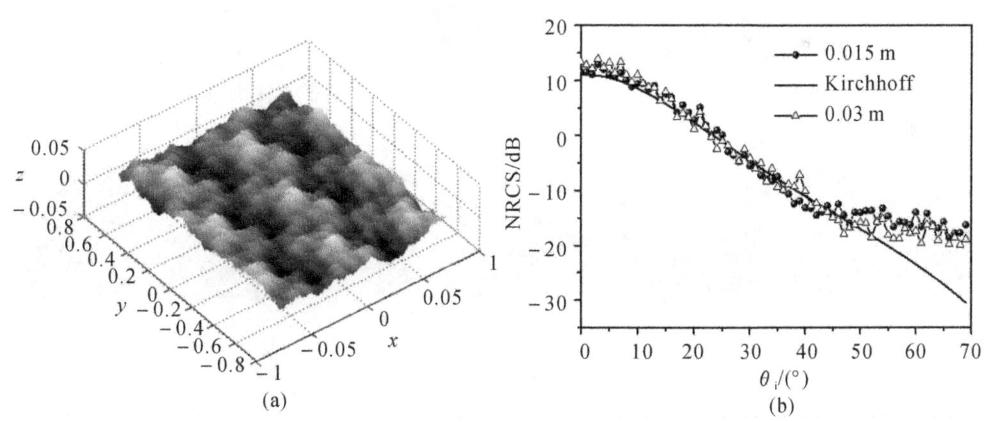

图3.14 分形粗糙面散射特性

(a)分形粗糙面；(b)后向散射

从图3.14(b)中可以观察到在0°～50°面元模型获得的结果与解析结果基本一致，50°后相差较大，Kirchhoff在大角度入射时，其结果是不准确的，也就是说50°后的较大误差相对于真实结果是没有意义的。实际上Kirchhoff在大角度入射时的后向散射值远小于实际值。相较于解析解，面元模型在大角度的误差更小。通过图3.14仿真验证了面元模型计算分形环境散射率的有效性。

3.3.3 基于双尺度方法的面元模型

双尺度模型对于计算或解释海洋的电磁散射机理具有重要作用。小尺度微粗糙结构认为是叠加在大尺度高程上，如图 3.15 所示，分别在面元上和全局海面上建立局部坐标系和全局坐标系。海面上各处的实际高程可以写作：

$$\xi(x,y)=z(x,y)+\zeta(x_l,y_l) \tag{3-78}$$

式中：$z(x,y)$ 是根据随机粗糙面理论建立的大尺度海面上高程点；$\zeta(x_l,y_l)$ 是在面元局部坐标系下描述的海面小尺度结构。海面面元散射特性可通过面元散射模型结合双尺度方法计算，双尺度方法对大小尺度粗糙面结构分别采用基尔霍夫近似（KA）方法和微扰法（SPM）计算。海面的散射特性一般用雷达散射系数表征，其定义为

$$\sigma_s(\hat{\boldsymbol{k}}_i,\hat{\boldsymbol{k}}_s)=4\pi R_0^2\langle E_s(\hat{\boldsymbol{k}}_i,\hat{\boldsymbol{k}}_s)\left[E_s(\hat{\boldsymbol{k}}_i,\hat{\boldsymbol{k}}_s)\right]^*\rangle \tag{3-79}$$

式中，$\hat{\boldsymbol{k}}_i,\hat{\boldsymbol{k}}_s$ 为入射和散射单位方向矢量；$E_s(\hat{\boldsymbol{k}}_i,\hat{\boldsymbol{k}}_s)$ 是散射场强大小，而求取散射系数的关键就是要求解散射场。散射场也可也表示为散射振幅的形式，则有

$$\boldsymbol{E}_s(\hat{\boldsymbol{k}}_i,\hat{\boldsymbol{k}}_s)=2\pi\frac{e^{jkR_0}}{jR_0}\boldsymbol{S}(\hat{\boldsymbol{k}}_i,\hat{\boldsymbol{k}}_s) \tag{3-80}$$

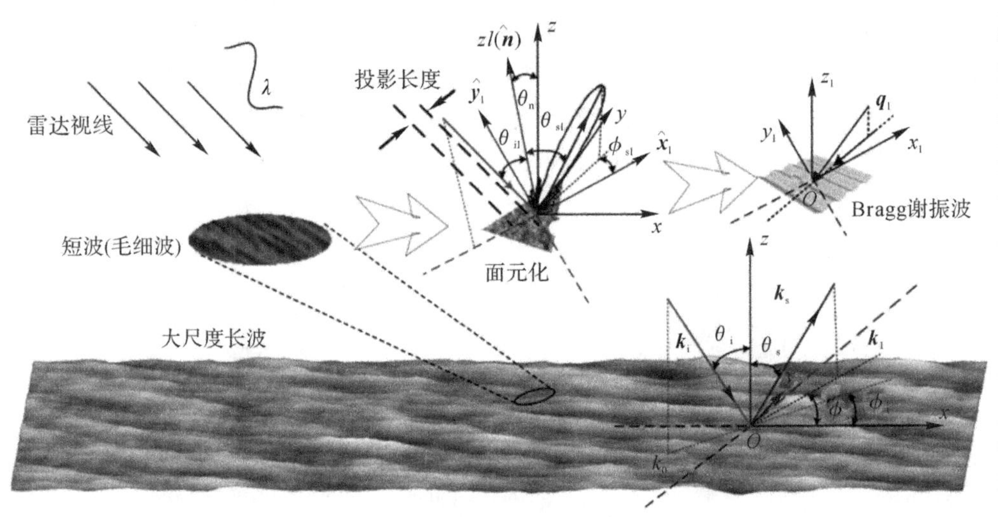

图 3.15 海面面元模型及相关坐标系

面元散射场可由 Stratton－Chu 方程计算：

$$\boldsymbol{E}_s(\boldsymbol{r})=M\hat{\boldsymbol{k}}_s\times\int_S\left[(\hat{\boldsymbol{n}}\times\boldsymbol{E})-\eta_0\hat{\boldsymbol{k}}_s\times(\hat{\boldsymbol{n}}\times\boldsymbol{H})\right]I(\cdot)\mathrm{d}s' \tag{3-81}$$

式中：系数 $M=jk_0e^{jk_0R}/4\pi R$；$k_0=\omega\sqrt{\mu_0\varepsilon_0}$；$\hat{\boldsymbol{n}}$ 为面元的单位法向矢量；$\eta_0=\sqrt{\mu_0/\varepsilon_0}$ 为海面半空间波阻抗；R 为面元中心到观察点之间的距离；$\boldsymbol{E}$ 和 $\boldsymbol{H}$ 为表面边界上的总场；$I(\cdot)=e^{-jq\cdot r'}$ 为面元上的相位积分项，可以划分为相干项和非相干项两部分，相干项主要来源于大尺度面元镜面反射分量，该分量满足基尔霍夫近似条件，既电磁波入射的表面相对入射波长曲率较

大且斜率较小。可以采用驻留相位法处理，得到大尺度面元镜面反射的基尔霍夫近似场。驻留相位法认为，在镜面反射方向，入射波只沿面元上镜面方向发生散射，而满足这一假设的条件是入射波在面元上的投影长度远小于面元上的粗糙尺度，且观察方向在镜面反射区（设为镜面反射方向±20°的锥角范围内）。在全局坐标系下，相干项积分点的散射传递矢量可以写作：

$$\boldsymbol{q}=k(\hat{\boldsymbol{k}}_{\mathrm{s}}-\hat{\boldsymbol{k}}_{\mathrm{i}})\cdot\boldsymbol{r}'=q_x x'+q_y y'+q_z z' \tag{3-82}$$

面元的斜率可以写作：

$$\frac{\partial z'}{\partial x'}=-\frac{q_x}{q_z},\quad \frac{\partial z'}{\partial y'}=-\frac{q_y}{q_z} \tag{3-83}$$

相位积分项的相关函数为

$$\langle I_1 I_1^*\rangle=\iint\langle \mathrm{e}^{-\mathrm{j}\boldsymbol{q}\cdot(\boldsymbol{r}'-\boldsymbol{r}'')}\rangle \mathrm{d}s'\mathrm{d}s'' \tag{3-84}$$

在海面全域直角坐标系下进行展开后，可得

$$\langle I_1 I_1^*\rangle=\frac{q^2}{q_z^2}\iiiint \mathrm{e}^{-\mathrm{j}q_x(x'-x'')-\mathrm{j}q_y(y'-y'')}\cdot\langle \mathrm{e}^{-\mathrm{j}q_z[z(x',y')-z(x'',y'')]}\rangle \mathrm{d}x'\mathrm{d}y'\mathrm{d}x''\mathrm{d}y'' \tag{3-85}$$

可以推导出相干场在基尔霍夫近似条件下的散射系数为

$$\sigma_{\mathrm{ab}}^{\mathrm{KA}}(\boldsymbol{k}_{\mathrm{i}},\boldsymbol{k}_{\mathrm{s}})=\frac{\pi\,(k_0 q|\Gamma_{\mathrm{ab}}|)^2}{|q_z|^4}\mathrm{prob}(\cdot) \tag{3-86}$$

式中：a，b 代表极化方式，同极化的极化系数为

$$\Gamma_{\mathrm{hh}}=\frac{q|q_z|[R_{\mathrm{v}}(\boldsymbol{h}_{\mathrm{s}}\cdot\boldsymbol{k}_{\mathrm{i}})(\boldsymbol{h}_{\mathrm{i}}\cdot\boldsymbol{k}_{\mathrm{s}})+R_{\mathrm{h}}(\boldsymbol{v}_{\mathrm{s}}\cdot\boldsymbol{k}_{\mathrm{i}})(\boldsymbol{v}_{\mathrm{i}}\cdot\boldsymbol{k}_{\mathrm{s}})]}{[(\boldsymbol{h}_{\mathrm{s}}\cdot\boldsymbol{k}_{\mathrm{i}})^2+(\boldsymbol{v}_{\mathrm{s}}\cdot\boldsymbol{k}_{\mathrm{i}})^2]k_0 q_z} \tag{3-87}$$

$$\Gamma_{\mathrm{vv}}=\frac{q|q_z|[R_{\mathrm{v}}(\boldsymbol{v}_{\mathrm{s}}\cdot\boldsymbol{k}_{\mathrm{i}})(\boldsymbol{v}_{\mathrm{i}}\cdot\boldsymbol{k}_{\mathrm{s}})+R_{\mathrm{h}}(\boldsymbol{h}_{\mathrm{s}}\cdot\boldsymbol{k}_{\mathrm{i}})(\boldsymbol{h}_{\mathrm{i}}\cdot\boldsymbol{k}_{\mathrm{s}})]}{[(\boldsymbol{h}_{\mathrm{s}}\cdot\boldsymbol{k}_{\mathrm{i}})^2+(\boldsymbol{v}_{\mathrm{s}}\cdot\boldsymbol{k}_{\mathrm{i}})^2]k_0 q_z} \tag{3-88}$$

式中：$\hat{\boldsymbol{h}}_{\mathrm{i}}$，$\hat{\boldsymbol{v}}_{\mathrm{i}}$，$\hat{\boldsymbol{h}}_{\mathrm{s}}$，$\hat{\boldsymbol{v}}_{\mathrm{s}}$ 是在本地面元坐标系下对应的入射和散射单位极化矢量；R_{h} 与 R_{v} 是菲涅尔反射系数，在局部坐标系下入射角为 θ_{il} 时，其对应的表达式为

$$R_{\mathrm{h}}=\frac{\cos\theta_{il}-\sqrt{\varepsilon_r-\sin^2\theta_{il}}}{\cos\theta_{il}+\sqrt{\varepsilon_r-\sin^2\theta_{il}}} \tag{3-89}$$

$$R_{\mathrm{v}}=\frac{\varepsilon_r\cos\theta_{il}-\sqrt{\varepsilon_r-\sin^2\theta_{il}}}{\varepsilon_r\cos\theta_{il}+\sqrt{\varepsilon_r-\sin^2\theta_{il}}} \tag{3-90}$$

prob(•)是大尺度面元斜率分布的概率密度函数，这里采用 Cox - Munk 给出的海面斜率概率密度函数，该函数是通过光学摄像进行拟合的，其表达形式为

$$\mathrm{prob}(\cdot)=\frac{F(z_x,z_y)}{2\pi\gamma_{\mathrm{u}}\gamma_{\mathrm{c}}}\exp\left(-\frac{z_x^2}{2\gamma_{\mathrm{u}}^2}-\frac{z_y^2}{2\gamma_{\mathrm{c}}^2}\right) \tag{3-91}$$

$$\begin{aligned}F(z_x,z_y)=&1-\frac{c_{21}}{2}\left(\frac{z_y^2}{\gamma_{\mathrm{c}}^2}-1\right)\frac{z_x}{\gamma_{\mathrm{u}}}-\frac{c_{03}}{6}\left(\frac{z_x^3}{\gamma_{\mathrm{u}}^3}-\frac{3z_x}{\gamma_{\mathrm{u}}}\right)+\frac{c_{40}}{24}\left(\frac{z_y^4}{\gamma_{\mathrm{c}}^4}-6\frac{z_y^2}{\gamma_{\mathrm{c}}^2}+3\right)+\\&\frac{c_{22}}{4}\left(\frac{z_y^2}{\gamma_{\mathrm{c}}^2}-1\right)\left(\frac{z_y^2}{\gamma_{\mathrm{u}}^2}-1\right)+\frac{c_{04}}{24}\left(\frac{z_x^4}{\gamma_{\mathrm{u}}^4}-6\frac{z_x^2}{\gamma_{\mathrm{u}}^2}+3\right)\end{aligned} \tag{3-92}$$

式中：$U_{12.5}$ 为海面上方高度 12.5 m 处风速；± 分别为顺风和逆风向时所对应的取值。非相干项通过微扰法计算，Bass 和 Fuks 给出微扰法散射振幅的表达形式为

$$\boldsymbol{S}_{\mathrm{ab}}^{\mathrm{SPM}}(\boldsymbol{k}_{\mathrm{i}},\boldsymbol{k}_{\mathrm{s}})=\frac{(1-\varepsilon)k_0^2}{4\pi}\mathbf{F}_{\mathrm{ab}}I_{\zeta}(\cdot) \tag{3-93}$$

式中：a，b 表示极化方式，在面元局部坐标系下同极化的极化因子为

$$\mathbf{F}_{\mathrm{hh}}=[1+R_{\mathrm{h}}(\theta_{\mathrm{i}}^{l})][1+R_{\mathrm{h}}(\theta_{\mathrm{s}}^{l})]\cos\phi_{\mathrm{s}}^{l} \tag{3-94}$$

$$\mathbf{F}_{\mathrm{vv}}=\frac{1}{\varepsilon}[1+R_{\mathrm{v}}(\theta_{\mathrm{i}}^{l})][1+R_{\mathrm{v}}(\theta_{\mathrm{s}}^{l})]\sin\theta_{\mathrm{i}}^{l}\sin\theta_{\mathrm{s}}^{l}-[1-R_{\mathrm{v}}(\theta_{\mathrm{i}}^{l})][1-R_{\mathrm{v}}(\theta_{\mathrm{s}}^{l})]\cos\theta_{\mathrm{i}}^{l}\cos\theta_{\mathrm{s}}^{l}\cos\varphi_{\mathrm{s}}^{l} \tag{3-95}$$

根据散射系数中的共轭关系：

$$\langle I_{\zeta}I_{\zeta}^{*}\rangle=\iint\langle\zeta(\boldsymbol{r}')\zeta(\boldsymbol{r})\rangle\mathrm{e}^{-\mathrm{j}\boldsymbol{q}\cdot(\boldsymbol{r}'-\boldsymbol{r})}\mathrm{d}\boldsymbol{r}'\mathrm{d}\boldsymbol{r} \tag{3-96}$$

可得散射系数为

$$\sigma_{\mathrm{ab}}^{\mathrm{SPM}}(\hat{\boldsymbol{k}}_{\mathrm{i}},\hat{\boldsymbol{k}}_{\mathrm{s}})=\pi k^{4}\ |\varepsilon-1|^{2}\ \left|\sqrt{\mathrm{F}}_{\mathrm{ab}}\right|^{2}S_{\zeta}(\boldsymbol{q}_{l}) \tag{3-97}$$

$S_{\zeta}(\boldsymbol{q}_{l})$ 为海面面元上微粗糙结构的空间功率谱，这里也就对应着 E 谱里的高频毛细波部分。这样海面散射系数可以写作两种成分的叠加，也代表不同条件下用不同方法计算得到海面面元的散射系数：

$$\sigma_{\mathrm{ab}}^{\mathrm{facet}}(\hat{\boldsymbol{k}}_{\mathrm{i}},\hat{\boldsymbol{k}}_{\mathrm{s}})=\sigma_{\mathrm{ab}}^{\mathrm{KA}}(\hat{\boldsymbol{k}}_{\mathrm{i}},\hat{\boldsymbol{k}}_{\mathrm{s}})+\sigma_{\mathrm{ab}}^{\mathrm{SPM}}(\hat{\boldsymbol{k}}_{\mathrm{i}},\hat{\boldsymbol{k}}_{\mathrm{s}}) \tag{3-98}$$

首先对海洋的单站(后向)极化散射特性进行仿真分析。雷达波频率为 Ku 波段(14 GHz)，海面风速 U_{10} 取 5 m/s 与 10 m/s 两种情况，结果如图 3.16 所示。

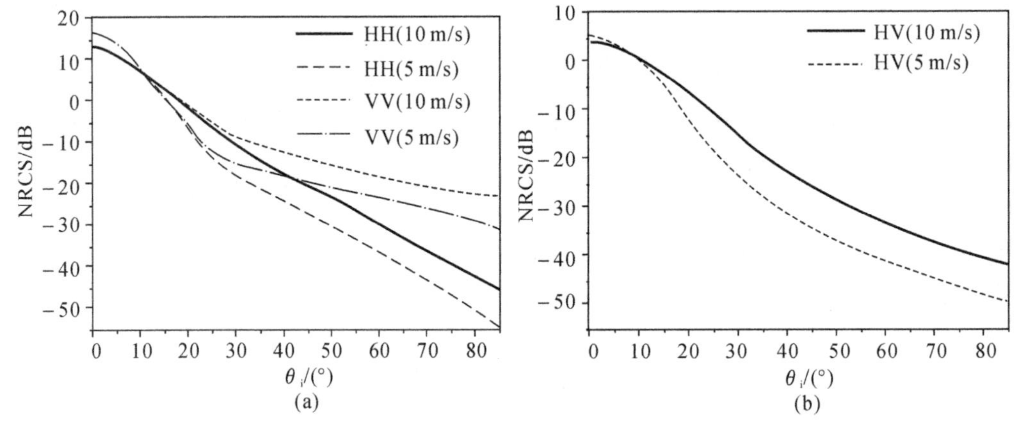

图 3.16 不同风速与极化的海洋单站散射

(a)海洋同极化单站散射；(b)海洋交叉极化单站散射

由图 3.16(a)可以发现同一海况下，非镜向方向(大入射角)VV 极化散射强度明显大于 HH 极化。相同极化条件下，风速越大，镜向附近(GO 部分)的散射强度越弱，远离镜向方向(布拉格散射)越强。这是由于风速增大，海面粗糙度变大，镜向散射就会减弱，漫散射则增强。交叉极化也具有相同的现象，如图 3.16(b)所示。

随着双站雷达系统的发展应用，有关粗糙面的双站极化散射成为了一个热点研究内容。由于多极化散射信息在识别多种地理参数方面的巨大潜在应用价值，双站极化散射受到了极大的关注。在先前的双站极化散射研究中，多集中于入射方向与散射方向在同一平面内的情况，对不在同一平面内的情况研究较少。

分析海洋环境的双站极化散射，首先对入射方向与散射方向在同一平面内的情况进行仿真，入射角为 30°，海面风速为 10 m/s，仿真结果如图 3.17 所示。

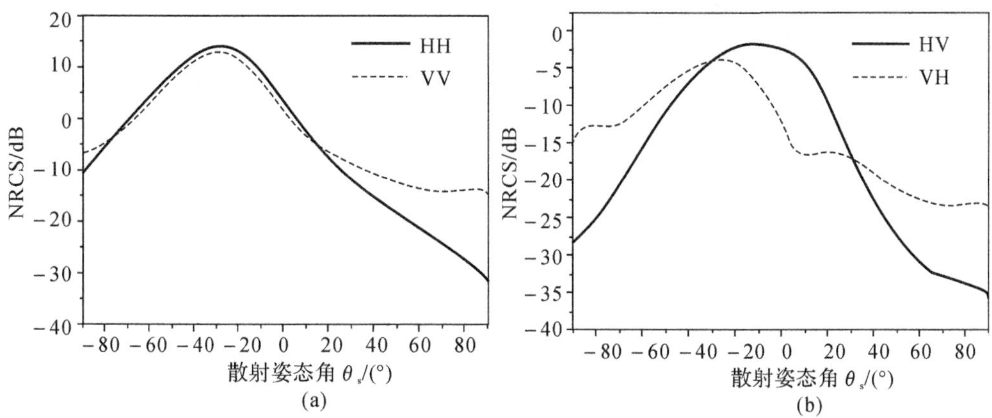

图 3.17　不同极化方式的海洋双站散射

(a)海洋同极化双站散射；（b)海洋交叉极化双站散射

由图 3.17(a)可知对于同极化双站散射，NRCS 在镜向方向达到最大值且两种极化结果无明显差别，在其他方向 VV 极化大于 HH 极化。交叉极化结果则更为复杂，不考虑大尺度倾斜调制的 SPM 和 SSA1，其双站交叉极化曲线形状与同极化类似，而从图 3.17(b)中可以观察到，经过大尺度面元倾斜调制后的交叉极化曲线并非类似同极化的曲线形状，其 HV 的峰值偏离镜向靠近 0°方向。

对于交叉极化这种不同于传统统计模型的分布，以 VH 极化为例，VH 极化分量构成为

$$F_{\mathrm{VH}}=\underbrace{(\hat{V}_{\mathrm{i}}\cdot\hat{v}_{\mathrm{i}})(\hat{H}_{\mathrm{s}}\cdot\hat{v}_{\mathrm{s}})B_{vv}+(\hat{V}_{\mathrm{i}}\cdot\hat{h}_{\mathrm{i}})(\hat{H}_{\mathrm{s}}\cdot\hat{h}_{\mathrm{s}})B_{hh}+(\hat{V}_{\mathrm{i}}\cdot\hat{h}_{\mathrm{i}})(\hat{H}_{\mathrm{s}}\cdot\hat{v}_{\mathrm{s}})B_{hv}}_{\mathrm{VH1}}+\underbrace{(\hat{V}_{\mathrm{i}}\cdot\hat{v}_{\mathrm{i}})(\hat{H}_{\mathrm{s}}\cdot\hat{h}_{\mathrm{s}})B_{vh}}_{\mathrm{VH2}} \tag{3-99}$$

式中的第一部分主要来源于大尺度粗糙面的起伏调制，以 VH1 表示。其余部分主要来源于小尺度自身的交叉极化散射贡献，以 VH2 表示。两种贡献如图 3.18 所示，从峰值位置可以观察到，引起峰值偏移主要来源于式(3-99)中的大尺度起伏部分，而且该部分起伏剧烈，体现了大尺度起伏的调制效果。

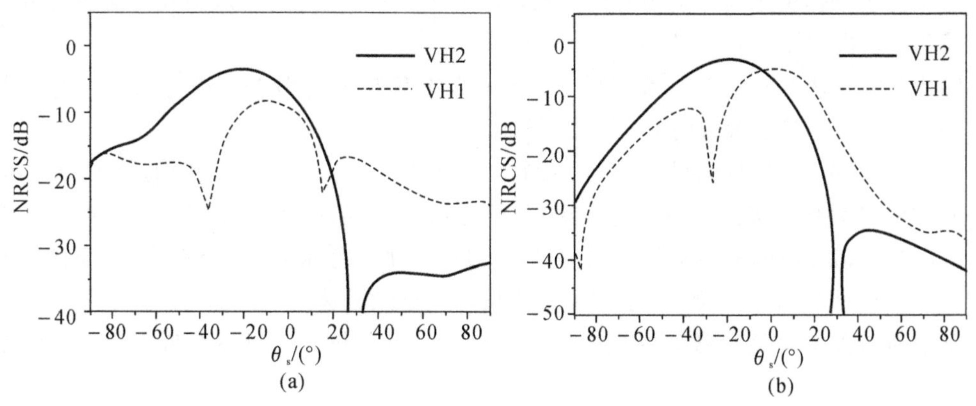

图 3.18　交叉极化的两种分量

(a)VH 极化中两种分量示意；（b)HV 极化中两种分量示意

入射方向与散射方向不在同一平面内的双站极化散射目前研究较少，下面对该情况进行仿真。海面风速为 10 m/s，入射姿态角分别为 30°和 60°，方位角均为 0°，散射姿态角为 30°。仿真结果为散射方位角 0°～180°方位内的 NRCS。首先观察不同入射姿态角的双站 NRCS 曲线随方位角的变化规律，如图 3.19 所示。

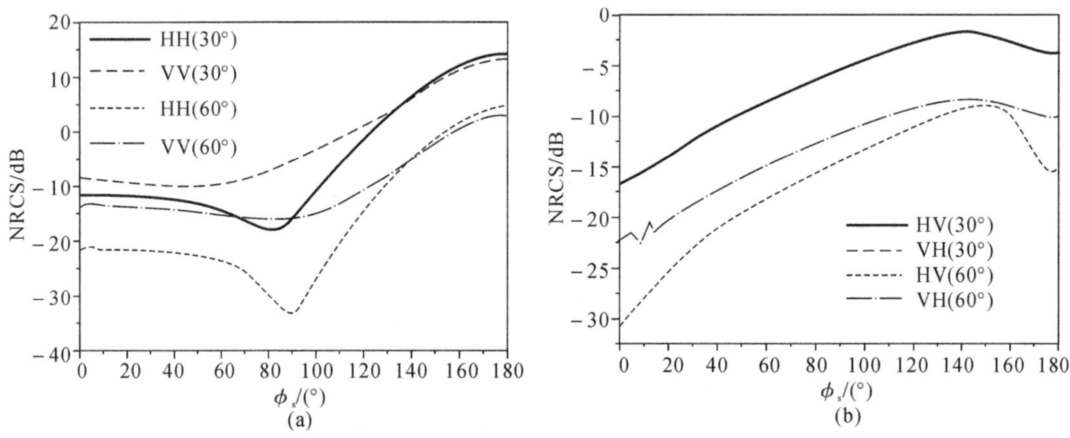

图 3.19　不同入射角条件下双站 NRCS 与散射方位角关系

(a)同极化；(b)交叉极化

观察图 3.19(a)可以发现随着散射方位角的变化，双站 NRCS 在镜向方向达到最大值(180°)，且对于任何极化方式都存在极小值。对于同极化方式，HH 极化的极小值位于侧向(相对于入射方向 90°附近)，且现象明显。对于 HH 极化，当观察方向在侧向时，入射波与散射波的极化矢量方向均平行于水平面而且是正交的。对于平板，这时的接收场几乎为 0，但由于粗糙海面的倾斜调制使得倾斜面元在接收极化矢量方向上具有投影值，所以该方向接收场远大于 0，但仍远小于其他观察方向。而对于 VV 极化，侧向观察时，入射方向与观察方向的极化矢量并非正交(垂直方向均有投影值)，因此其在 90°附近没有明显的极小值。正是因为 VV 极化在垂直方向具有投影值，导致其对粗糙面的倾斜调制(影响垂直方向的投影大小)更为敏感，而粗糙面的这种随机性的调制弱化了 VV 极化的极小值现象。图 3.19(b)中入射姿态角为 30°时，由于与散射姿态角一致，故 HV＝VH。由图 3.19(b)知交叉极化方式的极小值位于后向(0°)。

随后观察风速对双站 NRCS 的影响。入射姿态角与散射姿态角均为 30°，风速分别为 5 m/s和 10 m/s。其他参数同上，仿真结果如图 3.20 所示。

由图 3.20 可以发现风速越大，海表面粗糙度就越大，漫散射增强，镜面反射减弱。同极化双站 NRCS 表现为镜面方向附近减弱，其他方向均增强，交叉极化则全方向增强。由于入射方向与散射方向的姿态角相同，故 HV＝VH。同时，发现风速的变化(海面粗糙度的变化)并没有引起极小值位置的变化，但是极小值的大小随风速的增加而增大。

下面对海面双站极化散射的全空域分布进行仿真分析。入射姿态角为 40°，方位角为 0°，海面风速为 5 m/s。

对比图 3.21(a)(b)可以发现对于同极化，散射方向在入射平面内时(镜向、后向)NRCS 明显较强，其中镜面方向方向最强。HH 极化的极小值位于正侧向附近，而 VV 极化则偏离侧向靠近镜向方向。图 3.21(c)(d)为交叉极化 NRCS 的分布，由图可以发现入射面两侧的强度明显强于入射面内，最强散射位于靠近镜向方向的两侧。

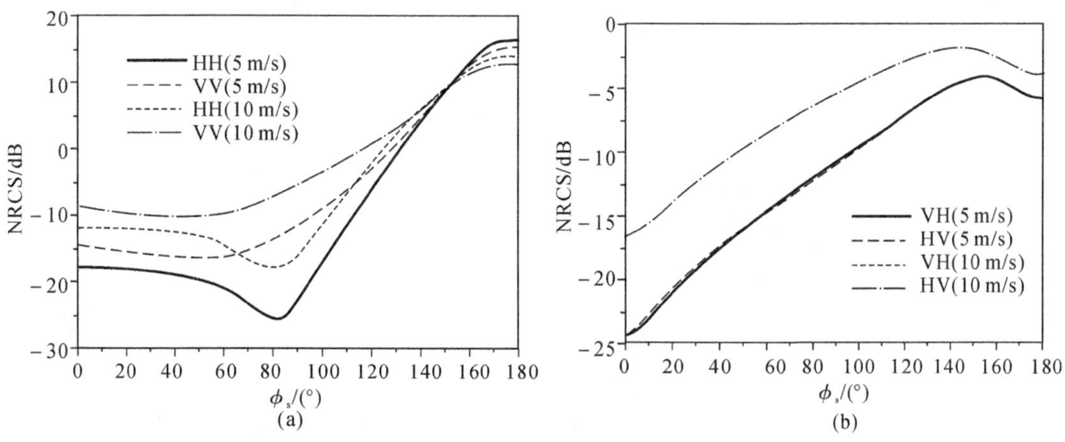

图 3.20 不同风速海面双站极化散射

(a)同极化； (b)交叉极化

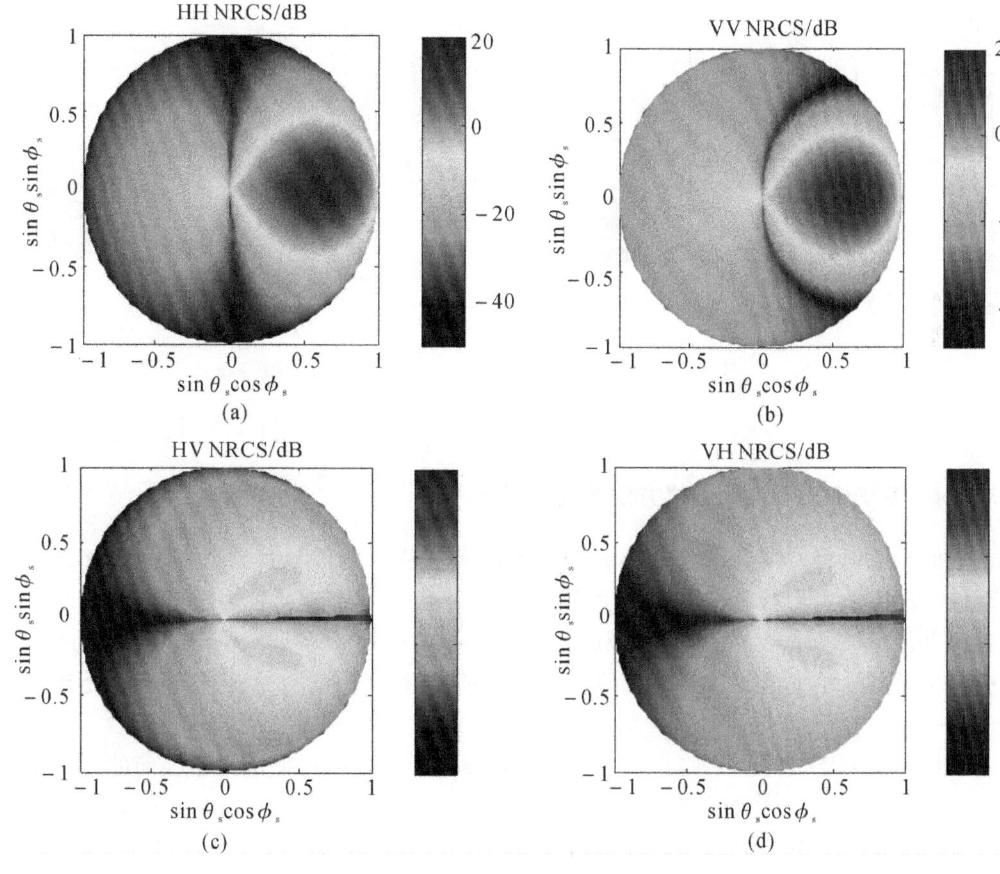

图 3.21 风速 5 m/s 的海洋面不同极化双站散射全空域分布

(a)HH； (b)VV； (c)HV； (d)VH

将海面风速提升至 15 m/s，对比图 3.21 与图 3.22 可以清楚地看出漫散射的增强效应。对于同极化，其表现为偏离镜向的任何方向其 NRCS 均增强。交叉极化则表现为所有方向 NRCS 的增强。同时可以发现风速提升后，其极小值的位置并未发生变化。

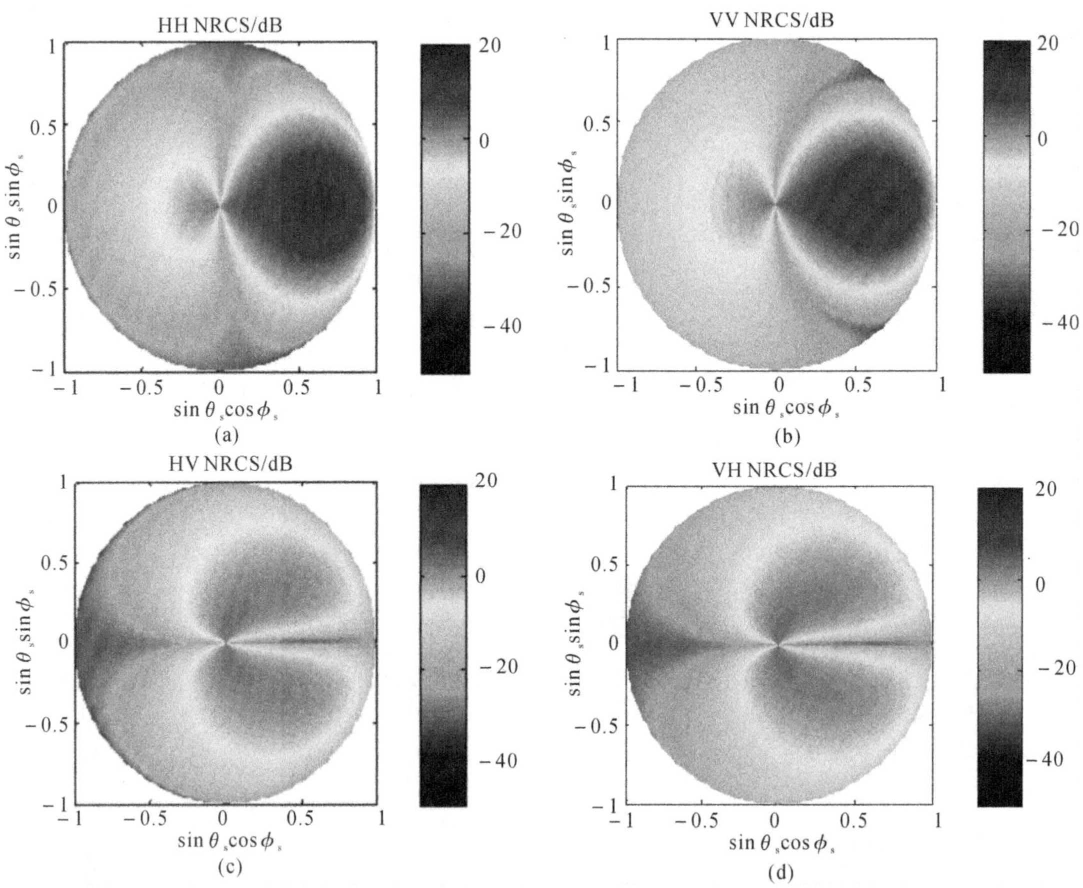

图 3.22　风速 15 m/s 的海洋面不同极化双站散射全空域分布

(a)HH；(b)VV；(c)HV；(d)VH

3.3.4　基于修正小斜率近似方法的面元模型

传统面元散射模型结合基于基尔霍夫近似法和微扰法的双尺度方法描述海面散射问题。而这两种方法本来就存在一定的适用条件，Voronich 指出这两种方法的适用条件并不能覆盖所有粗糙尺度情形。小斜率近似(Small Slope Approximation, SSA)法不仅适用于满足微扰法及基尔霍夫近似法条件下的粗糙面电磁散射问题，而且适用于两者过渡类型的粗糙面。

本节用小斜率近似方法来修正面元散射计算模型。小斜率近似法将粗糙面的散射振幅按照其斜率作级数展开，通过保留一定的级数项来控制计算精度。在全局坐标系下，入射和散射波方向矢量可以分解为水平和垂直两分量，写作 $\boldsymbol{k}_i=\boldsymbol{k}_{ih}-\boldsymbol{k}_{iv}\hat{\boldsymbol{z}}$，$\boldsymbol{k}_s=\boldsymbol{k}_{sh}+\boldsymbol{k}_{sv}\hat{\boldsymbol{z}}$。$\boldsymbol{k}_{ih}$ 和 $\boldsymbol{k}_{sh}$ 为入射和散射波水平投影矢量，$\boldsymbol{k}_{iv}$ 和 $\boldsymbol{k}_{sv}$ 为相应的垂直矢量值，海面上方的散射场可以表示为具有不同幅度和波矢量的平面波叠加，小斜率近似方法是将散射振幅按照级数展开，通过

保留级数项来控制精度，这里保留一阶项，小斜率近似的散射振幅可以写作

$$\boldsymbol{S}(\boldsymbol{k}_{\mathrm{s}},\boldsymbol{k}_{\mathrm{i}})=\frac{2\,(\boldsymbol{k}_{\mathrm{sv}}\boldsymbol{k}_{\mathrm{iv}})^{\frac{1}{2}}}{\boldsymbol{k}_{\mathrm{sv}}+\boldsymbol{k}_{\mathrm{iv}}}\boldsymbol{B}(\boldsymbol{k}_{\mathrm{s}},\boldsymbol{k}_{\mathrm{i}})\ \frac{T(\boldsymbol{r}',\xi(\boldsymbol{r}'))}{(2\pi)^{2}}\times\int\mathrm{e}^{-\mathrm{j}\boldsymbol{q}\cdot\boldsymbol{r}+\mathrm{j}(k_{\mathrm{sv}}-k_{\mathrm{iv}})\xi(\boldsymbol{r}')}\mathrm{d}\boldsymbol{r}' \tag{3-100}$$

因为计算的海面样本大小有限，取锥形波 $T(r,\xi(r))$ 用以消除对有限海面样本计算时边缘截断产生的绕射效应，其形式为

$$T(\boldsymbol{r},z(\boldsymbol{r}))=\mathrm{e}^{-\mathrm{j}(k_0\boldsymbol{r}-q_0z)w}\mathrm{e}^{-t_x-t_y} \tag{3-101}$$

$$t_x=\frac{(x\cos\theta_{\mathrm{i}}\cos\varphi_{\mathrm{i}}+y\cos\theta_{\mathrm{i}}\sin\varphi_{\mathrm{i}}+z\sin\theta_{\mathrm{i}})^2}{g_{\mathrm{c}x}^2\ \cos^2\theta_{\mathrm{i}}} \tag{3-102}$$

$$t_y=\frac{(-x\sin\varphi_{\mathrm{i}}+y\cos\varphi_{\mathrm{i}})^2}{g_{\mathrm{c}y}^2} \tag{3-103}$$

$$w=\frac{1}{k^2}\left(\frac{2t_x-1}{g_{\mathrm{c}x}^2\ \cos^2\theta_{\mathrm{i}}}+\frac{2t_y-1}{g_{\mathrm{c}y}^2}\right) \tag{3-104}$$

式(3-102)～(3-104)中，$g_{\mathrm{c}x}$ 与 $g_{\mathrm{c}y}$ 为两个维度方向的锥形波因子，一般可取两个维度的锥形波因子相同，即 $g_{\mathrm{c}x}=g_{\mathrm{c}y}=g_{\mathrm{c}}$，且 g_{c} 的取值须满足：

$$g_{\mathrm{c}}\geqslant\frac{6\lambda}{\cos^{1.5}\theta_{\mathrm{i}}} \tag{3-105}$$

$\boldsymbol{B}(\boldsymbol{k}_{\mathrm{s}},\boldsymbol{k}_{\mathrm{i}})$ 为极化系数矩阵，它与入射波和散射波矢量有关：

$$\boldsymbol{B}_{\mathrm{hh}}(\boldsymbol{k}_{\mathrm{s}},\boldsymbol{k}_{\mathrm{i}})=\frac{\varepsilon_r-1}{(\varepsilon_r\boldsymbol{k}_{\mathrm{sv}}+q_1)(\varepsilon_r\boldsymbol{k}_{\mathrm{iv}}+q_2)}\left(q_1q_2\ \frac{\boldsymbol{k}_{\mathrm{sh}}\cdot\boldsymbol{k}_{\mathrm{ih}}}{\boldsymbol{k}_{\mathrm{sh}}\boldsymbol{k}_{\mathrm{ih}}}+\varepsilon_r\boldsymbol{k}_{\mathrm{sh}}\boldsymbol{k}_{\mathrm{ih}}\right) \tag{3-106}$$

$$\boldsymbol{B}_{\mathrm{vv}}(\boldsymbol{k}_{\mathrm{s}},\boldsymbol{k}_{\mathrm{i}})=\frac{\varepsilon_r-1}{(\boldsymbol{k}_{\mathrm{sv}}+q_1)(\boldsymbol{k}_{\mathrm{iv}}+q_2)}k_0^2\ \frac{\boldsymbol{k}_{\mathrm{sh}}\cdot\boldsymbol{k}_{\mathrm{ih}}}{\boldsymbol{k}_{\mathrm{sh}}\boldsymbol{k}_{\mathrm{ih}}} \tag{3-107}$$

q_1，q_2 可通过下面的关系式得到：

$$q_1=-\sqrt{\boldsymbol{k}_0^2-\boldsymbol{k}_{\mathrm{ih}}^2} \tag{3-108}$$

$$q_2=-\sqrt{\varepsilon_r\boldsymbol{k}_0^2-\boldsymbol{k}_{\mathrm{sh}}^2} \tag{3-109}$$

$\xi(\boldsymbol{r}')$ 为海面上包含大尺度与小尺度结构的高程起伏，如按照传统方式直接剖分，对面元上的小尺度结构进行细剖分时在电大海面上会产生较大的计算量。这里用小斜率近似方法与面元散射模型结合。在面元散射模型中，局部面元上散射振幅为

$$\boldsymbol{S}_l(\boldsymbol{k}_{\mathrm{s}},\boldsymbol{k}_{\mathrm{i}})=\frac{2\,(k_{\mathrm{sv}l}k_{\mathrm{iv}l})^{1/2}}{k_{\mathrm{sv}l}+k_{\mathrm{iv}l}}\mathrm{e}^{-\mathrm{j}\boldsymbol{q}\cdot\boldsymbol{r}'}\boldsymbol{B}(\boldsymbol{k}_{\mathrm{s}},\boldsymbol{k}_{\mathrm{i}})\ \frac{1}{(2\pi)^2}\times\int\mathrm{e}^{-\mathrm{j}\boldsymbol{q}\cdot\boldsymbol{r}'_l+\mathrm{j}\boldsymbol{q}\cdot\hat{\boldsymbol{n}}_l\zeta(\boldsymbol{r}'_l)}\mathrm{d}\boldsymbol{r}'_l \tag{3-110}$$

散射矢量 $\boldsymbol{q}$ 在面元内的水平分量为 $\boldsymbol{q}_{\mathrm{h}l}=\boldsymbol{q}-q_{\mathrm{v}l}\cdot\hat{\boldsymbol{n}}_l=\boldsymbol{k}_{\mathrm{sh}l}-\boldsymbol{k}_{\mathrm{ih}l}$，垂直分量为 $\boldsymbol{q}_{\mathrm{v}l}=\boldsymbol{q}\cdot\hat{\boldsymbol{n}}_l=\boldsymbol{k}_{\mathrm{iv}l}+\boldsymbol{k}_{\mathrm{sv}l}$。可以采用统计方法将面元上的小尺度结构散射贡献计入总的散射中，称这为面元修正小斜率近似方法（Facet Modified Small Slope Approximation，FMSSA）。面元上的小尺度结构均方根为 $\hat{s}_{\mathrm{s}}=\langle\zeta(\boldsymbol{r}')\rangle^{1/2}$，按照小尺度结构分布进行集平均后有

$$\boldsymbol{S}_l(\boldsymbol{k}_{\mathrm{s}},\boldsymbol{k}_{\mathrm{i}})=\frac{2\,(\boldsymbol{k}_{\mathrm{sv}l}\boldsymbol{k}_{\mathrm{iv}l})^{1/2}}{\boldsymbol{q}_{\mathrm{v}l}}\mathrm{e}^{-\mathrm{j}\boldsymbol{q}\cdot\boldsymbol{r}'}\boldsymbol{B}(\boldsymbol{k}_{\mathrm{s}},\boldsymbol{k}_{\mathrm{i}})\mathrm{e}^{-(q_{\mathrm{v}l}\hat{s}_{\mathrm{s}})^2/2}\int\frac{\mathrm{d}\boldsymbol{r}'_l}{(2\pi)^2}\mathrm{e}^{-\mathrm{j}\boldsymbol{q}_{\mathrm{h}l}\cdot\boldsymbol{r}'_l} \tag{3-111}$$

该过程需要进行坐标变换。局部面元与全局对应的单位极化矢量分别为 $[\hat{\boldsymbol{h}}'_{\mathrm{i}}\quad\hat{\boldsymbol{v}}'_{\mathrm{i}}\quad\hat{\boldsymbol{h}}'_{\mathrm{s}}\quad\hat{\boldsymbol{v}}'_{\mathrm{s}}]$ 和 $[\hat{\boldsymbol{h}}_{\mathrm{i}}\quad\hat{\boldsymbol{v}}_{\mathrm{i}}\quad\hat{\boldsymbol{h}}_{\mathrm{s}}\quad\hat{\boldsymbol{v}}_{\mathrm{s}}]$。全局极化因子与局部影响因子有以下关系，即

$$\begin{bmatrix}F_{\mathrm{VV}} & F_{VH}\\ F_{\mathrm{HV}} & F_{\mathrm{HH}}\end{bmatrix}=\begin{bmatrix}\hat{\boldsymbol{v}}_{\mathrm{s}}\cdot\hat{\boldsymbol{v}}'_{\mathrm{s}} & \hat{\boldsymbol{h}}_{\mathrm{s}}\cdot\hat{\boldsymbol{h}}'_{\mathrm{s}}\\ \hat{\boldsymbol{v}}_{\mathrm{s}}\cdot\hat{\boldsymbol{h}}'_{\mathrm{s}} & \hat{\boldsymbol{h}}_{\mathrm{s}}\cdot\hat{\boldsymbol{v}}'_{\mathrm{s}}\end{bmatrix}\begin{bmatrix}\boldsymbol{B}_{\mathrm{vv}} & \boldsymbol{B}_{\mathrm{vh}}\\ \boldsymbol{B}_{\mathrm{hv}} & \boldsymbol{B}_{\mathrm{hh}}\end{bmatrix}\begin{bmatrix}\hat{\boldsymbol{v}}_{\mathrm{i}}\cdot\hat{\boldsymbol{v}}'_{\mathrm{i}} & \hat{\boldsymbol{h}}_{\mathrm{i}}\cdot\hat{\boldsymbol{h}}'_{\mathrm{i}}\\ \hat{\boldsymbol{v}}_{\mathrm{i}}\cdot\hat{\boldsymbol{h}}'_{\mathrm{i}} & \hat{\boldsymbol{h}}_{\mathrm{i}}\cdot\hat{\boldsymbol{v}}'_{\mathrm{i}}\end{bmatrix} \tag{3-112}$$

小尺度结构的均方根可以通过对谱函数高频分量的积分获取：

$$\hat{s}_s^2 = \int S(\boldsymbol{\kappa}_c)\,\mathrm{d}\boldsymbol{\kappa} \tag{3-113}$$

散射系数可以用集平均的方式写作

$$\sigma_s = q_0 q_k \langle \boldsymbol{S}(\boldsymbol{k},\boldsymbol{k}_0) - \langle \boldsymbol{S}(\boldsymbol{k},\boldsymbol{k}_0)\rangle \rangle \times [\boldsymbol{S}(\boldsymbol{k},\boldsymbol{k}_0) - \langle \boldsymbol{S}(\boldsymbol{k},\boldsymbol{k}_0)\rangle]^* \rangle \tag{3-114}$$

式中:⟨•⟩ 表示取集; * 表示取共轭。海面上各高程点的相关函数 $C(\boldsymbol{r}')$ 与海洋功率谱函数满足傅里叶变换对的关系,则有

$$C(\boldsymbol{r}') = \int_0^{2\pi} \mathrm{d}\varphi \int_0^{\infty} S(\boldsymbol{\kappa}) \exp(\mathrm{j}\boldsymbol{\kappa}\cdot\boldsymbol{r}')\,\mathrm{d}\kappa \tag{3-115}$$

散射系数可以写作

$$\sigma_s = \frac{1}{\pi}\left|\frac{2\boldsymbol{k}_{sv}\boldsymbol{k}_{iv}}{\boldsymbol{k}_{sv}+\boldsymbol{k}_{iv}}\boldsymbol{B}(\boldsymbol{k}_s,\boldsymbol{k}_i)\right|^2 \times \mathrm{e}^{-(\boldsymbol{k}_{sv}+\boldsymbol{k}_{iv})^2 C(0)} \int \mathrm{e}^{(\boldsymbol{k}_{sv}+\boldsymbol{k}_{iv})^2 C(\boldsymbol{r}'_l)-1} \times \mathrm{e}^{-\mathrm{j}(\boldsymbol{k}_{sh}-\boldsymbol{k}_{ih})\cdot\boldsymbol{r}'}\,\mathrm{d}\boldsymbol{r}'_l \tag{3-116}$$

可以按照式(3-56)～式(3-58)的处理方式,相关函数借助贝塞尔函数,可进一步简化为两个一维积分,即

$$C(\boldsymbol{r}) = C(\boldsymbol{r},\varphi) = C_c(\boldsymbol{r}) - \cos(2\varphi)\times C_i(\boldsymbol{r}) \tag{3-117}$$

$$C_c(\boldsymbol{r}) = \int S(\boldsymbol{\kappa}_c)\,J_0(\boldsymbol{\kappa}_c\boldsymbol{r})\,\mathrm{d}\boldsymbol{\kappa} \tag{3-118}$$

$$C_i(\boldsymbol{r}) = \int S(\boldsymbol{\kappa}_c)\,J_2(\boldsymbol{\kappa}_c\boldsymbol{r})\,\Delta(\boldsymbol{\kappa}_c)\,\mathrm{d}\boldsymbol{\kappa} \tag{3-119}$$

式中:$C_c(\boldsymbol{r})$ 与 $C_i(\boldsymbol{r})$ 分别代表着海谱小尺度部分的相关函数中各项同性与非各项同性部分,也就表征了局部海面小尺度起伏的相关性;J_0,J_2 分别为第 0 阶和第 2 阶的第一类贝塞尔函数。图 3.23 给出了 $\varphi=0°$ 方向,风速参数分别取 $U_{10}=5$ m/s 与 $U_{10}=10$ m/s,风向为 $\varphi_w=45°$ 时,$C_c(\boldsymbol{r})$ 与 $C_i(\boldsymbol{r})$ 随局部海面上取样点之间距离 r 的变化。

图 3.23 计算了不同极化及风速海况条件下海面后向散射系数。在计算中,采用 Elfouhaily 海谱生成海面样本,海面大小取 $L_x \times L_y = 128$ m×128 m,面元大小取 1 m×1 m,海面风向为 $\varphi_w=45°$,海水的介电常数根据双 Debye 模型计算,在本算例的计算频率下,海水温度取 21℃,盐度取 40‰,介电常数可计算为 $\varepsilon_r = 46.25+39.12\mathrm{j}$。入射电磁波频率选取 Ku 波段,$f_0=14$ GHz,锥形波因子取 $g_{cx}=L_x/4$,$g_{cy}=L_y/4$,入射俯仰角 θ_i 从 0°～90° 扫描,方位角为 $\varphi_i=0°$。

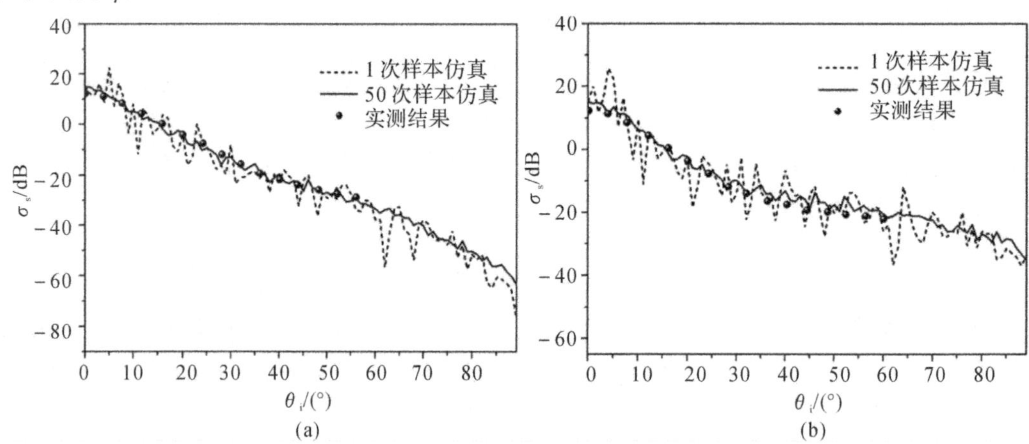

图 3.23 不同风速参数下海面单站散射计算与实测结果对比

(a)$U_{10}=5$ m/s,HH 极化; (b) $U_{10}=5$ m/s,VV 极化

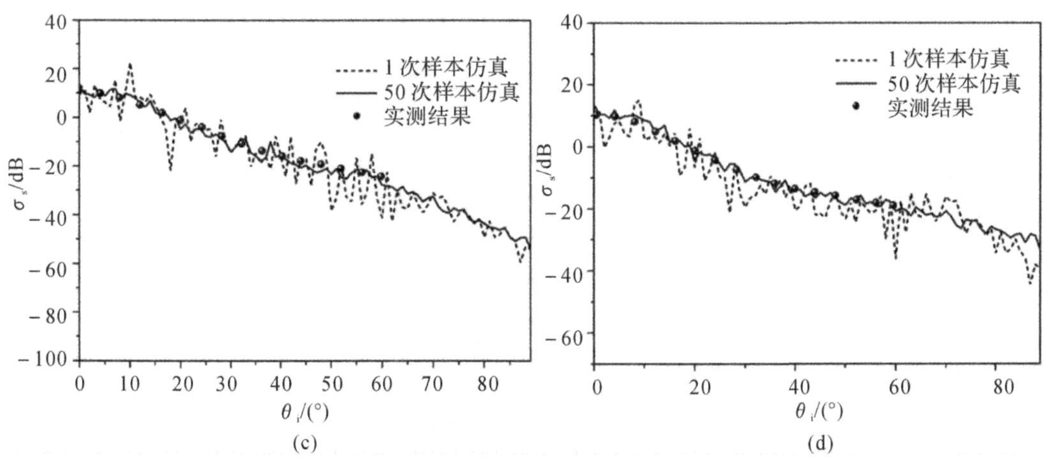

续图 3.23　不同风速参数下海面单站散射计算与实测结果对比

(c) $U_{10}=10$ m/s, HH 极化；(d) $U_{10}=10$ m/s, VV 极化

图 3.23 既给出了对单次海面样本的计算结果，也给出了对 50 次海面样本计算取平均的结果，计算结果与实测结果进行了对比。由于实测数据也是多次测量后取平均且仅取到 60°，可以看出对于多次生成的大尺度海面样本的计算结果进行统计平均后曲线趋于平滑，与测试结果可以达到较好的吻合。除采用对面元小尺度结构取统计平均的方法计算海面面元散射系数外，也可以根据海面局部面元的布拉格散射机理，建立半解析面元散射模型，结合小斜率近似方法计算海面散射。根据布拉格散射理论，小尺度结构的散射贡献主要是布拉格结构，也就是沿着雷达视线方向，且具有布拉格谐振频率的波分量，因此将面元上的小尺度波用布拉格波的模型进行修正，这种方式称为布拉格面元小斜率近似方法（Bragg Facet Small Slope Approximation, BFSSA）。海面毛细波结构可简化为具有布拉格谐振波长的单色正弦波，其形式为

$$\xi(\boldsymbol{r})=B(\boldsymbol{\kappa}_c)\cos(\boldsymbol{\kappa}_c\cdot\boldsymbol{r}-\omega_c t) \tag{3-120}$$

式中：$\boldsymbol{\kappa}_c$ 为布拉格谐振波数矢量；ω_c 为该谐振波角频率；$\boldsymbol{r}=(x_c,y_c)$ 为面元上的位置坐标；$B(\boldsymbol{\kappa}_c)=2\pi\sqrt{S(\boldsymbol{\kappa}_c)/\Delta S}$ 为该面元引起布拉格散射的毛细波幅度，ΔS 为小面元的面积，$S(\boldsymbol{\kappa}_c)$ 为 Elfouhaily 海谱中的高频部分。将毛细波结构表征为式(3-120)式中的形式，则积分项可以用 Bessel 级数展开为解析形式。

$$I=\int\zeta(\boldsymbol{r})\cdot \mathrm{e}^{-\mathrm{j}(\boldsymbol{k}-\boldsymbol{k}_0)\cdot\boldsymbol{r}_c-\mathrm{j}(q+q_0)z(\boldsymbol{r}_c)}\mathrm{d}\boldsymbol{r}_c=\frac{\Delta S}{2n_z}\cdot \mathrm{e}^{-\mathrm{j}(\boldsymbol{k}-\boldsymbol{k}_0)\cdot\boldsymbol{r}_c-\mathrm{j}(q+q_0)z(\boldsymbol{r}_c)}\times$$
$$\left\{B(\boldsymbol{\kappa}_c^+)\sum_{n=-\infty}^{\infty}(-\mathrm{j})^n J_n[q_zB(\boldsymbol{\kappa}_c^+)]I_0(\boldsymbol{\kappa}_c^+)+B(\boldsymbol{\kappa}_c^-)\sum_{n=-\infty}^{\infty}(-\mathrm{j})^n J_n[q_zB(\boldsymbol{\kappa}_c^-)]I_0(\boldsymbol{\kappa}_c^-)\right\} \tag{3-121}$$

式中：n_z 为面元本地坐标系中面元法向在面元的 z 轴分量；$\boldsymbol{r}_c$ 为面元中心点的位置坐标；$J_n(\cdot)$ 表示 n 阶第一类贝塞尔函数；$\boldsymbol{\kappa}_c^+$ 与 $\boldsymbol{\kappa}_c^-$ 物理意义上表示相对雷达入射波矢正负向传播的布拉格成分，式(3-121) 中的级数项保留 $n=0, n=\pm1$ 三项，它们对积分起主要作用。$I_0(\boldsymbol{\kappa}_c)$ 的表达式可写作：

$$I_0(\boldsymbol{\kappa}_c)=\mathrm{e}^{-\mathrm{j}(1+n)\omega_c t}\operatorname{sinc}\left\{\frac{\Delta x}{2}[(1+n)\kappa_{cx}-q_x-q_z z_x]\right\}\times$$
$$\operatorname{sinc}\left\{\frac{\Delta y}{2}[(1+n)\kappa_{cy}-q_y-q_z z_y]\right\}+$$
$$\mathrm{e}^{-\mathrm{j}(1-n)\omega_c t}\operatorname{sinc}\left\{\frac{\Delta x}{2}[(1-n)\kappa_{cx}+q_x+q_z z_x]\right\}\times$$
$$\operatorname{sinc}\left\{\frac{\Delta y}{2}[(1-n)\kappa_{cy}+q_y+q_z z_y]\right\} \tag{3-122}$$

式中：κ_{cx}，κ_{cy} 分别表示 $\boldsymbol{\kappa}_c$ 在面元本地坐标系下 x 方向和 y 方向的分量；q_x，q_y，q_z 分别表示散射传递矢量 $\boldsymbol{q}=k(\boldsymbol{k}_s-\boldsymbol{k}_i)$ 在 x，y，z 方向的投影分量；z_x，z_y 分别表示小面元在 x，y 方向上的斜率。海面面元的散射场可写作

$$\boldsymbol{E}_{\text{facet}}(\hat{\boldsymbol{k}}_i,\hat{\boldsymbol{k}}_s)=\frac{2\pi}{\mathrm{j}R}\mathrm{e}^{\mathrm{j}kR}\boldsymbol{S}(\hat{\boldsymbol{k}}_i,\hat{\boldsymbol{k}}_s) \tag{3-123}$$

海面的总散射场为所有面元散射场的叠加：

$$\boldsymbol{E}_s(\hat{\boldsymbol{k}}_i,\hat{\boldsymbol{k}}_s)=\frac{1}{S}\sum_{k=1}^{N}\boldsymbol{E}_{\text{facet}}(\hat{\boldsymbol{k}}_i,\hat{\boldsymbol{k}}_s)\Delta s \tag{3-124}$$

海面样本仍然由 Elfouhaily 海谱生成海面风速 $U_{10}=5\ \mathrm{m/s}$，海面风向角为 $\varphi_w=45°$，$L_x\times L_y=128\ \mathrm{m}\times128\ \mathrm{m}$ 的海面样本，海面面元大小取 $1\ \mathrm{m}\times1\ \mathrm{m}$，图 3.24 所示对比了同极化两种方法计算的海面单站散射系数，介电常数仍为 $\varepsilon_r=46.25+39.12\mathrm{j}$。入射电磁波频率选取 Ku 波段，$f_0=14\ \mathrm{GHz}$，锥形波因子取 $g_{cx}=L_x/4$，$g_{cy}=L_y/4$，入射俯仰角 θ_i 从 $0°\sim90°$ 扫描，方位角为 $\varphi_i=0°$。计算结果均为 50 次海面样本的散射计算结果取平均。

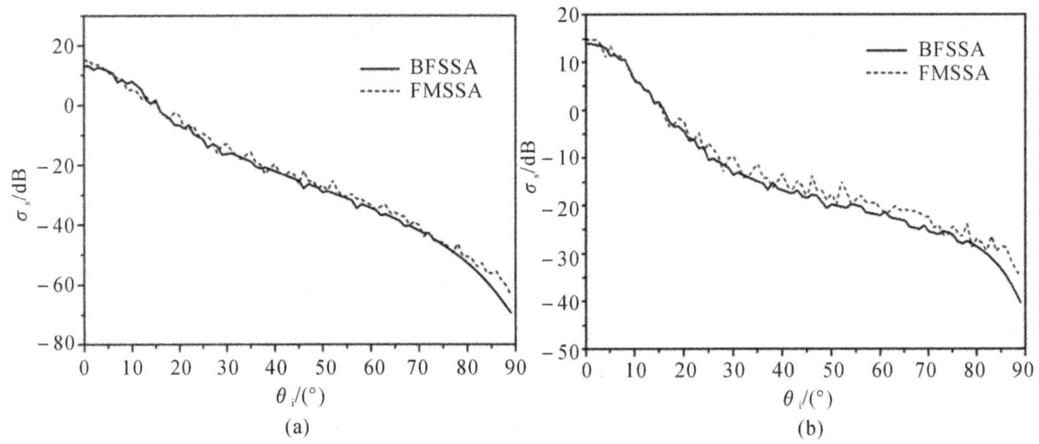

图 3.24 两种方法计算海面单站散射计算对比
(a) HH 极化； (b) VV 极化

可以看出两种方法的计算结果经过大样本统计平均后基本吻合。BFSSA 将面元表面的小尺度结构用确定的布拉格正弦波来表示，计算结果的随机性相对 FMSSA 方法要更弱一些，表现在图 3.24 中，BFSSA 方法的计算结果较 FMSSA 方法计算得到的结果更加平滑。当入射角较大时，BFSSA 方法的计算结果略小于 FMSSA 方法的计算结果，这说明，FMSSA 方法相对而言更全面地考虑了海面面元上小尺度结构的散射，BFSSA 方法只考虑了面元上的布拉格波散射机理，尤其是当入射角大时，FMSSA 方法计算更为准确。BFSSA

方法的优点在于，它可以计算得到海面局部面元的散射场，更清晰地描述局部海面面元布拉格散射机理对海面面元散射场相位的调制，这在描述海面散射及雷达回波形成机理，挖掘散射与回波特征方面更具有优势。

3.3.5　高海况白浪层结构修正的面元模型

在复杂高海况下，海面的白浪层分布会增多。白浪层是风力很强时吹动海面，形成较大的波浪卷曲，甚至破碎造成额外的非布拉格散射贡献，而造成这种散射贡献的主要海面结构有卷浪(Crest Wave,CW)、泡沫等，它们的分布特点及对海面散射的影响机理在第 2 章中进行了分析，本节根据其结构特点及散射机理进行电磁散射建模计算，并对海面面元散射模型进一步修正。

卷浪的散射主要来源于海浪卷曲部分与海面之间形成的多次散射，海洋学里模拟卷浪常用的模型有 LONGTANK 模型和 FOURNIER 模型，前者是根据海洋动力学原理建立的，精细程度比较高，但是模拟过程复杂，过于消耗计算时间与资源，后者是根据数学参数方程建立，物理意义较弱，所以说这两类模型都不是很适用于电大海环境中的电磁计算使用。在此种情景下，更适合抽象出卷浪的主要结构特点和散射机理，并将其散射贡献叠加到整体海面散射中去。这里采用一种抽象的曲面劈模型，如图 3.25 所示，设波浪的卷曲方向是朝着风向的方向，卷浪长度为 L，浪高为 h_c，波浪卷曲方向曲率半径为 $a_c=L^2/h_c$，浪尖外表面水平曲率半径为 a_f。设沿波浪卷曲表面的单位矢量为 $\hat{\boldsymbol{l}}$，入射场照射在卷浪表面形成散射贡献的场分量可以分解为沿着 $\hat{\boldsymbol{l}}$ 方向的分量以及与 $\hat{\boldsymbol{l}}$ 正交方向的分量，以这两个方向按照右手法则建立局部坐标系，如图 3.25 所示。卷浪的主要贡献为浪波前的直接散射、卷浪劈的劈绕射效应，以及波面与浪底部形成的多次散射。

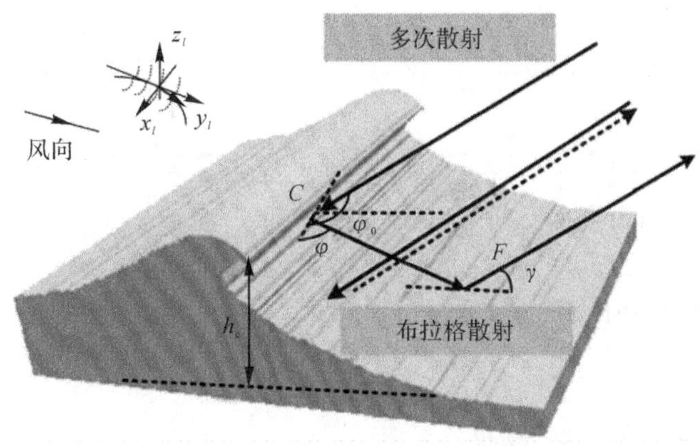

图 3.25　卷浪结构及散射示意图

卷浪的散射场可以写作沿波面劈边的积分，则有

$$\boldsymbol{E}_{\mathrm{cw}}=\int_L \frac{\mathrm{e}^{\mathrm{j}kr}}{\boldsymbol{r}}[D_{\mathrm{h}}(\boldsymbol{E}_{\mathrm{i}}\hat{\boldsymbol{l}})+D_{\mathrm{v}}(\hat{\boldsymbol{l}}\times\boldsymbol{E}_{\mathrm{i}})]\mathrm{d}l \tag{3-125}$$

式中：D_{h} 与 D_{v} 是水平和垂直极化劈边的绕射系数。绕射系数的贡献不仅包含劈自身表面的散射，还要叠加入波浪卷曲后与原海面形成反射面结构，对照射其上的电磁波形成多次散

射的贡献。这里认为多次散射仅发生在卷浪浪尖的 C 点与浪底海面上的 F 点之间，将其简化为四条路径的散射，路径一是浪尖 C 点的直接后向散射，路径二是从波浪底端与波浪顶端来回反射的 CF 路径与 FC 路径，最后是波浪底端与顶端之间的多次反射路径，即为 FCF 路径。将这四条路径的散射进行矢量叠加有

$$D = D_{\mathrm{cw}} + D_{\mathrm{cw}}\mathrm{e}^{\mathrm{j}kl(1-\cos 2\gamma)}\rho_{\mathrm{r}}(\gamma) + D_{\mathrm{cw}}\mathrm{e}^{\mathrm{j}kl(1-\cos 2\gamma)}\rho_{\mathrm{r}}(\gamma) + \rho_{\mathrm{r}}^{2}(\gamma)\rho^{2}(\gamma)\mathrm{e}^{2\mathrm{j}kl(1-\cos 2\gamma)} \tag{3-126}$$

$\rho_{\mathrm{r}}(\gamma)$ 可取 Fresnel 反射系数，这里取 $\rho_{\mathrm{r}}(\gamma)=(2\pi)^2 S(\gamma,\gamma)/A_{\mathrm{sea}}$，$S(\gamma,\gamma)$ 为采用式(3-110)与式(3-111)计算的面元小斜率近似的散射振幅，γ 为面元入射矢量与表面的擦地角，如图3.25所示，这样就考虑了面元布拉格散射机理。 l_{CF} 为反射路径长度。D_{cw} 为反射劈表面的绕射系数，它的成分可以分为表示曲面劈的一致性绕射系数 $D_{\mathrm{cw}}^{\mathrm{u}}$ 和直边尖劈产生的非一致性绕射系数 $D_{\mathrm{w}}^{\mathrm{nu}}$。 根据 Ufimtsev 的物理绕射理论，水平和垂直极化曲面劈非一致性绕射系数为

$$D_{\mathrm{cw,h}}^{\mathrm{nu}} = \frac{\sin(\varphi_0)}{2}\sqrt{\frac{\mathrm{j}ka_f}{2\pi[\sin(\varphi)+\sin(\varphi_0)]}}\mathrm{e}^{\frac{\mathrm{j}ka_f}{2}\frac{\cos(\varphi)+\cos(\varphi_0)}{\sin(\varphi)+\sin(\varphi_0)}}F\left[\sqrt{\frac{ka_f}{2}}\frac{\cos(\varphi)+\cos(\varphi_0)}{\sin(\varphi)+\sin(\varphi_0)}\right] - \frac{\vartheta(\varphi_0-\beta)}{2\pi}\frac{\sin(\varphi_0-\beta)}{\cos(\varphi-\beta)+\cos(\varphi_0-\beta)} \tag{3-127a}$$

$$D_{\mathrm{cw},v}^{\mathrm{nu}} = -\frac{\sin(\varphi)}{2}\sqrt{\frac{\mathrm{j}ka_f}{2\pi(\sin(\varphi)+\sin(\varphi_0))}}e^{\frac{\mathrm{j}ka_f}{2}\frac{\cos(\varphi)+\cos(\varphi_0)}{\sin(\varphi)+\sin(\varphi_0)}}F\left[\sqrt{\frac{ka_f}{2}}\frac{\cos(\varphi)+\cos(\varphi_0)}{\sin(\varphi)+\sin(\varphi_0)}\right] - \frac{\vartheta(\varphi_0-\beta)}{2\pi}\frac{\sin(\varphi-\beta)}{\cos(\varphi-\beta)+\cos(\varphi_0-\beta)} \tag{3-127b}$$

式中：φ 和 φ_0 是局部入射和反射矢量与浪前切平面的夹角；β 是外劈角；ϑ 是卷浪传播方向与雷达后向散射在海面水平投影方向的夹角；F 为 Fresnel 积分其形式。直边劈的一致性绕射系数为

$$D_{\mathrm{w,h}}^{\mathrm{u}} = \frac{1}{2\pi}\left[\frac{\sin\varphi_0}{\cos\varphi+\cos\varphi_0} - \vartheta(\varphi_0-\beta)\frac{\sin(\varphi_0-\beta)}{\cos(\varphi-\beta)+\cos(\varphi_0-\beta)}\right] \tag{3-128a}$$

$$D_{\mathrm{w,v}}^{\mathrm{u}} = -\frac{1}{2\pi}\left[\frac{\sin\varphi_0}{\cos\varphi+\cos\varphi_0} - \vartheta(\varphi_0-\beta)\frac{\sin(\varphi-\beta)}{\cos(\varphi-\beta)+\cos(\varphi_0-\beta)}\right] \tag{3-128b}$$

这样总的卷浪表面绕射系数可以写作：

$$D_{\mathrm{cw}} = D_{\mathrm{cw}}^{\mathrm{u}} + D_{\mathrm{w}}^{\mathrm{nu}} \tag{3-129}$$

电磁波经卷浪表面的散射场可以写作：

$$\boldsymbol{E}_{\mathrm{cw}} = \int \frac{\mathrm{e}^{\mathrm{j}kR}}{R} D\,\boldsymbol{E}_{\mathrm{i}}\,\mathrm{d}l \tag{3-130}$$

结合上面推导，卷浪的散射场可以写作：

$$\boldsymbol{E}_{\mathrm{cw}} = D\frac{\mathrm{e}^{\mathrm{j}kr}}{\boldsymbol{r}}\sqrt{\frac{2\pi h_{\mathrm{c}}a_{\mathrm{c}}}{1-2\mathrm{j}kh_{\mathrm{c}}\sin\gamma}}\mathrm{e}^{\frac{-2h_c a_c k^2\cos^2\gamma\sin^2\vartheta}{1-2\mathrm{j}kh_c\sin\gamma}}\boldsymbol{E}_{\mathrm{i}} \tag{3-131}$$

散射系数可以写作：

$$\sigma_{\mathrm{cw}} = \frac{2\pi L^2}{\sqrt{1+4k^2h_c^2\sin^2\gamma}}\cdot|D|^2\mathrm{e}^{\frac{-4L^2k^2\cos^2\gamma\sin^2\vartheta}{1+4k^2h_c^2\sin^2\gamma}} \tag{3-132}$$

在卷浪结构参数中，L 与 h_{c} 的选取也决定了卷浪的形状，L 值的选取为 0.8～1 m，因此可以取与海面面元散射模型中的面元尺寸相当，h_{c} 取与海况高、低有关，这里取相应海况下

的浪高。

白浪层中的泡沫散射机理主要是包含泡沫层内泡沫粒子之间的多重散射以及泡沫粒子与海面之间的多次散射。这单个泡沫粒子可等效水膜包裹空气核心的球状结构，如图 3.26 所示。

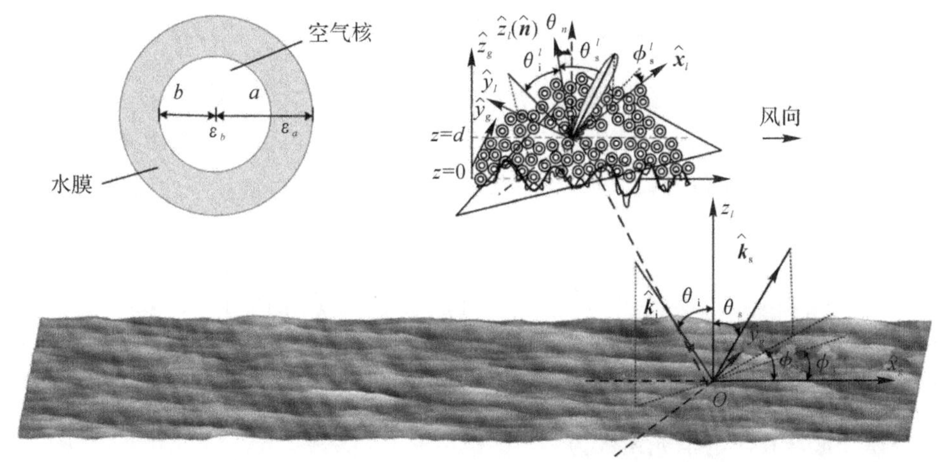

图 3.26　泡沫体散射修正的面元化模型

设空心球粒子的外径和内径分别为 a，b，对应的两层内的波数分别为 k_a，k_b，根据 Mie 散射理论可以得到单个空心粒子的散射截面和消光截面为

$$Q_{\mathrm{sca}} = \frac{2}{(ka)^2}\sum_{n=1}^{\infty}(2n+1)\left(\left|-T_n^{(N)}\right|^2+\left|-T_n^{(M)}\right|^2\right) \tag{3-133a}$$

$$Q_{\mathrm{ext}} = \frac{2}{(ka)^2}\sum_{n=1}^{\infty}(2n+1)\mathrm{Re}\left(-T_n^{(N)}-T_n^{(M)}\right) \tag{3-133b}$$

式中：T 为空心球形粒子的 $\boldsymbol{T}$ 矩阵系数，可以写为

$$T_n^{(M)} = \frac{[ka\,\mathrm{j}_n(ka)]'[\mathrm{j}_n(\varsigma)+B_n(\zeta,\chi)y_n(\varsigma)]-\{[\varsigma\,\mathrm{j}_n(\varsigma)]'+B_n(\zeta,\chi)[\varsigma\,y_n(\varsigma)]'\}\mathrm{j}_n(k_a)}{[ka\,h_n(ka)]'[\mathrm{j}_n(\varsigma)+B_n(\zeta,\chi)y_n(\varsigma)]-\{[\varsigma\,\mathrm{j}_n(\varsigma)]'+B_n(\zeta,\chi)[\varsigma\,y_n(\varsigma)]'\}h_n(ka)} \tag{3-134a}$$

$$T_n^{(N)} = \frac{[\delta\mathrm{j}_n(ka)]'\,\varsigma[\mathrm{j}_n(\varsigma)+A_n(\zeta,\chi)y_n(\varsigma)]-\{[\varsigma\,\mathrm{j}_n(\varsigma)]'+A_n(\zeta,\chi)[\varsigma\,y_n(\varsigma)]'\}\delta^2\mathrm{j}_n(ka)}{[\delta h_n(ka)]'\,\varsigma^2[\mathrm{j}_n(\varsigma)+B_n(\zeta,\chi)y_n(\varsigma)]-\{[\varsigma\,\mathrm{j}_n(\varsigma)]'+B_n(\zeta,\chi)[\varsigma\,y_n(\varsigma)]'\}h_n(ka)} \tag{3-134b}$$

式中，j_n 和 h_n 分别是贝塞尔函数和汉克耳函数；y_n 是诺依曼函数，；$\varsigma=k_a a$，$\zeta=k_b b$；$\chi=k_b a$。由于在泡沫层中，泡沫粒子是随机分布的，泡沫粒子群的分布可设为满足伽马分布，取单个泡沫粒子的平均外半径为 250 μm，在 100 ～ 500 μm 之间满足高斯分布的随机数，而内径与外径的比，也就是 b/a 取 0 ～ 0.8 之间的随机数，这样泡沫水膜最薄厚度为 20 μm。泡沫层中的泡沫粒子群是一种比较稠密的多粒子结构，粒子间的多重耦合散射非相干强度较强，描述这种稠密粒子群的多重散射特性最佳的方法之一是基于辐射输运理论的方法。辐射输运理论通过描述粒子对能量的输运过程分析粒子群的散射特性。根据粒子输运理论，泡沫粒子的矢量辐射传输（Vector Radiative Transfer，VRT）方程可写作

$$\cos\theta_s \frac{\mathrm{d}}{\mathrm{d}z}\bar{I}(\theta,\phi,z) = -\bar{\bar{\boldsymbol{K}}}_e(\theta_s,\varphi_s)\bar{\boldsymbol{I}}(\theta_s,\phi_s,z) + \int_0^{2\pi}\mathrm{d}\phi'\int_0^{\pi/2}\mathrm{d}\theta'\sin\theta_s \times \bar{\bar{P}}(\theta_s,\phi_s;\theta',\phi')\bar{\boldsymbol{I}}(\theta',\phi',z) \tag{3-135a}$$

$$\begin{aligned}-\cos\theta_s \frac{\mathrm{d}}{\mathrm{d}z}\bar{I}(\pi-\theta_s,\phi_s,z) = &-\bar{\bar{\boldsymbol{K}}}_s(\theta_s,\varphi_s)\cdot\bar{\boldsymbol{I}}(\pi-\theta_s,\phi_s,z) + \int_0^{2\pi}\mathrm{d}\phi'\int_0^{\pi/2}\mathrm{d}\theta'\sin\theta_s \times \\ &\bar{\bar{\boldsymbol{P}}}(\pi-\theta_s,\phi_s;\theta',\phi')\cdot\bar{\boldsymbol{I}}(\theta',\phi',z) + \int_0^{2\pi}\mathrm{d}\phi'\int_0^{\pi/2}\mathrm{d}\theta'\sin\theta_s \times \\ &\bar{\bar{\boldsymbol{P}}}(\pi-\theta_s,\phi_s;\pi-\theta',\phi')\cdot\bar{\boldsymbol{I}}(\pi-\theta',\phi',z)\end{aligned} \tag{3-135b}$$

式中：$\bar{\bar{\boldsymbol{K}}}_e$ 是粒子的消光矩阵；$\bar{Q}$ 是泡沫层下的主动辐射源强度，由于本文计算场景中，入射波都是从海面上方照射，所以 $\bar{Q}=0$；$\bar{\bar{\boldsymbol{P}}}(\theta,\phi,\theta',\phi')$ 是相矩阵，它包括粒子之间多次散射的耦合关系，其形式为

$$\bar{\bar{\boldsymbol{P}}}(\theta,\phi,\theta',\phi') = \frac{3}{8\pi}\boldsymbol{\kappa}_s\begin{bmatrix} p_{11} & p_{12} & p_{13} & 0 \\ p_{21} & p_{22} & p_{23} & 0 \\ p_{31} & p_{32} & p_{33} & 0 \\ 0 & 0 & 0 & p_{44}\end{bmatrix} \tag{3-136}$$

单位体积泡沫粒子的消光系数为

$$K_e = N_0\frac{2\pi}{k^2}\sum_{n=1}^{\infty}(2n+1)\mathrm{Re}(-T_n^{(N)} - T_n^{(M)}) \tag{3-137}$$

式中：N_0 为单位体积内的泡沫粒子数。由于泡沫粒子的尺寸小于雷达照射波长，故泡沫粒子符合瑞利(Rayleigh)近似，相矩阵可根据Rayleigh近似得出，其中包含体现粒子与界面耦合作用的反射率矩阵和泡沫层厚度 d。泡沫层厚度与海况有关，当 $U_{10} \leqslant 7\mathrm{m/s}$ 时，泡沫层平均厚度可取 $d=0.004$，当 $U_{10} > 7\mathrm{m/s}$ 时，泡沫层平均厚度可取 $d=0.004+1.2\times10^{-3}(U_{10}-7)$。入射波进入具有随机分布的体积为 V 的粒子群内时，粒子通过吸收与散射使得波能量减少，粒子群的缩减强度和漫射强度反映在 4×1 柱矢量 $\bar{\boldsymbol{I}}(\theta,\phi,z)$ 内，用常数变易法结合边界条件，再运用迭代法解出各阶解，便可得 $I^{(0)}(\theta_s,\phi_s,z=d)$、$I^{(1)}(\theta_s,\phi_s,z=d)$、$I^{(0)}(\theta_s,\phi_s,z=0)$ 和 $I^{(1)}(\theta_s,\phi_s,z=0)$，而不同阶次的解也代表着泡沫粒子与局部海面间的耦合散射机理，如图 3.27 所示。

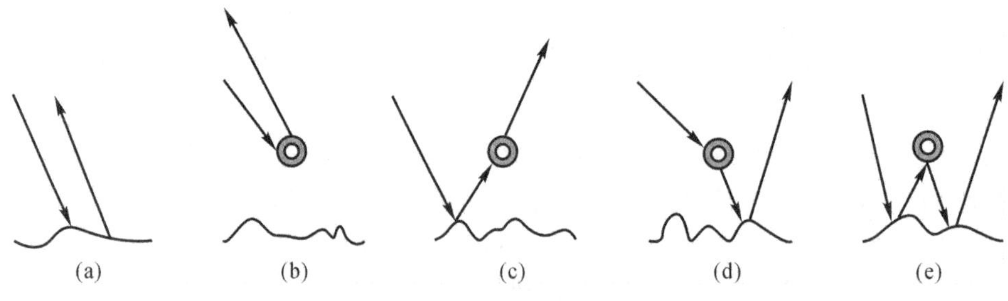

图 3.27　局部海面与泡沫多次散射作用示意图

定义泡沫粒子的散射系数为

$$\sigma_{pq}(\theta_s,\phi_s,\theta_i,\phi_i) = \frac{4\pi\cos\theta_s\boldsymbol{I}_p(\theta_s,\phi_s)}{\boldsymbol{I}_q(\theta_i,\phi_i)} \tag{3-138}$$

式中：p 与 q 代表不同的极化方式，代入式(2-135)可解得零阶和一阶散射系数，将零阶、一

阶散射场强和入射场强代入式(3-138),从而得到含泡沫海面零阶散射系数 $\sigma_{pq(a)}^{(0)}$ 和一阶散射系数 $\sigma_{pq(b)}^{(l)}$,$\sigma_{pq(c)}^{(l)}$,$\sigma_{pq(d)}^{(l)}$ 及 $\sigma_{pq(e)}^{(l)}$,而它们的物理含义也对应着图 3.27(a) ~ 图 3.27(e) 中所描述的散射机理。

$\sigma_{pq(a)}^{(0)}$ 零阶散射系数,也是海面的散射系数,有

$$\sigma_{pq(a)}^{(0)}(\theta_s,\phi_s,\theta_i,\phi_i)=\cos\theta_s\sigma_{pq}\mathrm{e}^{-K_eD(1/\cos\theta_s+1/\cos\theta_i)} \tag{3-139}$$

$\sigma_{pq(b)}^{(l)}$ 是泡沫粒子的散射系数,有

$$\sigma_{pq(b)}^{(1)}(\theta_s,\varphi_s,\theta_i,\varphi_i)=\frac{4\pi}{K_e}\cos\theta_s\overline{\overline{\boldsymbol{P}}}_{pq}(\theta_s,\phi_s,\pi-\theta_i,\varphi_i)(1-\mathrm{e}^{-K_ed(1/\cos\theta_i+1/\cos\theta_s)}) \tag{3-140}$$

$\sigma_{pq(c)}^{(1)}$ 是先经过泡沫粒子散射再经海面散射的散射系数,有

$$\sigma_{pq(c)}^{(1)}(\theta_s,\phi_s,\theta_i,\phi_i)=\frac{4\pi}{K_e}\cos\theta_s\int_0^{2\pi}\mathrm{d}\theta'\sin\theta'\int_0^{2\pi}\mathrm{d}\phi'\sum_{l=v,h}\overline{\overline{\boldsymbol{P}}}_{pl}(\theta_s,\phi_s;\theta',\phi')\times \overline{\overline{\boldsymbol{R}}}_{lp}(\theta',\phi';\pi-\theta_i,\phi_i)\times\frac{\cos\theta'}{\cos\theta_s-\cos\theta'}\mathrm{e}^{-K_ed(1/\cos\theta'-1/\cos\theta_i)} \tag{3-141}$$

$\sigma_{pq(d)}^{(1)}$ 是先经过海面散射再经过泡沫粒子散射时的散射系数,有

$$\sigma_{pq(d)}^{(1)}(\theta_s,\phi_s,\theta_i,\phi_i)=\frac{4\pi}{K_e}\cos\theta_s\int_0^{\frac{\pi}{2}}\mathrm{d}\theta'\sin\theta'\int_0^{2\pi}\mathrm{d}\phi'\sum_{l=v,h}\overline{\overline{R}}_{pm}(\theta_s,\phi_s;\theta',\phi')\times \overline{\overline{\boldsymbol{P}}}_{mq}(\pi-\theta',\phi';\pi-\theta_i,\phi_i)\times\frac{\cos\theta_i}{\cos\theta_i-\cos\theta'}\mathrm{e}^{-K_ed(1/\cos\theta'-1/\cos\theta_i)} \tag{3-142}$$

$\sigma_{pq(e)}^{(1)}$ 是先经海面散射,然后经泡沫粒子散射,再经海面散射的散射系数,有

$$\sigma_{pq(e)}^{(1)}(\theta_s,\phi_s,\theta_i,\phi_i)=\frac{4\pi}{K_e}\cos\theta_s\int_0^{\pi/2}d\theta'\sin\theta'\int_0^{2\pi}\mathrm{d}\varphi'\sum_{l=v,h}\overline{\overline{\boldsymbol{R}}}_{pl}(\theta_s,\phi_s;\pi-\theta',\phi')\times \int_0^{\pi/2}\mathrm{d}\theta''\sin\theta''\int_0^{2\pi}\mathrm{d}\varphi''\times\sum_{m=v,h}\overline{\overline{\boldsymbol{P}}}_{lm}(\pi-\theta',\phi';\theta'',\phi'')\overline{\overline{\boldsymbol{R}}}_{mq}(\theta'',\phi'';\theta_i,\phi_i)\times \frac{\cos\theta''}{\cos\theta'+\cos\theta''}(1-\mathrm{e}^{-K_ed(1/\cos\theta'+1/\cos\theta'')})\mathrm{e}^{-K_ed(1/\cos\theta_i+1/\cos\theta_s)} \tag{3-143}$$

式(3-139)中,σ_{pq} 为未考虑泡沫时海面的散射系数,这时只考虑海面的布拉格散射与卷浪的散射,σ_{pq} 可根据式(3-132)计算。指数项 e^{-K_ed} 反映了厚度为 d 的泡沫粒子层对电磁波的衰减效应,综合式(3-139) ~ 式(3-143),考虑泡沫散射效应后的海面散射单元散射系数可写作:

$$\sigma_s^{\text{sea+cw+foam}}=\sigma_{pq(a)}^{(0)}+\sigma_{pq(b)}^{(1)}+\sigma_{pq(c)}^{(1)}+\sigma_{pq(d)}^{(1)}+\sigma_{pq(e)}^{(1)} \tag{3-144}$$

泡沫层的分布特性与海环境的风速海况有关,白冠层主要分布在斜率较大的海面散射单元上。在面元散射模型中,假设计算海面样本的海面面元数为 N_f,白冠层覆盖率 C_w,泡沫与卷浪所覆盖的海面面元数为 $N_w=N_f.C_w$,根据海面面元斜率大小筛选出斜率最大的 N_w 个海面面元,其面元散射特性由式(3-144)计算,则考虑白冠层卷浪与泡沫的海面实际总散射系数可写为

$$\sigma_s=\frac{1}{S}\left(\sum_{m=1}^{N_f-N_w}\sigma_{\text{facet}}^{\text{sca}}\Delta s+\sum_{m=1}^{N_w}\sigma_{\text{facet}}^{\text{sca+cw+foam}}\right)\Delta s \tag{3-145}$$

图 3.28 与图 3.29 分别计算了在 $U_{10}=5$ m/s 和 $U_{10}=15$ m/s, $\varphi_w=90°$ 两种海况下,考虑海面白冠层卷浪与泡沫的散射贡献后海面同极化单站(后向)散射系数,并与未考虑白冠

层泡沫与卷浪结构的单纯海面后向散射结果进行比较。其中，海面计算样本仍采用 Elfouhaily 海谱生成，大小仍为 $L_x \times L_y = 128\ \text{m} \times 128\ \text{m}$，面元大小取 1 m×1 m，海水的介电常数仍取 $\varepsilon_r = 46.25 + 39.12\text{j}$，泡沫层厚度取 2 cm。计算频率为 Ku 波段 14 GHz，锥形波因子仍取 $g_{cx} = L_x/4, g_{cy} = L_y/4$，入射俯仰角 θ_i 从 0°～90° 扫描，方位角为 $\varphi_i = 0°$，计算结果都取对 50 次海面样本的平均值。

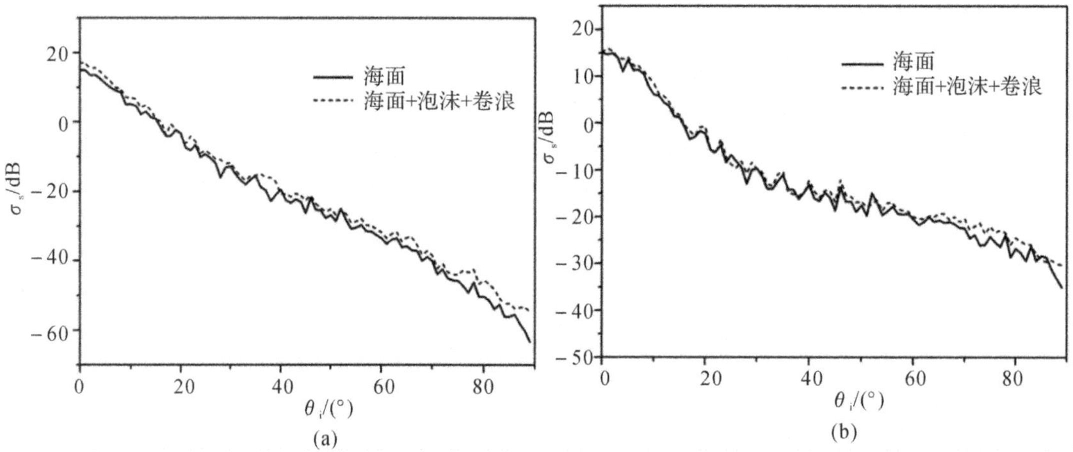

图 3.28　Ku 波段 $U_{10} = 5$ m/s 考虑泡沫卷浪海面与纯净海面单站散射计算对比

(a) HH 极化；(b) VV 极化

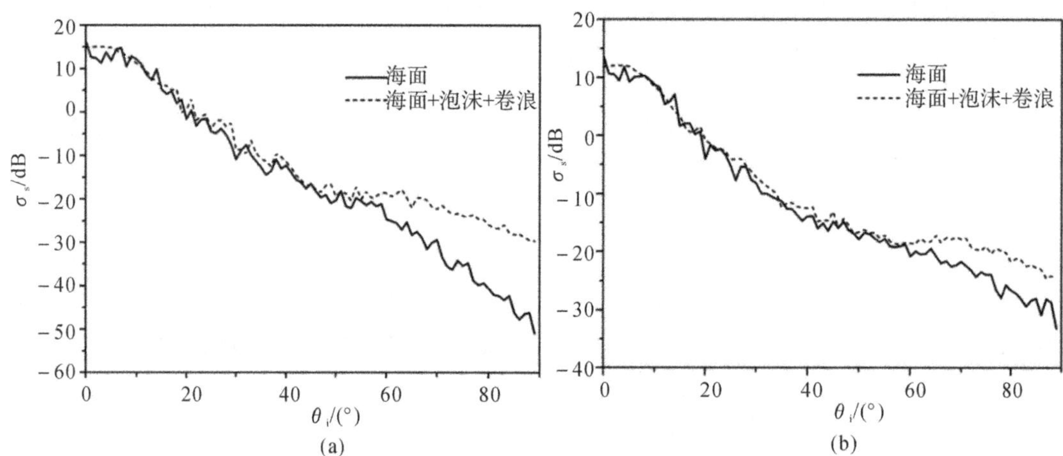

图 3.29　Ku 波段 $U_{10} = 15$ m/s 考虑泡沫卷浪海面与纯净海面单站散射计算对比

(a) HH 极化；(b) VV 极化

可以看出，在风速海况较高的情况下，泡沫和卷浪结构的散射对整体海面后向散射产生明显贡献。HH 极化考虑泡沫与卷浪结构的后向散射系数在入射角较大时（$\theta_i = 60°～90°$），相对不考虑白冠层结构的海面后向散射系数可增强达到 10～20 dB，VV 极化的散射系数在大入射角下可增强达到 5～10 dB。因此，当 HH 极化时，泡沫体多重散射以及卷浪结构与海面耦合散射效应对海面总体散射的贡献明显，VV 极化贡献较弱，主要是由于在大入射角（小擦海角）下，海面局部结构的耦合散射存在布儒斯特效应。

图 3.30 与图 3.31 所示进一步对比了在同极化状态及不同入射角下，不同海况海面的后向散射系数随入射方向与风向夹角的变化。

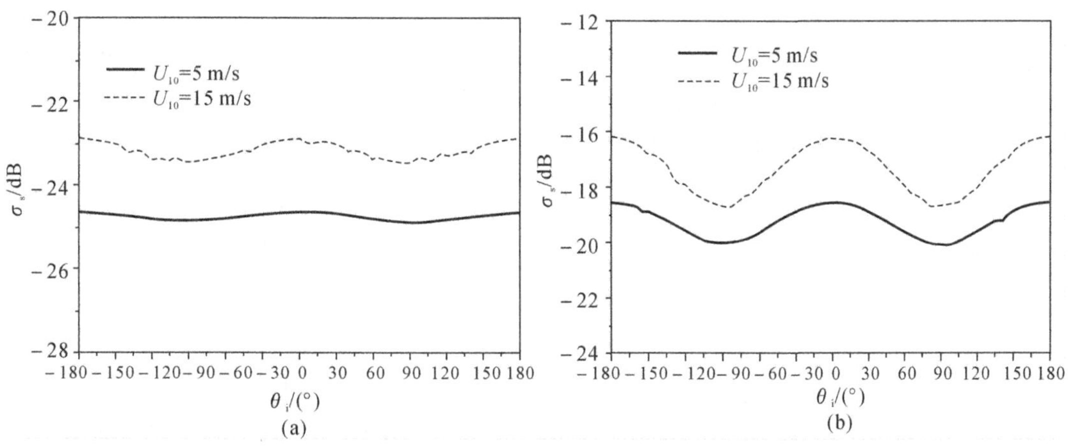

图 3.30　Ku 波段 $\theta_i=45°$，$\varphi_i=-180°\sim180°$不同风速下后向散射随方位角变化

(a) HH 极化；(b) VV 极化

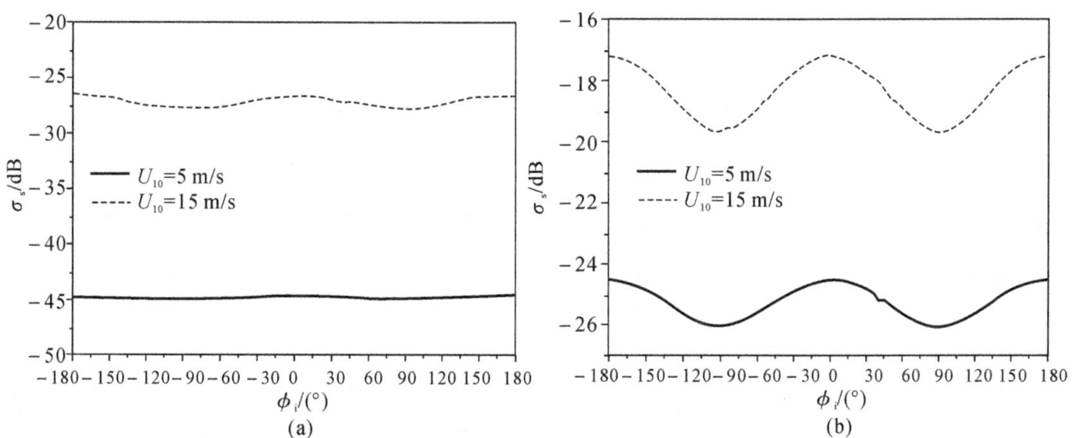

图 3.31　Ku 波段 $\theta_i=75°$，$\varphi_i=-180°\sim180°$不同风速下后向散射随方位角变化

(a) HH 极化；(b) VV 极化

在图 3.30 中，入射俯仰角为 $\theta_i=45°$，入射方位角与风向的夹角为 0°，对应逆风方向，夹角为 180°相当于顺风方向，夹角为 90°对应于侧风方向，可以看出，由于海面局部轮廓随风向的面元倾斜作用，散射系数值随入射方位角与风向夹角呈现不对称性，逆风和顺风下海面的散射系数要大于侧风下的散射系数，并且 VV 极化散射系数不对称性要大于 HH 极化，这是由于波浪卷曲方向受到风向的影响，高海况下波浪卷曲方向总是朝着风向驱动海面的方向，引起的海面局部耦合散射贡献更强，因此高风速海况($U_{10}=15$ m/s)下的散射系数不对称性也要强于低风速海况($U_{10}=5$ m/s)下的情形。在图 3.31 中，改变入射俯仰角为 $\theta_i=75°$，可以观察到，当入射俯仰角变大时，在高风速海况下海面的散射系数相比低风速海况下散射系数的增强量要比入射角较小时有更加明显的增强效应。

图 3.32 与图 3.33 所示比较了在 L 波段，泡沫与卷浪对海面散射的影响。取计算频率为 $f_0=1.5$ GHz，海面温度仍取 21℃，盐度仍取 40‰，用双 Debye 模型计算海水介电常数为 $\varepsilon_r=70.62+71.49\mathrm{j}$，仍用 Elfouhaily 海谱生成海面样本，大小为 $L_x\times L_y=128\ \mathrm{m}\times128\ \mathrm{m}$，面元大小取 1 m×1 m，泡沫层厚度取 2 cm，在图 3.32 中，$U_{10}=15$ m/s，$\varphi_\mathrm{w}=90°$，比较入射俯仰角 θ_i 从 0°～90°扫描，方位角 $\varphi_\mathrm{i}=0°$，同极化散射系数。图 3.33 比较 $\theta_\mathrm{i}=75°$，$\varphi_\mathrm{i}=-180°$～180°不同海况下海面的后向散射系数随入射方向与风向夹角的变化。

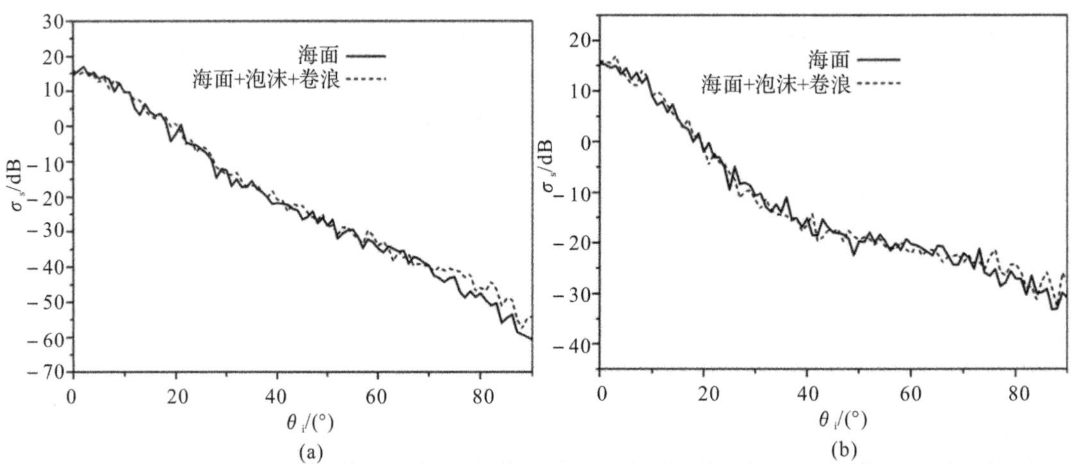

图 3.32 L 波段 $U_{10}=15$ m/s 考虑泡沫卷浪海面与纯净海面单站散射计算对比

(a) HH 极化；(b) VV 极化

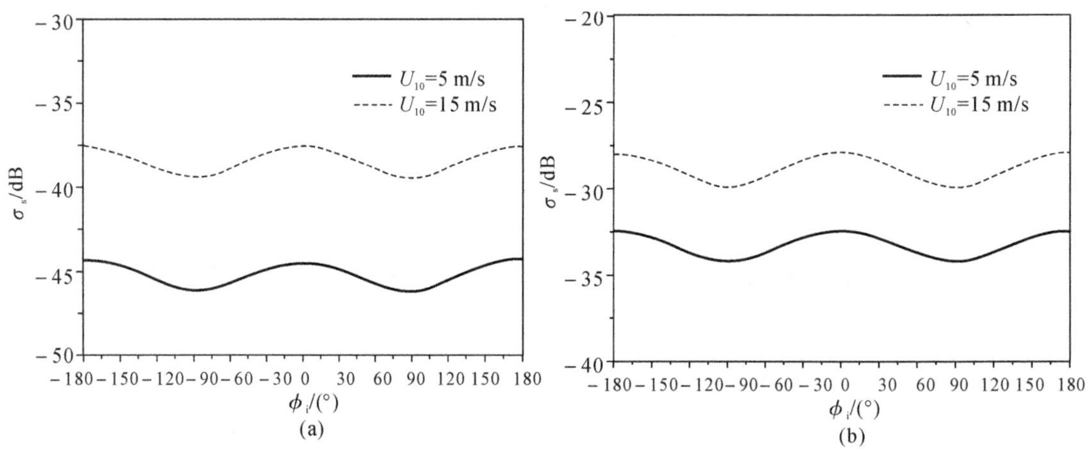

图 3.33 L 波段 $\theta_\mathrm{i}=75°$，$\varphi_\mathrm{i}=-180°$～180°不同风速下后向散射随方位角变化

(a) HH 极化；(b) VV 极化

可以看出，在 L 波段，泡沫与卷浪结构在大入射俯仰角下对海面散射系数仍有一定增强，且 HH 极化的散射增强效果要强于 VV 极化，但增强的程度要远远小于 Ku 波段。这是由于泡沫粒子尺寸在微毫米量级远小于 L 波段入射波长，散射增强效果较弱，海面散射系数的增加主要是由卷浪结构的多次散射引起的。同样，风向对散射系数的影响仍然很大，但顺风与逆风下散射系数的不对称性也明显减弱。

3.4 海面散射特性造波池测试试验

3.4.1 造波池试验原理

造波池试验场可以可控地模拟具有不同海况的海环境，如图 3.34 所示。

图 3.34 造波池试验场

海环境试验场主要技术指标如下：

(1)最高海情：4 级多向波。

(2)探测器轨道高度：3～40 m；速度：30 m/s。

(3)目标轨道：高度 3～20 m；速度 8～20 m/s。

(4)造波池尺寸：100 m×60 m×8 m。

(4)海谱：规则波、PM 谱、JP 谱。

测试系统采用以高性能矢量网络分析仪为核心的静态 RCS 测量系统，包括射频分系统、转台及控制分系统、仪器自动控制分系统。测量系统组成框图如图 3.35 所示。

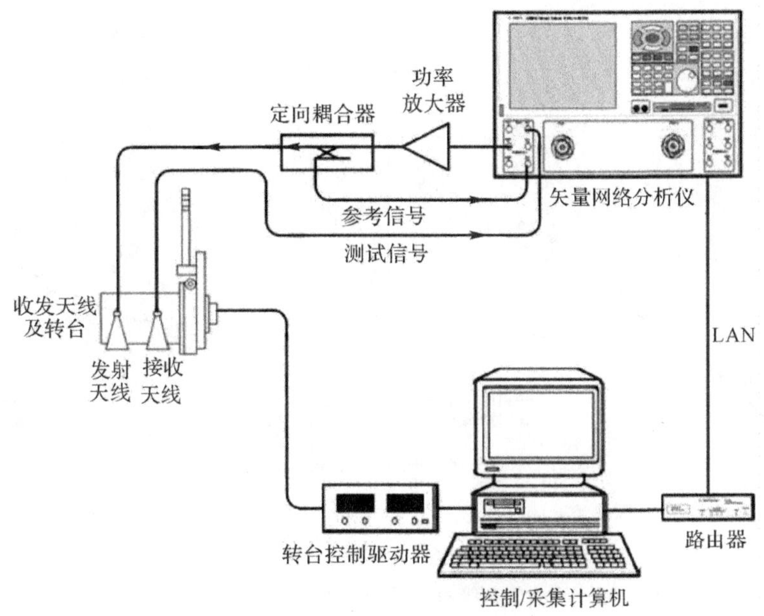

图 3.35 测量系统组成框图

射频分系统包括矢量网络分析仪、功率放大器、定向耦合器、收发天线等，用于射频信号发射及目标回波信号接收。发射信号经功率放大后连接定向耦合器。定向耦合器将发射信号耦合出一路作为参考信号，用于对目标回波信号进行跟踪锁相。测试时，为抑制测试场目标区域外的杂波信号，测量系统采用低副瓣、窄波束的测试天线。转台及控制分系统用于装订收发天线，实现天线擦地角的调整和精确定位。控制系统协调系统各仪器工作，实现测量自动化控制、数据采集与处理。

3.4.2　测试结果对比与分析

本节给出了 X 与 Ku 两个波段下海面后向散射与前向散射计算结果的对比，海况为 1～3级，采用 PM 谱模拟不同海况海面，入射俯仰角为 30°～85°，计算结果均为 50 个海面样本的均值。图 3.36～图 3.38 展示了 X 波段下 1～3 级海况下后向散射系数仿真与测试结果对比。

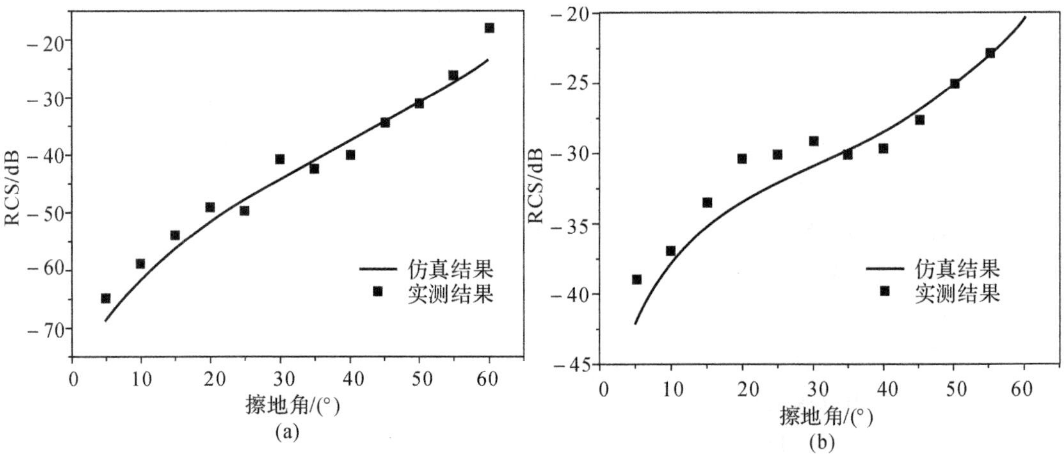

图 3.36　X 波段 1 级海情后向散射系数仿真与测试对比

(a) HH 极化；(b) VV 极化

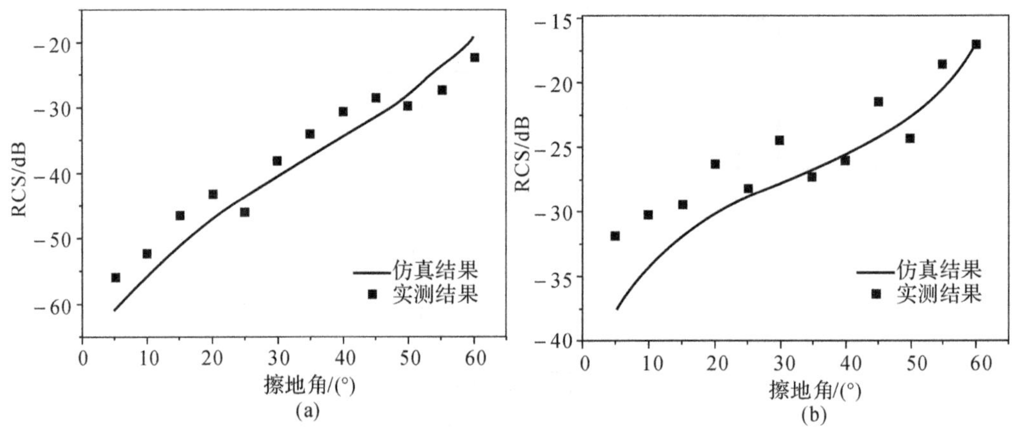

图 3.37　X 波段 2 级海情后向散射系数仿真与测试对比

(a) HH 极化；(b) VV 极化

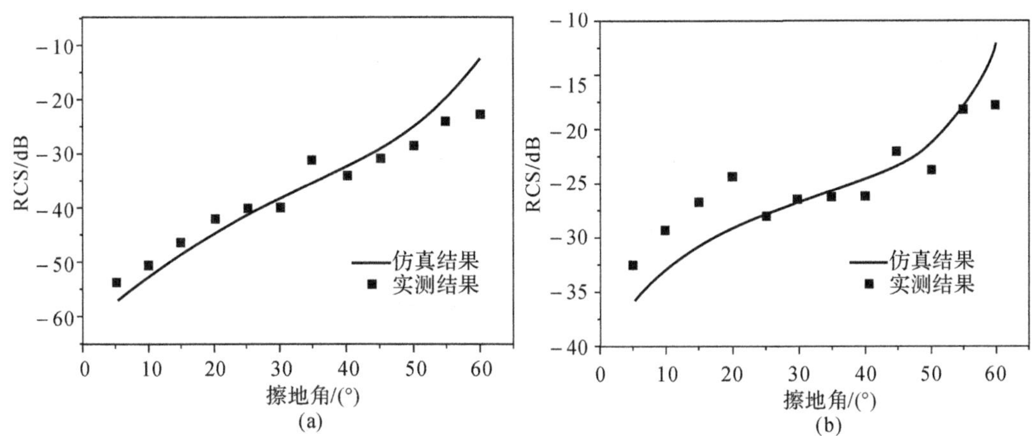

图 3.38　X 波段 3 级海情后向散射系数仿真与测试对比

(a) HH 极化；(b) VV 极化

从图 3.36～图 3.38 可以看出 1 级海情(波高 0.1 m)后向散射系数测试结果与仿真结果,VV 极化均方根误差为 2.2 dB,HH 极化误差为 2.6 dB。2 级海情(波高 0.3 m)VV 极化均方根误差为 2.3 dB,HH 极化误差为 2.8 dB。3 级海情(波高 0.5 m)VV 极化均方根误差为 2.4 dB,HH 极化误差为 2.8 dB。总体来说,测试结果与仿真结果在 VV 极化低海情时吻合更好。图 3.39～图 3.41 进一步给出 Ku 波段下各级海况 HH 极化与 VV 极化海面后向散射对比结果。

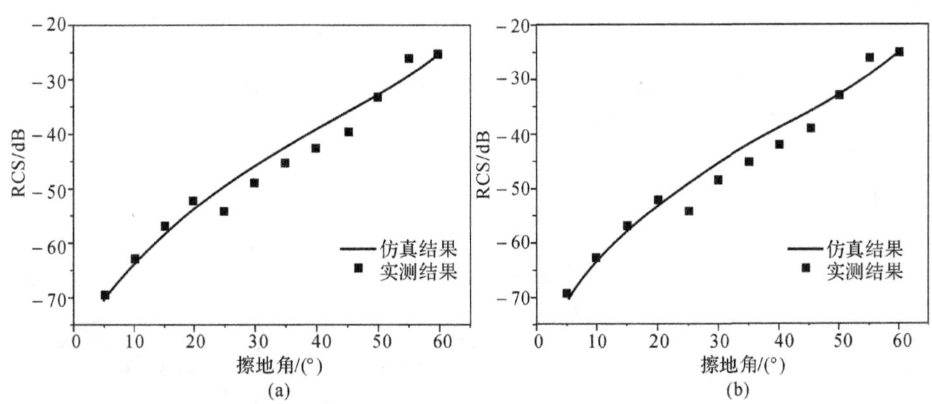

图 3.39　Ku 波段 1 级海情后向散射系数仿真与测试对比

(a) HH 极化；(b) VV 极化

Ku 波段计算误差与 X 波段计算误差对比结果见表 3.1。

表 3.1　海面后向散射系数仿真结果与测试结果的均方根误差

波段	海况	VV 极化的均方根误差/dB	HH 极化的均方根误差/dB
X	1	1.7	2.8
	2	2.5	3.6
	3	3.0	3.9

续表

波段	海况	VV 极化的均方根误差/dB	HH 极化的均方根误差/dB
Ku	1	3.0	2.5
	2	3.7	3.0
	3	3.8	3.7

可以看到 Ku 波段波长较短，与海面多尺度结构的散射作用机理更加丰富，更加容易出现计算误差。同理，在高海况下，卷浪、碎浪等多尺度结构变化的多样性也更容易导致计算误差。

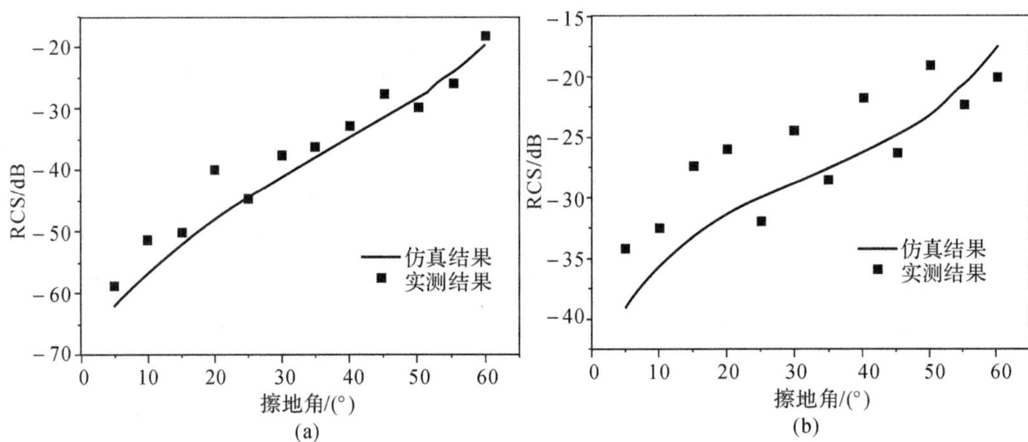

图 3.40　Ku 波段 2 级海情后向散射系数仿真与测试对比

(a) HH 极化；(b) VV 极化

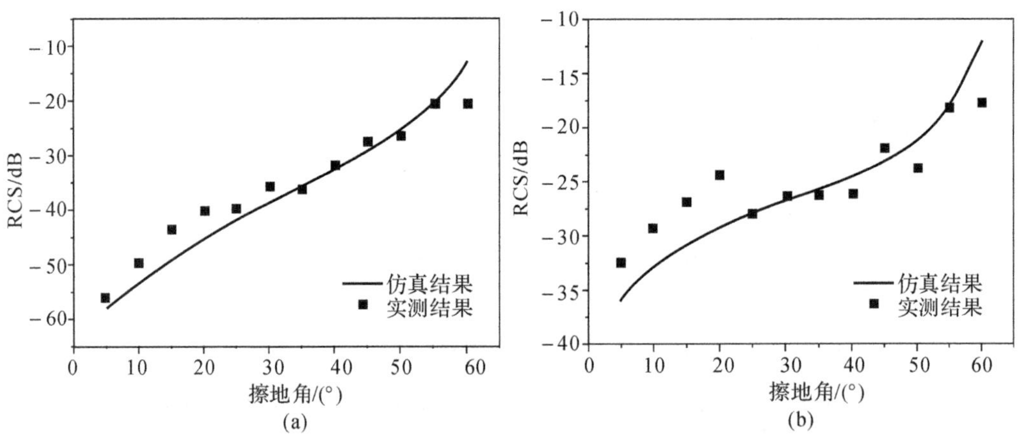

图 3.41　Ku 波段 3 级海情后向散射系数仿真与测试对比

(a) HH 极化；(b) VV 极化

参考文献

[1] WEN B, LI K. Frequency shift of the Bragg and Non - Bragg backscattering from periodic water wave[J]. Scientific Reports, 2016, 6: 31588.

[2] WU Z S, ZHANG J P, GUO L X. An improved two - scale model with volume scattering for the dynamic ocean surface [J]. Progress in Electromagnetics Research - PIER, 2009, 89: 39 - 56.

[3] MONAHAN E C, MUIRCHEARTAIGH I. Optimal power - law description of oceanic whitecap coverage dependence on wind speed [J]. Journal of Physical Oceanography, 1980(10): 2094 - 2099.

[4] ZHAO Z Q, WEST J C. Low - grazing - angle microwave scattering from a three - dimensional spilling breaker crest: a numerical investigation[J]. IEEE Transactions on Geoscience and Remote Sensing, 2005, 43(2): 286 - 294.

[5] WEST J C. Low - grazing - angle (LGA) sea - spike backscattering from plunging breaker crests[J]. IEEE Transactions on Geoscience and Remote Sensing, 2002, 40 (2):520 - 526.

[6] JIN Y Q, HONG X Z, YI J Y. Back - scattering from rough sea surface with foams [J]. Acta Oceanologica Sinica, 1993(04): 96 - 105.

[7] SPIZZICHINO A, BECKMANN P. The Scattering of electromagnetic waves from rough surfaces[M]. Oxford:Pergamon Press, 1963.

[8] VORONOVICH A G. Wave scattering from rough surfaces [M]. London: Springer. 2011.

[9] BARRICK D E, BAHAR E. Rough surface scattering using specular point theory [J]. IEEE Transactions on Antennas and Propagation, 1981, 29(5): 798 - 800.

[10] COX C, MUNK W. Measurement of the roughness of the sea surface from photographs of the suns glitter[J]. Journal of the Optical Society of America, 1954, 44(11): 838 - 850.

[11] BASS F G, FUKS I M. Wave scattering from statistically rough surfaces[M]. Oxford: Pergamon Press, 1979.

[12] VORONOVICH A G, ZAVOROTNY V U. The transition from weak to strong diffuse radar bistatic scattering from rough ocean surface[J]. IEEE Transactions on Antennas and Propagation, 2017, 65(11): 6029 - 6034.

[13] VORONOVICH A G. The two - scale model from the point of view of a small slope approximation[J]. Waves in Random Media, 1996,6(1): 73 - 83.

[14] THORSOS E I. The validity of the kirchhoff approximation for rough surface scattering using a Gaussian roughness spectrum[J]. J Acoust Soc Am, 1988,82: 78 - 92.

[15] SCHROEDER L, SCHAFFNER P, MITCHELL J, et al. AAFE RADSCAT

13.9-GHz measurements and analysis：Wind-speed signature of the ocean[J]. IEEE Journal of Oceanic Engineering，1985，10(4)：346-357.

[16] VORONOVICH A G，ZAVOROTNY V U. Theoretical model for scattering of radar signals in Ku and C Band from a rough sea surface with breaking waves[J]. Waves in Random Media，2001，11(3)：247-269.

[17] BONMARIN P. Geometric properties of deep-water breaking waves[J]. Journal of Fluid Mechanisms. 1989. 209：405-433.

[18] CHURYUMOV A N，KRAVTSOV Y A. Microwave backscatter from mesoscale breaking waves on the sea surface[J]. Waves in Random Media，2000，10(1)：1-15.

[19] UFIMTSEV P Y. Fundamentals of the physical theory of diffraction[M]. 2nd ed. New Jersey：Wiley-IEEE Press，2014.

第 4 章　复杂电大目标电磁散射建模

电大目标的宽带高频电磁散射计算，传统时频域的数值方法已经无法胜任相关任务，这是这些方法原理的局限性导致的。根据高频方法的"局部性"假设，目标上某一部分（电尺寸大于波长）上的感应场只取决于入射波和该部分的几何形状，这相比传统数值方法大大简化了感应场的计算。通常情况下，目标的电磁散射机理主要有以下几个部分：镜面反射、表面不连续处的棱边或者尖端的散射、凹腔或者角形结构的散射、爬行波或者阴影边界的散射、行波散射。以工程应用的实际需求为基础，结合上述散射机理合理地挑选高频方法是解决实际问题的最佳途径。常见的高频方法一般可以分为两大类：一类是几何光学（GO）、几何绕射理论（GTD）、一致性绕射理论（UTD）等，这一类以射线光学为基础；另一类是物理光学（PO）、物理绕射理论（PTD）、边缘等效电磁流（EEC）、增量长度绕射系数（ILDC）等，这一类以波前光学为基础。对于常见军事目标的散射问题而言，基于波前光学的高频方法往往具有更好的适用性。并且，基于波前光学的高频方法在公式形式上与电磁场积分方程（Stratton - Chu 方程）具有更好的一致性，在处理目标与环境耦合散射时，更方便进行耦合场的近似计算。本书采用基于波前光学的 PO 和 EEC 方法作为计算目标电磁散射的高频算法。本章着重介绍目标的几何建模方法、Stratton - Chu 方程的推导和近似、时频域的物理光学法和等效电磁流法及一些加速技巧，为目标与环境耦合场的计算以及回波生成等方面的应用提供基础。

4.1　复杂目标几何建模与模型处理

复杂目标指的是飞机、导弹、舰船、车辆等军事目标，对这些目标进行几何建模和电磁散射计算是电磁散射建模的两个重要组成部分。不同的电磁计算方法对目标的几何建模有不同的要求（如 FDTD 需要体剖分模型等），与此同时，几何建模作为电磁散射计算的基础，恰当的几何建模方法会提高电磁计算的效率和精度，因而选用合适的建模方法非常重要。三角面元模型是最常用的建模方法之一，一方面现有商业 CAE 软件（如 Rhinoceros、HyperMesh 等），能很方便地建立三角面元网格模型，另一方面在一定剖分精度下面元噪声对电磁散射计算精度的影响很小，更重要的是十分便于进行消隐处理和积分计算，如图 4.1 所示。

4.1.1　三角面元模型

由商业 CAD 软件建立的复杂目标的几何模型并不能直接用于电磁散射的计算，需要先借助 CAE 软件进行剖分处理，得到一定剖分精度下的面元模型。三角面元模型作为一种具有广泛适用性的剖分面元模型,不仅能保证剖分模型相对几何模型的精度,而且十分便于进行消隐处理和电磁场数值计算。

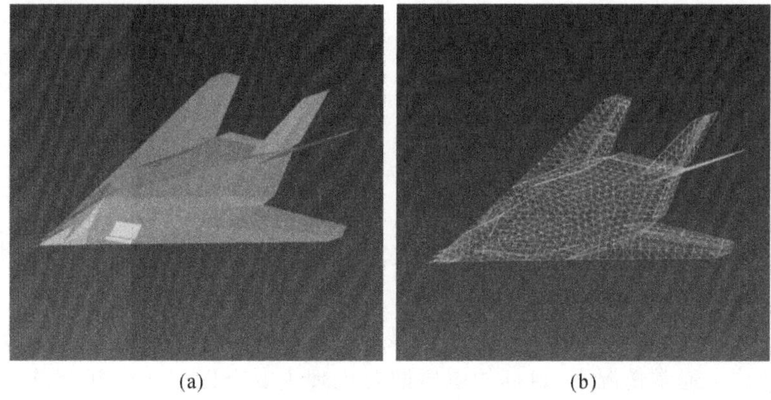

(a) (b)

图 4.1 复杂目标的几何模型和三角面元模型

(a)目标的几何模型; (b)目标的三角面元模型

首先使用 CAE 软件对 CAD 软件建立的目标的几何模型进行剖分处理,得到相应的三角面元剖分模型。以 STL(ASCII)格式的三角面元剖分模型文件为例,第 i 个三角形面元的空间信息如下:

```
··························
facet normal 0.0626857 0.287898 0.955607
    outer loop
      vertex -206.898 -206.898 151.74788
      vertex -203.9 -206.898 151.55122
      vertex -203.9 -203.9 150.648027
    endloop
  endfacet
··························
```

"facet normal"后面是面元在直角坐标系中的法向量,"outer loop"和"endloop"之间是这个三角形面元的三个顶点,"endfacet"是这个面元信息结束的标志。通过编写程序,可以提取剖分模型文件中的面元信息,并存储于一对线性表中

$$\boldsymbol{M}=\{\boldsymbol{V},\boldsymbol{F}\} \tag{4-1}$$

式中:$\boldsymbol{V}=\{V_i:1\leqslant i\leqslant n_V\}$ 是顶点表,n_V 是顶点的总数,$\boldsymbol{v}_i=\{x_i,y_i,z_i\}$ 是直角坐标系下顶点的坐标;$\boldsymbol{F}=\{f_i:1\leqslant i\leqslant n_F\}$ 是三角面元表,n_F 是三角面元的总数,在直角坐标系下,$f_i=\{n_{v1},n_{v2},n_{v3}\}$ 是三角面元所对应的三个顶点的编号。三角面元 f_i 的法向矢量可通过三个顶点的坐标求得

$$\hat{\boldsymbol{n}}=\frac{(\boldsymbol{v}_{i2}-\boldsymbol{v}_{i1})\times(\boldsymbol{v}_{i3}-\boldsymbol{v}_{i1})}{|\boldsymbol{v}_{i2}-\boldsymbol{v}_{i1}||\boldsymbol{v}_{i3}-\boldsymbol{v}_{i1}|} \tag{4-2}$$

在内存中用这种线性表的形式存储目标的三角面元剖分模型能够有效减少内存空间的占用,尤其是对于电大目标而言,效果更明显。

4.1.2 棱边结构的识别方法

上述三角面元模型能够为计算电磁散射机理中镜面反射的贡献提供基础,却无法计及电磁散射机理中表面不连续处棱边的绕射。对于复杂目标而言,一定条件下棱边绕射的贡献往往是很大的。因此为了提高目标电磁散射的计算精度,必须将目标棱边结构的绕射贡献考虑进去。

使用三角面元模型对目标进行剖分后,两个共边三角形面元对会产生如图 4.2(b)所示的棱边结构。这些棱边结构大部分是目标本身结构带有的,称为“自然棱边”,如图 4.2(a)中粗线标出的边,少一部分是在剖分过程中产生的,称为“人工棱边”。人工棱边的产生不仅增加了棱边绕射的计算负担,而且影响了计算精度。为了将这些“自然棱边”识别出来,可以采用以下方法。

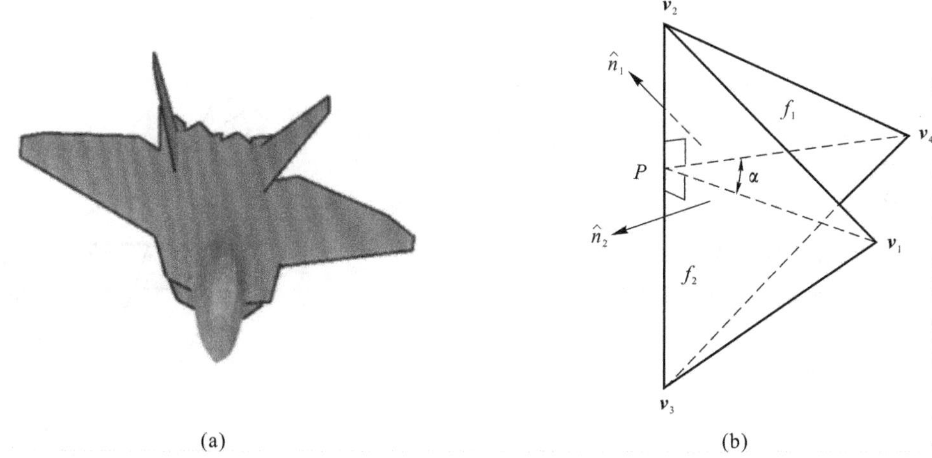

图 4.2 复杂目标的棱边模型

(a)目标的棱边结构; (b)三角面元模型中的棱边结构

首先,对所有面元进行“配对”处理。遍历三角面元表 $\boldsymbol{F}$ 中的所有三角面元,通过比较判断每两个三角面元之间顶点的标号是否有两个相同,找出如图 4.2(b) 所示的棱边结构。每一个三角面元应该与另外三个三角面元构成“配对”关系。所有三角面元的“配对”关系可以存储于线性表 $\boldsymbol{P}=\{p_i(f_i^1,f_i^2,v_i^1,v_i^2):1\leqslant i\leqslant n_p\}$ 中,f_i^1 和 f_i^2 为“配对”的两个面源的编号,v_i^1 和 v_i^2 分别为两个三角形面元形成的棱边的顶点。最后,计算任意两个具有“配对”关系的三角形面元形成的夹角,即图 4.2(b) 中的 α 角,当 α 角小于给定值时,则认为这两个三角形构成了“自然棱边”$e_i(f_i^1,f_i^2,v_i^1,v_i^2,\alpha_i)$。将所有的“自然棱边”存储于线性表 $\boldsymbol{E}=\{e_i(f_i^1,f_i^2,v_i^1,v_i^2,\alpha_i):1\leqslant i\leqslant n_E\}$ 中,用于棱边的绕射计算。

4.1.3 面元与棱边结构的快速消隐处理

在实际雷达入射波照射下,形成散射贡献的主要是那些被直接照射到的面元和棱边。因此,在散射计算前还要进行模型的消隐处理,也就是消隐掉雷达入射波无法照射到或是被遮挡掉的面元和棱边,不参与电磁计算。常见的消隐方法有基于空间几何关系进行计算的,也有基于 Z-buffer 算法软件实现的。

根据几何关系判断面元的遮挡关系时，首先要判断面元是否被自身遮挡，即判断面元是否从正面被照亮。若面元未被自身遮挡，就需要判断此面元是否被其他面元遮挡[25]。对于自身遮挡，其基本思路为：对于被照射的平面，首先取定它照明面的法矢量方向，用入射波方向矢量与之点乘，根据所得结果判断是否遮挡。对于平面波入射的情况，如图 4.2(a) 所示，如果面片法向 $\hat{\boldsymbol{n}}$ 和入射波方向 $\hat{\boldsymbol{k}}_i$ 之间的夹角 $\alpha > 90°$，即 $\hat{\boldsymbol{n}} \cdot \hat{\boldsymbol{k}}_i < 0$，则面片被照亮；若 $\alpha < 90°$ 则面片被遮挡。对于点源情况，如图 4.2(b) 所示，从源点指向三角形面片中心点的方向看成平面波情况下的入射波方向 $\hat{\boldsymbol{k}}_i$，同样判断面片法向 $\hat{\boldsymbol{n}}$ 和入射波方向 $\hat{\boldsymbol{k}}_i$ 的夹角 α，若夹角 $\alpha > 90°$，则面片被照亮；若 $\alpha < 90°$，则面片被遮挡。

若面片未被自身遮挡，就需要判断此面片是否被其他面片遮挡。对于点源照射下的遮挡情况，如图 4.3 所示，图中 P 表示点源，Q 表示要判断遮挡的面片的中心点。判断遮挡的标准是如果该面片中心 Q 被其他面片遮挡住则认为该面片未被入射波照亮，反之认为被入射波照亮。

具体的算法是：在点源 P 和当前面片的中心点 Q 之间连一条线，则 P 指向 Q 的方向就是来波方向。考察线段 PQ 和组成散射体的其他面片是否有交点，若存在交点 S 则认为当前面片被遮挡了。假设组成散射体的任意一个面片 m 的三个顶点 A，B，C，点源 P，待测面片的中心点为 Q。采用参数方程，面片 m 上任意点可以表示为

$$S = \alpha A + \beta B + (1 - \alpha - \beta) C \tag{4-3}$$

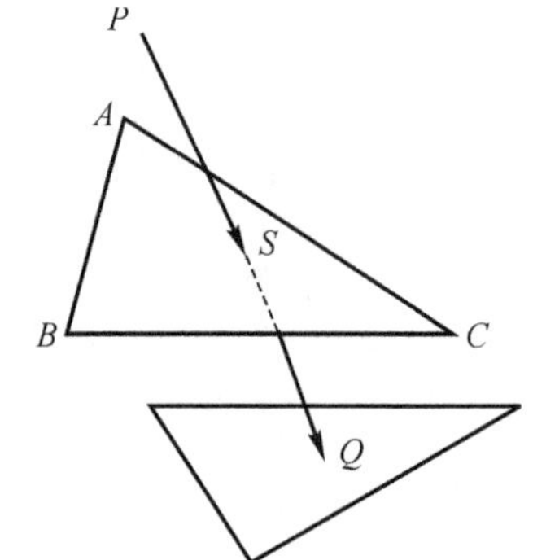

图 4.3　点源入射时三角面片互相遮挡示意图

若 α，β，$\gamma = (1 - \alpha - \beta)$ 均在区间 $[0,1]$ 内，则表示点 S 就在三角形内部，否则 S 就在其外部。线段 PQ 上任意一点的坐标为

$$S = \lambda P + (1 - \lambda) Q \tag{4-4}$$

式中：λ 为点 S 到点 Q 的距离。若 λ 在区间 $[0,1]$ 内，则表示该店在线段上，否则不在线段上。当点 S 既在面片 m 上又在线段 PQ 上，即 S 为线段 PQ 和面片 m 的交点，有

$$\alpha(A - C) + \beta(B - C) + \lambda(Q - P) = Q - C \tag{4-5}$$

记为

$$\alpha(AC) + \beta(BC) + \lambda(PQ) = CQ \tag{4-6}$$

写成矩阵形式为

$$[CA \quad CB \quad PQ] \begin{bmatrix} \alpha \\ \beta \\ \lambda \end{bmatrix} = [CQ] \tag{4-7}$$

求解这个方程得到 α，β，λ，取 $\gamma = 1 - \alpha - \beta$，对解出来的 α，β，λ，γ 作讨论以判断遮挡情况。如果 $\det[CA \quad CB \quad PQ] = 0$，则式(4-7)无解，没有交点，当前面片不被遮挡。若 $\det[CA \quad CB \quad PQ] \neq 0$，则式(4-7)有解，存在交点。若 α，β，λ，γ 中任意一个在区间 $[0,1]$ 内，面片被遮挡。若 α，β，λ，γ 中任意一个不在区间 $[0,1]$ 内，则面片不被遮挡。算法流程如图 4.4 所示。

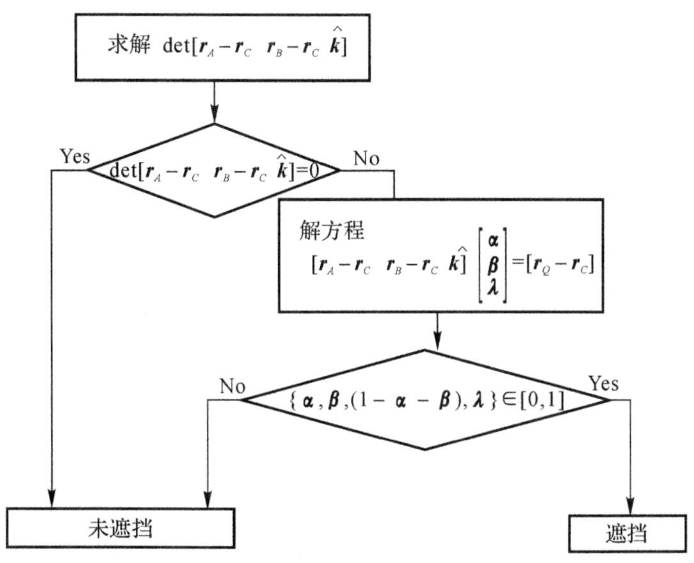

图 4.4 点源入射情况下的遮挡判断算法流程图

对于平面波源入射情况下的遮挡判断，如图 4.5 所示，与点源入射的区别在于：没有入射点 P，只有入射波方向 $\hat{\boldsymbol{k}}_{\mathrm{i}}$。假设存在入射点 P，P 为远离 Q 的一个点，则取 $PQ=\xi\hat{\boldsymbol{k}}_{\mathrm{i}}$，其中 ξ 为一个很大的正值。代入式(4-6)，可得

$$\alpha(AC)+\beta(BC)+\lambda\xi\hat{\boldsymbol{k}}_{\mathrm{i}}=CQ \tag{4-8}$$

写成矩阵形式为

$$\begin{bmatrix} CA & CB & \hat{\boldsymbol{k}}_{\mathrm{i}} \end{bmatrix}\begin{bmatrix} \alpha \\ \beta \\ \xi\lambda \end{bmatrix}=\begin{bmatrix} CQ \end{bmatrix} \tag{4-9}$$

当 $\det[CA \quad CB \quad \hat{\boldsymbol{k}}_{\mathrm{i}}]=0$，方程无解，即当前面片不被遮挡。当 $\det[CA \quad CB \quad \hat{\boldsymbol{k}}_{\mathrm{i}}]\neq 0$，则方程有解，存在交点。当 $\xi\lambda<0$，来波先到达 Q 点，再到待测面片，故 Q 点不被遮挡。当 $\xi\lambda\geqslant 0$，且 α,β,λ 均在区间 $[0,1]$ 内时，面片被遮挡。当 α,β,λ 中任意一个不在区间 $[0,1]$ 内，则面片被遮挡。算法流程如图 4.6 所示。

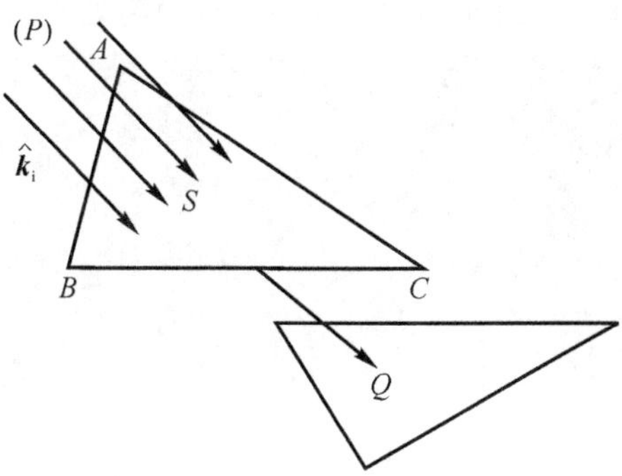

图 4.5 平面波入射时三角面片遮挡示意图

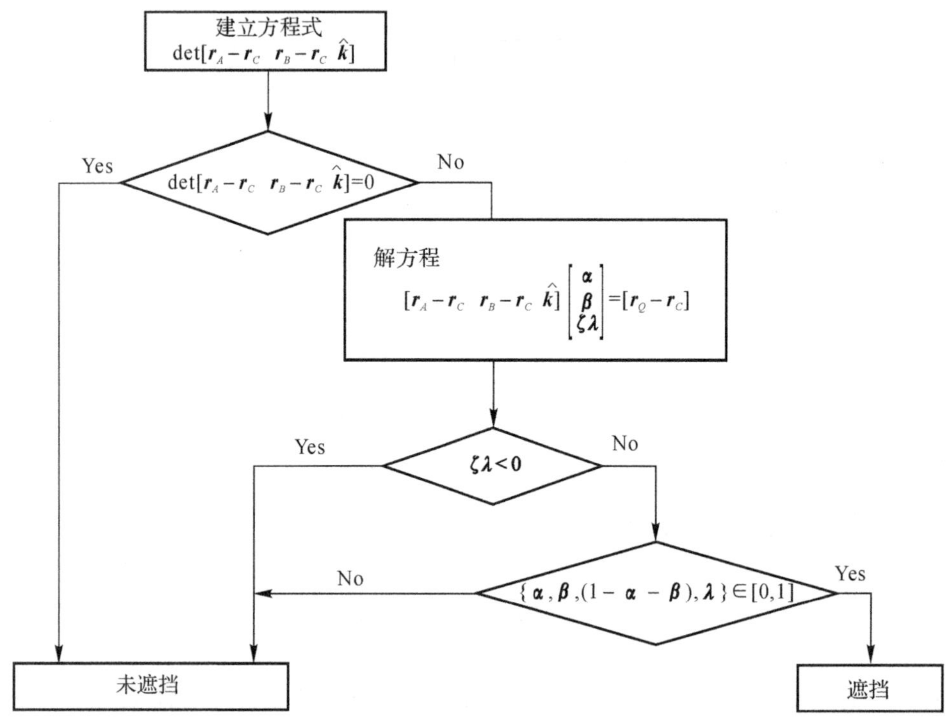

图 4.6 平面波源入射情况下的遮挡判断算法流程图

在处理电大目标时，由于目标的三角面元数量巨大，会使得消隐判断效率低下。采用基于硬件的 Z-buffer 算法，使用显卡(GPU)来进行三角面元消隐处理更加高效、便捷。显卡消隐时，GPU 提供了颜色缓冲区、深度缓冲区、模板缓冲区和累加缓冲区来存储每个像素的相应数据，利用深度缓冲区能有效地实现图形消隐。深度缓冲区中存储了屏幕上每个像素的深度值，可以结合 Z-buffer 算法进行消隐处理。通过 OpenGL 控制硬件，即 GPU，来获得优秀的加速效果。采用普通 Z-buffer 算法对由 500 000 个面元构成的标准体进行消隐判断时耗时 76 s，采用 GPU 进行遮挡判断时仅需 1 s，并且面元数量越多优势越明显。在完成三角面元的消隐处理后，只需要对存储棱边信息的线性表中的两个面元进行判断就能知道棱边的可见性，若是编号为 f_i^1 和编号为 f_i^2 的面元都是可见的，则棱边 e_i 是可见的。图 4.7(b)(c)便是对飞机目标的面元和棱边模型进行消隐处理后得到的结果。

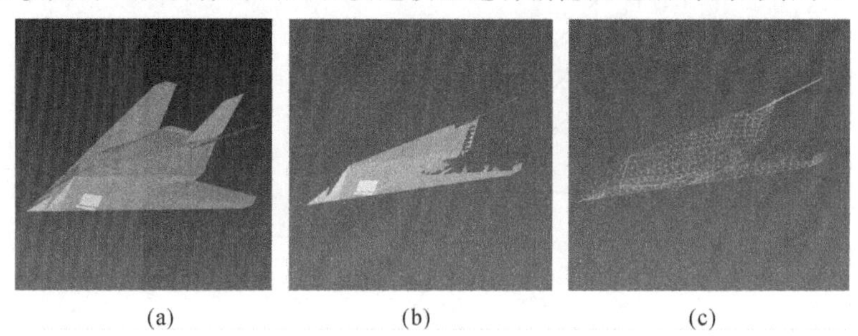

(a) (b) (c)

图 4.7 目标消隐前后的模型

(a)消隐前目标的几何模型； (b)消隐后目标的几何模型； (c)消隐后目标的面元模型

4.2　Stratton－Chu 方程及其近似处理

Stratton－Chu 方程不需要引入位函数，通过在一个封闭表面进行积分即可求解无源空间中一点的电磁场，直接将电荷、磁荷、电流、磁流、电场和磁场通过一个积分方程联系起来，该方程自动满足边界条件和辐射条件。

4.2.1　Stratton－Chu 方程

由于电磁场必须满足矢量形式的边界条件，所以需要对矢量形式的麦克斯韦方程组进行求解。如图 4.8 所示，在均匀各向同性的线性媒质中，结合本构关系和边界条件，可由麦克斯韦方程推导出时谐场所满足的非齐次矢量亥姆霍兹方程为

$$\nabla\times\nabla\times\boldsymbol{H}-k^2\boldsymbol{H}=-\mathrm{j}\omega\varepsilon\boldsymbol{M}+\nabla\times\boldsymbol{J} \tag{4-10}$$

$$\nabla\times\nabla\times\boldsymbol{E}-k^2\boldsymbol{E}=-\mathrm{j}\omega\varepsilon\boldsymbol{J}-\nabla\times\boldsymbol{M} \tag{4-11}$$

式中：$\boldsymbol{E}$，$\boldsymbol{H}$ 分别为矢量形式电场和磁场；$\boldsymbol{J}$，$\boldsymbol{M}$ 分别为电流密度和磁流密度；ω 为时谐波的角频率；ε，μ 分别为磁导率和介电常数；k 为时谐波的波数。

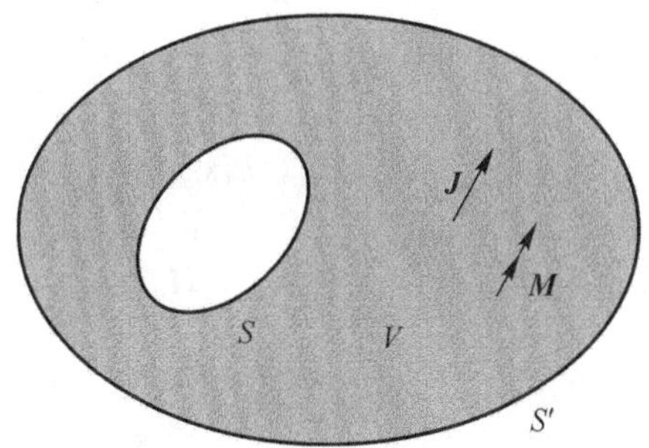

图 4.8　有限区域内电磁场的边值问题

结合第二矢量 Green 恒等式：

$$\int_V(\boldsymbol{Q}\cdot\nabla\times\nabla\times\boldsymbol{P}-\boldsymbol{P}\cdot\nabla\times\nabla\times\boldsymbol{Q})\mathrm{d}v=\oint_S(\boldsymbol{P}\times\nabla\times\boldsymbol{Q}-\boldsymbol{Q}\times\nabla\times\boldsymbol{P})\cdot\hat{\boldsymbol{n}}\mathrm{d}s \tag{4-11}$$

可得电场积分方程和磁场积分方程为

$$\begin{aligned}\boldsymbol{E}(\boldsymbol{r})=&\int_V\left[\mathrm{j}\omega\mu\boldsymbol{J}(\boldsymbol{r}')\phi_0-\boldsymbol{M}(\boldsymbol{r}')\times\nabla'\phi_0+\frac{\rho}{\varepsilon}\nabla'\phi_0\right]\mathrm{d}v'-\\&\int_{S+S'}\{\mathrm{j}\omega\mu[\hat{\boldsymbol{n}}\times\boldsymbol{H}(\boldsymbol{r}')]\phi_0+[\hat{\boldsymbol{n}}\times\boldsymbol{E}(\boldsymbol{r}')]\times\nabla'\phi_0-[\hat{\boldsymbol{n}}\cdot\boldsymbol{E}(\boldsymbol{r}')]\nabla'\phi_0\}\mathrm{d}s'\end{aligned} \tag{4-12}$$

$$\begin{aligned}\boldsymbol{H}(\boldsymbol{r})=&\int_V\left[-\mathrm{j}\omega\varepsilon\boldsymbol{M}(\boldsymbol{r}')\phi_0+\boldsymbol{J}(\boldsymbol{r}')\times\nabla'\phi_0+\frac{\rho_m}{\varepsilon}\nabla'\phi_0\right]\mathrm{d}v'+\\&\int_{S+S'}\{\mathrm{j}\omega\varepsilon[\hat{\boldsymbol{n}}\times\boldsymbol{E}(\boldsymbol{r}')]\phi_0-[\hat{\boldsymbol{n}}\times H(\boldsymbol{r}')]\times\nabla'\phi_0-[\hat{\boldsymbol{n}}\cdot\boldsymbol{H}(\boldsymbol{r}')]\nabla'\phi_0]\mathrm{d}s'\end{aligned} \tag{4-13}$$

式中：$\boldsymbol{r}$，$\boldsymbol{r}'$ 分别为场点和源点坐标；$\phi_0=\mathrm{e}^{\mathrm{j}k|\boldsymbol{r}-\boldsymbol{r}'|}/(4\pi|\boldsymbol{r}-\boldsymbol{r}'|)$ 为格林函数；ρ，ρ_m 分别为电荷

和磁荷；$\hat{\boldsymbol{n}}$ 为边界面上的法向矢量，指向体积 V 内。式(4－12)和式(4－13)即是所谓的 Stratton－Chu 方程，具体推导过程可参考文献[2]。从公式中可以看出场点的电磁场由两部分构成：一是场点所在区域中的电流密度、磁流密度、电荷、磁荷四种源的贡献；二是观察点所在区域以外的源的贡献，可以通过对边界 S,S' 上电场、磁场的切向和法相分量进行积分求得。

4.2.2　远场条件下无源区散射场的近似处理

在处理散射问题的时候，将散射体的外表面取作图 4.9 中边界的 S，边界 S' 取包围边界 S 的足够大的球面，场源位于边界 S 之外。

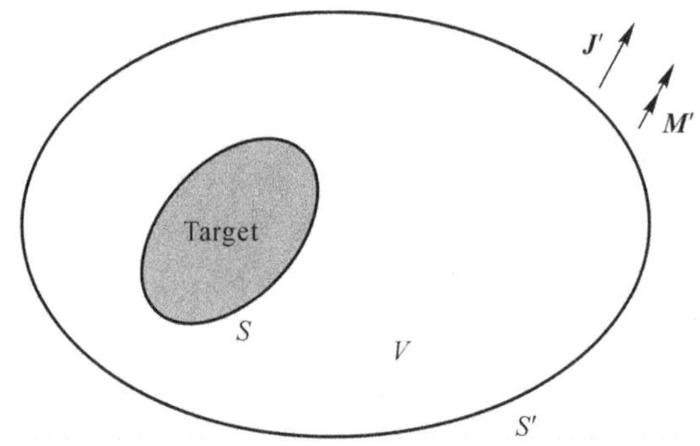

图 4.9　无源区目标的散射问题

显然，边界 S' 之外的场源 $\boldsymbol{J}',\boldsymbol{M}'$ 产生入射波 $\boldsymbol{E}_i,\boldsymbol{H}_i$，边界 S 以内的区域产生散射波 $\boldsymbol{E}_s$，$\boldsymbol{H}_s$。在边界 S,S' 上有

$$\boldsymbol{E}=\boldsymbol{E}_i+\boldsymbol{E}_s \tag{4－14}$$

$$\boldsymbol{H}=\boldsymbol{H}_i+\boldsymbol{H}_s \tag{4－15}$$

鉴于体积 V 中不再有场源存在，这时 Stratton－Chu 方程可以简化为以下两式，又称矢量基尔霍夫公式，即

$$\boldsymbol{E}(\boldsymbol{r})=-\int_{S+S'}\{\mathrm{j}\omega\mu[\hat{\boldsymbol{n}}\times\boldsymbol{H}(\boldsymbol{r}')]\phi_0+[\hat{\boldsymbol{n}}\times E(\boldsymbol{r}')]\times\boldsymbol{\nabla}'\phi_0-[\hat{\boldsymbol{n}}\cdot\boldsymbol{E}(\boldsymbol{r}')]\nabla'\phi_0\}\mathrm{d}s' \tag{4－16}$$

$$\boldsymbol{H}(\boldsymbol{r})=\int_{S+S'}\{\mathrm{j}\omega\varepsilon[\hat{\boldsymbol{n}}\times\boldsymbol{E}(\boldsymbol{r}')]\phi_0-[\hat{\boldsymbol{n}}\times\boldsymbol{H}(\boldsymbol{r}')]\times\boldsymbol{\nabla}'\phi_0-[\hat{\boldsymbol{n}}\cdot H(\boldsymbol{r}')]\nabla'\phi_0\}\mathrm{d}s' \tag{4－17}$$

当边界 S' 趋于无穷大，在该边界面上进行积分时，场点 $\boldsymbol{r}$ 在有限远处，源点 $\boldsymbol{r}'$ 在无限远处，格林函数可以做以下近似：

$$\lim_{|r'|\to\infty}\phi_0=\frac{\mathrm{e}^{-\mathrm{j}k|r'|}}{4\pi|\boldsymbol{r}'|}\mathrm{e}^{-\mathrm{j}k\boldsymbol{r}'\cdot\boldsymbol{r}} \tag{4－18}$$

$$\nabla\phi_0=\mathrm{j}k\hat{\boldsymbol{r}}'\phi_0 \tag{4－19}$$

将式(4－18)和式(4－19)代入式(4－16)和式(4－17)中的积分项，显然有

$$\lim_{|r'|\to\infty}\int_{S'}\{\mathrm{j}\omega\varepsilon[\hat{\boldsymbol{n}}\times\boldsymbol{E}^s(\boldsymbol{r}')]\phi_0-[\hat{\boldsymbol{n}}\times\boldsymbol{H}^s(\boldsymbol{r}')]\times\boldsymbol{\nabla}'\phi_0-[\hat{\boldsymbol{n}}\cdot\boldsymbol{H}^s(\boldsymbol{r}')]\boldsymbol{\nabla}'\phi_0\}\mathrm{d}s'=0 \tag{4－20}$$

$$\lim_{|r'|\to\infty}\int_{S'}\{\mathrm{j}\omega\varepsilon[\hat{\boldsymbol{n}}\times\boldsymbol{H}_s(\boldsymbol{r}')]\phi_0-[\hat{\boldsymbol{n}}\times\boldsymbol{E}_s(\boldsymbol{r}')]\times\nabla'\phi_0-[\hat{\boldsymbol{n}}\cdot\boldsymbol{E}_s(\boldsymbol{r}')]\nabla'\phi_0\}\mathrm{d}s'=0 \tag{4-21}$$

因此散射场 $\boldsymbol{E}_s$、$\boldsymbol{H}_s$ 在边界 S' 上的积分没有贡献，只有入射场 $\boldsymbol{E}^i$、$\boldsymbol{H}^i$ 对边界 S' 上的积分有贡献。因此，式(4-12)和式(4-13)可以简化为

$$\boldsymbol{E}(\boldsymbol{r})=\boldsymbol{E}_i(\boldsymbol{r})-\int_S\{\mathrm{j}\omega\mu[(\hat{\boldsymbol{n}}\times\boldsymbol{H}(\boldsymbol{r}')]\phi_0+[\hat{\boldsymbol{n}}\times\boldsymbol{E}(\boldsymbol{r}')]\times\nabla'\phi_0-[\hat{\boldsymbol{n}}\cdot E(r')]\nabla'\phi_0\}\mathrm{d}s' \tag{4-22}$$

$$\boldsymbol{H}(\boldsymbol{r})=\boldsymbol{H}_i(\boldsymbol{r})+\int_S\{\mathrm{j}\omega\varepsilon[(\hat{\boldsymbol{n}}\times\boldsymbol{E}(\boldsymbol{r}')]\phi_0-[\hat{\boldsymbol{n}}\times\boldsymbol{H}(\boldsymbol{r}')]\times\nabla'\phi_0-[\hat{\boldsymbol{n}}\cdot H(r')]\nabla'\phi_0\}\mathrm{d}s' \tag{4-23}$$

即可得到散射场积分方程为

$$\boldsymbol{E}_s(\boldsymbol{r})=-\int_S\{\mathrm{j}\omega\mu[\hat{\boldsymbol{n}}\times\boldsymbol{H}(\boldsymbol{r}')]\phi_0+[\hat{\boldsymbol{n}}\times\boldsymbol{E}(\boldsymbol{r}')]\times\nabla'\phi_0-[\hat{\boldsymbol{n}}\cdot\boldsymbol{E}(\boldsymbol{r}')]\nabla'\phi_0]\mathrm{d}s' \tag{4-24}$$

$$\boldsymbol{H}_s(\boldsymbol{r})=-\int_S\{\mathrm{j}\omega\varepsilon[(\hat{\boldsymbol{n}}\times\boldsymbol{E}(\boldsymbol{r}')]\phi_0-[\hat{\boldsymbol{n}}\times\boldsymbol{H}(\boldsymbol{r}')]\times\nabla'\phi_0-[\hat{\boldsymbol{n}}\cdot\boldsymbol{H}(\boldsymbol{r}')]\nabla'\phi_0\}\mathrm{d}s' \tag{4-25}$$

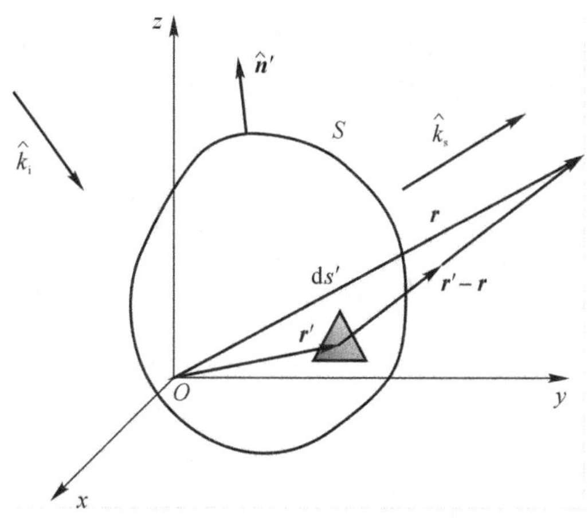

图 4.10 目标表面的电磁散射

如图 4.10 所示，再对积分方程式(4-24)和式(4-25)进行一次远场近似。这与对式(4-16)和式(4-17)不同，源点 $\boldsymbol{r}'$ 在有限远处，场点 $\boldsymbol{r}$ 在无限远处，格林函数可以做以下近似，即

$$\nabla'\phi_0\approx\mathrm{j}k\hat{\boldsymbol{r}}\phi_0 \tag{4-26}$$

$\hat{\boldsymbol{k}}_i$ 为电磁波入射方向，$\hat{\boldsymbol{k}}_s=\hat{\boldsymbol{r}}$ 为散射方向，格林函数分母中的 $|\boldsymbol{r}-\boldsymbol{r}'|$ 用 r 来近似，可得

$$\boldsymbol{E}_s(\boldsymbol{r})=\frac{\mathrm{j}\omega\mu\,\mathrm{e}^{-\mathrm{j}kr}}{4\pi kr}\int_S\left\{[\hat{\boldsymbol{n}}\times\boldsymbol{H}(\boldsymbol{r}')]-\hat{\boldsymbol{k}}_s\cdot[\hat{\boldsymbol{n}}\times\boldsymbol{H}(\boldsymbol{r}')]\hat{\boldsymbol{k}}_s-\sqrt{\frac{\varepsilon_0}{\mu_0}}[\hat{\boldsymbol{n}}\times\boldsymbol{E}(\boldsymbol{r}')]\times\hat{\boldsymbol{k}}_s\right\}\mathrm{e}^{\mathrm{j}k\hat{\boldsymbol{k}}_s\cdot\boldsymbol{r}'}\mathrm{d}s' \tag{4-27}$$

$$\boldsymbol{H}_s(\boldsymbol{r})=\frac{\mathrm{j}\omega\mu\,\mathrm{e}^{-\mathrm{j}kr}}{4\pi kr}\int_S\left\{[\hat{\boldsymbol{n}}\times\boldsymbol{E}(\boldsymbol{r}')]-\hat{\boldsymbol{k}}_s\cdot[\hat{\boldsymbol{n}}\times\boldsymbol{E}(\boldsymbol{r}')]\hat{\boldsymbol{k}}_s-\sqrt{\frac{\varepsilon_0}{\mu_0}}[\hat{\boldsymbol{n}}\times\boldsymbol{H}(\boldsymbol{r}')]\times\hat{\boldsymbol{k}}_s\right\}\mathrm{e}^{\mathrm{j}k\hat{\boldsymbol{k}}_s\cdot\boldsymbol{r}'}\mathrm{d}s' \tag{4-28}$$

4.3 频域高频方法

为了将复杂电大目标电磁散射特性的计算结果应用于后续的信号建模当中，本书主要选取高频方法来进行复杂电大目标电磁散射特性的计算以提高计算效率。频域物理光学法(PO)和频域等效边缘电磁流法(EEC)作为两种工程上常用的频域高频算法，分别考虑了散射机理中的镜面反射机理和棱边绕射机理，联合两种算法能够迅速、高效地对复杂电大目标的电磁散射特性进行计算。

4.3.1 物理光学法

物理光学法、基尔霍夫近似以及惠更斯原理具有相同的物理含义。在求解大部分散射问题时，目标表面总场和散射场是未知的，需要对 Stratton - Chu 方程进行求解。对积分方程进行求解是十分麻烦的，因为在电大条件下未知数的数量是巨大的，而在高频条件下通过适当的假设可以将积分方程的求解问题转化为定积分的求解问题。物理光学法就是通过在高频条件下做出以下三条假设来实现转化的：

(1)目标外边界面的曲率半径远远大于入射场的波长；

(2)目标外边界面上仅被入射场直接照射的部分才有感应电磁流产生；

(3)目标外边界面上一点的感应电磁流与该点处切平面上的感应电磁流相同。

基于以上假设可以将 Stratton - Chu 方程写成感应电流和感应磁流在远场进行辐射的形式。

$$\boldsymbol{E}_s(\boldsymbol{r})=\frac{\mathrm{j}k\mathrm{e}^{-\mathrm{j}kr}}{4\pi r}\int_{S_{\text{lighted}}}\{Z_0\hat{\boldsymbol{k}}_s\times[\hat{\boldsymbol{k}}_s\times\boldsymbol{J}(\boldsymbol{r}')]+\hat{\boldsymbol{k}}_s\times\boldsymbol{M}(\boldsymbol{r}')\}\mathrm{e}^{\mathrm{j}k\hat{\boldsymbol{k}}_s\cdot\boldsymbol{r}'}\mathrm{d}s' \tag{4-29}$$

$$\boldsymbol{H}_s(\boldsymbol{r})=\frac{\mathrm{j}k\mathrm{e}^{-\mathrm{j}kr}}{4\pi r}\int_{S_{\text{lighted}}}\left\{\frac{1}{Z_0}\hat{\boldsymbol{k}}_s\times[\hat{\boldsymbol{k}}_s\times\boldsymbol{M}(\boldsymbol{r}')]-\hat{\boldsymbol{k}}_s\times\boldsymbol{J}(\boldsymbol{r}')\right\}\mathrm{e}^{\mathrm{j}k\hat{\boldsymbol{k}}_s\cdot\boldsymbol{r}'}\mathrm{d}s' \tag{4-30}$$

$$\boldsymbol{J}(\boldsymbol{r}')=\begin{cases}\hat{\boldsymbol{n}}\times\boldsymbol{H}(\boldsymbol{r}'), & \text{lighted}\\ 0, & \text{shadowed}\end{cases} \tag{4-31}$$

$$\boldsymbol{M}(\boldsymbol{r}')=\begin{cases}\boldsymbol{E}(\boldsymbol{r}')\times\hat{\boldsymbol{n}}, & \text{lighted}\\ 0, & \text{shadowed}\end{cases} \tag{4-32}$$

$$\boldsymbol{H}(\boldsymbol{r}')=\boldsymbol{H}_{\mathrm{i}}(\boldsymbol{r}')+\boldsymbol{H}_r(\boldsymbol{r}') \tag{4-33}$$

$$\boldsymbol{E}(\boldsymbol{r}')=\boldsymbol{E}_{\mathrm{i}}(\boldsymbol{r}')+\boldsymbol{E}_s(\boldsymbol{r}') \tag{4-34}$$

式中：$Z_0=\sqrt{\mu/\varepsilon}$ 为自由空间的波阻抗；$\boldsymbol{E}_r(\boldsymbol{r}')$，$\boldsymbol{H}_r(\boldsymbol{r}')$ 为目标表面被照亮点 $\boldsymbol{r}'$ 处的反射电场和磁场。

设 $\hat{\boldsymbol{e}}_{\mathrm{i}//}$ 和 $\hat{\boldsymbol{e}}_{\mathrm{i}\perp}$ 分别为入射电磁场的平行极化和垂直极化方向的单位矢量，$\hat{\boldsymbol{e}}_{\mathrm{i}//}$ 和 $\hat{\boldsymbol{e}}_{\mathrm{i}\perp}$ 分别为反射电磁场的平行极化和垂直极化方向的单位矢量。如图 4.11 所示。这些单位矢量满足以下关系：

$$\hat{\boldsymbol{e}}_{\mathrm{i}\perp}=\hat{\boldsymbol{k}}_{\mathrm{i}}\times\hat{\boldsymbol{k}}_s \tag{4-35}$$

$$\hat{\boldsymbol{e}}_{r\perp}=\hat{\boldsymbol{k}}_{\mathrm{i}}\times\hat{\boldsymbol{k}}_s \tag{4-36}$$

$$\hat{\boldsymbol{e}}_{r\perp}=\hat{\boldsymbol{k}}_{\mathrm{i}}\times\hat{\boldsymbol{k}}_s \tag{4-37}$$

$$\hat{\boldsymbol{e}}_{r//}=\hat{\boldsymbol{e}}_{r\perp}\times\hat{\boldsymbol{k}}_s \tag{4-38}$$

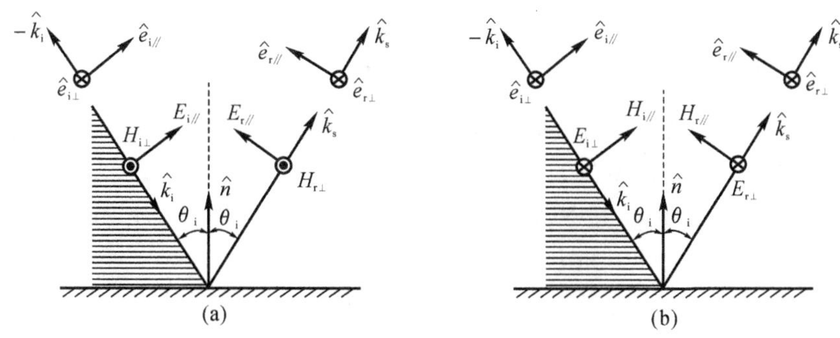

图 4.11　反射场极化分量和单位矢量示意图

(a) 电场平行极化入射；(b) 电场垂直极化入射

如图 4.11 所示，通过将入射和散射电场分解为平行极化和垂直极化分量，对应幅值分别为 $E_{i//}$，$E_{i\perp}$，$H_{i//}$，$H_{i\perp}$，结合 Fresnel 反射系数可得

$$\boldsymbol{E}_{\mathrm{i}} = E_{\mathrm{i}\perp}\hat{\boldsymbol{e}}_{\mathrm{i}\perp} + E_{\mathrm{i}//}\hat{\boldsymbol{e}}_{\mathrm{i}//} \tag{4-39}$$

$$\boldsymbol{H}_{\mathrm{i}} = -E_{\mathrm{i}//}\hat{\boldsymbol{e}}_{\mathrm{i}\perp} + E_{\mathrm{i}\perp}\hat{\boldsymbol{e}}_{\mathrm{i}//} \tag{4-40}$$

$$\boldsymbol{E}_r = R_\perp E_{\mathrm{i}\perp}\hat{\boldsymbol{e}}_{r\perp} + R_{//}E_{\mathrm{i}//}\hat{\boldsymbol{e}}_{r//} \tag{4-41}$$

$$\boldsymbol{H}_r = -R_{//}E_{\mathrm{i}//}\hat{\boldsymbol{e}}_{r\perp} + R_\perp E_{r\perp}\hat{\boldsymbol{e}}_{r//} \tag{4-42}$$

$$R_{//} = \frac{\varepsilon_r\cos\theta_{\mathrm{i}} - \sqrt{\mu_r\varepsilon_r - \sin_{\mathrm{i}}^{\theta}}}{\varepsilon_r\cos\theta_{\mathrm{i}} + \sqrt{\mu_r\varepsilon_r + \sin^2\theta_{\mathrm{i}}}} \tag{4-43}$$

$$R_\perp = \frac{\mu_r\cos\theta_{\mathrm{i}} - \sqrt{\mu_r\varepsilon_r - \sin_{\mathrm{i}}^{\theta}}}{\mu_r\cos\theta_{\mathrm{i}} + \sqrt{\mu_r\varepsilon_r + \sin^2\theta_{\mathrm{i}}}} \tag{4-44}$$

式中：μ_r，ε_r 分别为目标的相对磁导率和相对介电常数。当目标为理想导体时，有 $R_{//}=1$，$R_\perp=-1$。

在考虑三角面元模型条件下，式(4－29)和式(4－30)可以离散为

$$\boldsymbol{E}_{\mathrm{s}}(r) = \frac{\mathrm{j}k\mathrm{e}^{-\mathrm{j}kr}}{4\pi r}\sum_{n=1}^{N_{\mathrm{lighted}}}\int_{\mathrm{Triangle}_n}\{Z_0\hat{\boldsymbol{k}}_{\mathrm{s}}\times[\hat{\boldsymbol{k}}_{\mathrm{s}}\times\boldsymbol{J}(\boldsymbol{r}')] + \hat{\boldsymbol{k}}_{\mathrm{s}}\times\boldsymbol{M}(\boldsymbol{r}')\}\mathrm{e}^{\mathrm{j}k\hat{\boldsymbol{k}}_{\mathrm{s}}\cdot\boldsymbol{r}'}\mathrm{d}s' \tag{4-45}$$

$$\boldsymbol{H}_{\mathrm{s}}(r) = \frac{\mathrm{j}k\mathrm{e}^{-\mathrm{j}kr}}{4\pi r}\sum_{n=1}^{N_{\mathrm{lighted}}}\int_{\mathrm{Triangle}_n}\left\{\frac{1}{Z_0}\hat{\boldsymbol{k}}_{\mathrm{s}}\times[\hat{\boldsymbol{k}}_{\mathrm{s}}\times\boldsymbol{M}(\boldsymbol{r}')] - \hat{\boldsymbol{k}}_{\mathrm{s}}\times\boldsymbol{J}(\boldsymbol{r}')\right\}\mathrm{e}^{\mathrm{j}k\hat{\boldsymbol{k}}_{\mathrm{s}}\cdot\boldsymbol{r}'}\mathrm{d}s' \tag{4-46}$$

式中：$\mathrm{Triangle}_n$ 为第 n 个被电磁场直接照射的三角形面元；$\int_{\mathrm{Triangle}_n}\cdots\mathrm{d}s'$ 的求解可以使用 Gordon 积分来实现。

4.3.2　等效电磁流法

在计算复杂目标的电磁散射特性时，仅仅考虑目标表面的镜面散射机理往往是不够的，棱边绕射也是一种有较大贡献的散射机理。由于 GTD、UTD 等射线光学方法原理的限制，在焦平面上进行计算会导致奇异性，进而无法得到正确的结果。边缘等效电磁流方法(EEC)通过计算棱边上等效电磁流在远场的辐射，能够计算 Keller 锥之外方向的散射场。E. F. Knott 证明了增量长度绕射系数法(ILDC)与 EEC 的等价性，但 ILDC 在一些方向上仍然有奇异性问题没有解决。因此本书采用 EEC 来计算复杂目标的棱边绕射贡献，其远场

辐射计算的表达式如下：

$$E_d(\boldsymbol{r})=\frac{\mathrm{j}k\mathrm{e}^{-\mathrm{j}kr}}{4\pi r}\int_l[Z_0 I_e\hat{\boldsymbol{k}}_s\times(\hat{\boldsymbol{k}}_s\times\hat{\boldsymbol{t}})+I_m(\hat{\boldsymbol{k}}_s\cdot\hat{\boldsymbol{t}})]\mathrm{e}^{\mathrm{j}k\hat{\boldsymbol{k}}_s\cdot\boldsymbol{r}'}\mathrm{d}l' \tag{4-47}$$

积分区域由曲面变成了曲线，其中 $I_e(\boldsymbol{r}')$、$I_m(\boldsymbol{r}')$ 分别为等效棱边电流、等效棱边磁流，l 为棱边曲线，$\hat{t}$ 为棱边的切向单位矢量。

EEC 有很多种表达形式，其中 A. Michaeli 给出了一种与 K. M. Mitzner 的 ILDC 等价的表达式，结合图 4.12，$I_e(\boldsymbol{r}')$ 和 $I_m(\boldsymbol{r}')$ 可以写为

$$I_e(\boldsymbol{r}')=(I_1^f-I_2^f) \tag{4-48}$$

$$I_m(\boldsymbol{r}')=(M_1^f-M_2^f) \tag{4-49}$$

式中：$I_i^f=I_i-I_i^{\mathrm{PO}}$；$M_i^f=M_i-M_i^{\mathrm{PO}}(i=1,2)$。

$$I_1=\frac{2\mathrm{j}}{k_0\sin\beta'}\frac{1/N}{\cos(\varphi'/N)-\cos[(\pi-\alpha)/N]}\left\{\frac{\sin(\varphi'/N)}{Z_0\sin\beta'}\hat{\boldsymbol{t}}\cdot E_i+\right.$$
$$\left.\frac{\sin[(\pi-\alpha)/N]}{\sin\alpha}(\mu\cot\beta'-\cot\beta\cos\varphi)\hat{\boldsymbol{t}}\cdot\boldsymbol{H}_{\mathrm{i}}\right\}-\frac{2\mathrm{j}\cot\beta'}{k_0N\sin\beta'}\hat{\boldsymbol{t}}\cdot\boldsymbol{H}_{\mathrm{i}} \tag{4-50}$$

$$I_1^{PO}=\frac{2\mathrm{j}U(\pi-\varphi')}{k_0\sin\beta'(\cos\varphi'+v)}\left[\frac{\sin(\varphi'/N)}{Z_0\sin\beta'}\hat{\boldsymbol{t}}\cdot\boldsymbol{E}_{\mathrm{i}}-(\cot\beta'\cos\varphi'+\cot\beta\cos\varphi)\hat{\boldsymbol{t}}\cdot\boldsymbol{H}_{\mathrm{i}}\right] \tag{4-51}$$

$$M_1=\frac{2\mathrm{j}Z_0\sin\varphi}{k_0\sin\beta'\sin\beta}\frac{(1/N)\sin[(\pi-\alpha)/N]\csc\alpha}{\cos[(\pi-\alpha)/N]-\cos(\varphi'/N)}\hat{\boldsymbol{t}}\cdot\boldsymbol{H}_{\mathrm{i}} \tag{4-52}$$

$$M_1^{PO}=\frac{-2\mathrm{j}Z_0\sin\varphi U(\pi-\varphi')}{k_0\sin\beta'\sin\beta(\cos\varphi'+v)}\hat{\boldsymbol{t}}\cdot\boldsymbol{H}_{\mathrm{i}} \tag{4-53}$$

式中：$U(x)$ 是单位阶跃函数。

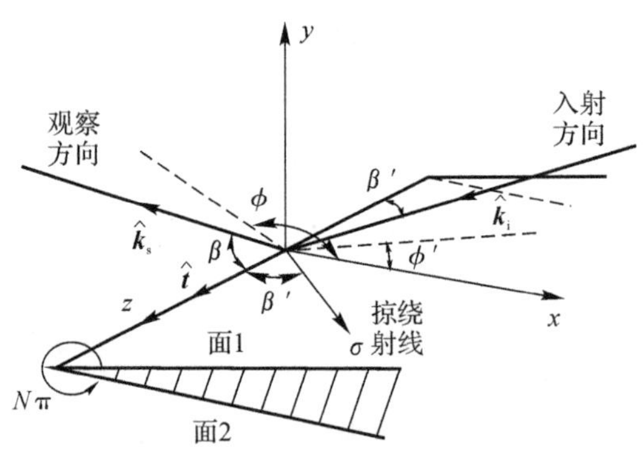

图 4.12 棱边结构绕射示意图

$$\alpha=\arccos v=-\mathrm{j}\ln(v+\mathrm{j}\sqrt{1-v^2}) \tag{4-54}$$

$$v=\frac{\cos\gamma-\cos^2\beta'}{\sin^2\beta'_c} \tag{4-55}$$

$$\cos\gamma=\hat{\boldsymbol{\sigma}}\cdot\hat{\boldsymbol{s}}=\sin\beta'\sin\beta\cos\varphi+\cos\beta'\cos\beta \tag{4-56}$$

只需要对 I_{f1}，M_1^f 中做以下代换便可得到 I_2^f，M_2^f：

$$\begin{aligned}&\hat{t}\to-\hat{t},\quad \beta\to\pi-\beta,\quad \beta'\to\pi-\beta'\\&\varphi\to N\pi-\varphi,\quad \varphi'\to N\pi-\varphi'\end{aligned} \tag{4-57}$$

以上 EEC 仅避免了焦散区和阴影边界的奇异积分，但是对于沿绕射射线方向 $\hat{\boldsymbol{\sigma}}$，即当

$\hat{s}\cdot\hat{x}=\pm\hat{\sigma}\cdot\hat{x}$，$\hat{\sigma}=\sin\beta'\hat{x}+\cos\beta'\hat{z}$ 时，仍然出现 $\sin\beta\cos\varphi\pm\sin\beta'$ 的奇异性。也就是说，在某些入射方向和散射方向上会导致棱边绕射的贡献发生突变。为了消除这种类型的奇异性，选择新的积分方向 $\hat{p}$。

$$\hat{p}=\sin\beta_c\hat{x}+\cos\beta_c\hat{z} \tag{4-58}$$

$$v=\frac{\cos\gamma-\cos^2\beta_c}{\sin^2\beta_c} \tag{4-59}$$

$$\cos\gamma=\sin\beta_c\sin\beta\cos\varphi+\cos\beta_c\cos\beta \tag{4-60}$$

式中：

$$\beta_c=\begin{cases}\beta'+\dfrac{3}{4}\left(\dfrac{\pi}{2}-\beta'\right), & \beta'\leqslant\dfrac{\pi}{2}\\[2ex] \beta'+\dfrac{3}{4}\left(\dfrac{\pi}{2}-\beta'\right), & \beta'>\dfrac{\pi}{2}\end{cases} \tag{4-61}$$

在计算得到 ν 后，通过式(4-48) ～ 式(4-53) 得到线电流和线磁流，最后由式(4-47) 得到边缘绕射场。

4.3.3　弹跳射线方法

物理光学法只计算目标表面的一次散射，对于存在多次散射的目标结构(如二面角、三面角结构等)，可以采用射线追踪的方法计算电磁波在目标结构间的多次耦合散射，这种方法也称为弹跳射线(Shooting Bouncing Ray，SBR)法。弹跳射线法是将几何光学(Geometrical Optics，GO)法与物理光学法结合的一种高频混合电磁散射计算方法，入射波可等效为电磁射线簇，按照几何光学定律传播和反射，通过射线传播过程中与目标结构的相交判定来计入多次耦合散射机理。对每个面元来说形成耦合散射的入射场主要是来自其他面元镜面反射的反射场。这样通过按照几何光学定律确定每个面元对入射波的反射路径，再通过射线求交运算，找到与反射射线相交的面元，并将反射场作为二次入射场求解其高阶物理光学散射场。入射场可当作第0阶反射场 $\boldsymbol{E}_{\mathrm{i}}(\boldsymbol{r}')=\boldsymbol{E}_{\mathrm{r}}^{(0)}(\boldsymbol{r}'^{(0)})$，$\boldsymbol{H}_{\mathrm{i}}(\boldsymbol{r}')=\boldsymbol{H}_{\mathrm{r}}^{(0)}(\boldsymbol{r}'^{(0)})$，其形式可写作

$$\boldsymbol{E}_{\mathrm{i}}(\boldsymbol{r}')=E_{\mathrm{i}}\hat{\boldsymbol{e}}_{\mathrm{i}}\mathrm{e}^{-\mathrm{j}k_0\hat{\boldsymbol{k}}_i\cdot\boldsymbol{r}'} \tag{4-62}$$

$$\boldsymbol{H}_{\mathrm{i}}(\boldsymbol{r}')=\frac{\boldsymbol{k}_{\mathrm{i}}\times E_{\mathrm{i}}\hat{\boldsymbol{e}}_{\mathrm{i}}}{\eta_0}\mathrm{e}^{-\mathrm{j}k_0\hat{\boldsymbol{k}}_{\mathrm{i}}\cdot\boldsymbol{r}'} \tag{4-63}$$

入射矢量 $\hat{\boldsymbol{k}}_{\mathrm{r}}^{(0)}=\hat{\boldsymbol{k}}_{\mathrm{i}}$，可认为是第0阶的反射矢量，经过 n 次反射后的第 n 阶射线方向矢量记为 $\hat{\boldsymbol{k}}_{\mathrm{r}}^{(n)}$，反射场要考虑累计前面 n 次反射路径导致相位的变化，可以写作

$$\boldsymbol{E}_r^{(n)}=E_r^{(n)}\left\{\prod_{m=1}^{n}\mathrm{e}^{\mathrm{j}k_0(\hat{\boldsymbol{k}}_r^{(m)}-\hat{\boldsymbol{k}}_r^{(m-1)})\cdot\boldsymbol{r}'^{(m)}}\right\}\mathrm{e}^{-\mathrm{j}k_0\hat{\boldsymbol{k}}_r^{(n)}\cdot\boldsymbol{r}'^{(m)}} \tag{4-64}$$

$$\boldsymbol{H}_r^{(n)}=\frac{\hat{\boldsymbol{k}}_r^{(n)}\times\boldsymbol{E}_r^{(n)}}{\eta_0}\left\{\prod_{m=1}^{n}\mathrm{e}^{\mathrm{j}k_0(\hat{\boldsymbol{k}}_r^{(m)}-\hat{\boldsymbol{k}}_r^{(m-1)})\cdot\boldsymbol{r}'^{(m)}}\right\}\mathrm{e}^{-\mathrm{j}k_0\hat{\boldsymbol{k}}_r^{(n)}\cdot\boldsymbol{r}'^{(m)}} \tag{4-65}$$

式中：$\boldsymbol{r}'^{(m)}$ 表示第 m 次出射目标表面上的位置矢量，在每一次射线与面元相交的过程中利用第 m 次反射出射目标表面的反射场作为入射 $\boldsymbol{r}'^{(m+1)}$ 点的入射场求取PO场。经过 n 次反射后的 n 阶反射场求取第 n 阶多次散射的PO散射场为

$$\boldsymbol{E}_{\mathrm{s}}(\boldsymbol{r}')=\frac{\mathrm{j}\boldsymbol{k}_0\mathrm{e}^{-\mathrm{j}k_0r}}{4\pi r}\left[\prod_{m=1}^{n}\mathrm{e}^{\mathrm{j}k_0(\hat{\boldsymbol{k}}_r^{(m)}-\hat{\boldsymbol{k}}_r^{(m-1)})\cdot\boldsymbol{r}'^{(m)}}\right]\{\hat{\boldsymbol{k}}_{\mathrm{s}}\times[\eta_0\hat{\boldsymbol{k}}_{\mathrm{s}}\times\boldsymbol{J}_{\mathrm{s}}^{(n)}(\boldsymbol{r}'^{(n)})]\}\int_s\mathrm{e}^{\mathrm{j}k_0(\hat{\boldsymbol{k}}_{\mathrm{s}}-\hat{\boldsymbol{k}}_r^{(n)})\cdot\boldsymbol{r}'^{(n)}}]\mathrm{d}s \tag{4-66}$$

式中：n 阶电流源 $\boldsymbol{J}_s^{(n)}(\boldsymbol{r}'^{(n)})$ 可由其表面场求取，如下式：

$$\hat{\boldsymbol{n}} \times \boldsymbol{H}(\boldsymbol{r}'^{(n)}) = (\boldsymbol{H}_r^{(n)} \cdot \hat{\boldsymbol{e}}_{/\!/})(\hat{\boldsymbol{n}} \times \hat{\boldsymbol{e}}_{\perp})(1+R_v) + (\boldsymbol{H}_r^{(n)} \cdot \hat{\boldsymbol{e}}_{\perp})(\hat{\boldsymbol{n}} \times \hat{\boldsymbol{e}}_{/\!/})(1-R_h) \tag{4-67}$$

式中

$$\boldsymbol{H}_r^{(n)} = R_v(\boldsymbol{H}_r^{(n-1)} \cdot \hat{\boldsymbol{e}}_{/\!/}^{(n-1)})\hat{\boldsymbol{e}}_{/\!/}^{(n)} + R_h(\boldsymbol{H}_r^{(n-1)} \cdot \hat{\boldsymbol{e}}_{\perp}^{(n-1)})\hat{\boldsymbol{e}}_{\perp}^{(n)} \tag{4-68}$$

图 4.13 所示为巡航导弹目标与战斗机目标的同极化单站雷达散射截面。导弹与战斗机目标的几何模型分别在图 4.13(a)(b)中展示，图 4.13(a)中导弹模型弹身全长为 5 m，直径为 0.527 m，翼展为 2.65 m，图 4.13(b)中飞机模型，机身全长为 17.56 m，机身高为 3.62 m，翼展为 12.14 m。计算目标的单站雷达散射截面，散射场强根据目标的散射机理，采用 PO＋SBR＋MEC 混合方法进行计算，计算过程中，θ_i 从 $-90°\sim90°$ 扫描，方位角为 $\varphi_i=0°$，如图 4.13 所示，计算频率为 10 GHz。

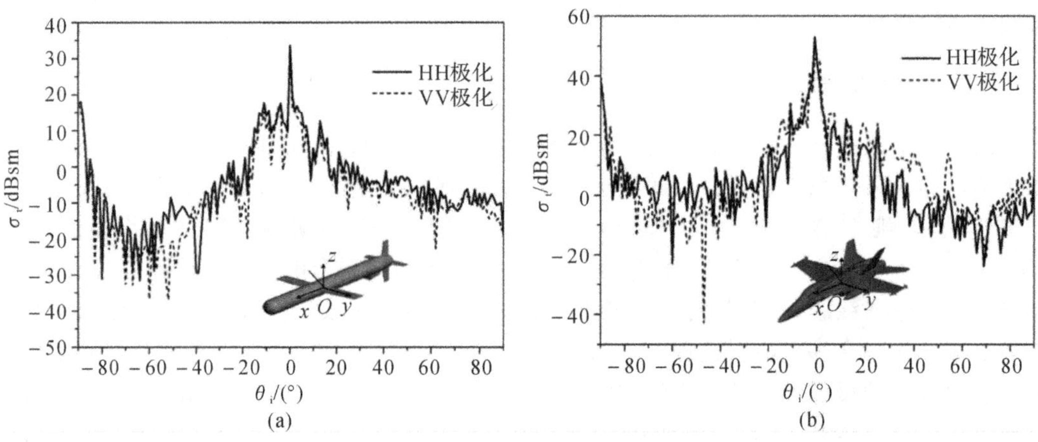

图 4.13　目标单站散射特性计算结果

(a) 导弹目标；　(b) 战斗机目标

4.4　时域高频方法

4.3.1　时域物理光学法

TDPO 是频域物理光学法在时域的一种变换，相比传统的频域物理光学法在计算复杂电大目标的宽带散射问题时具有更高的效率。本书在经典 TDPO 法基础上结合 Radon 变换将其拓展应用于涂覆目标散射问题的求解。通过对入射电场和磁场进行平行极化方向和垂直极化方向的分解，将 Stratton－Chu 方程重新改写成以下表达式：

$$\boldsymbol{E}_s(\boldsymbol{r},\omega) = \frac{-jk\mathrm{e}^{-jkr}}{2\pi r}\int_{\text{Slight}} [R_{\perp} E_{i\perp}(\omega)\hat{\boldsymbol{e}}_{i\perp} - R_{/\!/} E_{i/\!/}(\omega)\hat{\boldsymbol{e}}_{i/\!/}](\hat{\boldsymbol{n}} \cdot \hat{\boldsymbol{k}}_i)\mathrm{e}^{-j2k\hat{\boldsymbol{k}}_r \cdot \boldsymbol{r}'}\mathrm{d}s \tag{4-69}$$

式中：$\hat{\boldsymbol{k}}_r = (\hat{\boldsymbol{k}}_i - \hat{\boldsymbol{k}}_s)/2$。

在使用三角面元积分的情况下，上式可以离散为

$$\boldsymbol{E}_s(\boldsymbol{r},\omega)=\frac{-jk\mathrm{e}^{-jkr}}{2\pi r}\sum_{n=1}^{N}[R_{\perp}E_{i\perp}(\omega)\hat{\boldsymbol{e}}_{i\perp}-R_{/\!/}E_{i/\!/}(\omega)\hat{\boldsymbol{e}}_{i/\!/}](\hat{\boldsymbol{n}}\cdot\hat{\boldsymbol{k}}_i)h_n(\omega) \tag{4-70}$$

$$h_n(\omega)=\int_{Sn}\mathrm{e}^{-j2k\hat{\boldsymbol{k}}_r\cdot\boldsymbol{r}'}\mathrm{d}s=\int_{Sn}\mathrm{e}^{-j2\omega\frac{2}{C}\hat{\boldsymbol{k}}_r\cdot\boldsymbol{r}'}\mathrm{d}s \tag{4-71}$$

式中：$h_n(\omega)$ 为物理光学积分，对其进行逆傅里叶变换可以得到相应的时域表达式 $h_n(t)$，则有

$$h_n(t)=\int_{-\infty}^{-\infty}h_n(\omega)\mathrm{e}^{j2\pi ft}\mathrm{d}f=\int_{Sn}\delta\left(t-\frac{2}{C}\hat{\boldsymbol{k}}_r\cdot\boldsymbol{r}'\right)\mathrm{d}s \tag{4-72}$$

假设入射电场为 $\hat{\boldsymbol{p}}E_i(\omega)$，其中 $\hat{\boldsymbol{p}}$ 为电场的极化方向，则 $E_{i\perp}(\omega)$ 和 $E_{i/\!/}(\omega)$ 与 $\hat{\boldsymbol{p}}E_i(\omega)$ 存在以下关系：

$$E_{i\perp}(\omega)=\hat{\boldsymbol{e}}_{i\perp}\cdot\hat{\boldsymbol{p}}E_i(\omega) \tag{4-73}$$

$$E_{i/\!/}(\omega)=\hat{\boldsymbol{e}}_{i/\!/}\cdot\hat{\boldsymbol{p}}E_i(\omega) \tag{4-74}$$

将式(4－73) 和式(4－74) 带入式(4－70) 可得

$$\boldsymbol{E}_s(\boldsymbol{r},\omega)=\frac{-j\omega\mathrm{e}^{-j\omega r/C}}{2\pi rC}E_i(\omega)\sum_{n=1}^{N}[R_{\perp}(\hat{\boldsymbol{e}}_{i\perp}\cdot\hat{\boldsymbol{p}})\hat{\boldsymbol{e}}_{i\perp}-R_{/\!/}(\hat{\boldsymbol{e}}_{i/\!/}\cdot\hat{\boldsymbol{p}})\hat{\boldsymbol{e}}_{i/\!/}](\hat{\boldsymbol{n}}\cdot\hat{\boldsymbol{k}}_i)h_n(\omega) \tag{4-75}$$

对式(4－75) 进行逆傅里叶变换即可得到时域物理光学法的积分表达式为

$$\boldsymbol{E}_s(\boldsymbol{r},t)=\frac{-1}{2\pi rC}\frac{\partial}{\partial t}E_i\left(t-\frac{r}{C}\right)\sum_{n=1}^{N}[R_{\perp}(\hat{\boldsymbol{e}}_{i\perp}\cdot\hat{\boldsymbol{p}})\hat{\boldsymbol{e}}_{i\perp}-R_{/\!/}(\hat{\boldsymbol{e}}_{i/\!/}\cdot\hat{\boldsymbol{p}})\hat{\boldsymbol{e}}_{i/\!/}](\hat{\boldsymbol{n}}\cdot\hat{\boldsymbol{k}}_i)h_n(t) \tag{4-76}$$

传统的 TDPO 所采用的表达式，为了保证数值积分(这里指高斯积分)的精度，对三角面元模型剖分的尺度进行了限制。尤其对于超宽带情况下，需要把目标剖分为更小的三角面元，这极大的增加了计算机的计算负担。而式(4－76)中的积分部分 $h_n(t)$可以通过 Radon 变换得到三角面元上积分的闭表达式，这种三角面元上进行积分的闭表达式的精度与三角面元的大小无关，可以通过对目标进行较大尺度的剖分来减轻计算机的计算负担。

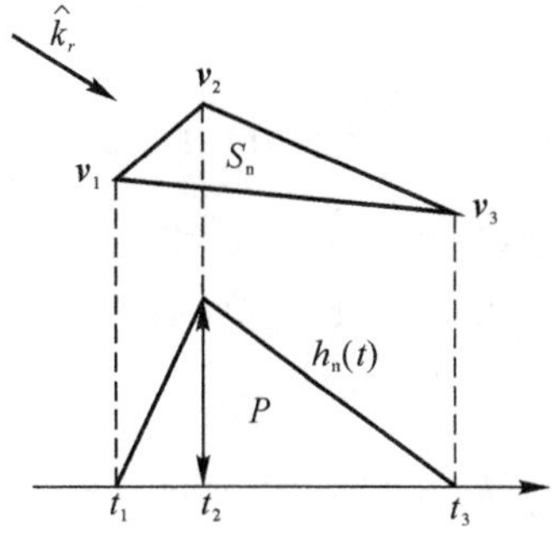

图 4.14 三角面元的 Radon 变换

由于目标采用的是三角面元模型，可以对式(4－69) 中的积分部分做 Radon 变换来得到其闭表达式。如图 4.14 所示，沿电磁波入射方向与散射方向之差 $\hat{\boldsymbol{k}}_r$ 在面积为 A_n 的三角面元 S_n 上，对 $h_n(t)$ 进行 Radon 变换。$\boldsymbol{v}_1$，$\boldsymbol{v}_2$，$\boldsymbol{v}_3$ 分别为三角面元 S_n 的三个顶点。

$$h_n(t)=\int_{Sn}\delta\left(t-\frac{2}{C}\hat{k}_r\cdot r'\right)\mathrm{d}s \tag{4-77}$$

显然,$h_n(t)$ 的值即为面 $2\hat{k}_r\cdot \boldsymbol{r}'=Ct$ 与三角面元 S_n 的交线的长度。三个顶点经 Radon 变换后对应时间轴上 t_1,t_2,t_3,即

$$t_i=\frac{2}{C}\hat{\boldsymbol{k}}_r\cdot \boldsymbol{v}'\quad i=1,2,3 \tag{4-78}$$

若想求得任意时刻的 $h_n(t)$ 的大小,只需要求得 P 值便可。图 4.14 中 P 的大小可以通过求解以下积分得到,其中 A_n 为三角面元 S_n 的大小,即

$$\int_{-\infty}^{\infty}h_n(t)\mathrm{d}t=\int_{S_n}\int_{-\infty}^{\infty}\delta\left(t-\frac{2}{C}\hat{\boldsymbol{k}}_r\cdot \boldsymbol{r}'\right)\mathrm{d}t\mathrm{d}s=A_n=\frac{P(t_3-t_1)}{2} \tag{4-79}$$

$$P=\frac{2A_n}{t_3-t_1} \tag{4-80}$$

这样,当 $\hat{\boldsymbol{k}}_r$ 与三角面元 S_n 的法向不平行时,$h_n(t)$ 可以表示为以下分段函数的形式:

$$h_n(t)=\begin{cases}\dfrac{2A_n}{(t_3-t_1)}\dfrac{(t-t_1)}{(t_2-t_1)}, & t_1\leqslant t\leqslant t_2\\ \dfrac{2A_n}{(t_3-t_1)}\dfrac{(t-t_3)}{(t_2-t_3)}, & t_1\leqslant t\leqslant t_2\\ 0, & t_1\geqslant t\cup t\geqslant t_2\end{cases} \tag{4-81}$$

当 $\hat{\boldsymbol{k}}_r$ 与三角面元 S_n 的法向平行时,$h_n(t)$ 可以表示为

$$h_n(t)=A_n\delta(t-t_2)\quad t_1=t_2=t_3 \tag{4-82}$$

4.3.2 时域等效电磁流法

与频域方法类似,时域物理光学法也不能考虑目标棱边结构带来的绕射贡献,因此在这里通过引入时域等效边缘电磁流法(TDEEC)对时域物理光学法的计算结果进行修正。相比时域几何绕射理论(TDGTD)和时域一致绕射理论(TDUTD),时域等效边缘电磁流法能有效计算焦散区的绕射散射问题,通过 Radon 变换得到围线积分的闭表达式,在保证积分精度的前提下提高了计算效率。将式(4-47)中的等效电流和等效磁流代换为绕射系数的形式,可得

$$\begin{aligned}\boldsymbol{E}_{\mathrm{d}}(\boldsymbol{r},\omega)=\frac{\mathrm{e}^{-\mathrm{j}k\boldsymbol{r}}}{4\pi\boldsymbol{r}}E_{\mathrm{i}}(\omega)\int_l\{&\hat{\boldsymbol{k}}_{\mathrm{s}}\times(\hat{\boldsymbol{k}}_{\mathrm{s}}\times\hat{\boldsymbol{t}})[D_e^I(\hat{\boldsymbol{p}}\cdot\hat{\boldsymbol{t}})+D_h^I(\hat{\boldsymbol{k}}_{\mathrm{i}}\times\hat{\boldsymbol{p}})\cdot\hat{\boldsymbol{t}}]+\\&(\hat{\boldsymbol{k}}_{\mathrm{s}}\times\hat{\boldsymbol{t}})D_h^M(\hat{\boldsymbol{k}}_{\mathrm{i}}\times\hat{\boldsymbol{p}})\cdot\hat{\boldsymbol{t}}_n\}\mathrm{e}^{-\mathrm{j}k(\hat{\boldsymbol{k}}_{\mathrm{i}}-\hat{\boldsymbol{k}}_{\mathrm{s}})\cdot \boldsymbol{r}'}\mathrm{d}l'\end{aligned} \tag{4-83}$$

式中:D_e^I,D_h^I,D_h^M 为棱边上的只与入射和散射方向有关的绕射系数。

对式(4-83)按可见棱边进行离散化,可得

$$\begin{aligned}\boldsymbol{E}_{\mathrm{d}}(\boldsymbol{r},\omega)=\frac{\mathrm{e}^{-\mathrm{j}k\boldsymbol{r}}}{4\pi\boldsymbol{r}}E_{\mathrm{i}}(\omega)\sum_{n=1}^{N}\{&\hat{\boldsymbol{k}}_{\mathrm{s}}\times(\hat{\boldsymbol{k}}_{\mathrm{s}}\times\hat{\boldsymbol{t}}_n)[D_{en}^I(\hat{\boldsymbol{p}}\cdot\hat{\boldsymbol{t}})+D_{hn}^I(\hat{\boldsymbol{k}}_{\mathrm{i}}\times\hat{\boldsymbol{p}})\cdot\hat{\boldsymbol{t}}_n]+\\&(\hat{\boldsymbol{k}}_{\mathrm{s}}\times\hat{\boldsymbol{t}}_n)D_{hn}^M(\hat{\boldsymbol{k}}_{\mathrm{i}}\times\hat{\boldsymbol{p}})\cdot\hat{\boldsymbol{t}}_n\}\int_{ln}\mathrm{e}^{-\mathrm{j}k(\hat{\boldsymbol{k}}_{\mathrm{i}}-\hat{\boldsymbol{k}}_{\mathrm{s}})\cdot \boldsymbol{r}'}\mathrm{d}l'\end{aligned} \tag{4-84}$$

对式(4-84)进行逆傅里叶变换即可得到时域等效边缘电磁流积分表达式为

$$\begin{aligned}\boldsymbol{E}_{\mathrm{d}}(\boldsymbol{r},t)=\frac{1}{4\pi\boldsymbol{r}}E_{\mathrm{i}}\left(t-\frac{\boldsymbol{r}}{C}\right)*\sum_{n=1}^{N}\{&\hat{\boldsymbol{k}}_{\mathrm{s}}\times(\hat{\boldsymbol{k}}_{\mathrm{s}}\times\hat{\boldsymbol{t}}_n)[D_{en}^I(\hat{\boldsymbol{p}}\cdot\hat{\boldsymbol{t}}_n)+D_{hn}^I(\hat{\boldsymbol{k}}_{\mathrm{i}}\times\hat{\boldsymbol{p}})\cdot\hat{\boldsymbol{t}}_n]+\\&(\hat{\boldsymbol{k}}_{\mathrm{s}}\times\hat{\boldsymbol{t}}_n)D_{hn}^M(\hat{\boldsymbol{k}}_{\mathrm{i}}\times\hat{\boldsymbol{p}})\cdot\hat{\boldsymbol{t}}_n\}h_n(t)\end{aligned} \tag{4-85}$$

式中

$$h_n(t)=\int_{\ln}\delta\left[t-\frac{(\hat{\boldsymbol{k}}_{\mathrm{i}}-\hat{\boldsymbol{k}}_{\mathrm{s}})\cdot\boldsymbol{r}'}{C}\right]\mathrm{d}l' \tag{4-86}$$

这里同样通过 Radon 变换对棱边 l_n 沿 $(\hat{\boldsymbol{k}}_{\mathrm{i}}-\hat{\boldsymbol{k}}_{\mathrm{s}})$ 方向进行变换。棱边 l_n 的两个端点 $\boldsymbol{r}'_1$，$\boldsymbol{r}'_2$ 决定了 t_1，t_2 两个时刻，即

$$t_i=\frac{(\hat{\boldsymbol{k}}_{\mathrm{i}}-\hat{\boldsymbol{k}}_{\mathrm{s}})\cdot\boldsymbol{r}'_{\mathrm{i}}}{C},\quad i=1,2 \tag{4-87}$$

当棱边 l_n 切向 $\hat{\boldsymbol{t}}_n$ 与 $(\hat{\boldsymbol{k}}_{\mathrm{i}}-\hat{\boldsymbol{k}}_{\mathrm{s}})$ 不垂直时，$h_n(t)$ 可以写为以下分段函数的形式，即

$$h_n(t)=\begin{cases}\dfrac{\mathrm{len}_n}{t_2-t_1}, & t_1<t<t_2\\ 0, & t_1>t\cup t>t_2\end{cases} \tag{4-88}$$

当棱边 l_n 切向 $\hat{\boldsymbol{t}}_n$ 与 $(\hat{\boldsymbol{k}}_{\mathrm{i}}-\hat{\boldsymbol{k}}_{\mathrm{s}})$ 垂直时，$h_n(t)$ 可以写为以下函数的形式，即

$$h_n(t)=\mathrm{len}_n\delta\left[t-\frac{(\hat{\boldsymbol{k}}_{\mathrm{i}}-\hat{\boldsymbol{k}}_{s})\cdot\boldsymbol{r}'}{C}\right] \tag{4-89}$$

式中：len_n 为棱边 l_n 的长度。

采用 Radon 变换得到的棱边上围线积分的闭表达式的精度不受棱边 l_n 长度的影响，因而在计算棱边绕射贡献的时候不需要再对棱边进行二次剖分，这极大地减轻了棱边绕射的计算压力。

图 4.15 所示为涂覆 RAM 的球锥模型，其半锥角为 7°，球半径为 0.074 9 m，锥部分和整个球锥的长度分别为 0.060 51 m 和 0.689 1 m。照射脉冲为高斯脉冲，方向为 y 轴负方向，带宽为 1 ～ 8 GHz，$\boldsymbol{e}_z$ 为入射电磁波极化方向，其表时域达式为

$$\boldsymbol{E}_{\mathrm{i}}(t)=\boldsymbol{e}_z\cdot\exp\left[-\frac{4\pi(t-1.6\times10^{-10})^2}{(2\times10^{-10})^2}\right] \tag{4-90}$$

涂覆层的参数为 $d=0.1\ \mathrm{mm}$，$\varepsilon_r=11.4-\mathrm{j}1.52$，$\mu_r=2.2-\mathrm{j}1.27$。

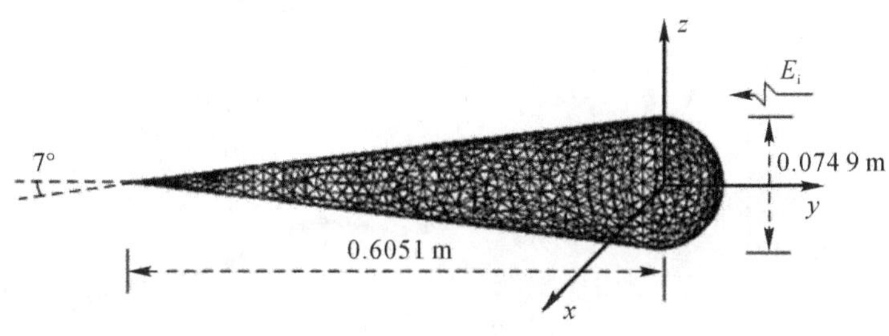

图 4.15　球锥的面元剖分示意图

图 4.16 和图 4.17 所示分别为涂覆 RAM 球锥在脉冲照射下得到的后向时域响应和宽带 RCS。使用 CPU 为 Inter E3400 主频 2.9 GHz 内存 2GB 的 PC 机进行仿真试验时，TDPO 方法耗时 12 s，Gordon－PO 方法耗时 26 s，显然 TDPO 方法在计算速度上有较明显的优势。图 4.17 中的两条曲线分别是采用 TDPO 和对 Gordon－PO 方法进行 IFT 得到的后向散射时域响应，二者之间具有较好的吻合度。图 4.17 中分别为采用 Gordon－PO 方法和 TDPO 方法计算结果对进行 FT 得到的宽带 RCS 进行比较，显然两种方法的计算结果具

有较好的一致性。

目标为边长0.3 m的金属立方体，入射方向如图4.15所示，垂直极化，入射波的频带宽度为4 GHz，中心频率为$f_0=10$ GHz，涂覆层的参数为$d=0.8$ mm，$\varepsilon_r=16.3-\mathrm{j}1.62$，$\mu_r=1.49-\mathrm{j}1.67$。仿真中模拟的入射脉冲持续时间为$t_p=1.6$ns，脉冲宽度为$\tau=1$ns。得到的后向散射时域响应如图4.18所示，时域响应信号长度为脉冲持续时间和由目标散射引起的回波拓展之和为7.85 ns。显然涂覆RAM目标的时域响应的幅度要小于纯金属目标。纯导体与涂覆立方体的后向RCS如图4.19所示，可见涂覆RAM对减小目标的RCS有着显著的作用。

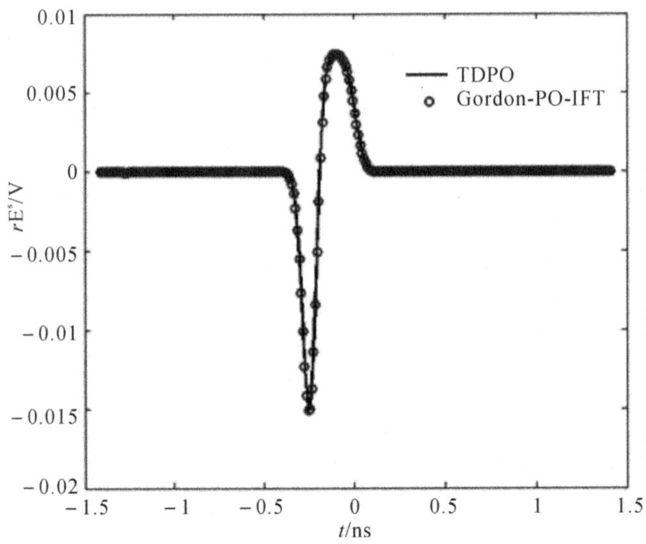

图4.16 TDPO与Gordon-PO-IFT计算后向散射时域响应

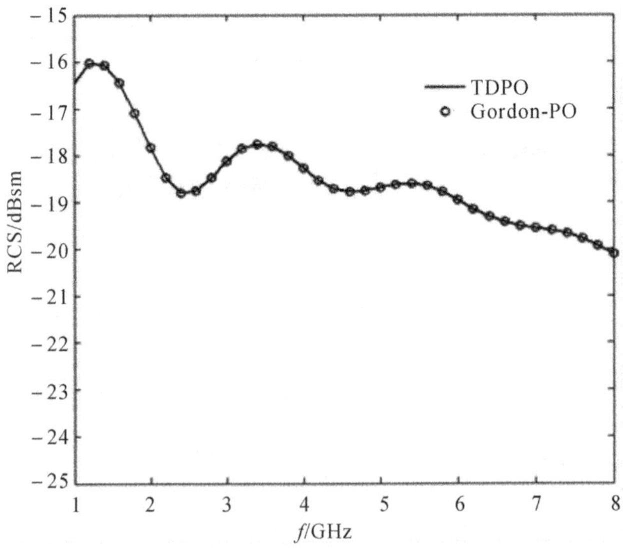

图4.17 TDPO与Gordon-PO计算宽带RCS

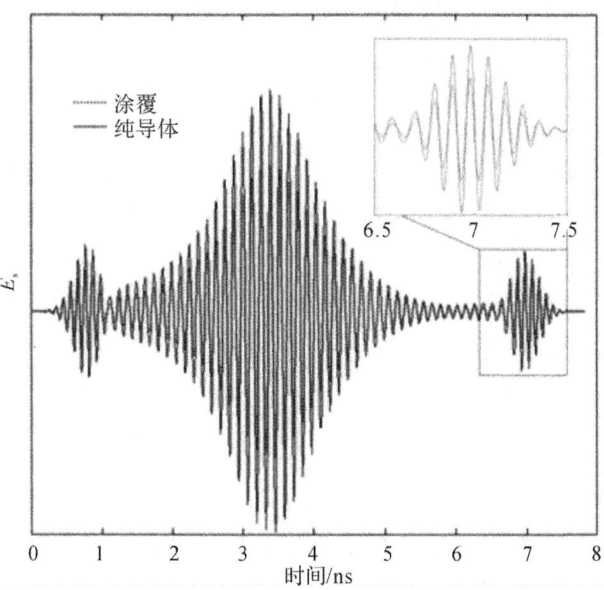

图 4.18 纯导体和涂覆立方体后向散射时域响应

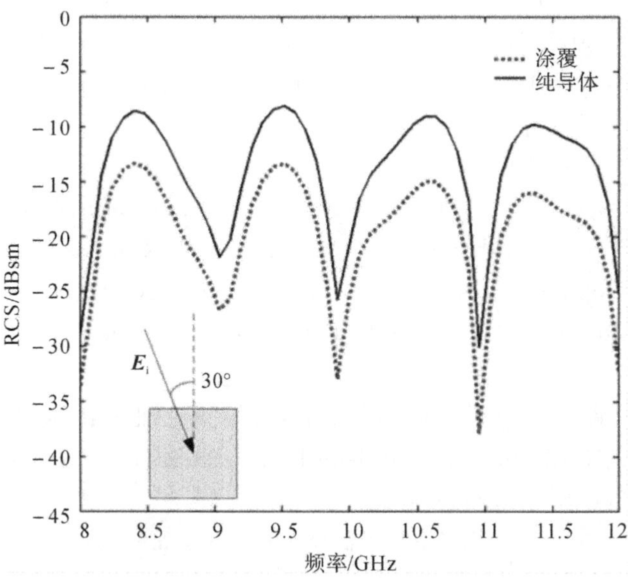

图 4.19 纯导体与涂覆立方体后向 RCS

参考文献

[1] HARRIGTON R F. Field computation by moment method[M]. New York: Macmillan Company, 1968.

[2] TSANG L, KONG J A, DING K H, et al. Scattering of electromagnetic waves: numerical simulations[M]. New York: Wiley Interscience, 2001.

[3] SIMONE A D, FUSCALDO W, MILLEFIORI L M, et al. Analytical models for the electromagnetic scattering from isolated targets in bistatic configuration: Geometrical Optics Solution[J]. IEEE Transactions on Geoence and Remote Sensing, 2020, 58(2):861 - 880.

[4] NIKOLAJ, PETER, BRUNVOLL, et al. Geometrical theory of diffraction formulation for on - body propagation[J]. IEEE Transactions on Antennas and Propagation, 2019, 67(2), 1143 - 1152.

[5] MICHAELI A. Elimination of infinities in equivalent edge currents, Part Ⅱ: Physical optics components[J]. IEEE Transactions on Antennas & Propagation, 1986, 34(8):1034 - 1037.

[6] PELOSI G, MANARA G, FALLAI M. Physical optics expressions for the fields scattered from anisotropic impedance flat plates[J]. Microwave & Optical Technology Letters, 1997, 14(6):316 - 318.

[7] JI J Z, HUANG P L, LIU B, et al. Study on singularity of physical theory of diffraction[J]. Systems Engineering and Electronics, 2012, 34(10):1987 - 1993.

[8] APAYDIN, GOOKHAN, HACIVELIOGLU, et al. Diffraction at a rectangular plate: first-order PTD approximation[J]. IEEE Transactions on Antennas & Propagation, 2016,64(5):1891 - 1899.

[9] LING H, CHOU R C, LEE S W. Shooting and bouncing rays: calculating the RCS of an arbitrarily shaped cavity[J]. Antennas & Propagation IEEE Transactions on, 1989, 37(2):194 - 205.

[10] BALDAUF J, LEE S W, LIN L, et al. High frequency scattering from trihedral corner reflectors and other benchmark targets: SBR versus experiment[J]. IEEE Transactions on Antennas & Propagation, 1991, 39(9):1345 - 1351.

[11] 杨凌霞. TDPO关键技术及TDPO/FDTD混合算法研究[D]. 西安：西安电子科技大学，2007.

[12] 聂再平，方大纲. 目标与环境电磁散射特性建模[M]. 北京：国防工业出版社，2009.

[13] MITZNER K M. Incremental length diffraction coefficients: Aircraft Division Northrop COT[R]. 1974:1 - 153.

[14] ZHAO W J, GONG S X, LIU Q Z. New expressions for equivalent edge currents [C]//Proceedings of 5th IEEE International Symposium on ISAPE, August 15 - 18,2000,Beijing,China:IEEE,2000:325 - 328.

[15] 关莹. 电大目标的时域及频域散射场计算方法研究[D]. 西安：西安电子科技大学，2012.

第5章　电大海面目标复合散射特性计算与试验分析

海面目标的电磁散射是一种包含目标、海面自身散射以及目标-海面耦合散射多样化散射成分的复合散射，需要综合考虑海面、目标以及目标-海面耦合的散射机理，建立散射计算模型并研究相应的复合散射计算方法。在复合散射计算过程中，耦合散射的计算是最复杂的。耦合散射来源于目标与环境之间的多次非直接路径散射叠加，因此也称为多径散射，它的存在会使目标的散射特性与在自由空间中有较大差别，而耦合散射也是雷达回波中形成多径干扰的主要因素，准确地描述目标与海面之间的耦合散射机理是开展掠海目标复合散射计算与回波建模的重要环节。耦合散射的散射机理与目标及海面的散射特性都有关系，实际雷达视景中的海面目标与海面在微波高频段具有超电大特性，同时局部目标与海面结构还呈现出多样化的散射机理，因此导致实际海环境中目标与海面之间的耦合散射机理十分复杂。目前的计算电磁学数值计算方法很难准确且符合实际地描述这一散射问题，现有的解析近似方法大都把海面当成整体来考虑目标与海面之间的多径耦合散射，而很少能够准确地描述局部海面与目标之间的耦合散射机理。本章针对此问题给出电大多尺度海面与目标局部耦合散射机理描述方法，阐释目标与局部海面耦合散射机理，同时验证各种方法的计算精度并比较它们的适用条件。最后对掠海巡航导弹、小型飞机、弹头群目标等几种典型掠海飞行目标在不同目标和海况参数条件下的电磁散射特性进行计算分析与讨论，同时结合海面目标造波池试验数据进行计算可靠性比对验证。

5.1　修正“四路径”模型

5.1.1　“四路径”模型

低空目标探测跟踪中的多径效应是指，雷达接收的信号不仅有目标的直接散射回波，还有目标与其地海面背景相互作用后的回波信号。对于低空，尤其是超低空目标，多径回波与目标的直接回波在时间延迟上相差很小，两种信号在接收机处相互叠加，造成接收的目标回波信号在幅度与相位上严重偏离理想的目标回波。从而造成导引头无法对目标的准确跟踪甚至是失败。研究低空目标与环境多径散射特性，探索不同环境、不同雷达参数下的多径散射机理，对深入理解多径效应对低空探测的影响具有重要意义，同时是寻求克服导引头跟踪制导中多径干扰的基础。

雷达中的多径模型与电磁计算中目标环境复合散射模型一致。在目标与环境的复合散射模型中数值法计算精确，充分考虑了目标与环境相互作用的效果。然而，数值法计算量大,同时由于没有明确多次散射的路径信息,在雷达模拟仿真中不利于对多径散射机理的理解。弹跳射线法具有明确的路径信息,然而很多能量很小的多次散射路径也被考虑在其中,这就大大降低了计算效率。四路径模型(Four Path Model, FPM)由于有简单明确的表示形式和较高的计算效率,所以在电大尺寸的多径散射模型中得到了广泛的使用。

如图 5.1 所示,四路径模型中的第 1 条路径为目标自身的直接散射场,目标与环境的相互作用则简化为环境镜向路径上的 3 条路径。第 2 条路径为目标的散射场经环境镜面反射后的散射场。第 3 条路径为环境的镜面反射场照射到目标,然后经目标散射到雷达的场。第 4 条路径为环境镜面反射场经目标散射后再次由环境镜面反射到雷达的场。因此雷达接收的总场为 4 条路径的场与平面散射场之和,即

$$\boldsymbol{E}^{\text{total}}=\boldsymbol{E}^{\text{plane}}+\boldsymbol{E}_1+\boldsymbol{E}_2+\boldsymbol{E}_3+\boldsymbol{E}_4 \tag{5-1}$$

式中:4 条路径的场又被定义为差场,即

$$\boldsymbol{E}_{\text{diff}}=\boldsymbol{E}_1+\boldsymbol{E}_2+\boldsymbol{E}_3+\boldsymbol{E}_4 \tag{5-2}$$

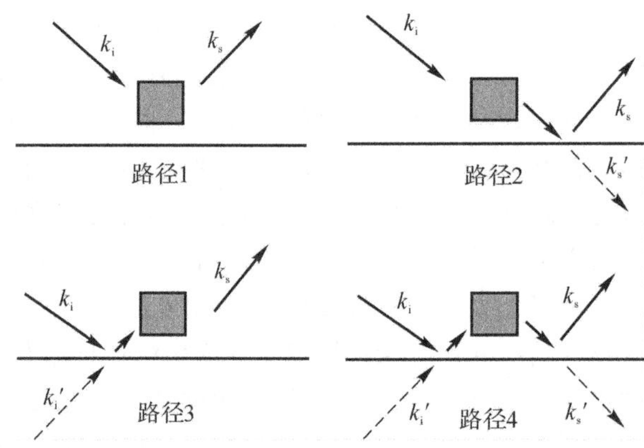

图 5.1 四路径模型示意图

目标与环境的耦合场为第 2,3,4 条路径的场:

$$\boldsymbol{E}_{\text{cou}}=\boldsymbol{E}_2+\boldsymbol{E}_3+\boldsymbol{E}_4 \tag{5-3}$$

在计算目标与环境的耦合场时,可以采用镜像原理,将目标与环境的多次散射等效为目标的双站散射,等效示意如图 5.1 所示。同时注意等效的入射或散射方向上的场需乘以平面的反射系数 ρ。目标的单、双站散射采用物理光学与等效电磁流法(PO+MEC)来进行计算。因此目标的差场为

$$\boldsymbol{E}_{\text{diff}}=\boldsymbol{E}(\hat{\boldsymbol{k}}_i,\hat{\boldsymbol{k}}_s)+\rho\boldsymbol{E}(\hat{\boldsymbol{k}}_i,\hat{\boldsymbol{k}}'_s)+\rho\boldsymbol{E}(\hat{\boldsymbol{k}}'_i,\hat{\boldsymbol{k}}_s)+\rho^2\boldsymbol{E}(\hat{\boldsymbol{k}}'_i,\hat{\boldsymbol{k}}'_s) \tag{5-4}$$

通过与数值法计算结果的对比来验证四路径模型的合理性。计算正方形导体平板与其上方立方体的复合散射。设入射频率为 10 GHz,正方形平板长为 20λ。由于平板为理想导体,其反射系数为 $\rho_{\text{vv}}=1,\rho_{\text{hh}}=-1$。立方体边长为 2λ,其底部距平板高度为 λ。入射方位角为 0°,平板的后向散射采用 PO 计算。其后向散射结果如图 5.2 所示。垂直区域附近,平板后向散射远大于散射差场,入射角偏离近垂直区域后差场的贡献将占主导地位。从图 5.2 中的结果来看,入射角小于 65°时,四路径模型的结果与 MLFMM 的结果整体匹配较好。

入射角大于65°后,MLFMM结果小于四路径模型,这是由于四路径模型假设平板为无限大,入射角过大造成数值解中的耦合贡献区域大于20λ,所以数值结果比四路径模型结果低。

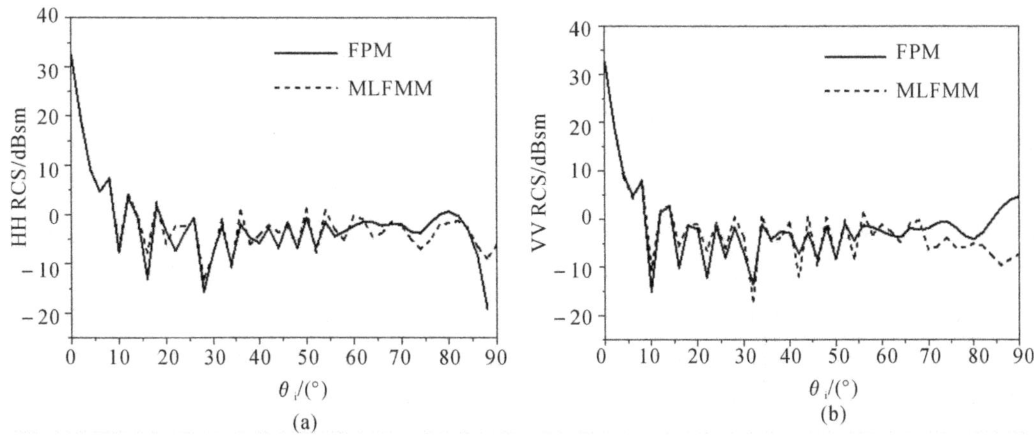

图5.2 四路径模型与数值法的对比

(a)HH极化; (b)VV极化

5.1.2 修正反射系数模型

对于光滑的平板,反射系数 ρ 即为菲涅尔反射系数 R_h 或 R_v。而对于微粗糙表面,其散射仍主要集中在镜面反射方向,但漫散射增强了,镜面反射有所减弱。因此此时直接采用菲涅尔反射系数不能真实反映目标粗糙度对多径散射的影响。一些学者以物理光学模型来描述粗糙面微波频段的反射系数,即认为反射系数按 $e^{-2k^2h^2\cos^2\theta}$ 衰减,通过引入粗糙度反射因子 ρ_s 来对传统四路径模型的反射系数进行修正,其表达式为

$$\rho_s=\begin{cases}\exp\ (-2\pi\tau)^2 & 0\leqslant\tau\leqslant 0.1\\ 0.812\ 537/[1+2\ (2\pi\tau)^2] & \tau\geqslant 0.1\end{cases} \tag{5-5}$$

式中:$\tau=\sigma_h\cos\theta_i/\lambda$;$\sigma_h$ 为粗糙面起伏的均方根;θ_i 为入射角。此时粗糙因子修正后的反射系数为

$$\rho=\rho_s R_{v,h} \tag{5-6}$$

式(5-5)反射系数模型认为布儒斯特角位置与表面粗糙特性没有关系。然而,实验数据表明,随着表面粗糙度的增加,布儒斯特角的位置向垂直入射角方向偏移。Greffet使用微扰法对布儒斯特角的这种特性进行了解释,但只能适用于微粗糙的表面。因此需要一种基于高阶物理光学的反射系数模型,该模型既能表现布儒斯特角的偏移特性,同时有更广泛的适用范围。

物理光学源自于Stratton-Chu积分方程。对Stratton-Chu积分方程采用切平面近似,并对散射场按级数展开可获得反射系数为

$$R_p=e^{-2k^2h^2\cos^2\theta}\{R_{p00}+m^2\ [R_{p02}+R_{p20}-(R_{h00}+R_{v00})\cot^2\theta]+\cdots\} \tag{5-7}$$

式中:p 为极化方式;m 为表面的均方根斜率;R_{pmn} 为局部反射系数 R_p 的关于斜率的泰勒展开式系数。对于光滑表面 R_{h00} 与 R_{v00} 与菲涅尔反射系数相等。

对于垂直极化，式中前几项的泰勒展开式系数为

$$R_{v00}=\frac{\eta_1\cos\theta-\eta_2\cos\theta_t}{\eta_1\cos\theta+\eta_2\cos\theta_t} \tag{5-8}$$

$$R_{v10}=\left[\eta_1\sin\theta(1-R_{v00})-\eta_2\frac{k_1\cos\theta}{k_2\cos\theta_t}\sin\theta_t(1+R_{v00})\right]/(\eta_1\cos\theta+\eta_2\cos\theta_t) \tag{5-9}$$

$$R_{v02}=\frac{-\eta_2(1-k_1^2/k_2^2)(1+R_{v00})}{2(\eta_1\cos\theta+\eta_2\cos\theta_t)\cos\theta_t} \tag{5-10}$$

$$R_{v02}=\frac{R_{v02}}{\cos^2\theta_t}-R_{v10}\frac{\eta_1\sin\theta+\eta_2\dfrac{k_1\cos\theta}{k_2\cos\theta_t}\sin\theta_t}{\eta_1\cos\theta+\eta_2\cos\theta} \tag{5-11}$$

式中：k_1 与 k_2 分别为上层与下层介质的波数，θ 与 θ_t 为入射角与传播角度，且有 $k_1\sin\theta=k_2\sin\theta_t$。将式中的 η_1 换为 η_2，则水平极化的系数 R_{hmn} 便可获得。式(5-7)中关于斜率的高阶项也可以推导出，但是除非表面斜率非常大，否则更高阶的贡献完全可以忽略。而当表面斜率过大时，更高次的散射效应不可忽略，简单的四路径散射模型也不再适用。可以发现，零阶项即为式(5-6)中的反射系数表达式。现根据式(5-7)采用一种新的反射系数，即

$$R_p=\rho_s[R_{p00}+m^2(R_{p02}+R_{p20})] \tag{5-12}$$

式中：ρ_s 定义见式(5-5)。图 5.3 所示为式(5-12)中反射系数模型与式(5-6)中反射系数模型以及实测数据的对比。其中表面相对介电常数为 $\varepsilon_r=3.0-j0.0$，可以发现当归一化的均方根高度 $kh=0.515$，表面斜率的均方根 $m=0.135$ 时，垂直极化的布儒斯特角位于 60°，此时两种反射系数模型与实测数据匹配均较好。当 $kh=1.39$，$m=0.185$ 时，即表面粗糙度明显增加时，布儒斯特角位于 57.5°，从图 5.3(b)以及相应的放大图 5.3(c)中可以发现，式(5-12)中的反射系数模型匹配效果更好。通过图 5.3 的结果可以总结出，式(5-6)中传统反射系数的布儒斯特角位置不随表面粗糙度变化，而式(5-12)中新的反射系数的布儒斯特角位置随粗糙度增加向垂直入射角度偏移，这种偏移与实测数据更为匹配。因此说式(5-12)中的反射系数模型较传统模型更为合理、有效。

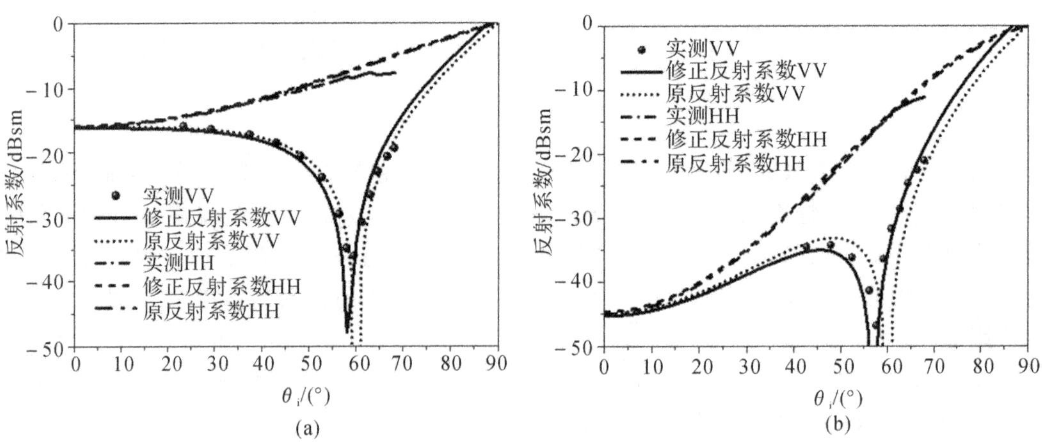

图 5.3 反射系数与实测数据的对比

(a) $kh=0.515$, $m=0.135$； (b) $kh=1.39$, $m=0.185$

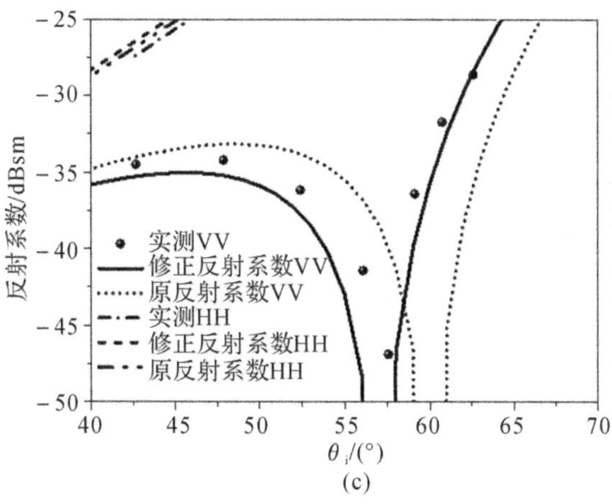

(c)

续图 5.3 反射系数与实测数据的对比

(c) $kh=1.39$, $m=0.185$

5.2 修正多路径散射模型

粗糙面的电磁散射问题已经得到了广泛的研究。其中两种经典方法得到了最广泛的应用,即微扰法与基尔霍夫近似(也称物理光学近似)。这两种方法根据各自的近似条件都有局限的适用范围,但是由于表示形式简单、物理机理明确,所以至今在粗糙面的散射和参数反演方面仍有广泛的应用。

5.2.1 基于 GO-PO 的多路径散射模型

四路径模型中,环境表面实际是当作平面处理,即使加入了含有粗糙因子的改进反射系数模型,其对粗糙面的散射机理的假设仍过于简单。四路径模型认为二次散射的能量主要由环境的镜向反射决定,目标光滑表面的镜向反射在总的能量中不占主导,当环境表面粗糙度较小时这种假设是合理的。但是,当环境表面粗糙度增大时,粗糙面镜面反射的能量会降低,这时目标光滑表面的镜面反射到粗糙面的能量将占主导地位,即图 5.4 中标注的反射方向。在粗糙度增大的情况下,四路径模型显然不合理,而采用基于射线追踪思想的几何光学-解析法(Geometrical Optics - Analytical model)的模型更为合理。该类模型视目标表面由光滑面元组成的,电磁波照射目标时,反射能量按几何光学理论沿面元镜面方向反射到粗糙面,粗糙面的各个方向的散射能量采用解析方法计算,其中与入射方向相反的散射方向的能量即为目标与环境的二次散射能量。

多路径散射模型示意图如图 5.5 所示,一长方体位于环境表面上,其侧表面与水平面构成理想二面角。

坐标系定义如图 5.5 所示,入射方向 $\hat{\boldsymbol{k}}_i$ 位于 yz 面内,入射姿态角为 θ,侧面水平基线与 x 轴夹角为 φ。长方体侧表面法线为 $\hat{\boldsymbol{n}}_w$,入射波照射侧表面后的几何光学反射方向为 $\hat{\boldsymbol{k}}_{sp}$。散射方向 $\hat{\boldsymbol{k}}_s$ 与入射方向 $\hat{\boldsymbol{k}}_i$ 相反。根据图中的各个矢量方向的示意,可以得到

$$\hat{\boldsymbol{k}}_i=(0,-\sin\varphi,-\cos\varphi) \tag{5-13}$$

$$\hat{\boldsymbol{n}}_{\mathrm{w}}=(\sin\varphi,\cos\varphi,0) \tag{5-14}$$

根据几何光学理论(GO),反射波方向为

$$\hat{\boldsymbol{k}}_{sp}=\hat{\boldsymbol{k}}_{\mathrm{i}}-2(\hat{\boldsymbol{k}}_{\mathrm{i}}\cdot\hat{\boldsymbol{n}})\hat{\boldsymbol{n}}=(\sin\theta\sin2\varphi,\sin\theta\cos2\varphi,-\cos\theta) \tag{5-15}$$

同时,根据 GO,反射场为

$$\boldsymbol{E}_r=\boldsymbol{R}_{\mathrm{h,v}}\boldsymbol{E}_0\hat{\boldsymbol{e}}_{ra,b} \tag{5-16}$$

式中:$R_{\mathrm{h,v}}$ 为菲涅尔反射系数;$\boldsymbol{E}_0$ 为入射场;$\hat{\boldsymbol{e}}_{\mathrm{ra,b}}$ 为反射场的极化矢量方向。设立方体侧表面被电磁波照射的面积为 S,则反射波照射的面积 S' 可表示为

$$S'=\frac{\hat{\boldsymbol{k}}_r\cdot\hat{\boldsymbol{n}}}{|-(\hat{\boldsymbol{k}}_r\cdot\hat{\boldsymbol{z}})|}\cdot S \tag{5-17}$$

图 5.4　舰船与海面多路径散射示意图

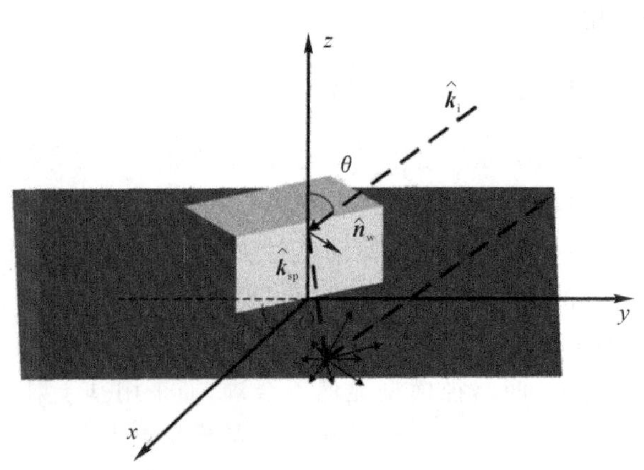

图 5.5　二次散射示意图

如果认为立方体侧表面高为 H,长为 L,根据图 5.5 中的坐标定义,式(5-17)可写为

$$S'=HL\tan\theta\cos\varphi \tag{5-18}$$

多路径散射的整个过程需要三个坐标系,第一个为全局坐标系,如图 5.5 中 $Oxyz$ 所示,其单位极化矢量定义为

$$\hat{\boldsymbol{H}}_{\mathrm{i}}=\frac{\hat{\boldsymbol{k}}_{\mathrm{i}}\times\hat{\boldsymbol{z}}}{|\hat{\boldsymbol{k}}_{\mathrm{i}}\times\hat{\boldsymbol{z}}|},\quad \hat{\boldsymbol{V}}_{\mathrm{i}}=\hat{\boldsymbol{H}}_{\mathrm{i}}\times\hat{\boldsymbol{k}}_{\mathrm{i}},\quad \hat{\boldsymbol{H}}_{\mathrm{s}}=\frac{\hat{\boldsymbol{k}}_{\mathrm{s}}\times\hat{\boldsymbol{z}}}{|\hat{\boldsymbol{k}}_{\mathrm{s}}\times\hat{\boldsymbol{z}}|},\quad \hat{\boldsymbol{V}}_{\mathrm{s}}=\hat{\boldsymbol{H}}_{\mathrm{s}}\times\hat{\boldsymbol{k}}_{\mathrm{i}} \tag{5-19}$$

第二个为目标光滑面发生反射处的局部坐标系,其单位极化矢量定义为

$$\hat{e}_{\mathrm{ih}}=\frac{\hat{k}_{\mathrm{i}}\times\hat{n}}{|\hat{k}_{\mathrm{i}}\times\hat{n}|},\quad \hat{e}_{\mathrm{iv}}=\hat{e}_{\mathrm{ih}}\times\hat{k}_{\mathrm{i}},\quad \hat{e}_{\mathrm{sh}}=\frac{\hat{k}_{\mathrm{sp}}\times\hat{n}}{|\hat{k}_{\mathrm{sp}}\times\hat{n}|}=\hat{e}_{\mathrm{ih}},\quad \hat{e}_{\mathrm{sv}}=\hat{e}_{\mathrm{sh}}\times\hat{k}_{\mathrm{sp}} \tag{5-20}$$

第三个为目标反射场照射到粗糙面的局部坐标系，其单位极化矢量定义为

$$\hat{h}_{\mathrm{i}}=\frac{\hat{k}_{\mathrm{sp}}\times\hat{z}}{|\hat{k}_{\mathrm{sp}}\times\hat{z}|},\quad \hat{v}_{\mathrm{i}}=\hat{h}\times\hat{k}_{\mathrm{sp}},\ \hat{h}_{s}=\frac{\hat{k}_{\mathrm{sp}}\times\hat{z}}{|\hat{k}_{\mathrm{sp}}\times\hat{z}|},\quad \hat{v}_{\mathrm{s}}=\hat{h}\times\hat{k}_{r} \tag{5-21}$$

目标的反射照射到粗糙面后，粗糙面发射散射，其中沿反入射方向，即 $\hat{k}_{\mathrm{s}}$ 的能量即为二次散射的能量。计算粗糙面散射特性的方法在第 3 章中有详细介绍，考虑到计算效率与简易的表示形式，采用解析法，目前主要有几何光学(GO)、物理光学(PO)、微扰法(SPM)。同时为了获得较为简单的表示形式，粗糙面采用了高斯粗糙面。高斯粗糙面的几何光学解为

$$\sigma_{\mathrm{ab}}^{r}(\hat{k}_{\mathrm{s}},\hat{k}_{\mathrm{i}})=\frac{S\,|\bar{k}_{\mathrm{d}}|^{4}}{\cos\theta_{\mathrm{i}}\,|\hat{k}_{\mathrm{i}}\times\hat{k}_{\mathrm{s}}|^{4}k_{\mathrm{dz}}^{4}}\frac{1}{2h^{2}|C''(0)|}\exp\left[-\frac{k_{\mathrm{d}x}^{2}+k_{\mathrm{d}y}^{2}}{2k_{\mathrm{dz}}^{2}h^{2}|C''(0)|}\right]f_{\mathrm{ab}} \tag{5-22}$$

式中：$|C''(0)|=2h^{2}/l_{\mathrm{c}}^{2}$；$f_{\mathrm{ab}}$ 为极化因子，可写为

$$\left.\begin{aligned}
f_{\mathrm{vv}}&=|(\hat{h}_{s}\cdot\hat{k}_{\mathrm{i}})(\hat{h}_{\mathrm{i}}\cdot\hat{k}_{\mathrm{s}})R_{\mathrm{h}}+(\hat{v}_{\mathrm{s}}\cdot\hat{k}_{\mathrm{i}})(\hat{v}_{\mathrm{i}}\cdot\hat{k}_{\mathrm{s}})R_{\mathrm{v}}|^{2}\\
f_{\mathrm{hv}}&=|(\hat{v}_{\mathrm{s}}\cdot\hat{k}_{\mathrm{i}})(\hat{h}_{\mathrm{i}}\cdot\hat{k}_{\mathrm{s}})R_{\mathrm{h}}-(\hat{h}_{s}\cdot\hat{k}_{\mathrm{i}})(\hat{v}_{\mathrm{i}}\cdot\hat{k}_{\mathrm{s}})R_{\mathrm{v}}|^{2}\\
f_{\mathrm{vh}}&=|(\hat{h}_{s}\cdot\hat{k}_{\mathrm{i}})(\hat{v}_{\mathrm{i}}\cdot\hat{k}_{\mathrm{s}})R_{\mathrm{h}}-(\hat{v}_{\mathrm{s}}\cdot\hat{k}_{\mathrm{i}})(\hat{h}_{\mathrm{i}}\cdot\hat{k}_{\mathrm{s}})R_{\mathrm{v}}|^{2}\\
f_{\mathrm{hh}}&=|(\hat{v}_{\mathrm{s}}\cdot\hat{k}_{\mathrm{i}})(\hat{v}_{\mathrm{i}}\cdot\hat{k}_{\mathrm{s}})R_{\mathrm{h}}+(\hat{h}_{s}\cdot\hat{k}_{\mathrm{i}})(\hat{h}_{\mathrm{i}}\cdot\hat{k}_{\mathrm{s}})R_{\mathrm{v}}|^{2}
\end{aligned}\right\} \tag{5-23}$$

对于如图 5.4 中所示的二次散射问题，考虑各个坐标系的极化矢量之间的关系，经过复杂推导可得出二次散射几何光学-几何光学(GO-GO)解，要注意的是第一个 GO 指的是目标光滑表面的几何光学反射场，第二个 GO 指的是粗糙面散射的几何光学。由于 GO 应用于粗糙度较大的粗糙面，这时粗糙面的相干场非常小，可以忽略不计，GO-GO 的非相干场具体表示形式为

$$\sigma=|S_{pq}|^{2}HL\tan\theta\cos\varphi\frac{(1+\tan^{2}\theta\sin^{2}\varphi)}{8\pi^{2}h^{2}(2/l_{\mathrm{c}}^{2})\cos^{2}\theta}\exp\left[-\frac{\tan^{2}\theta\sin^{2}\varphi}{2h^{2}(2/l_{\mathrm{c}}^{2})}\right] \tag{5-24}$$

式中：S_{pq} 为极化因子。高斯粗糙面的物理光学解为

$$\sigma=\frac{S\,|\bar{k}_{\mathrm{d}}|^{4}}{4\,|\hat{k}_{\mathrm{i}}\times\hat{k}_{\mathrm{s}}|^{4}k_{\mathrm{dz}}^{2}}f_{\mathrm{ab}}\sum_{m=1}^{\infty}\frac{(k_{\mathrm{dz}}^{2}h^{2})^{m}}{m!\ m}l_{\mathrm{c}}^{2}\exp\left[-\frac{(k_{\mathrm{d}x}^{2}+k_{\mathrm{d}y}^{2})l_{\mathrm{c}}^{2}}{4m}\right]\exp(-k_{\mathrm{dz}}^{2}h^{2}) \tag{5-25}$$

将式(5-19)～式(5.21)中各个矢量表示方式带入式(5-23)中，并考虑各个坐标系的极化矢量之间的关系，经过复杂推导可得出二次散射几何光学-物理光学(GO-PO)解。GO-PO 的相干场具体表示形式为

$$\sigma=\left(\frac{k^{2}}{4\pi}\right)\exp(-4k^{2}h^{2}\cos^{2}\theta)S'\,|S_{pq}|^{2}\mathrm{sinc}^{2}(kL\sin\theta\sin\varphi)\times\mathrm{sinc}^{2}\left(kH\frac{\sin^{2}\theta\sin^{2}\varphi}{\cos\theta}\right) \tag{5-26}$$

GO-PO 的非相干场具体表示形式为

$$\sigma=|S_{pq}|^{2}HL\tan\theta\cos\varphi\exp(-4k^{2}h^{2}\cos^{2}\theta)\times\sum_{m=1}^{\infty}\frac{(2kh\cos\theta)^{2m}}{m!}\frac{k^{2}l_{\mathrm{c}}^{2}}{4m}\exp\left[-\frac{(-2kl_{\mathrm{c}}\sin\varphi\sin\theta)}{4m}\right] \tag{5-27}$$

式中：S_{pq} 为极化因子。采用 GO-GO 或者 GO-PO 主要视粗糙面的相对粗糙度而定，GO-PO 具体条件可参照第 3 章中基尔霍夫模型的适用条件，对于 $kh\gg 1$ 的粗糙面则选用 GO-GO。上述散射截面表示的是由目标到粗糙面的散射场，实际上粗糙面的散射场只有一条

路径能够经目标的光滑表面反射到入射方向，而且目标到粗糙面与粗糙面到目标这两条传播路径相同，因此总的散射场为二次散射中一条路径的二倍，而散射截面为二次散射中一条路径的四倍。GO-GO与GO-PO针对大尺度特征的粗糙面，对于小尺度粗糙面，即粗糙面的起伏方差远小于波长时这两种模型不再适用。这时粗糙面的散射问题可采用微扰法(SPM)，进而与上面的GO-GO与GO-PO类似，可以获得GO-SPM解，对于相干场由于SPM应用条件下 kh 都很小，所以指数衰减项可以忽略，其表示形式为

$$\sigma=\left(\frac{k^2}{4\pi}\right)S'\ |S_{pq}|^2\mathrm{sinc}^2(kL\sin\theta\sin\varphi)\ \mathrm{sinc}^2\left(kH\ \frac{\sin^2\theta\ \sin^2\varphi}{\cos\theta}\right)\tag{5-28}$$

对于非相干场其具体表示形式为

$$\sigma_{\mathrm{hh}}=32S'\ |a_{\mathrm{hh}}+a|^2\ \cos^4\theta k^4h^2W\{k\sin\theta(1-\cos2\varphi)\ ,-k\sin\theta\sin2\varphi,l_c\}\tag{5-29}$$

$$\sigma_{\mathrm{vv}}=32S'\ |a_{\mathrm{vv}}+a_{\mathrm{vh}}|^2\ \cos^4\theta k^4h^2W\{k\sin\theta(1-\cos2\varphi)\ ,-k\sin\theta\sin2\varphi,l_c\}\tag{5-30}$$

式中：$W(k_x,k_y,l_c)$ 代表谱函数。

下面采用该方法对典型掠海目标的的电磁散射特性进行仿真分析。图 5.6 所示为掠海巡航导弹目标的示意图。

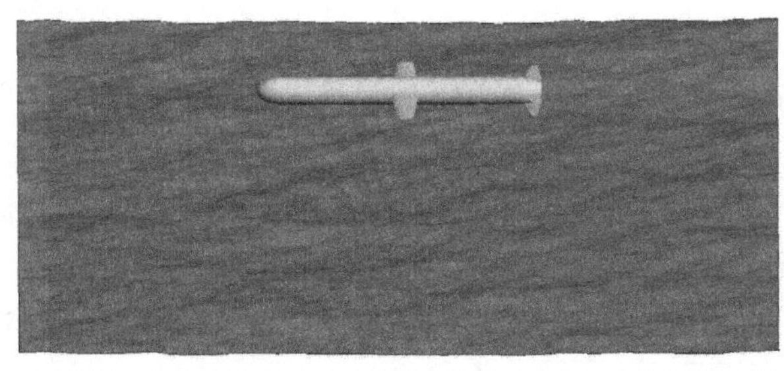

图 5.6　海面上方的巡航导弹示意图

海面风速设为 1.0 m/s，风向为 45°。海面尺寸为 15 m×10 m，导弹尺寸长为 5.56 m，翼宽为 2.49 m。雷达工作在 Ku 波段即 16 GHz 对应单站散射问题，海水介电常数为 42.08－39.45j，10 GHz 对应双站散射问题，海水介电常数为 54.87－38.42j。仿真结果如图 5.7 所示，其中双站散射的雷达入射角为 30°。图 5.7 中给出了整个仿真环境的总场、差场与海面散射场，差场与海面散射之和即为总场。观察图 5.7(b)(d)可以发现，对于 VV 极化无论是单站还是双站散射，其耦合散射的效果基本都被海面散射场淹没。而雷达工作在 HH 极化下，对于单站散射问题，大入射角情况下，由于海面的后向散射明显降低导致差场远大于海面散射场。双站散射为远离镜向方向的掠入射角度时，差场才明显强于海面散射场。

在窄带雷达工作体制下，雷达波束照射环境的实际尺寸非常大，因此进入雷达的环境散射场(即杂波功率)非常强。这种情况下，目标散射幅度很难从中辨识。而在宽带体制下，雷达分辨单元大大降低，进入接收机的杂波功率也大大减弱。这时更关心的是与目标信息相关的信号，其中就包括目标的回波信号与多径信号(多径信号具有目标的特征)，对应散射场分别为目标散射场与耦合场(多径)。下面对超低空的目标的散射场、耦合场、差场进行仿真，其中差场为耦合场与目标散射场之和。

进一步计算另外三种典型的掠海目标，包括战斗机、直升机、无人机，如图 5.8 所示。

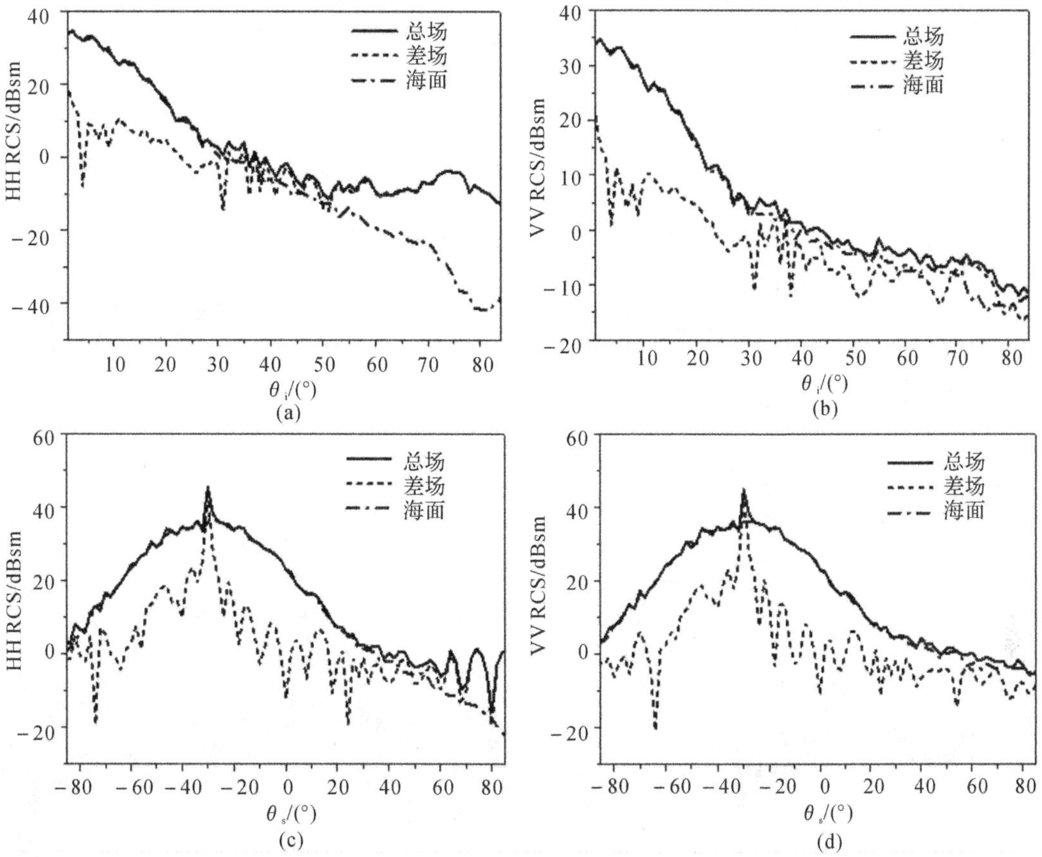

图 5.7　海面上方巡航导弹电磁散射特性

(a)单站散射；(b)单站散射；(c)双站散射；(d)双站散射

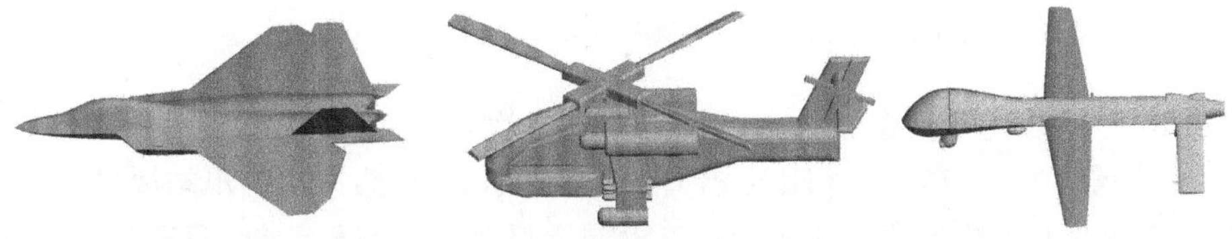

图 5.8　典型超低空飞行器

除目标模型外，其余参数与巡航导弹仿例相同。首先对战斗机的散射特性进行仿真，战斗机长为 18.43 m，翼展为 13.53 m，机高为 4.06 m，仿真结果如图 5.9 所示。

观察图 5.9(a)可以发现，类似于导弹，战斗机在 HH 极化方式下，大角度入射时目标场较小，其差场主要为耦合场。也就是说单站散射条件下，HH 极化在大角度入射时多径效应较强。同时观察图 5.9(b)VV 极化结果，发现耦合场在入射角为 81°时有一个明显的极小值，这就是由布儒斯特效应引起的。该角度位置与环境的介电常数密切相关，一般介电常数越大，其位置就越向大角度位置偏移。由于在该角度入射时多径效应大大减弱，所以利用多径散射中的布儒斯特效应来主动抑制多径信号对克服超低空目标的多径干扰是一种重要的启发。双站散射中，除镜向方向外，战斗机的耦合效应并不突出。只有 HH 极化下，在大入射角下其耦合场才略微明显，整体来看，目标散射场较耦合场更占优，即回波中多径信号对目标信号的干扰十分有限。

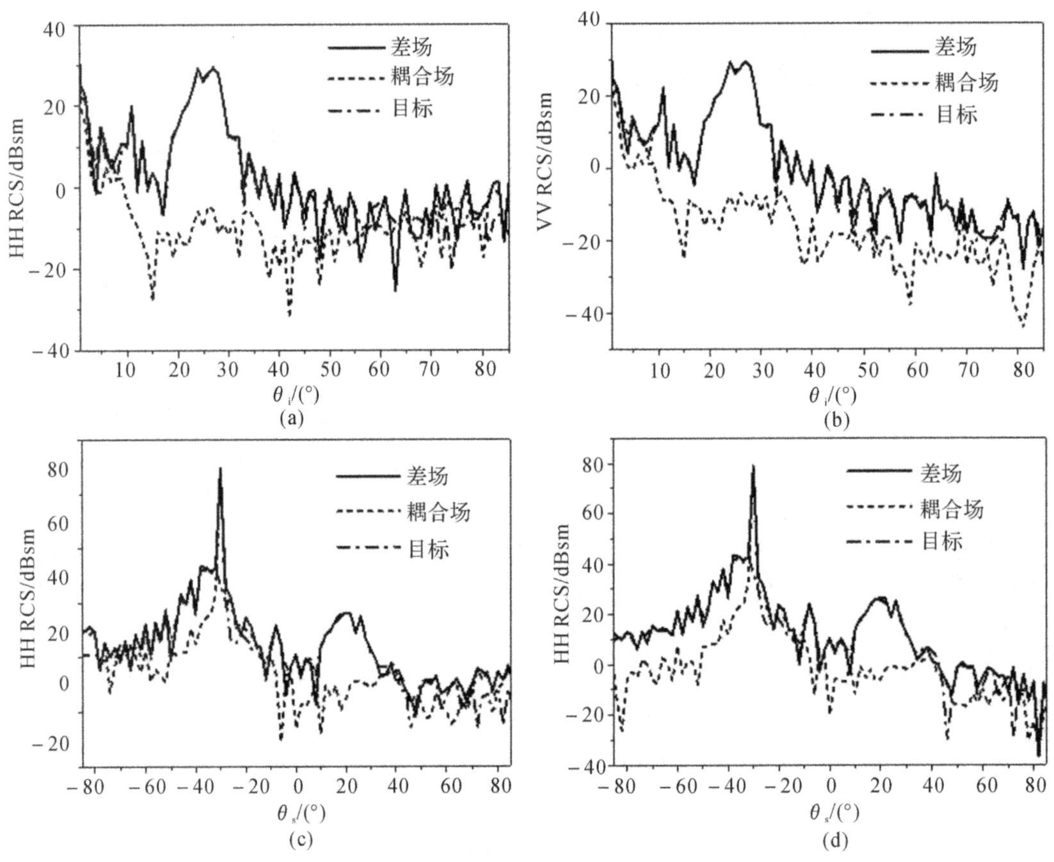

图 5.9 超低空战斗机的散射特性

(a)单站散射；(b)单站散射；(c)双站散射；(d)双站散射

图 5.10 所示为直升机在超低空环境下的电磁散射特性，直升机长为 17.36 m，高为 6.11 m，主旋翼长为 17.75 m。相比巡航导弹与战斗机目标，直升机的单站散射的耦合场更为明显，也就是说直升机的多径效应最强。不同于巡航导弹与战斗机，只有在 HH 极化下且大角度入射情况下，多径效应才凸显。直升机在 HH 与 VV 两种极化方式下，除小角度入射外，其他入射方向的多径效应都非常强。笔者认为，低海况条件下，低空直升机的雷达回波中，多径信号要强于目标回波，该条件下多径效应对目标的探测跟踪干扰明显。但是从图 5.10(c)(d)中的结果来看，双站散射情况下，直升机的多径效应并不是那么明显，目标散射场仍能占据差场的主导地位。图 5.10 中的结果给了我们一种启示，即对低空直升机目标，采用双站体制能有效限制多径效应的影响。

图 5.11 所示为超低空条件下无人机的电磁散射特性，无人机长为 7.96 m，高为 2.06 m，翼宽为 14.64 m。与直升机目标类似，单站条件下，无人机的耦合场在 HH 与 VV 极化方式下都非常强。也就是说低海况的超低空条件下，无人机的雷达回波中，多径信号要强于

目标信号。但是在双站散射较之单站结果，多径效应明显减弱。因此对于超低空无人机目标来讲，双站雷达能显著降低多径效应的影响。

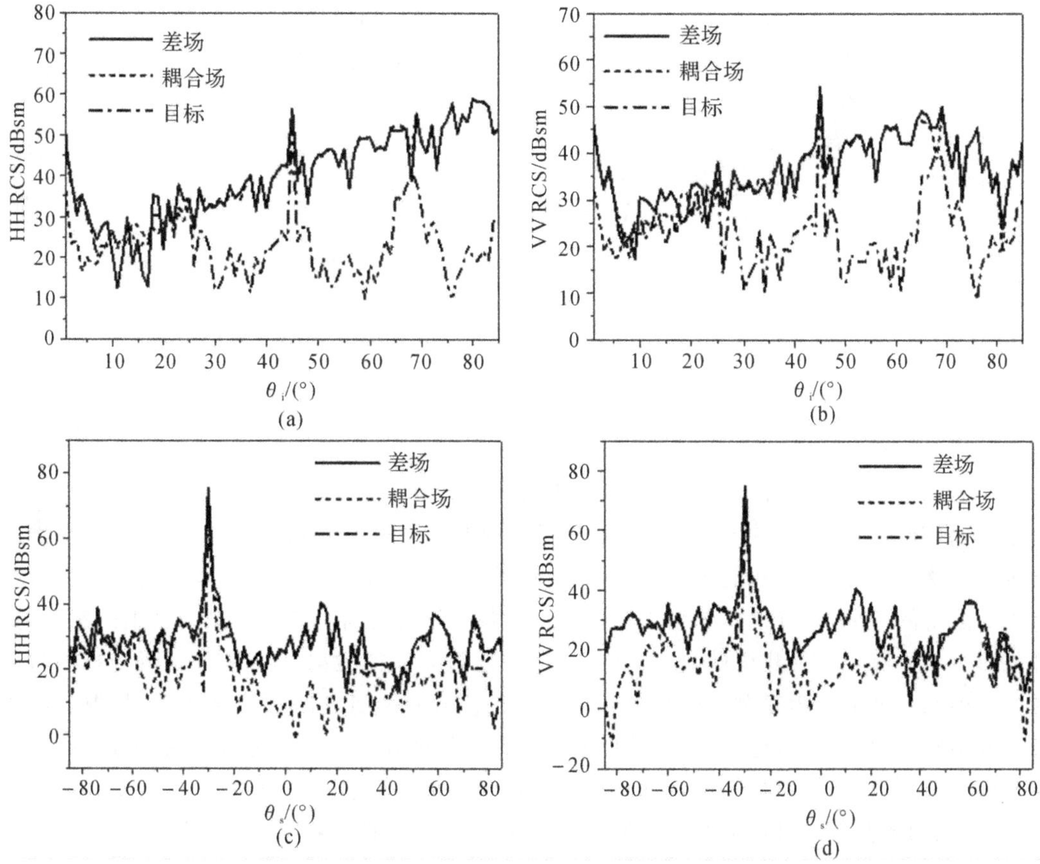

图 5.10　超低空直升机的散射特性

(a)单站散射；(b)单站散射；(c)双站散射；(d)双站散射

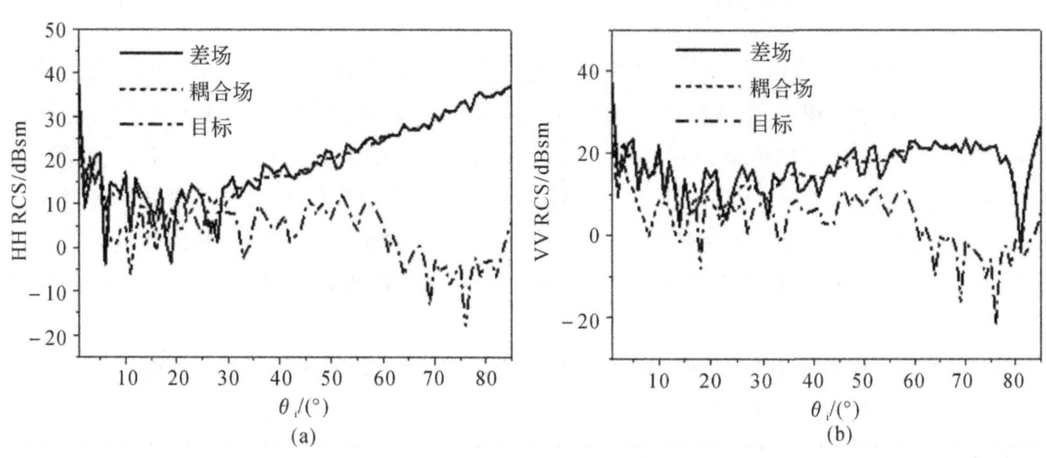

图 5.11　超低空无人机的散射特性

(a)单站散射；(b)单站散射

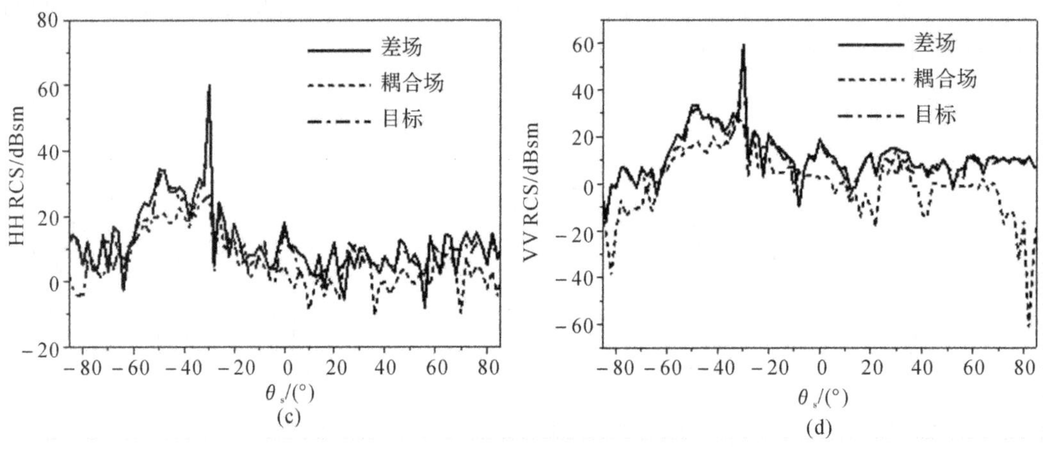

续图 5.11　超低空无人机的散射特性
(c)双站散射；（d)双站散射

综上所述，单站散射中，战斗机的多径效应较弱，巡航导弹 HH 极化较强而 VV 极化很弱，直升机与无人机的多径效应最强。双站散射中，这几种目标多径引起的耦合场都不是十分占优。通过分析，我们可以给出解释，即战斗机与巡航导弹的外形轮廓较为简单，具有外形隐身的效果，尤其是本节给出的战斗机目标。不考虑自身表面材料对散射的影响，这种外形会导致除较少的几个散射方向外，大部分散射方向的散射能量较少。而直升机与无人机目标几何外形较为复杂，强散射中心较多，在较多的散射方向上能量较强，其中就包括海面的镜向方向，这种情况下，多径效应引起的耦合场较强。虽然具有外形隐身效果的战斗机其多径效果不如其他超低空目标强，但是其自身目标的后向散射场也较小，加上较强的杂波影响，探测超低空隐身目标对雷达来讲仍然是十分艰巨的任务。尤其是巡航导弹具有外形隐身效果，如果同时结合材料隐身，则其低雷达散射截面再加上一定的多径干扰对低空探测雷达来讲威胁就大大增加了。

5.2.2　曲率加权多径模型

修正多径模型虽然相比传统多径模型考虑了粗糙海面大尺度轮廓特征对耦合散射的影响，但是由于在计算粗糙面的复反射系数时使用的是小斜率近似方法，导致该方法在计算 X/Ku 波段大尺寸海面的电磁散射特性时效率和速度不尽如人意。引入一种基于镜像面元斜率统计模型的多径散射计算方法。通过对确定海面上镜像反射单元的斜率分布特性进行统计，得到确定海面重力波调制的轮廓特征；使用镜像反射面元斜率的概率密度函数对不同斜率下面片产生的耦合散射贡献进行加权，得到总的耦合散射场。曲率加权多径模型如图 5.12 所示。

双尺度理论将海面看作是大尺度重力波和小尺度毛细波的叠加。重力波调制决定了海面的轮廓特征，可以通过镜像反射理论来计算其镜像散射贡献；毛细波调制决定了海面的细节，可以通过布拉格谐振(Bragg Resonant)理论来计算漫反射的贡献。对于确定海面来说，参考前面章节中结合基尔霍夫和双尺度理论给出适合计算单双站散射系数的面元模型。考虑到可以通过统计的方法获取对耦合散射产生主要贡献的镜像反射单元的斜率分布 PDF，并且镜像反射单元是受毛细波调制的微粗糙面元，因此可以借鉴双尺度算法的思想，采用加权积分的方法来对多径模型进行改进。确定海面面元由于重力波调制向不同方向倾斜，服从 Gram - Charlier 分布。根据高频近似的多径镜像等效原理，只有那些法向平行于散射平面或者接近平行的面元才满足镜像反射的条件，才能将耦合场反射到接收方向，这些面元称为镜像反射面元。图 5.13 所示为不同风速海况下镜像反射面元斜率的概率密度函数(PDF)分布。

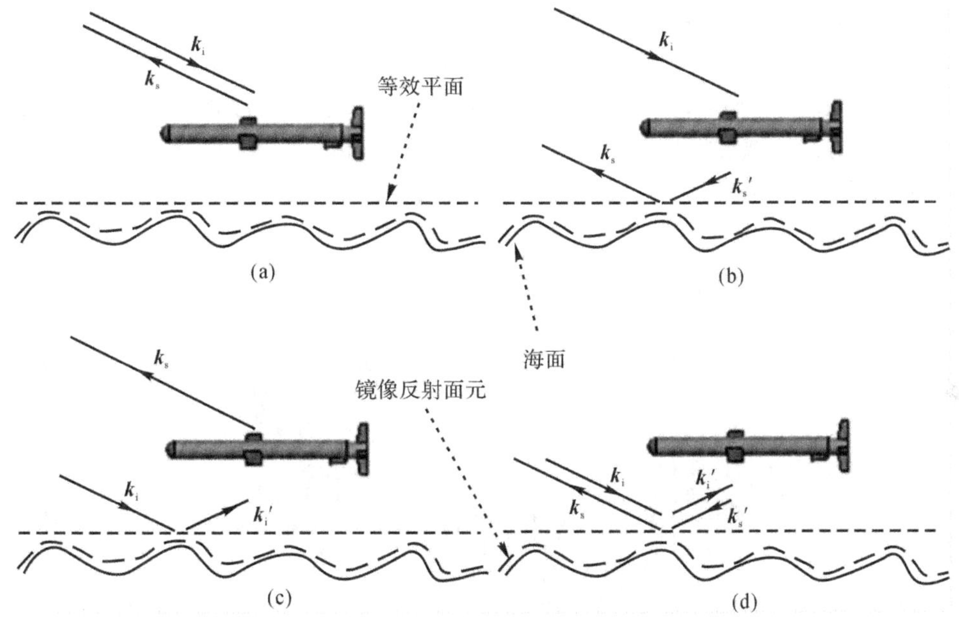

图 5.12 曲率加权多径模型

(a)目标直接散射场；(b)目标与海面一次耦合场；(c)目标与海面一次耦合场；(d)目标海面二次耦合场

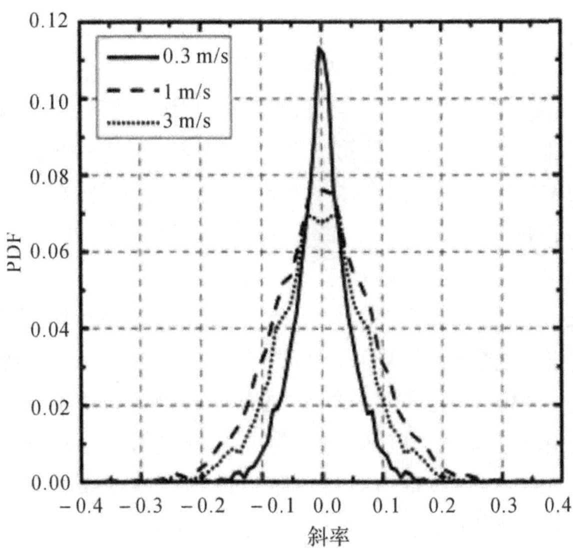

图 5.13 镜像反射面元斜率分布

耦合散射的计算公式可修正为

$$\boldsymbol{E}_{\text{coupling}} = \int \boldsymbol{E}_{\text{coupling}}(s)\text{pdf}(s)\text{d}s \tag{5-31}$$

式中：s 为镜像反射面元方向量在散射平面内的斜率；$\text{pdf}(s)$ 为概率密度函数；$\boldsymbol{E}_{\text{coupling}}(s)$ 为镜像面元斜率为 s 时产生的耦合散射，即

$$\boldsymbol{E}_{\text{coupling}}(s) = \rho(s)\boldsymbol{E}(\hat{\boldsymbol{k}}_i, \hat{\boldsymbol{k}}'_s) + \rho(s)\boldsymbol{E}(\hat{\boldsymbol{k}}'_i, \hat{\boldsymbol{k}}_s) + \rho^2(s)\boldsymbol{E}(\hat{\boldsymbol{k}}'_i, \hat{\boldsymbol{k}}'_s) \tag{5-32}$$

式中：$\rho(s)$ 为反射系数；$\hat{\boldsymbol{k}}_i$、$\hat{\boldsymbol{k}}_s$ 和 $\hat{\boldsymbol{k}}'_i$、$\hat{\boldsymbol{k}}'_s$ 分别为入射方向和散射方向，计算后向耦合散射时 $\hat{\boldsymbol{k}}_i = -\hat{\boldsymbol{k}}_s$，$\hat{\boldsymbol{k}}'_i$，$\hat{\boldsymbol{k}}'_s$ 由镜像反射面元的斜率决定。

选取导弹作为目标，位于海面上方 10 m 处，海面风速为 1 m/s，入射频率为 10 GHz，海面相对介电常数为 50−19.8j。以下对 VV 极化条件下的散射进行计算。采用曲率加权多径模型计算目标后向散射场与耦合场如图 5.14 所示，目标与耦合场基本处于一个量级，因而耦合场形成的多径干扰会对目标形成干扰，在低掠角部分更加明显。在 10°左右出现广义布儒斯特效应。

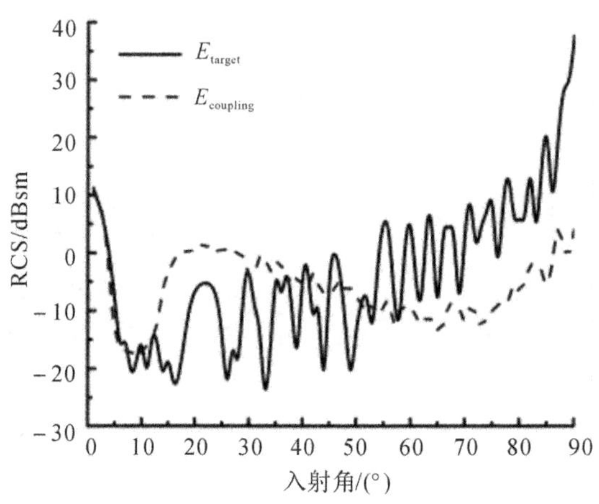

图 5.14　目标后向散射场和后向耦合场比较

根据以上方法得到各条路径散射场，如图 5.15 所示。在多径散射中，只发生一次镜面反射的路径散射场最强，可以看出，第 4 条路径的散射场相比于其他两条强度要弱很多，布儒斯特效应也不是特别明显，这主要是第 4 条路径经过了二次镜面反射后损耗比较严重。而第 2 条和第 3 条的路径基本上与耦合场的趋势一致。从单独的每一条路径来看，各入射角处的散射场 RCS 与目标基本处于一个量级，而在布儒斯特角处，耦合场 RCS 有剧烈衰减的现象，散射强度的下降有利于克服多径干扰。

图 5.16 所示为曲率加权多径模型与修正反射系数的四路径模型计算结果的比较。

采用加权算法后，耦合散射的趋势基本与原有算法一致，但是相比而言，曲线要缓和得多。针对垂直极化的耦合场，变化最明显的是原有的布儒斯特角附近。如果把粗糙面等效为单一平面，布儒斯特角附近将会出现陡降。但是在通过对海面面元的斜率统计，将海面大尺度轮廓的分布特性考虑进去后，布儒斯特角附近曲线下降变缓，原有的布儒斯特角发生展宽。这说明改进的算法更好地考虑了确定性海面大尺度轮廓的分布特性对耦合散射的影响。

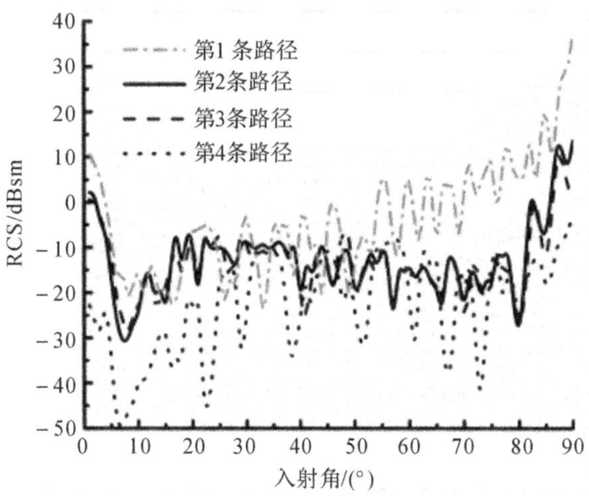

图 5.15 不同路径散射场

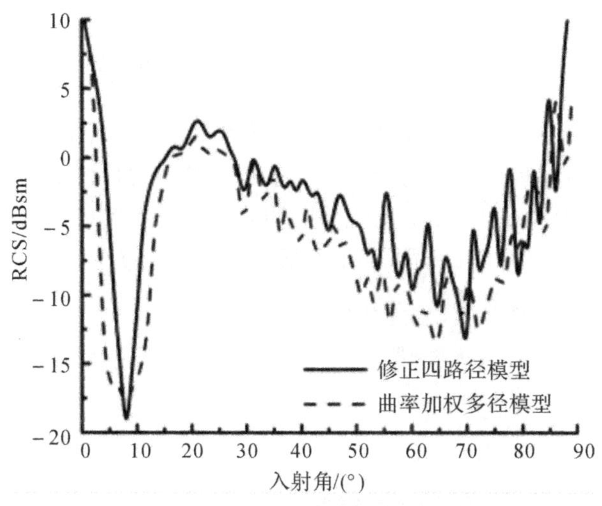

图 5.16 修正四路径算法与曲率加权多径算法得出耦合场比较

5.3 基于面元散射模型的海面目标复合散射计算方法

5.3.1 基于面元散射模型的源镜像方法

四路径模型用一种比较简单、清晰的方式描述了耦合散射机理,但也做了两点简化:一是四路径模型只保留二阶以内的耦合散射成分,而忽略更高阶的耦合散射成分;二是四路径模型将目标与海面作为一个整体考虑二者之间的耦合散射作用,这样考虑的前提是,海面的反射基本都集中在镜面反射方向上,这时四路径模型的效果就是将目标和发射源相对环境的耦合散射都等效为产生一个镜像,多径散射等效为镜像目标被发射源和镜像源照射以及原目标被镜像源照射的散射贡献叠加。但这样的模型更适合平面环境或粗糙度较小的粗糙面环境。海洋是一种粗糙面环境，当海况较高时，海面局部起伏较大，产生局部表面的斜率倾斜效应，导致局部耦合散射作用变强。在 X、Ku 等厘米级雷达波段，环境表面散射的相关性变弱，可以认为环境的总体散射特性等于局部表面独立散射的叠加，这时局部面元相当于特殊的镜子，目标会对每一个局部面元产生相应独立的镜像，导致镜像发散，如图 5.17 所示。像目标的位置分布及辐射强弱与目标的位置及海面的起伏状况都有关系，只有当背景环境粗糙度较小或者为平面时，才回到四路径模型所描述的场景，所有镜像又汇集在一起，相当于一个单一镜像源的贡献。

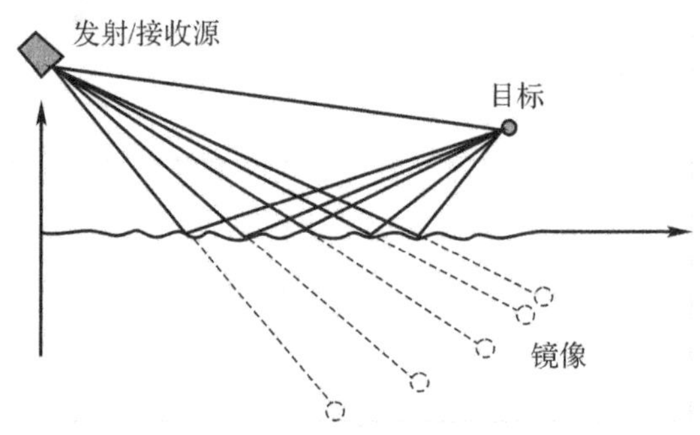

图 5.17　粗糙面引起目标镜像发散示意图

起伏的海面可以想象为离散且局部具有不同照向的镜子，从不同观察角度来看，在不同局部镜面中也会看到不同目标部分的镜像。对于实际扩展式目标上的每一部分在满足镜像条件的时候都会对镜像面元产生相应的镜像。同时雷达作为照射源也会被镜像面元镜像产生相应的镜像源，这样目标与海面的多径耦合散射可以等效为实际目标及其各部分散射单元在局部海面产生的镜像散射单元贡献的叠加中，如图 5.18 所示。

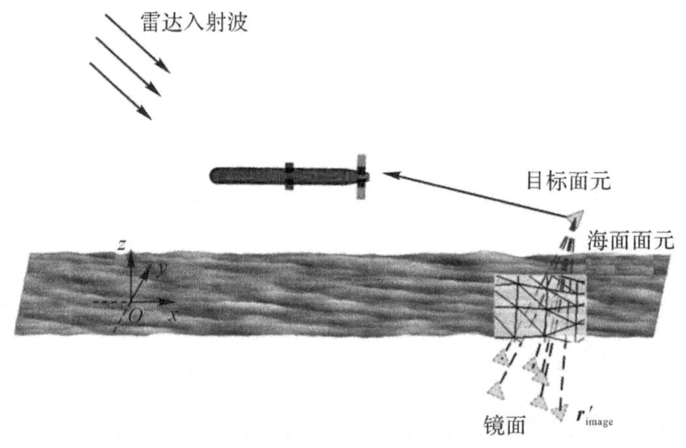

图 5.18　基于面元散射模型的源镜像方法示意图

基于上述原理，本节提出一种基于海面面元散射模型的广义源镜像方法(Extended Image Method, EIM)，如图 5-18 所示。镜像方法在一些文献中已有研究，镜像方法依据的是电磁场等效原理，将导体或介质表面上方的目标散射等效为目标与等效镜像源的散射，而等效镜像源的位置可以根据几何对称关系求取。镜像源的强度与分界面的介电特性有关，对于金属分界面镜像源强度与源本身强度相同，对于介质分界面，要根据分界面的介电特性修正镜像源强度。传统源镜像法都是针对无限大分界面实施的，这里提出的广义源镜像方法结合面元散射模型使用。面元散射模型将海面的大尺度起伏轮廓离散成非相关海面面元，结合半统计或半解析的方法可以获取每一局部海面面元的散射。只有被入射波照亮的海面面元才能对入射波矢量形成镜像源，也就是必须满足 $\boldsymbol{k}_i \cdot \hat{\boldsymbol{n}}_i < 1$，这部分海面面元称为镜像反射面元。

图 5.19 所示为入射角为 45°时海面上镜像反射面元的分布情况，其中图 5.19(a)是海面的高程样本，图 5.19(b)中白色部分是镜像面元的位置。

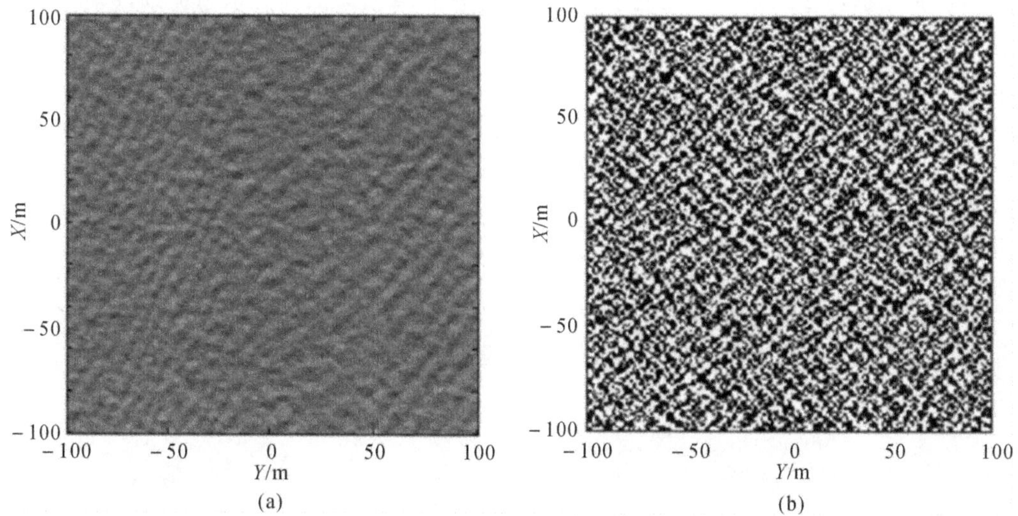

图 5.19 海面上镜像反射面元分布图

(a) 海面几何模型；(b) 镜面反射面元分布

根据等效原理，接收者在观察方向接收的一切散射能量都可以看作是等效源的辐射，目标表面的散射就等效为目标在电磁波照射下产生等效电磁流源的二次辐射。源镜像方法基于海面散射的非相关性，所有源对镜像面元会产生镜像源。目标与海面的耦合散射是由镜像源和目标上等效源共同辐射到接收方向的，镜像源的位置 $\boldsymbol{r}'_{\text{image}}$ 与目标面元上源点 $\boldsymbol{r}'$ 相对每个海面面元具有对称关系，镜像源点与目标源点相对每个海面面元满足关系：$\boldsymbol{r}'_{\text{image}} = \boldsymbol{r}'_s - 2\boldsymbol{r}' \cdot \hat{\boldsymbol{n}}_s$，其中 $\hat{\boldsymbol{n}}_s$ 为海面面元法向矢量，$\boldsymbol{r}'_s$ 为每个海面反射面元的镜像质心点。

镜面反射面元产生的镜像入射波矢量可以写作

$$\boldsymbol{k}_{\text{iimage}} = \boldsymbol{k}_i - 2\left|\hat{\boldsymbol{k}}_i \cdot \hat{\boldsymbol{n}}_s\right| \cdot \hat{\boldsymbol{n}}_s \tag{5-33}$$

按照耦合散射机理，耦合散射主要发生在海面面元反射的镜面反射区，按照几何光学关系为面元镜面反射方向±20°的反射锥内，将此定义为海面面元的源镜像区，对于每个海面面元，只考虑落在其镜面反射区的目标面元上的源相对其形成镜像源，镜像的过程如图5.20所示。

雷达电磁波直接照射在目标表面产生的感应电流分布 $\boldsymbol{J}_1$，入射波矢量对于镜面反射面元产生镜像矢量，照射原目标产生感应电流分布 $\boldsymbol{J}_2$，对于目标落在镜面反射区的面元，其对 $\boldsymbol{J}_1$，$\boldsymbol{J}_2$ 分别产生的镜像源记作 $\boldsymbol{J}_{1\text{image}}(\boldsymbol{r}'_{\text{image}})$，$\boldsymbol{J}_{2\text{image}}(\boldsymbol{r}'_{\text{image}})$，总散射场为这四部分电流分布散射贡献的叠加，同理对于入射矢量 $\boldsymbol{k}(k_x, k_y, k_z)$，也可以看作远去辐射源，相对镜像面元

有镜像入射矢量 $\boldsymbol{k}(\boldsymbol{k}_{x\text{image}},\boldsymbol{k}_{y\text{image}},k_{z\text{image}})$。所有镜像源通过面元镜像反射系数修正如下：

$$\boldsymbol{J}_{1\text{image}}(\boldsymbol{r}'_{\text{image}})=\rho_{\text{r}}\boldsymbol{J}_1(\boldsymbol{r}')\text{e}^{\text{j}kR_{oi}\sin\theta_{sl}} \tag{5-34}$$

$$\boldsymbol{H}_{\text{iimage}}(\boldsymbol{r}')=\rho_{\text{r}}\hat{\boldsymbol{h}}_{\text{i}}H_0\text{e}^{-\text{j}k_0\boldsymbol{k}_{\text{image}}\cdot\boldsymbol{r}'} \tag{5-35}$$

式中：修正的面元镜像反射系数 ρ_r 的表达式可写作

$$\rho_r=(2\pi)^2\delta(\theta_{il},\theta_{il})\frac{S(\boldsymbol{k}_{il},\boldsymbol{k}_{il})}{A_{\text{sea}}} \tag{5-36}$$

式中：$\delta(\theta_{il},\theta_{il})$为镜面反射面元判定函数，对于镜面反射面元，$\delta(\theta_{il},\theta_{il})$值为 1，否则值为 0；$S(\boldsymbol{k}_{il},\boldsymbol{k}_{il})$是根据第 2 章基于面元的小斜率近似方法计算的海面面元散射振幅，R_{oi}为目标与镜像之间的距离，$\text{e}^{\text{j}kR_{oi}\sin\theta_{sl}}$表示由目标镜像的距离导致的相位差。

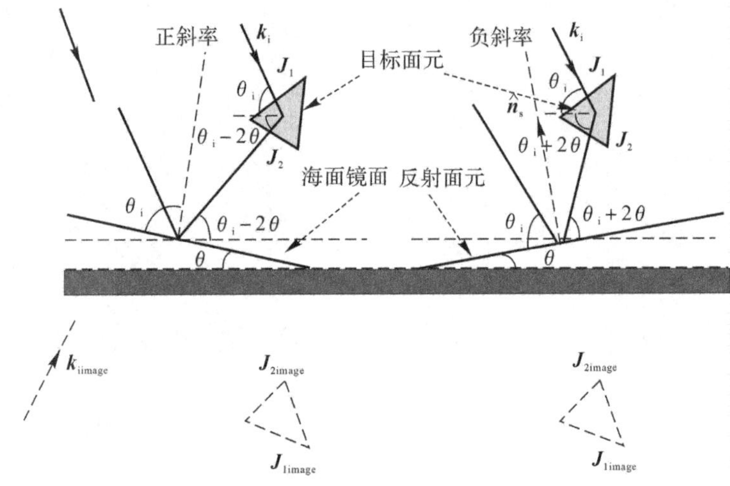

图 5.20　不同斜率面元下的角度关系

图 5.21 通过仿真掠海巡航导弹目标的宽带散射反演其归一化高分辨距离像来说明多径散射的效果。选取雷达入射和观察角为 $\theta_{\text{i}}=45°,\varphi_{\text{i}}=0°,\theta_{\text{s}}=\theta_{\text{i}},\varphi_{\text{s}}=\theta_{\text{i}}$，中心频率为 14 GHz，在带宽为小于 350 MHz 范围内采用 2 MHz 采样间隔进行扫频，得到一个宽带散射场，通过快速傅里叶变换后的幅度归一化得到高分辨距离向。

计算过程中的海面由 Elfouhaily 海谱生成。高分辨距离像可以反映具有不同距离时间延迟的目标部位的强散射点散射回波强度在雷达视距上的投影分布。图 5.21(a)是自由空间中纯导弹目标散射的高分辨距离像(High Resolution Range Profile, HRRP)，距离像可以在图中辨别出目标在观察方向的强散射点，分别对应目标的头部、翼部和尾部。图 5.21(b)与图 5.21(c)给出了不同海况海面上目标和海面多径散射的距离像。可以看出，由于目标与局部海面的耦合散射作用，在高分辨条件下，多径散射在距离维上形成了额外的散射强点，淹没了目标本身的散射强点。而在高海况情形下，海面起伏剧烈，镜像散射起伏更加剧烈。

图 5.22 通过计算一个 0.1 m×0.1 m×0.1 m 的立方体与 1 m×1 m 海面的 HH 极化复合双站散射，比较源镜像方法和四路径模型的计算精度。图 5.22(a)计算了立方体与具有海面介电常数的介质平板的复合双站散射系数，图 5.22(b)计算了立方体与海洋粗糙面的复合双站散射系数，海洋粗糙面为 Elfouhaily 海谱生成的海面样本，风速为 $U_{10}=5$ m/s，

风向为 $\varphi_w=45°$。在计算过程中，$\theta_i=45°$，$\varphi_i=0°$，$\theta_s=-90°\sim90°$，$\varphi_s=\varphi_i$ 入射频率设为 10 GHz，海面介电常数取 $\varepsilon_r=55.56+34.95j$，在两种计算中，将四路径方法的计算结果与源镜像方法的计算结果和商业电磁计算软件 FEKO 中的 MLFMA 求解器计算的结果进行了比较。

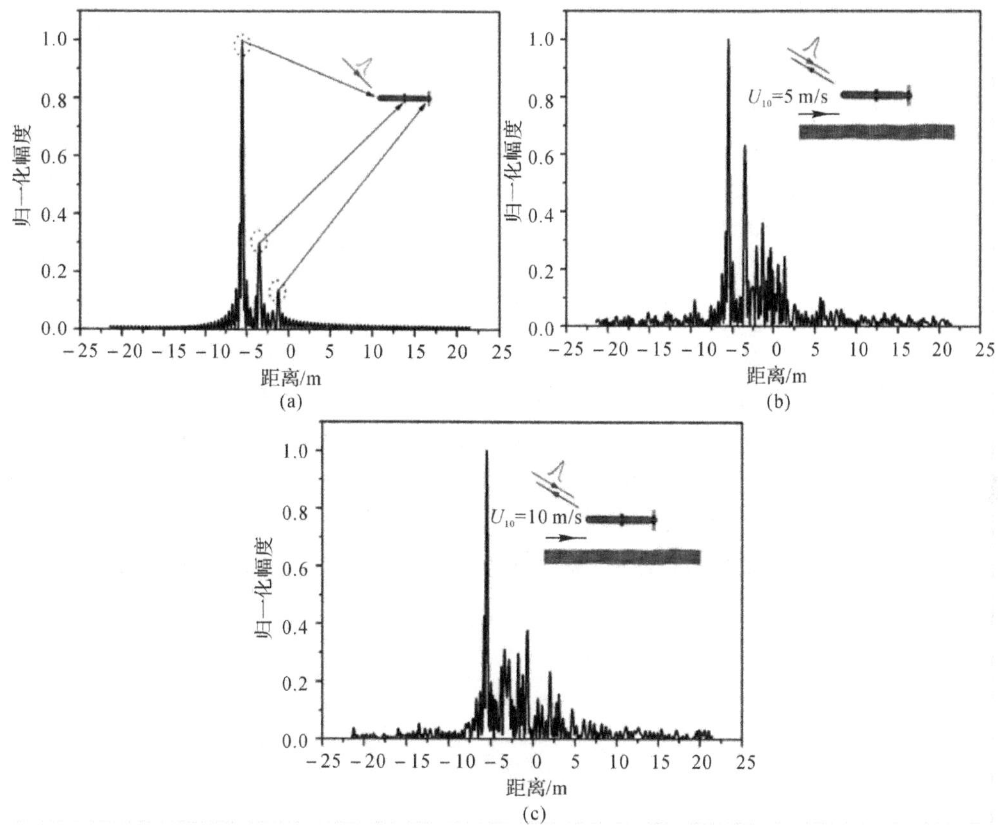

图 5.21 掠海导弹目标多径散射的高分辨距离像

(a)自由空间中导弹目标； (b)目标与多径； (c)目标与多径

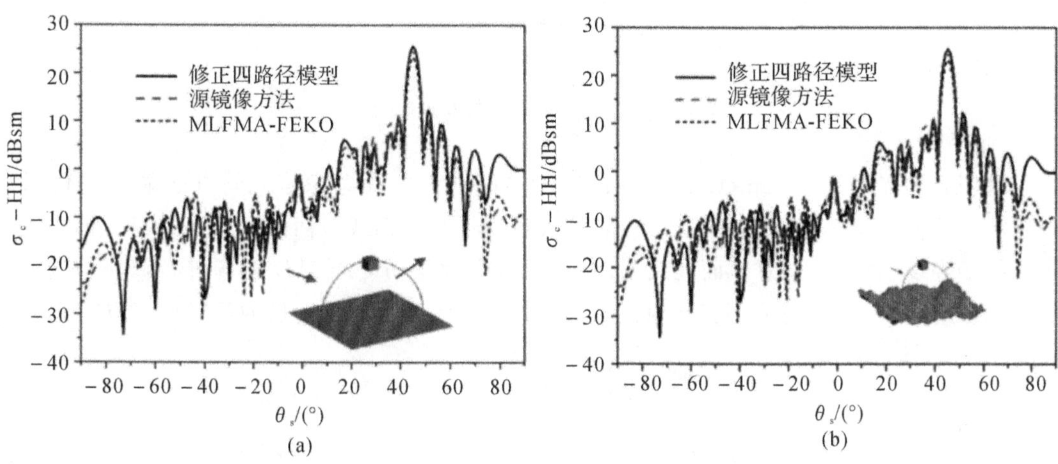

图 5.22 立方体与平板和海洋粗糙面复合散射计算方法校验

(a)平板上立方体复合散射； (b)海洋粗糙面上立方体复合散射

可以看出在平坦环境中，两种方法与精确数值计算结果相比误差均不大，但在较粗糙的海面环境中，源镜像方法，尤其是在大的散射角能取得比四路径模型计算结果更好的精度。

5.3.2　基于面元散射模型的 GO－PO－BFSSA 混合计算方法

基于面元散射模型的源镜像方法虽然相对更全面地考虑了目标与局部海面之间的耦合散射，但事实上在描述耦合散射机理的模型上也作了一定理想简化，例如，忽略了海面面元之间在微波高频段的散射相关性及耦合散射效应。但事实上，当海面起伏较剧烈时，海面面元自身间的耦合散射也会产生显著贡献，忽略这部分散射贡献会在海情较高局部海面间耦合作用强的时候引入较大的计算误差。另外对于存在耦合散射结构的目标或者群目标，涉及目标(群)自身的耦合散射，用源镜像方法描述这种多次散射机理也比较复杂。

本节基于射线追踪的原理采用一种基于面元散射模型的 GO－PO－BFSSA 混合计算方法来计算掠海目标的复合散射特性。射线追踪技术遵循的是几何光学反射定律，基于 GO－PO 的射线追踪方法可描述目标自身结构的耦合散射机理，直接用于计算掠海目标的复合散射特性主要存在计算复杂度的限制：PO 方法对面元剖分精度有一定要求，一般是 1/10～1/8 波长，具有实际工程意义的海面具有超电大尺寸，如果对海面面元采用精细剖分会产生巨大的计算量；通过射线追踪计算耦合散射的过程中最影响计算效率和计算精度的是射线追踪和射线面元求交判定。用常规方法判断射线与面元的相交关系时，要进行射线与三角面元的遍历求交运算，这样计算量是非常大的。本节在计算过程中针对这两方面进行了修正，计算过程如图 5.23 所示。

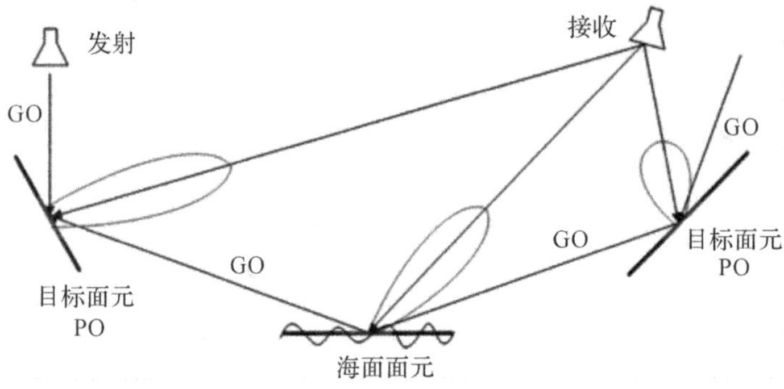

图 5.23　掠海目标面元射线追踪过程

采用几何光学法(Geometrical Optics, GO)的强度定律考虑面元间电磁能量的传播，电磁波在几何光学法中作电磁射线处理，每次射线管与目标或海面面元相交时，利用 GO 求出反射场强度，每次经过海面面元反射时，面元反射系数 ρ 都要对反射场进行修正，n 是总的面元反射次数，n_s 是海面面元反射次数，经过 n_s 次海面面元反射后的反射场可以写作

$$\boldsymbol{E}_r^{(n_s)}=\rho^{(n_s)}E_r^{(n_s)}\left[\prod_{m=1}^{n}\mathrm{e}^{\mathrm{j}k_0(\hat{\boldsymbol{k}}_r^{(m)}-\hat{\boldsymbol{k}}_r^{(m-1)})\cdot\boldsymbol{r}'^{(m)}}\right]\mathrm{e}^{-\mathrm{j}k_0\hat{\boldsymbol{k}}_r^{(n)}\cdot\boldsymbol{r}'^{(m)}} \tag{5-37}$$

$$\boldsymbol{H}_r^{(n_s)}=\frac{\hat{\boldsymbol{k}}_r^{(n_s)}\times\rho^{(n_s)}E_r^{(n_s)}}{\eta_0}\left[\prod_{m=1}^{n}\mathrm{e}^{\mathrm{j}k_0(\hat{\boldsymbol{k}}_r^{(m)}-\hat{\boldsymbol{k}}_r^{(m-1)})\cdot\boldsymbol{r}'^{(m)}}\right]\mathrm{e}^{-\mathrm{j}k_0\hat{\boldsymbol{k}}_r^{(n)}\cdot\boldsymbol{r}'^{(m)}} \tag{5-38}$$

它们作为每次求取目标与海面散射场的入射场，当射线每次与目标和海面面元相交时，

分别采用 PO 和 BFSSA，求解目标与海面面元在远区的散射场，最后对所有射线管在远区的散射贡献进行矢量叠加获得总散射场。

射线追踪过程的关键是线面求交的判定问题，既要保证线面求交效率又要保证求交的准确性。海面散射采用面元散射模型计算时，由于目标剖分面元与海面面元大小不一致，射线追踪过程中射线可能会照射多个面元，出现射线分裂的情况，如果对于分裂射线全部舍弃会严重影响计算精度。采用双向射线追踪技术可以有效解决这一问题。该技术依据的原理是对同一射线照亮的区域中面元满足连续相邻的关系，只要找到照亮区中的一个面元，结合反向追踪就可以找到其他照亮区的面元。具体过程如下：

(1)对所有面元进行编号，同时记录其相邻面元的编号。

(2)采用前向追踪，找到射线照亮区域中的一个面元。

(3)对该面元的相邻面元沿前向射线方向反向追踪，判断其是否在照亮区域。

(4)对于确定在照亮区的面元再重复步骤(3)，直到其相邻面元均不在照亮区，终止追踪过程。

采用双向射线追踪不仅避免射线管分裂，也大幅加速了射线追踪的过程。另一种加速的方式是构建树结构，如常见的有八叉树、KD 树等。这里使用 KD 树对射线追踪过程进行进一步加速。首先是要构建 KD 树结构，将计算场景分割区域。区域分割时要保证所用子区域的包围盒都是轴对齐的，采用表面启发算法(Surface Area Heuristic, SAH)选取判交成本最低的分割平面，按照递归的方式进行区域划分，划分区域根据层级依次称为根节点、叶子节点，叶子节点为最终划分存储面元的子区域，通过树形分叉使得每个子区域只包含少量的面元。区域分割的终止条件是分割子区域中的面元数达到设定的最小数量或者树划分达到设定的最大分叉数。

如图 5.24 所示，最大的立方体包围盒包含了所有计算场景待判定的面元为根节点，S_0 为一级分割平面将区域分割，S_1 平面将左半区域分割成 V_0 和 V_1 两个叶子节点区域，S_2 平面将右半区域进一步分割，S_3 平面将前半区域进一步分割为 V_2 和 V_3 两个叶子节点区域，后半区域为叶子节点 V_4。这样在追踪过程中先由根节点向下依次逐级判别射线与树结构各节点的相交情况，不相交的分叉区域则终止判别，相交区域节点求取射线与包围盒分割面的交点，根据交点间的相对位置，选择与射线起点距离较近的区域子节点继续遍历，直到与叶子节点相交，最后依次与叶节点内的面元进行求交判定，并以交点作为新的起点，反射方向作为新的射线方向，并根据该射线射出叶节点的出射面的索引，继续遍历下一叶子节点，直到新的射线不再与面元相交，或反射次数大于预设的最大反射次数为止。如果面元跨越多个区域的分割面[见图 5.24(a)中的面元 T_4 同时跨越 V_2 和 V_3 区域]，则相关的区域内的追踪过程都需要包含这个面元。在进行子区域中的面元求交判别时，采用之前描述的双向追踪方法，这样可以尽可能地减少整个追踪过程中子区域的划分及树结构的分叉数，通过混合加速追踪的策略，提高 KD 树的追踪效率。

除过构建 KD 树结构和采用双向追踪技术，采用并行技术也可以进一步提高追踪效率。随着多核处理器在仿真计算机中的大规模普及，多核多线程并行策略在电磁场数值计算中也得到了广泛运用，利用多核并行处理可将计算任务分解到多线程中进行处理，可大幅降低对单线程的计算压力和计算时间，提升计算效率。目前主流的并行模式有基于消息传递模式(Message Passing Interface, MPI)、开放多处理模式(Open Multi - Processing,

OpenMP)和数据平行模式等。这里采用一种最直接通用的并行策略 OpenMP 技术。OpenMP 是基于共享存储单元基础上的并行执行策略。它的执行过程称为派生-缩并(FORK - JOIN)模式,如图 5.25 所示。

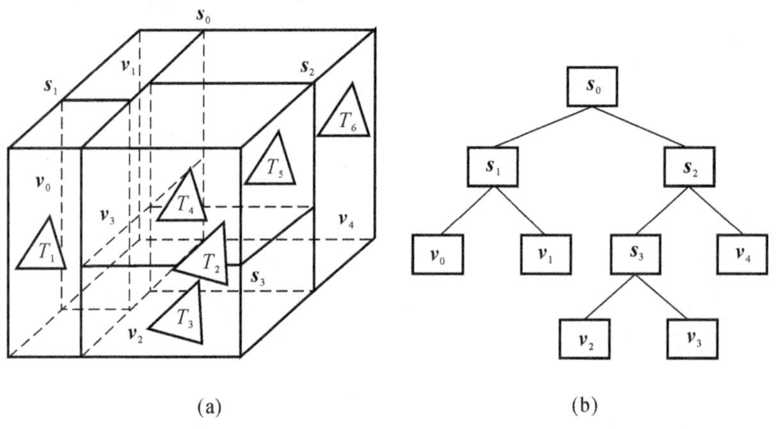

图 5.24　KD 树区域分割及树结构

(a)KD 树区域分割；(b)树结构

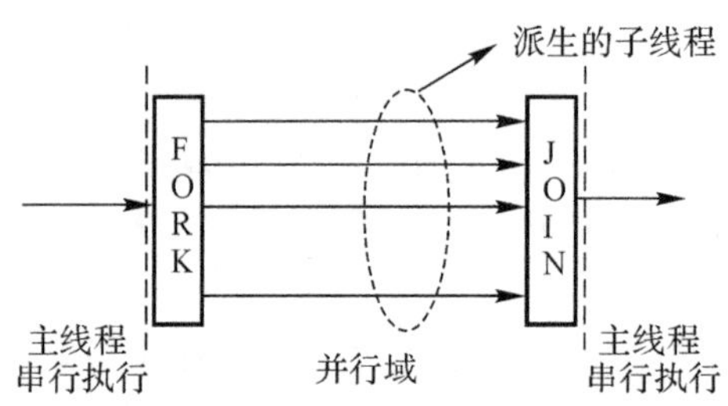

图 5.25　FORK - JOIN 并行模式

主程序在初始执行阶段采用单个线程串行执行,当遇到需要并行的区域时采用 FORK 过程:主线程创建一对并行任务,并行域中的代码在不同的线程队中并行执行。接着完成 JOIN 过程:在各个线程在并行域执行完后,并行域撤销继续执行主线程程序。在这一过程中,主程序从开始到结束一直在主线程中执行,在程序的并行域,主程序和派生出的子线程共同执行代码,并行程序执行完后,派生处的子线程缩并,由主线程单独执行程序。

OpenMP 并行策略的目的就是要尽可能地调用多核计算机 CPU 的计算能力,为其分配多线程任务。在具体执行过程中首先需要通过包含 omp. h 头文件调用系统的 OpenMP 库函数,然后在程序中需要并行执行的程序语句前(一般是循环语句前)直接嵌入 OpenMP 的并行语句完成。这里并行执行策略主要用在追踪过程中的求交判定,如图 5.26 所示。

在 KD 树结构建立后,将各个子区域划分,各个叶子节点子区域包围盒与射线相交判定划分到不同的线程中执行,将判定结果输出后撤销并行域,将叶子节点内的各面元与射线求交判定过程再分配到各个子线程中,将判定结果输出后再撤销并行域,并行循环时通过 private 列出每个线程自己的私有变量。图 5.27 所示为采用加速追踪的 GO - PO 方法对一个二面角反射体和一个三面角反射体后向电磁散射系数的计算结果,计算频率为 X 波段(10 GHz)。两个反射体的边长都是 0.5 m,如图 5.27 中标注,入射角在俯仰方向 θ_i 从 0°～

90°进行扫描，φ_i 为 45°，入射频率为 10 GHz(X 波段)，目标采用 1/10 波长剖分，计算结果与商业软件 FEKO 的多层快速多极子(MLFMA)求解器计算结果进行比对。

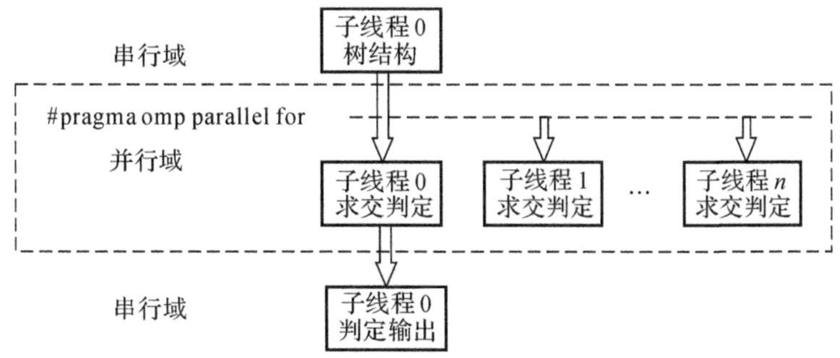

图 5.26　并行程序运行过程

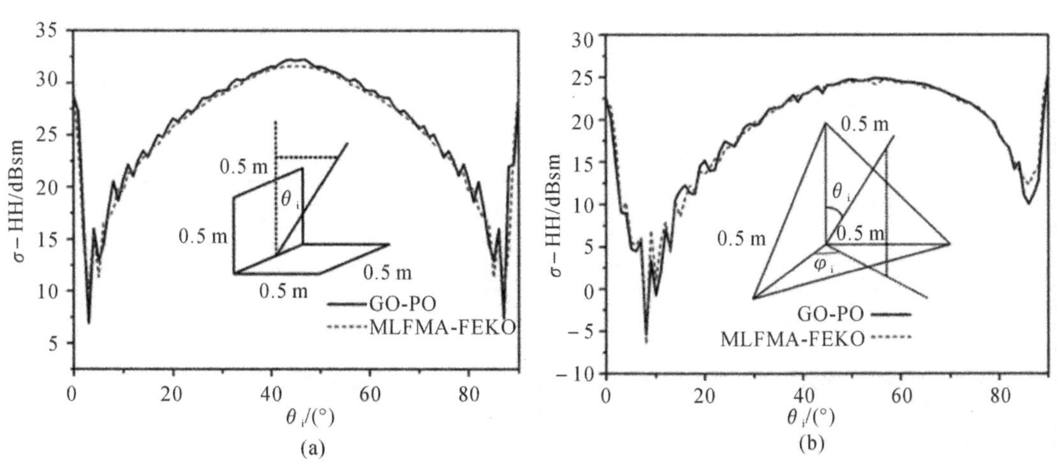

图 5.27　反射体目标后向散射计算比对

(a)二面角反射体；(b)三面角反射体

可以看出两个模型都在入射角 θ_i 为 45°时得到最强的后向散射结果，这时后向耦合散射也是最强的，用本书的 GO－PO 方法得到的计算结果与商业软件 FEKO 的精确数值方法求解器计算结果比对，结果基本吻合，验证了本书中 GO－PO 方法的散射计算精度。图 5.28 进一步给出了采用不同方法计算立方体与海面复合散射的结果比对。

图 5.28(a)计算了立方体与具有海面介电常数的介质平板的复合散射系数，图 5.28(b)计算了立方体与海洋粗糙面的复合散射系数。可以看出采用 GO－PO 的射线追踪计算方法相对四路径方法以及源镜像方法在粗糙环境下可以更精确地考虑耦合散射机理，取得与精确数值方法更好的比对效果。应用基于面元散射模型和射线追踪技术的 GO－PO－BFSSA 混合方法也可以更全面地考虑掠海目标中的目标与海面自身耦合散射结构，以及目标-海面间的耦合散射机理，从而能更精确地计算掠海目标复合散射特性。下面采用该方法对几种典型掠海目标电磁散射特性进行仿真分析。

对掠海巡航导弹目标的散射特性进行仿真研究。海面计算区域取 128 m×128 m 的正方形区域，目标离海平面的垂直高度为 5 m。海面样本通过 Elfouhaily 海谱生成，海面面元大小取 1 m×1 m，海况与海面粗糙程度通过 Elfouhaily 海谱中的海面上方 10 m 高度处的风速 U_{10} 来控制。$U_{10}=3$ m/s，风向为 $\varphi_w=45°$，雷达极化方式为 HH 极化，雷达入射角为 $\theta_i=45°$，$\varphi_i=0°$ 迎头照射，图 5.29 给出了入射频率分别为 10 GHz(X 波段)与 14 GHz(Ku 波段)时，巡航导弹目标与海面 HH 极化双站散射特性，在 X 波段海面的介电常数取 $\varepsilon_r=55.56+34.95j$，Ku 波段时取 $\varepsilon_r=46.25+39.12j$。

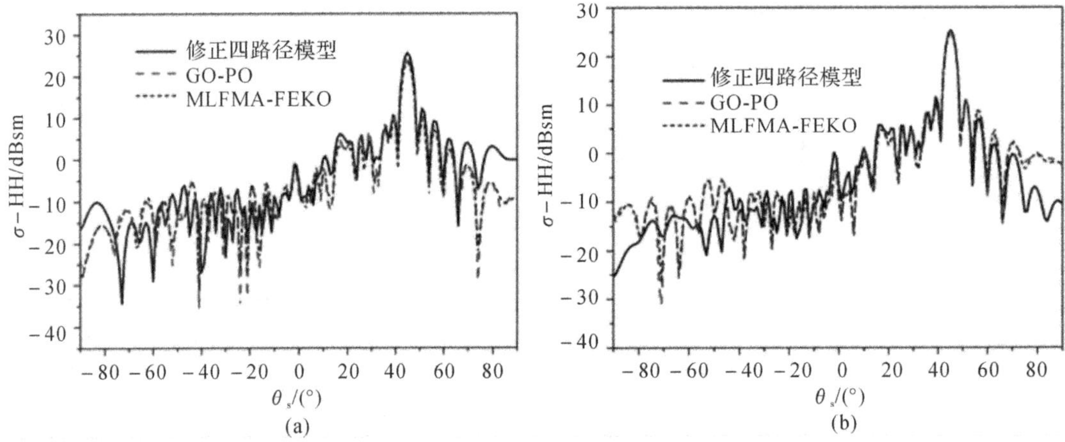

图 5.28　不同计算方法计算立方体与海洋粗糙面复合散射的结果比对

(a)目标与平板；　(b)目标与海洋粗糙面

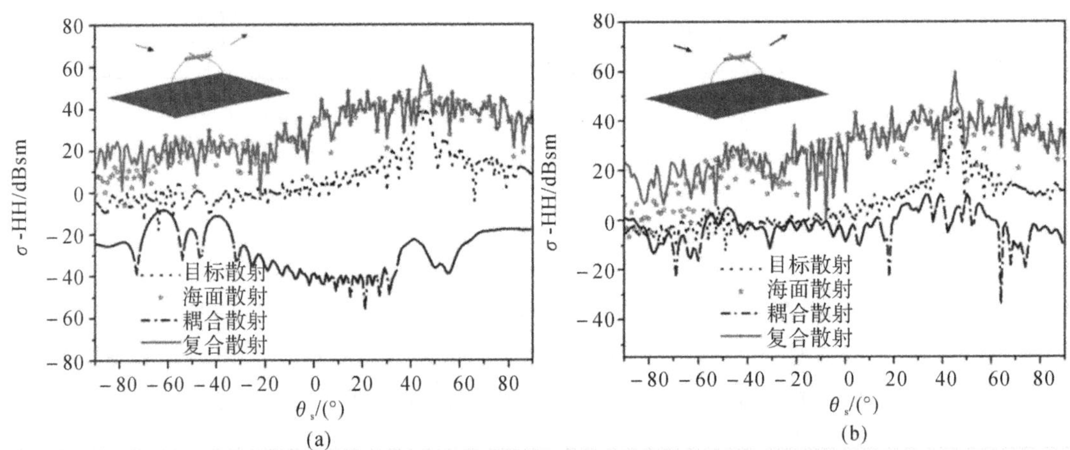

图 5.29　不同频率海面上方巡航导弹目标双站散射特性(垂直面)

(a)10 GHz(X 波段)；　(b)14 GHz(Ku 波段)

X 波段与 Ku 波段均属于较高频段，高频散射机理相似，随着频率的升高，波长变短，在镜面反射方向海面散射及复合散射的强度变强。同时，频率升高，海面局部漫散射效应增强，后向散射方向幅度振荡起伏更剧烈。图 5.30(a)进一步计算了在不同海况风速下 X 波段 VV 极化单站多径耦合散射系数。

可以看出多径散射随着风速海况的增加，目标后向多径散射强度减弱，在很低海况($U_{10}=0.1$ m/s)下，多径散射在入射角为 82°，或者说擦海角为 8°时具有极小值。而当海况较高($U_{10}=1.5$ m/s)时，没有明显的极小值角，但在一个 8°附近的角域范围内后向多径散射都相对其他角度减弱，海况更高时($U_{10}>2.5$ m/s)，后向多径散射较小现象更弱甚至消失，这种现象称为目标-环境多径散射的布儒斯特效应或广义布儒斯特效应。而这一现象也是局部海面镜面反射系数的布儒斯特效应导致的，图 5.30(b)给出了在三种风速海况下镜面反射系数 ρ，可以看到，当 $U_{10}=0.1$ m/s 时，镜面反射系数在入射角为 82°(擦海角为 8°)时存在明显的极小值，当 $U_{10}=2.5$ m/s 时，极小值变得不明显。图 5.31 分别计算并比较了在 X 波段(入射频率为 10 GHz)时不同海况下目标与海面在平行水平面上的单、双站复合散射特性。

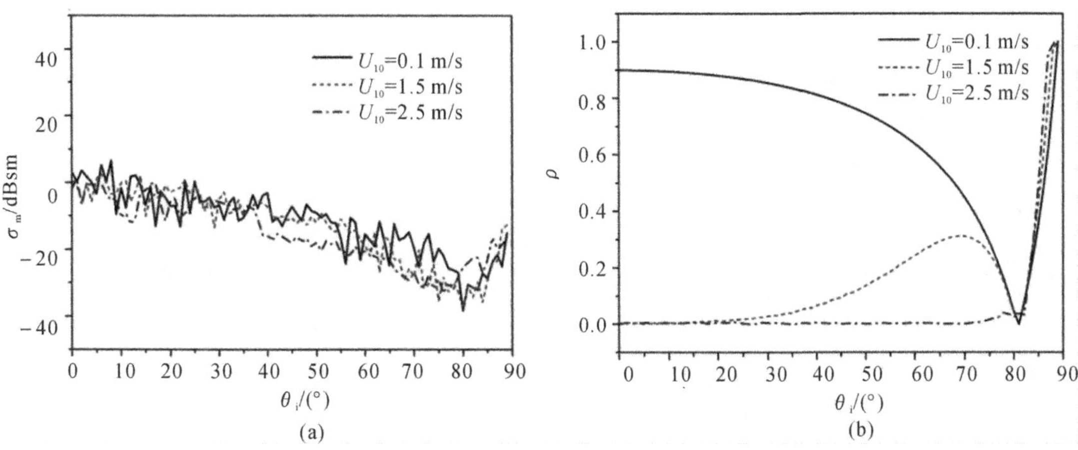

图 5.30　不同海况下 X 波段单站耦合散射及其布儒斯特效应

(a)多径散射系数；　(b)镜面反射系数

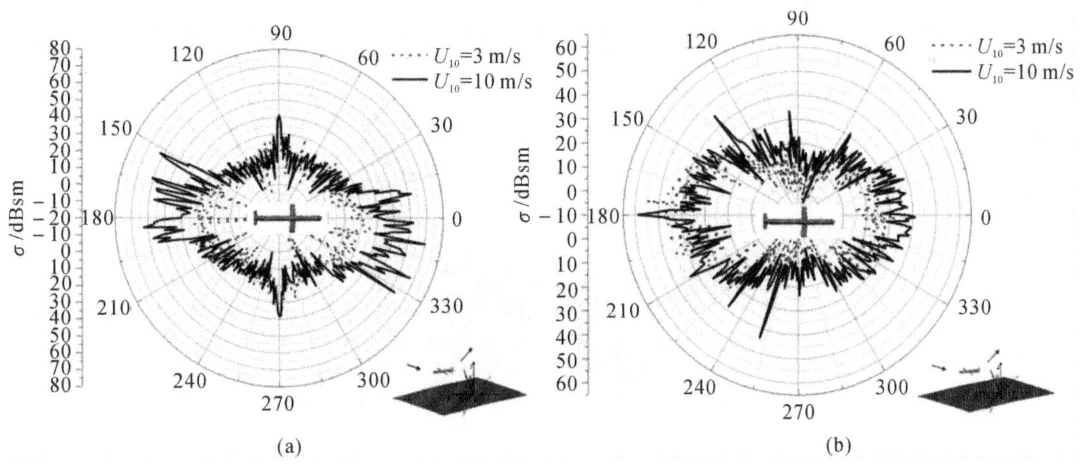

图 5.31　不同海况海面上方巡航导弹目标复合散射特性(水平面)

(a)单站散射；　(b)双站散射

图 5.31(a)所示为单站散射结果，$\theta_i=45°$，方位角 φ_i 从 0°～360°扫描，从导弹的侧向照射时后向散射较强，这种强后向散射一方面来自于弹体圆柱面的后向垂直镜面反射，另一方面来自于圆柱面与海面构成的二面角结构的强耦合散射，高海情下耦合散射会减弱，导致从侧向照射的复合后向散射强度减弱，但是沿着风速方向附近的后向散射会大大增强，这是高

风速导致的海面大尺度面元的倾斜效应，形成强的镜面垂直后向散射效应。图 5.31(b)为双站散射结果，其中 $\theta_i=45°$，$\varphi_i=0°$，$\theta_s=\theta_i$，$\varphi_s=0°\sim360°$，可以看到复合模型的前向镜面反射减弱，其他方向漫散射增强。图 5.32 进一步比较了雷达入射角分别为 $\theta_i=30°$，$\varphi_i=0°$与$\theta_i=60°$，$\varphi_i=0°$，$\theta_s=\theta_i$，$\varphi_s=0°\sim360°$时水平面的双站复合散射特性，以及 $\theta_i=30°$，$\varphi_i=0°\sim360°$和 $\theta_i=60°$，$\varphi_i=0°\sim360°$时单站复合散射特性。

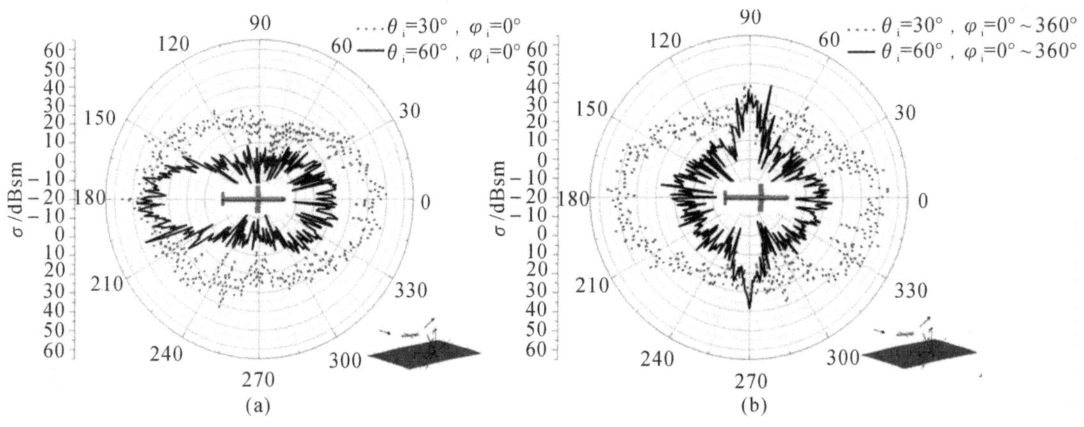

图 5.32　不同入射角下海面上方巡航导弹目标复合散射特性(水平面)

(a)双站散射；(b)单站散射

从图 5.32(a)可以观察到，入射角度越小，海面面元的散射越接近垂直镜面反射，海面面元的垂直镜面反射作用越强，后向散射强度越强。图 5.32(b)给出了不同入射俯仰角扫描入射方位角时的单站散射结果，进一步验证了这一结论。

对一掠海飞行的小型飞机目标的散射特性进行仿真研究。其外形结构如图 5.33 所示。

图 5.33　小型飞机目标模型

飞机机长为 16 m，翼展为 12 m，机身高度为 2.5 m。海况风速为 $U_{10}=5$ m/s，风向角为 45°。图 5.34 比较了在入射频率 X 波段(10 GHz)，入射角为 $\theta_i=45°$、$\varphi_i=0°$时目标-海面复合散射、耦合散射以及单纯的目标散射和海面散射结果。在本计算中，目标离海平面垂直高度为 10 m。图 5.35 比较了目标所处高度分别上升到 20 m 与 30 m 时，耦合散射的变化变化情况。

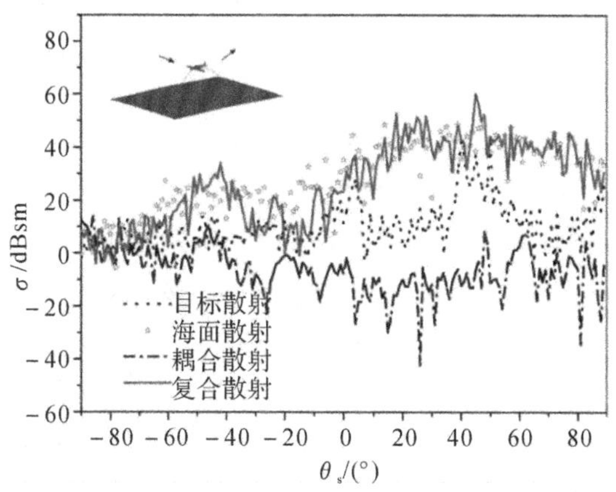

图 5.34 掠海小型飞机目标双站散射特性

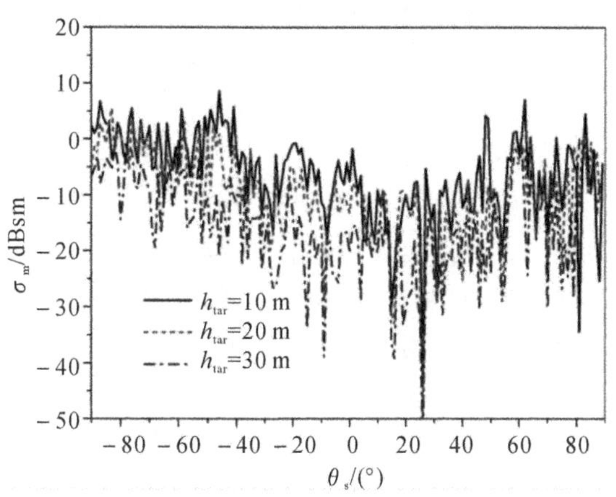

图 5.35 不同目标高度时多径耦合散射特性

可以看出，由于镜面反射作用，复合散射在镜面反射区域是最强的，但在后向散射的观察区域，复合散射相比单纯的海面散射有明显增强作用，而这一增强效果是由后向的耦合散射与目标散射带来的。高度增高时，在后向观测区域耦合散射有明显增强，而在其他散射方向，耦合散射受到干涉作用影响会出现局部增强和局部减弱。图 5.36 比较了目标离海平面垂直高度为 10m 时，不同风速海况下掠海目标复合散射特性。其中图 5.36(a)是入射角为 $\theta_i=45°$，$\varphi_i=0°$双站散射结果，图 5.36(b)所示是入射角 $\varphi_i=0°$，θ_i从$-90°\sim90°$扫描时的后向单站散射结果。

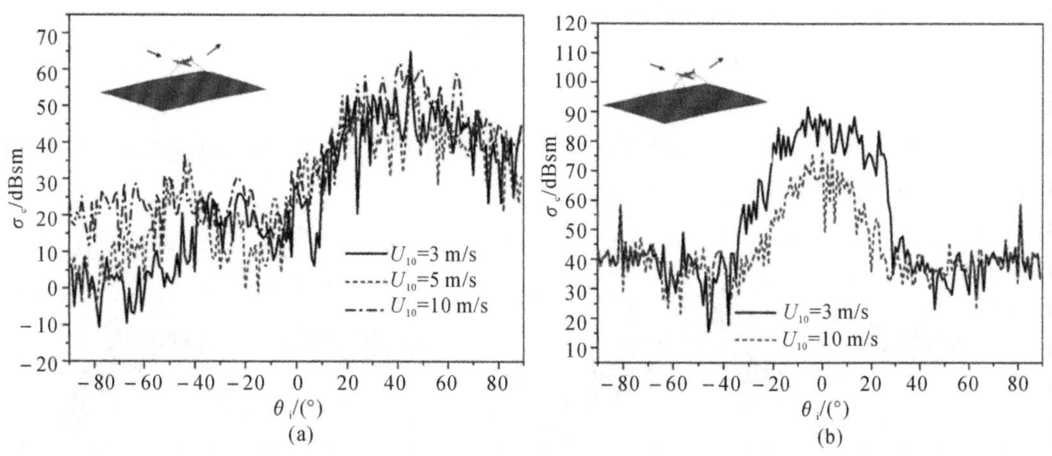

图 5.36 不同风速海况下掠海小型飞机目标复合散射特性

(a)双站散射； (b)单站散射

从图 5.36(a)中可以看出，对于 $\theta_i=45°$、$\varphi_i=0°$时的掠海目标双站散射，随着风速海况的增大，$U_{10}=5$ m/s 时掠海目标的复合散射系数在后向方向会局部小于 $U_{10}=3$ m/s 时的掠海目标复合散射系数，这时由于低海况下目标与海面更容易形成二面角结构，对后向耦合散射有增强作用。但是当海况继续增大，风速 U_{10} 达到 10 m/s 时，双站复合散射在各个观察方向都相对低海况下有一定增强，在后向方向增强的幅度则尤其明显。耦合散射计算时考虑了局部海面卷浪结构与目标的耦合散射，在这种高海况下，局部海面的泡沫与卷浪结构分布增多，卷浪与目标的耦合散射使得目标与海面的后向复合散射增强，而卷浪与泡沫结构自身的后向散射也使得复合散射在多个观察角都有明显增强。图 5.36(b)展示的单站散射结果，进一步可以看出，当入射角较小时，低海况的后向复合散射明显更强，这是由于当入射角较小时，低海况海面相对平静，其后向镜面反射作用更强且在复合散射中占据主要的散射贡献。入射角较大的情形下，高海况下的后向复合散射较低海况时的差别不大，虽然这时低海况的后向耦合散射会更强，但是高海况下的多尺度结构后向散射会更强，所以造成高、低海况的复合后向散射差别不大。

实际中掠海突防的目标往往会以群目标的形式出现，群目标对雷达目标检测与识别等方面会造成更大的困难。最后，对掠海低飞的弹头群目标同极化复合散射特性进行简单的仿真与讨论。弹头群目标包含长锥和短锥型弹头，其外形结构如图 5.37 所示。两弹头的底圆直径均为 1 m，长锥型弹头的长度为 5 m，短锥型弹头的长度为 3 m，这类锥型弹头群目标经常作为伴飞诱饵干扰雷达。

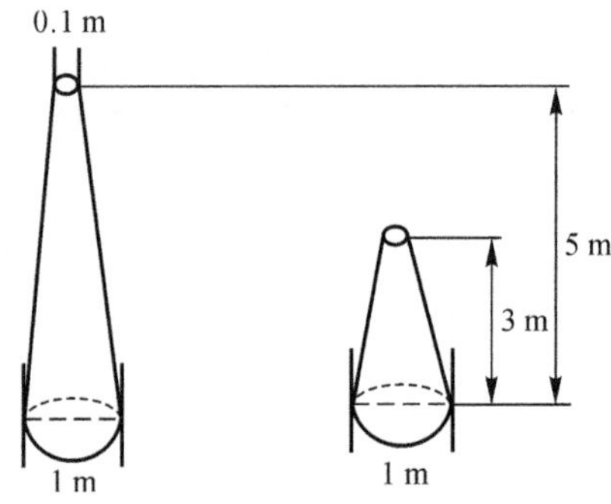

图 5.37　弹头目标模型及尺寸

这里分别给出由长、短两锥型弹头组成的双弹头群和四弹头群的掠海弹头群目标的同极化双站复合散射特性，如图 5.38 所示。

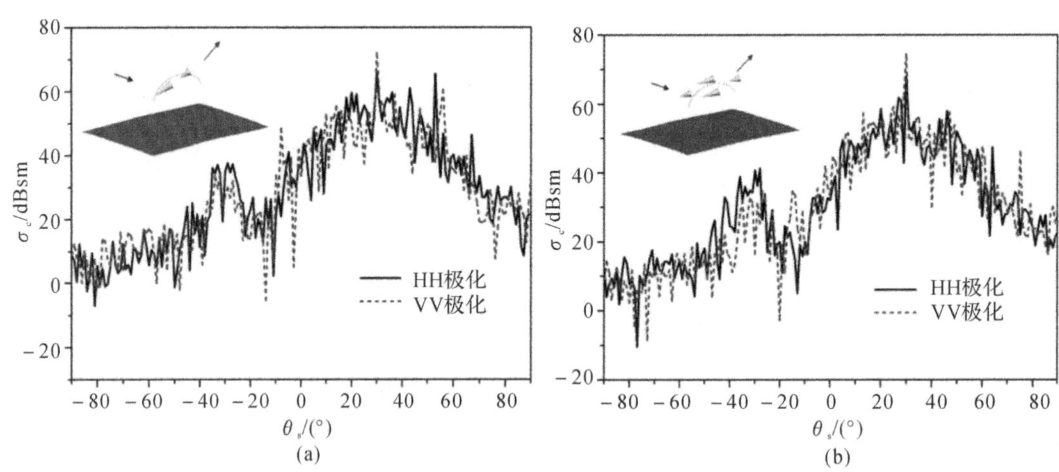

图 5.38　掠海弹头群目标复合散射特性

(a)双弹头群目标散射；(b)四弹头群目标散射

计算过程中入射频率仍取 X 波段(10 GHz),海水的介电常数为 55.56+34.95j,海况风速为 $U_{10}=5$ m/s,风向角为 45°,入射角为 $\theta_i=45°$、$\varphi_i=0°$。弹头群目标的排列方式如图 5.38中所示。图 5.38(a)给出的是长锥型弹头和短锥型弹头一前一后组成的双弹头群目标与海面的同极化复合散射特性,计算中两弹头成直线排布,相距 4 m。图 5.38(b)计算的是由两长锥型弹头与两短锥型弹头组成的四弹头群目标与海面的复合散射,四个弹头在同一水平面上。弹头群目标距海面的高度均为 5 m。可以看出四弹头群目标在后向散射方向更强,这一方面是由于四弹头群目标,多目标内部耦合散射更强,另一方面目标与海面在后向的耦合散射也更强。

5.4　海面目标散射特性造波池测试试验

这一节给出了典型超低空目标-海环境复合散射特性的测试试验情况,主要用吊臂在造波池上方悬挂目标模型,模拟测试海面上方掠海目标的散射特性。测试场景如图 5.39 所示。

图 5.39　超低空目标-海环境复合散射测试场景

测试采用的喇叭天线主波束宽度约为 13°,试验波段为 Ku 波段,测试采用的喇叭天线主波束宽度约为 13°,测试距离(天线口面距目标中心)为 13 m,仿真计算时水面面积为 100 m×60 m。图 5.40 所示为不同目标姿态下目标-造波池复合散射的仿真与测试结果对比,计算参数与测试参数一致。仿真结果与测试结果的对比验证结果如图 5.40 所示。

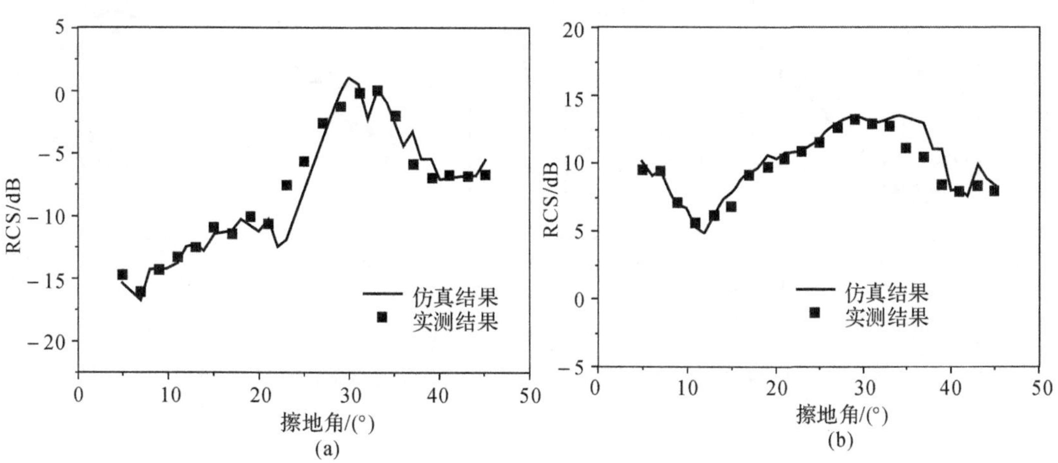

图 5.40　不同姿态目标-造波池复合散射仿真与测试对比

(a)姿态 0°；(b)姿态 90°

试验中目标距水面高度为1 m，入射方位角为0°，水面状况为平静，模拟0级海况，目标头部与入射波的夹角分别为0°和90°，可以看到，在水面平静的状态下，两种姿态下的仿真与测试结果均能良好吻合，而后向散射中耦合散射占重要成分，姿态为90°时的目标相比从头部入射时在更宽的角域上能取得更强的耦合散射。图5.41进而对比了在不同海况下仿真与测试结果，此次目标高度设为3 m，目标姿态为0°。

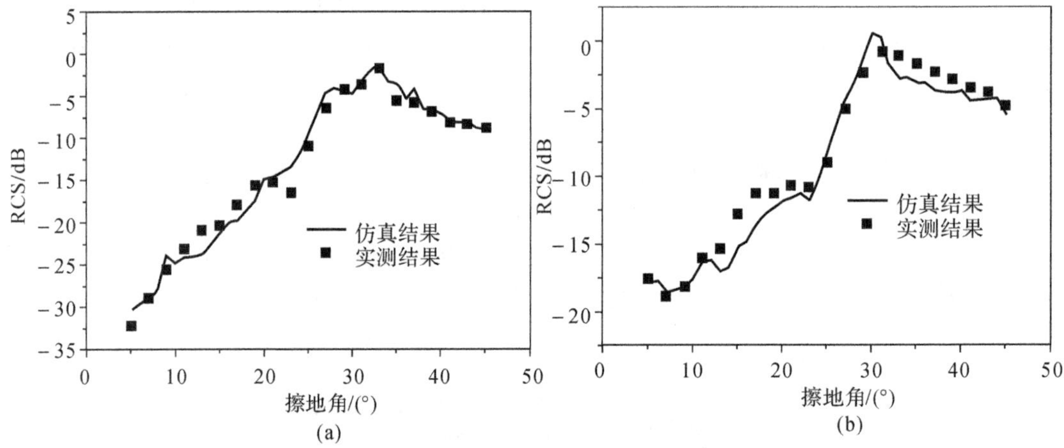

图5.41　不同况目标-造波池复合散射仿真与测试对比

(a)平静水面；(b)1级海况

图5.41(a)为平静水面下的结果，图5.41(b)为1级海况下的结果，可以看到1级海况下的复合散射后向散射更强且计算误差更大。而随着目标高度的增高，耦合散射的贡献减弱，后向散射主要为水面后向散射贡献。图5.42进一步将目标高度升至5 m，并给出了对比结果。

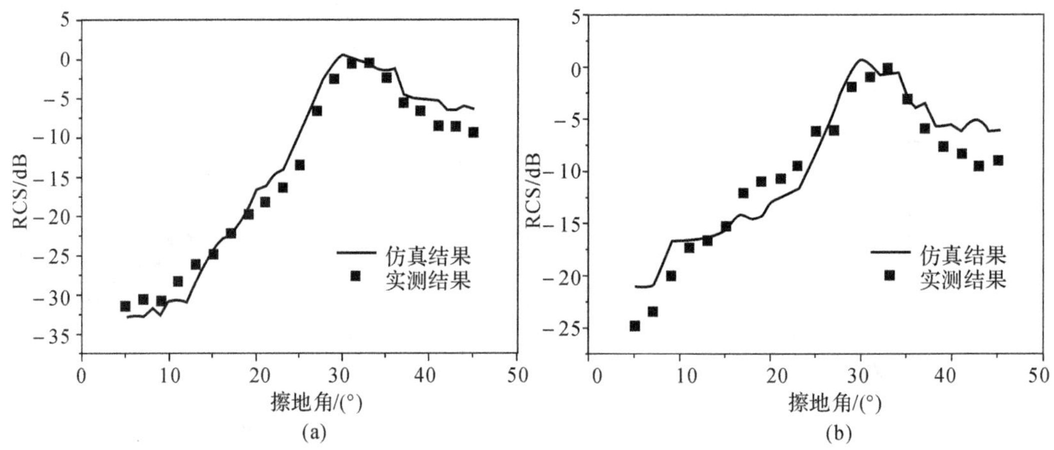

图5.42　目标高度为5 m时不同况目标-造波池复合散射仿真与测试对比

(a)平静水面；(b)1级海况

可以看出，对于高度为5 m的目标，由于耦合散射贡献相对弱，水面散射占后向散射的主要成分。因此1级海况下的复合散射的后向散射也要强于平静水面状况下的散射。而平静水面下计算的精度也要高于 1 级海况下的。上述几种情形下计算与试验结果的均方根误差见表 5.1。

表 5.1 Ku 波段复合散射仿真与测试均方根误差

目标姿态	平静水面的均方根误差/dB	1 级 PM 水面的均方根误差/dB
目标高度为 1 m,方位角为 0°	1.8	2.4
目标高度为 1 m,方位角为 90°	1.2	2.5
目标高度为 3 m,方位角为 0°	2.0	3.1
目标高度为 3 m,方位角为 90°	2.0	3.2
目标高度为 5 m,方位角为 0°	2.1	3.4
目标高度为 5 m,方位角 90°	2.0	3.1

参考文献

[1] JOHNSON J T. A study of the four - path model for scattering from an object above a half space [J]. Microwave and Optical Technology Letters, 2001, 30 (2): 130 -134.

[2] JOHNSON J T. A numerical study of scattering from an object above a rough surface[J]. IEEE Transactions on Antennas and Propagation, 2002, 50(10): 1361 - 1367.

[3] LINDELL I V. Image theory for the soft and hard surface[J]. IEEE Transactions on Antennas and Propagation, 1995, 43(1):117 - 119.

[4] LINDELL I V, HANNINEN J J, NIKOSKINEN K I. Electrostatic image theory for an anisotropic boundary [J]. IEE Proceedings - Science, Measurement and Technology, 2004, 151(3):188 - 194.

[5] BANNISTER P R. Applications of complex image theory[J]. Radio Science, 1986, 21(4):605 - 616.

[6] 许小剑,李晓飞,刁桂杰,等. 时变海面雷达目标散射现象学模型[M]. 北京:国防工业出版社,2013.

[7] HUANG Y, ZHAO Z Q, QI C H. Fast point - based KD - tree construction method for hybrid high frequency Method in Electromagnetic Scattering[J]. IEEE Access, 2018, 6: 38348 - 38355.

[8] LI J F, TAN Y H, LIAO S H, et al. Highly parallel SAH - KD - tree construction for ray tracing[J]. Journal of Hunan University Natural Sciences, 2018, 45(10): 148 - 154.

[9] 迟学斌,王彦棡,王钰,等. 并行计算与实现技术[M]. 北京:科学出版社,2015.

[10] PENG P, GUO L X, TONG C M. An EM model for radar multipath simulation and HRRP analysis of low altitude target above electrically large composite scale rough surface[J]. Electromagnetics, 2018, 38(3): 177 - 188.

第 6 章 时变海面-目标动态电磁散射及雷达信号建模

海面目标的动态散射及回波特性是雷达检测领域令人高度关注的问题。由于风驱海面和目标的动态特性，雷达收到的时域回波本质上是时变的散射序列。根据前面章节的论述，海面目标散射成分中除目标的散射外，还包含海面的散射及海面与目标间的耦合散射。海表面几何轮廓是随时间随机起伏变化的，表面几何特征的变化会造成海环境中电磁散射的随机时变特性，对海环境中雷达目标检测形成随机干扰，导致雷达对接收到的回波信号难以进行有效处理，极大增加了雷达检测和目标识别的难度。对目标信号形成随机干扰的主要成分就是海面散射形成的海杂波及目标与海面耦合散射形成的多径干扰。对于这两种随机干扰的研究可以从两方面着手，一是它们的统计分布特性，统计方法是描述随机信号回波特性的一种常用的手段。随机序列信号幅度的统计分布特性是表征其信号样本幅度起伏大小的重要特征，在随机信号处理中也对谱估计和信号检测等方面具有重要意义。二是动态回波的多普勒特性。目标信号与多径、杂波在时间域上是混叠在一起的，很难进行分辨，但是在多普勒域可以利用速度差别将目标从海杂波和多径干扰中分离出来，而掠海目标回波中海杂波与多径回波的多普勒谱也反映了目标、海浪运动对电磁散射的调制机理。本章首先介绍时变海面的几何建模、掠海目标动态电磁散射计算方法及雷达回波模型，其次介绍常见的海杂波幅度统计模型及统计参数估计方法，对海杂波和多径的统计分布特性进行拟合分析，最后对海杂波和多径回波的多普勒特性进行计算与讨论。

6.1 基于电磁散射的雷达回波建模

6.1.1 雷达回波信号模型

雷达回波信号是雷达目标检测与信息获取的基础，根据雷达方程，雷达接收到点目标信号功率为

$$P_r = \frac{P_t \lambda^2 \sigma}{(4\pi)^3 R^4 L} G_t G_r \tag{6-1}$$

式中：P 为发射机功率；λ 为雷达波波长；R 为雷达到目标的距离；L 为衰减因子；G_t 为发射天线增益；G_r 为接收天线增益，对于单站共用天线的雷达有 $G_t = G_r = G$；σ 为目标的雷达散射截面，对于信号功率来讲 σ 是没有相位项的，但对于信号幅度来讲，σ 应包含一相位项，用来表示目标表面发生电磁散射时的相移即复散射截面积$\sqrt{\sigma}\exp(\mathrm{j}\varphi)$。这样雷达接收的复信号为

$$s_r(t)=\sqrt{\frac{\lambda^2}{(4\pi)^3R^4L}}G\sqrt{\sigma}\exp(\mathrm{j}\varphi)s_t(t-\tau) \tag{6-2}$$

式中：$\tau=2R/c$，为雷达波到达接收机的延迟时间；c 为光速；s_t 表示发射信号，根据不同工作体制的雷达，s_t 有多种形式，这里采用最为常用的脉冲体制。根据信号的带宽，将发射信号分为常规雷达信号形式与宽带雷达信号形式，这也决定了其回波信号的表示形式也有所区别。首先分析常规雷达信号形式，常规雷达发射信号形式为

$$s_t(t)=u(t)\exp(\mathrm{j}2\pi f_0 t) \tag{6-3}$$

式中：f_0 为载频信号频率；$u(t)$ 为矩形调制脉冲，对脉冲宽度为 T_p 的信号，有

$$u(t)=\mathrm{rect}\left(\frac{t}{T_p}\right)=\begin{cases}1, & 0<t<T_p\\ 0, & \text{其他}\end{cases} \tag{6-4}$$

t 时刻单个脉冲的目标回波信号为

$$s_r(t)=\sqrt{\frac{\lambda^2}{(4\pi)^3R^4L}}G\sqrt{\sigma}\exp(\mathrm{j}\varphi)u(t-\tau)\exp[\mathrm{j}2\pi(f_0+f_d)(t-\tau)] \tag{6-5}$$

f_d 为目标多普勒频移，一般雷达发射一组脉冲，设脉冲数为 N 则雷达回波为

$$s_r^N(t)=\sum_{i=0}^{N}Au(t-\tau-\mathrm{i}T_r)\exp[\mathrm{j}2\pi(f_0+f_d)(t-\tau)] \tag{6-6}$$

式中：A 为回波的幅度；T_r 为脉冲重复周期，常规雷达的分辨单元尺寸为 $T_pc/2$，即雷达可以将大于该距离的两个目标分辨出来；信号相位部分 $\mathrm{j}2\pi f_d\tau$ 项表示目标脉冲时间内的走动引起的多普勒频移，称为脉内多普勒，对于一般速度的目标，该项是可以忽略的，再对式(6-6)中的信号进行零中频处理，得到回波的基带信号（或称为零中频信号）为

$$s_r^N(t)=\sum_{i=0}^{N}A_i u(t-\tau-\mathrm{i}T_r)\exp\left(-\frac{\mathrm{j}4\pi R}{\lambda}+\mathrm{j}2\pi f_d t\right) \tag{6-7}$$

宽带化是现代雷达的发展趋势，现代先进军事雷达普遍向宽带体制发展，宽带体制雷达可以获得更高的雷达距离分辨率和特征，更好地用于目标检测与识别。宽带雷达未来保持雷达作用距离通常采用脉冲压缩体制信号，其中，用得最多的发射信号形式为线性调频信号，该信号表示形式为

$$s_t(t)=u(t)\exp[\mathrm{j}2\pi(f_0t+Kt^2/2)] \tag{6-8}$$

式中：$K=B/T_p$ 为线性调频率；B 为线性调频信号带宽。当雷达使用宽带信号时，大大增加了雷达分辨率，在窄带条件下的点目标变成了扩展性目标，杂波的分辨单元尺寸也大大减小。我们知道分辨单元内的杂波功率的大小为散射系数与分辨单元面积的乘积。因此分辨单元的尺寸直接影响了单元内杂波功率的大小。对于宽带雷达回波信号，由于距离分辨率的增加，单个脉冲含有多个分辨单元，所以信号建模时不能像常规雷达信号模型那样以脉冲为单元进行，而是需要对脉冲进一步细分。有的学者采用子脉冲形式，即认为每个脉冲由 N_b 个相等子脉冲组成，N_b 为单个脉冲内含有分辨单元数。还有的学者采用子带形式，即将宽带信号划分成一系列子带信号，每个子带信号可以近似认为常规信号。两种方法的思路是一致的，只不过一个从时域出发，另一个从频域出发。这里采用子脉冲信号形式，则发射信号可重新写为

$$s_t(t)=\sum_{i=0}^{N_b-1}\exp[\mathrm{j}2\pi(f_0t+Kt^2/2)]\mathrm{rect}\left(\frac{t-i\tau_p}{\tau_p}\right),\quad 0\leqslant t\leqslant T_p \tag{6-9}$$

式中：τ_p 为子脉冲宽度。在回波信号建模中，按雷达分辨单元在水平面上的投影将波束照射区域划分为 N_s 个子区域，需要注意的是此时每个区域对应的距离维长度不再是窄带形式下脉冲宽度对应的长度，而是宽带形式下的分辨单元，即 $c/2B$。这里不妨认为宽带信号的距离门即为子脉冲宽度 $\tau_p=1/B$，这样相邻距离门的时间差为子脉冲宽度，进入同一距离门的回波信号为前面多个距离门回波叠加的结果。对于点目标，雷达发射的第 m 个子脉冲信号照射第 n 个雷达分辨单元后的回波信号为

$$s_n^m(t)=\mathrm{rect}\left(\frac{t-m\tau_p}{\tau_p}\right)A_n^m\exp(\mathrm{j}\pi Kt^2)\exp\left(-\frac{\mathrm{j}4\pi R_n}{\lambda}+\mathrm{j}2\pi f_{dn}t\right),\quad 0\leqslant t\leqslant T_p \tag{6-10}$$

式中：R_n 与 f_{dn} 分别为第 n 个分辨单元的距离与多普勒频率。对于环境或者扩展目标，都可以认为是由众多点目标组成，每个点目标的回波都会持续一个脉冲时间 T_p，这些点目标的回波跨越多个距离门。已知宽带发射信号具有 N_b 个子脉冲，雷达波束照射场景跨越 N_s 个距离分辨单元(距离门)。第 m 个子脉冲照射第 $k+1-m$ 距离分辨单元的回波信号都会出现在第 k 个距离。对于一个脉冲重复周期内的第 k 个距离门的回波 S_k，其信号为前面 $k-1$ 个距离分辨单元延时回波信号的叠加，即

$$S_k=\sum_{n=1}^{k}s_n^{k+1-n}(t),\quad k=1,2,\cdots,N_s \tag{6-11}$$

对于多个发射脉冲情况的分析也类似，第一个脉宽内的回波与式(6-11)相同，其余脉冲宽度内的则为前面 N_b-1 个距离门回波的叠加之和。无论是式(6-7)中常规雷达回波形式还是式(6-10)和式(6-11)中宽带回波形式，关键都是要确定回波的复幅度 A_i 或 A_n^m。对于目标回波而言，回波的幅度都可通过计算目标的 RCS 获得。对杂波而言，由于其尺寸巨大并具有随机性，即幅度的计算具有一定困难。杂波模拟的实质就是生成具有一定相关性与分布特性的随机序列。目前杂波幅度的模型可以分为统计杂波模型和基于电磁散射的杂波建模。统计模型发展较为成熟，其方法简单、高效。基于环境电磁散射的杂波模型由于计算量庞大，其应用在前期并没有得到广泛的推广，但是随着大面元算法与计算机硬件的迅速发展，这种建模方法已完全可以实施，尤其是基于几何环境和半确定面元散射的杂波模型具有十分明显的优势。下面对这两种杂波建模方法进行描述。由于雷达方程信号的幅度只有 $\sqrt{\sigma}\exp(\mathrm{j}\varphi)$ 项是与环境自身特性有关的，所以后面基于电磁散射模型的杂波幅度没有考虑距离因子与天线方向图调制。无论是统计模型还是电磁散射模型，只要将仿真得到的随机序列带入常规与宽带雷达回波模型中便可得到完整的杂波视频回波信号。

6.1.2 运动目标回波的频域模型

如图 6.1 所示，目标向雷达以径向速度 v 匀速飞行，雷达发射脉冲时刻为 $t-\Delta t$，目标与雷达距离为 R_0，脉冲照射到目标表面时刻为 t_1，此时目标与雷达距离为 R_1，雷达于 t 时刻接收到雷达回波。

图 6.1 中存在以下关系：

$$t_1=t-0.5\Delta t \tag{6-12}$$

$$R_1=R_0-vt_1=R_0-v(t-0.5\Delta t) \tag{6-13}$$

$$R_1=0.5C\Delta t \tag{6-14}$$

由以上三式可以求得

$$\Delta t=\frac{2}{C-v}(R_0-vt) \tag{6-15}$$

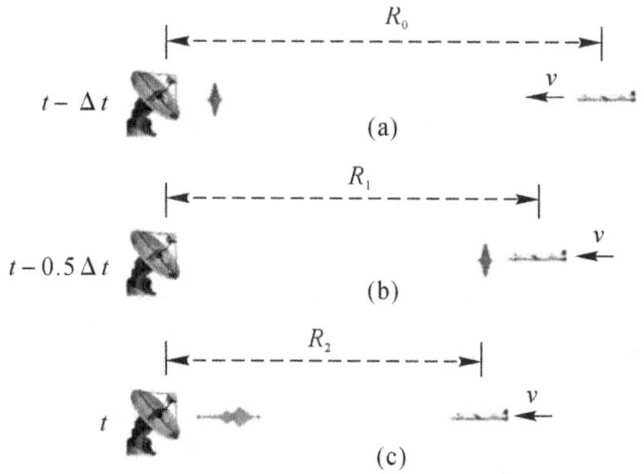

图 6.1　目标与雷达距离和时间的关系
(a) 雷达发射脉冲；(b) 脉冲到达目标；(c) 雷达接收回波

将雷达发射信号记为 $s_0(t-\Delta t)$，则雷达接收到的回波信号可以写为

$$s_r(t)=s_0(t-\Delta t)*h(t) \tag{6-16}$$

$$t-\Delta t=\frac{C+v}{C-v}t-\frac{2R_0}{C-v} \tag{6-17}$$

式中：$*$ 为卷积运算符；$h(t)$ 为目标的时域响应函数；C 为电磁波在空气中的传播速度。

对式(6.16)进行傅里叶变换，可得雷达接收回波信号的频域表达式为

$$S_r(\omega)=\frac{1}{\alpha}S_0\left(\frac{\omega}{\alpha}\right)H(\omega)\exp\left(-\mathrm{j}\omega\frac{2R_0}{C+v}\right) \tag{6-18}$$

$$\alpha=\frac{C+v}{C-v} \tag{6-19}$$

式中：$S_0(\omega)$ 为雷达发射脉冲信号的频谱；$S_r(\omega)$ 为接收回波信号的频谱；$H(\omega)$ 为目标的频域响应函数。对低速目标的雷达回波进行仿真时通常采用“走-停”模型，即假设雷达在发射接收一个脉冲的过程中目标是静止不动的，在各个脉冲之间目标是运动的。这时式(6-18)可以重写为

$$S_r(\omega)=S_0(\omega)H(\omega)\exp\left(-\mathrm{j}\omega\frac{2R_0}{C}\right) \tag{6-20}$$

对于高速目标而言，继续使用“走-停”模型无法对目标运动引起的回波频谱展宽(变窄)和距离像的展宽(变窄)及平移进行仿真。在目标运动速度满足 $v\ll C$ 的条件下可以做以下近似，则有

$$\frac{1}{C+v}\approx\frac{1}{C}-\frac{v}{C^2} \tag{6-21}$$

这时雷达接收回波信号的频域表达式可以写为

$$\begin{aligned}S_r(\omega)&\approx\frac{1}{\alpha}S_0\left(\frac{\omega}{\alpha}\right)H(\omega)\exp\left(-\mathrm{j}\omega\frac{2R_0}{C}+\mathrm{j}\omega\frac{2R_0v}{C^2}\right)\approx\\&\frac{1}{\alpha}S_0\left(\frac{\omega}{\alpha}\right)H(\omega)\exp\left(-\mathrm{j}\frac{4\pi R_0}{C}f+\mathrm{j}\frac{R_0}{C^2}f_d\right)\end{aligned} \tag{6-22}$$

$$f_d = \frac{2v}{C} f \tag{6-23}$$

6.1.3 低速目标的宽带回波信号仿真

对于低速目标而言，因为雷达发射脉冲大多在微秒量级，所以在一个雷达发射脉冲照射的周期内位移十分有限。因此可以在雷达从发射一个脉冲到接收到这个脉冲的时间段内将目标视为静止不动的，这也是“走-停”模型的核心思想。

“走-停”模型中宽带回波生成的流程如图 6.2 所示。

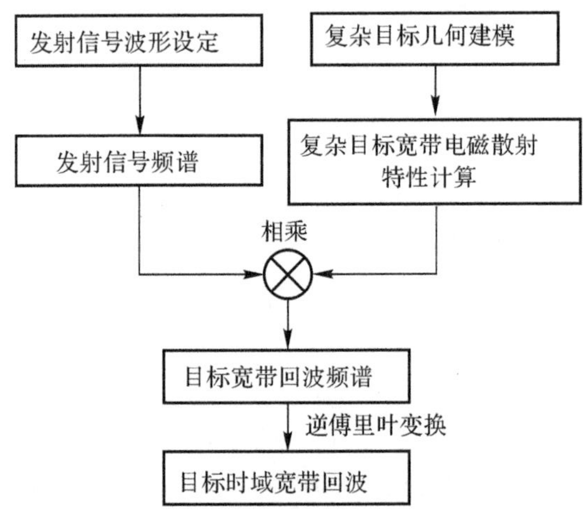

图 6.2 “走-停”模型中宽带回波生成流程

采用计算电磁学时域方法可以直接计算得到目标的时域后向散射响应，而时域后向散射响应的幅值就是雷达将要通过天线接收到的脉冲信号。

图 6.3 所示是由时域物理光学法直接计算得到的导弹目标的回波信号。发射的脉冲为调制高斯脉冲，频带宽度为 $B=3$ GHz，中心频率为 $f_0=7.5$ GHz，脉冲持续时间为 $t_p=2.133$ ns，脉冲宽度为 $\tau=1.333$ ns。实际雷达中采用的发射脉冲波形往往是线性调频脉冲，由于实际工程技术水平的限制，调频率相对较低，脉冲宽度相对较宽。在发射脉冲带宽和载频确定的情况下信号的采样间隔也是可以确定的，这时如果继续使用时域物理光学法计算雷达回波的话会由于采样数量巨大导致计算效率极其低下。

由于雷达发射的电磁脉冲与目标作用的过程可以视为线性系统对输入信号的作用过程，因此可以先利用调制高斯脉冲求出这个线性系统的响应函数，然后由系统响应函数求出线性调频信号的响应。如图 6.4 所示，调制高斯脉冲和线性调频信号与目标作用过程如图中黑线箭头所示，其中 $s'_0(t)$ 与 $s_0(t)$ 分别为调制高斯脉冲与线性调频信号，$S'_0(f)$ 与 $S_0(f)$ 分别为其对应的频谱，$s'_r(t)$ 与 $s_r(t)$ 分别为调制高斯脉冲与线性调频信号对应的回波信号，$S'_r(f)$ 与 $S_r(f)$ 分别为其对应的频谱，$\mu(f)$ 为目标的频域响应函数，也是目标的宽带电磁散射特性。通过公式可以表达为

$$\mu(f) = \frac{S'_r(f)}{S'_0(f)} = \frac{S_r(f)}{S_0(f)} \tag{6-24}$$

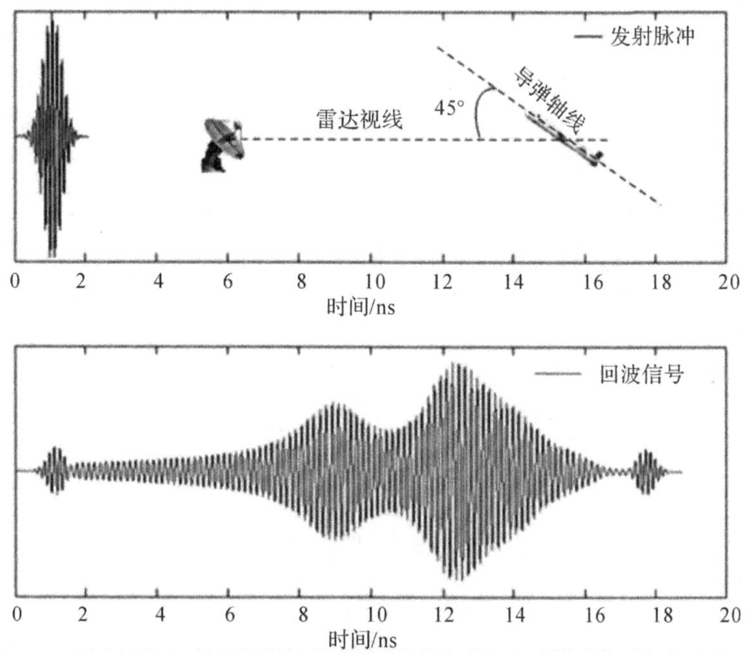

图 6.3　时域物理光学法计算得到的导弹目标回波信号

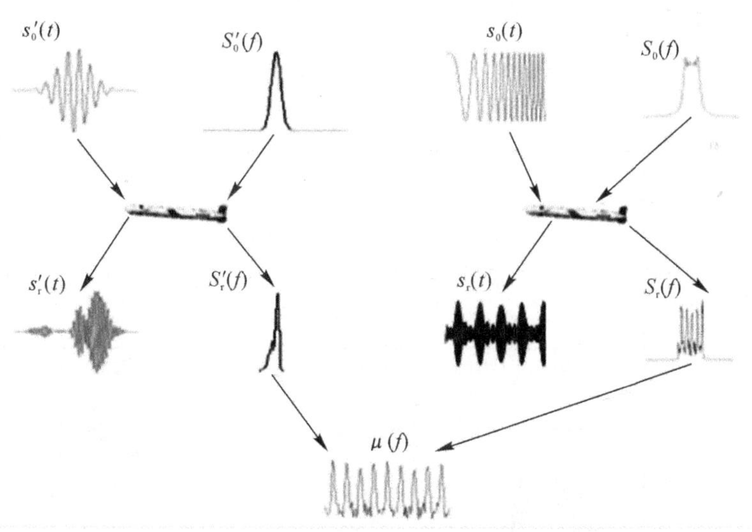

图 6.4　不同雷达脉冲与目标作用过程示意图

$\mu(f)$ 作为目标的宽带电磁散射特性可以通过第 2 章中提出的时域物理光学法快速求得(使用调制高斯脉冲作为激励信号),采用线性调频信号作为激励时的频域响应函数,通过逆傅里叶变换得到以线性调频信号作为激励信号时雷达接收到的回波信号。可以表示为

$$S_r(f)=S_0(f)\frac{S'_r(f)}{S'_0(f)} \tag{6-25}$$

$$s_r(t) = \text{IFFT}[S_r(f)] \tag{6-26}$$

如图 6.5 所示，三个大小不同的立方体，对角线长度分别为 0.6 m、0.3 m 和 0.012 m，三个立方体间的间隔为 1 m，雷达和三个立方体间的位置关系如图所示。设定入射线性调频信号带宽为 4 GHz，中心频率为 7 GHz，脉冲宽度为 $T=10\ \mu s$。首先使用时域物理光学法对三个立方体的调制高斯脉冲信号的回波进行计算，入射高斯脉冲参数为 $\tau=1$ ns、$t_p=1.6$ ns。计算得到的回波信号如图 6.6 所示，显然，三个目标的分布特性使得回波信号相比发射脉冲有明显的展宽。图 6.7 和图 6.8 分别为时域物理光学法得到的三个立方体目标的宽带 RCS 和一维距离像，通过对比图 6.5 和图 6.8 可以发现一维距离像准确反映了三个立方体的位置关系，说明了算法的正确性。

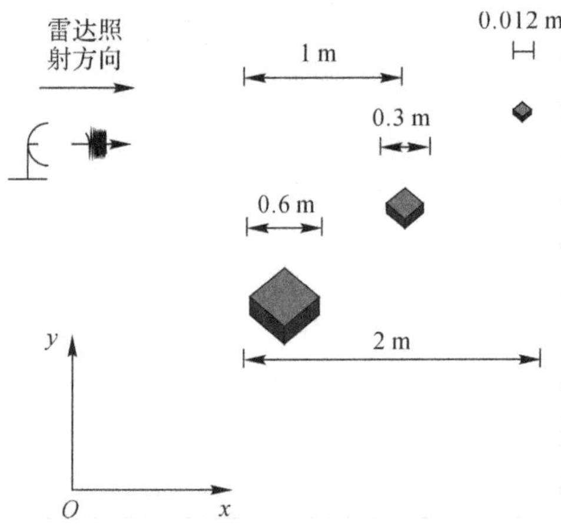

图 6.5　雷达与三个立方体位置关系

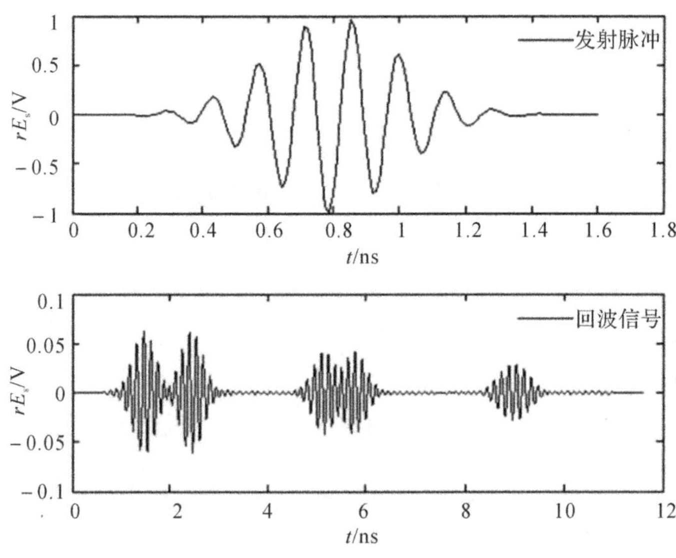

图 6.6　发射脉冲和回波信号

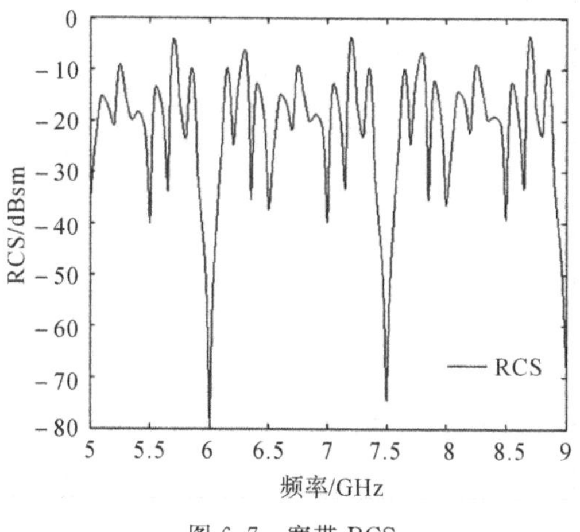

图 6.7　宽带 RCS

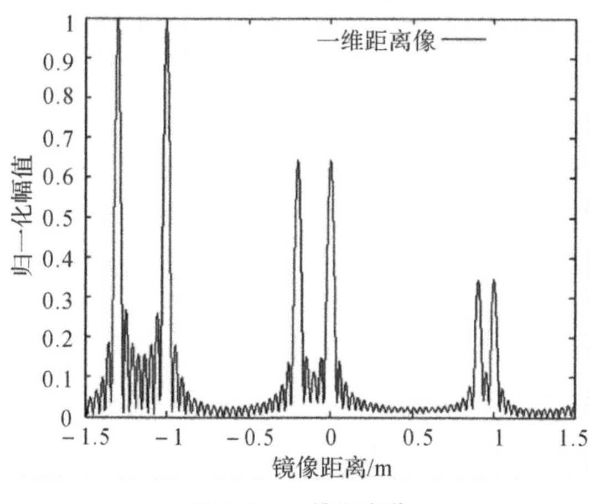

图 6.8　一维距离像

通过时域物理光学法计算得到三个立方体的频域响应函数 $\mu(f)$ 后，可以进一步得到目标线性调频信号的回波，如图 6.9 所示。

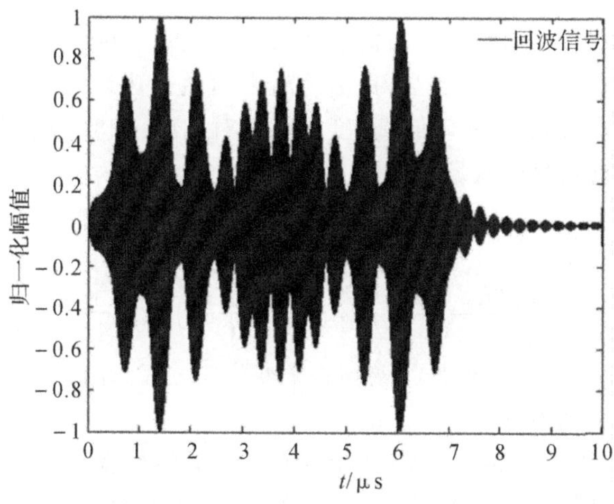

图 6.9　线性调频信号的回波

6.1.4　高速目标的宽带回波信号仿真

对于高速运动目标而言，“走-停”模型已经不再适用。对于线性调频信号而言，高速运动目标会导致脉冲频谱的展宽或者压缩和调频斜率的倾斜，进而导致目标一维距离像的展宽或者压缩和平移。线性调频信号作为雷达发射脉冲波形时，雷达接收回波信号的时、频域表达式可以写为

$$s_{\mathrm{r}}(t)=\frac{1}{\alpha}\mathrm{rect}\left[\frac{\alpha}{T}\left(t-\frac{2R_0}{C+v}\right)\right]\exp\left\{\mathrm{j}\left[\omega_0\alpha\left(t-\frac{2R_0}{C+v}\right)+\pi\mu\alpha^2\left(t-\frac{2R_0}{C+v}\right)\right]\right\} \tag{6-27}$$

$$S_{\mathrm{r}}(\omega)=H(\omega)\frac{1}{\alpha\sqrt{\mu}}\mathrm{rect}\left(\frac{\omega-\omega_0\alpha}{\mu T\alpha}\right)\exp\left(-\mathrm{j}\frac{\omega^2}{4\pi\mu\alpha^2}+\mathrm{j}\frac{\pi}{4}\right)\exp\left(-\mathrm{j}\omega\frac{2R_0}{C+v}\right) \tag{6-28}$$

式中：μ 为调频斜率；ω_0 为载频的角频率；T 为脉冲时宽。

当目标为理想点目标时，目标的高速运动会对雷达回波信号的以下参数产生影响：

调制斜率：

$$\mu' = \mu\beta^2 \approx \mu\left(1+\frac{4v}{C}\right) \tag{6-29}$$

带宽：

$$B' = B\beta \approx \mu T\left(1+\frac{2v}{C}\right) \tag{6-30}$$

中心频率：

$$\omega'_0 = \omega_0 + 0.5B' = \omega_0 + 0.5\mu T\left(1+\frac{2v}{C}\right) \tag{6-31}$$

回波的时间偏移量：

$$\tau = \frac{2R_0}{C+v} \tag{6-32}$$

脉冲时宽：

$$T' \approx \frac{T}{\alpha} = \frac{T}{1+2v/C} \tag{6-33}$$

由式(6-33)可以理论分析，目标向雷达做高速运动时，会导致调频斜率的上升，带宽展宽，载频升高，回波前移，回波时宽变窄；目标远离雷达做高速运动时，会导致调频斜率的下降，带宽变窄，载频升高，回波后移，回波宽度展宽。对式(6-28)进行匹配滤波处理可得解线性调频处理后的回波信号的频域表达式为

$$H_r(\omega) = \frac{1}{\alpha\mu}H(\omega)\mathrm{rect}\left(\frac{\omega-\omega_0}{\mu T}\right)\mathrm{rect}\left(\frac{\omega-\omega_0\alpha}{\mu T\alpha}\right)\times \exp\left[\frac{2(R_0-R_{\mathrm{ref}})\omega}{C}\right]\exp\left(\omega\,\frac{2R_0 v}{C^2}\right)\exp\left(\frac{\omega^2}{4\pi\mu 4v/C}\right) \tag{6-34}$$

式中：R_{ref} 为参考距离，此时回波信号的调频斜率变为 $\mu 4v/C$，对 $H_r(\omega)$ 进行逆傅里叶变换便可以得到目标的一维距离像。

经过以上推导，可以得到如图 6.10 所示的高速运动模型宽带回波生成方法。首先设定发射信号的波形参数并据此计算得到发射信号的频谱，然后根据事先设定的高速运动目标的速度距离参数对回波表达式中的幅度和相位乘性因子进行计算并对发射信号频谱进行变频标处理，然后使用时域物理光学法对目标的静态宽带电磁散射特性进行计算，接着将变频标处理后的发射信号频谱、幅度相位乘性因子和目标的宽带电磁散射特性相乘得到高速目标宽带回波的频谱，最后通过对高速目标宽带回波的频谱进行逆傅里叶变换便可以得到高速目标的时域宽带回波。

本节对如图 6.11 所示的弹头目标做高速运动时的宽带回波进行了仿真。弹头的尺寸参数如图 6.11 所示，将高速运动的弹头视为理想导体，不考虑表面的离子鞘。雷达照射弹头目标的视线角为 30°，弹头目标与雷达距离 R_0 设为 600 km，弹头目标以 3 km/s 的径向速度向雷达飞行。雷达发射脉冲波形为线性调频信号，带宽为 1 GHz，脉冲时宽为 100 μs，载频为 12 GHz。使用时域物理光学法对目标的宽带 RCS 进行计算可得目标的宽带电磁散射特性进行计算，可得目标的宽带 RCS，如图 6.12 所示。

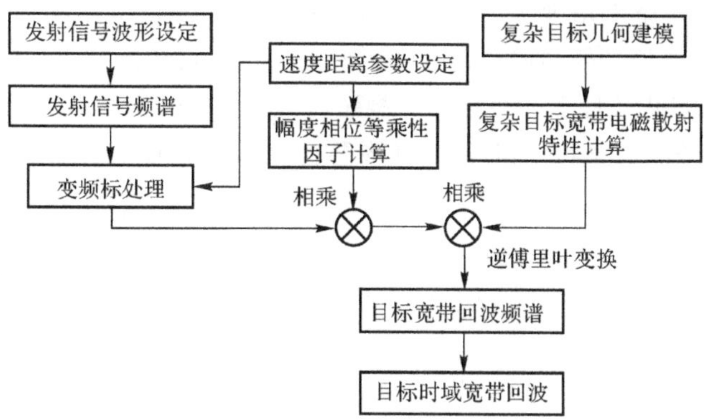

图 6.10　高速运动模型宽带回波生成流程

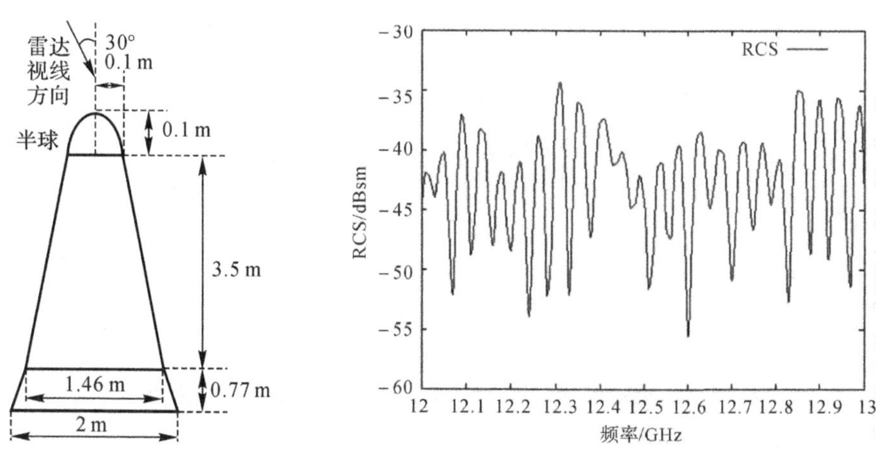

图 6.11　雷达照射弹头目标关系示意图　　图 6.12　弹头目标的宽带 RCS

根据图 6.10 中所示的流程对弹头目标的宽带回波进行仿真可得回波信号，如图 6.13 所示。

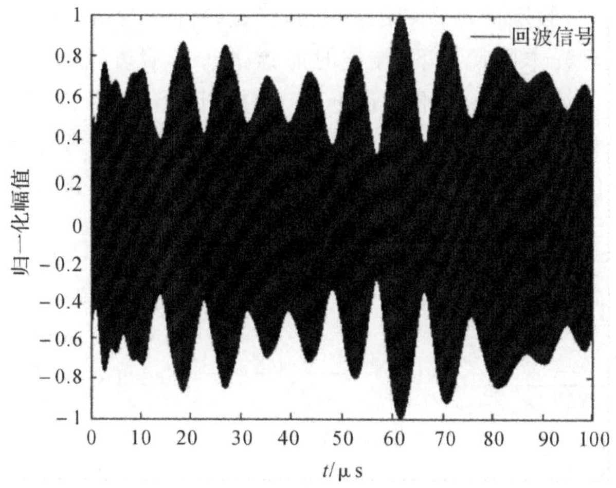

图 6.13　弹头目标的回波信号

从图 6.13 中并不能看出弹头目标高速运动对宽带回波产生的影响。对回波进行匹配滤波后，高速目标回波信号的频谱进行逆傅里叶变换可以得到高速目标的一维距离像，如图 6.14 所示。通过与静止条件下的目标的一维距离像进行对比可以发现，目标的高速运动导致了目标一维距离像的展宽和平移，展宽和平移的大小与目标的速度和目标与雷达的距离有关。

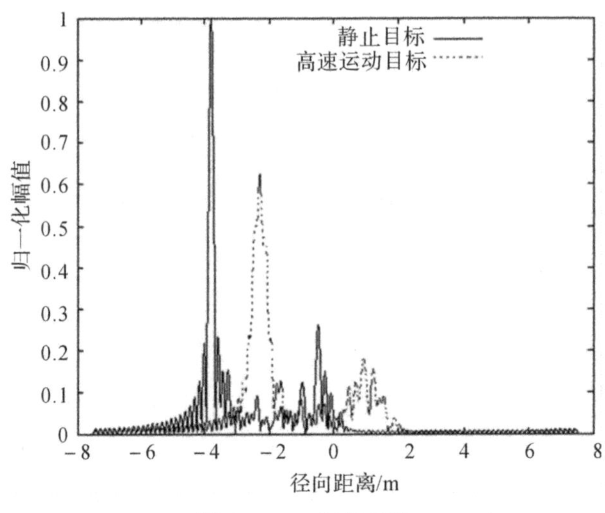

图 6.14 一维距离像

6.2 海面目标动态散射及回波模型

6.2.1 时变海面几何建模

实际海面起伏形态根据海谱能量的传播规律在随时间发生变化，海面轮廓随时间的演变是基于时变随机粗糙面的空时相关性。根据随机种子在每个离散时刻生成海面轮廓的几何样本具有时间相关性，假定计算海域的高程起伏是统计均匀的，在已知海平面上任意一点在某参考时刻海面高程样本的情况下，按空时海谱进行反演可以得到后续任意时刻海洋面上任意点的高程。空时海谱是在标准海谱上计入时间因子，然后按照随机粗糙面建模理论与随机种子产生的随机场进行频域滤波，再通过二维逆快速傅里叶变换（IFFT）就可以得到任意时刻 t 海面的起伏信息。这样时变海洋面在任意点、任意时刻的高程起伏可以表示为

$$z(x,y,t)=\frac{1}{L_xL_y}\sum_{m=-\infty}^{\infty}\sum_{n=-\infty}^{\infty}f_{mn}(\kappa_{xm},\kappa_{yn},t)\,\mathrm{e}^{\frac{\mathrm{j}2\pi mx}{L_x}}\mathrm{e}^{\frac{\mathrm{j}2\pi ny}{L_y}} \tag{6-35}$$

式中：f_{mn} 是二维傅里叶变换系数，且有

$$f_{mn}=2\pi\mathrm{e}^{-\mathrm{j}\omega t}\sqrt{L_xL_yS(\kappa_{xm},\kappa_{yn})}\begin{cases}\dfrac{N(0,1)+\mathrm{j}N(0,1)}{\sqrt{2}}, & m\neq 0,N_x/2,n\neq 0,N_y/2\\ N(0,1), & m=0,N_x/2,n=0,N_y/2\end{cases} \tag{6-36}$$

$S(\kappa_{xm},\kappa_{yn})$ 是海谱函数，时间项中的角频率 ω 的值为

$$\omega=\sqrt{g_0\kappa} \tag{6-37}$$

式中：g_0 为重力加速度，$\kappa^2=\kappa_{xm}^2+\kappa_{yn}^2$ 表示空间波矢量，空间波矢量决定了海面起伏速率的传播速度。在生成固定尺寸的时变海面序列时，由于不同样本的空间矢量分布是相同的，所以只需计算一次 ω。图 6.15 所示为二维时变海面轮廓随时空变化的示意图。

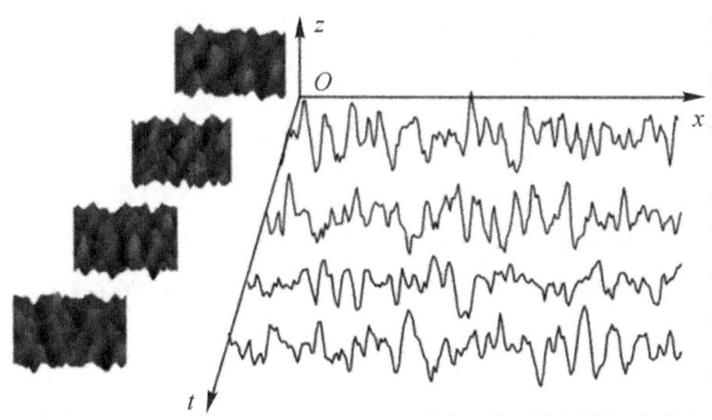

图 6.15　时变海面表面轮廓的空时变化

为更好地比较海面随时间动态演进的过程，从上述三维海面中提取沿 X 方向的二维海面的一个切面做进一步观察。设海面风速为 3 m/s，风向沿 x 方向 0°，图 6.16 比较了 $t=3$ s 到 $t=0.2$ s 海面轮廓的演进变化情况。

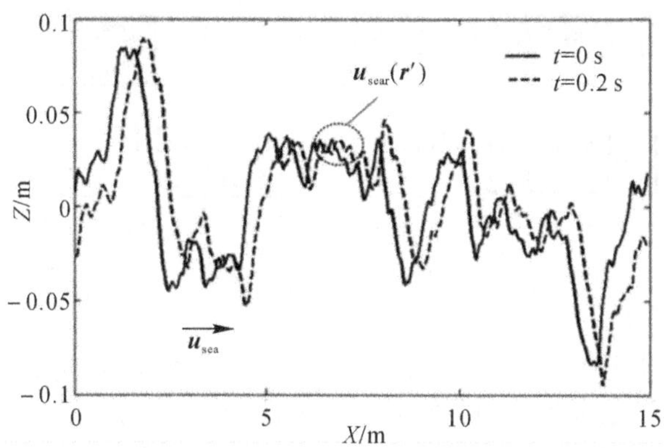

图 6.16　海面轮廓 X 方向切面的时变特性

可以观察到，在两个间隔时刻，海面的主体能量是跟随主波浪的运动随时间的演进向传播方向移动，而波浪在推进的过程中局部海浪也会发生运动变化。可以用两种速度矢量描述海面的动态情况，如图 6.16 所示，一种是海浪的传播速度，记为 u_{sea}。速度值 u_{sea} 与基波海浪的传播角速度与浪高有关，其关系式为

$$u_{\text{sea}}=\omega_{\text{p}}H_{\text{p}}/2 \tag{6-38}$$

式中：H_{p} 是基波的浪高；T_{p} 是基波的周期；ω_{p} 为基波的角频率，速度矢量的方向就是波浪传播的方向。假设海洋为无限深度，而波浪的传播方向与海面上风向相同。根据经验公式各参数与海谱中风速参数的关系可以写作：

$$H_{\text{p}}\approx 0.021\,2U_{10}^2 \tag{6-39}$$

$$\omega_{\text{p}}\approx 0.877g_0/U_{10}^2 \tag{6-40}$$

$$u_{\text{sea}} = 0.0912U_{10} \tag{6-41}$$

另一种是海面上各散射单元位置的运动变化以及散射单元上的毛细变化导致的瞬时回波时间相位项的改变，这部分速度也称为轨道角速度，记为 $u_{\text{sea}}(\boldsymbol{r}')$。考虑每个海面散射面元上布拉格波的影响，在全局坐标系下海面上任一点的时变速度可写作

$$u_{\text{sca}}(\boldsymbol{r}') = \xi\omega\left[\frac{\boldsymbol{\kappa}_c}{\boldsymbol{\kappa}}\cos(\boldsymbol{\kappa}_c \cdot \boldsymbol{r}') + \xi\sin(\boldsymbol{\kappa}_c \cdot \boldsymbol{r}')\right] \tag{6-42}$$

式中：$\boldsymbol{r}'$ 为该点的坐标；ξ 为该点海面起伏高程。

许多文献表明，在 X、Ku 波段，白浪中包含的卷浪、泡沫结构会对海面后向散射形成明显贡献。其中，卷浪碎浪结构则会形成耦合散射结构，对入射电磁波形成多次散射效应，强多径散射甚至会形成局部超强散射，泡沫是海水包裹空气核心的多孔物质，单个泡沫微粒可以看成一个水膜包裹空气的散射体呈现体散射机理，而泡沫粒子群会呈现一种群体稠密粒子的散射机理，其散射特性受到泡沫粒子输运过程、多次散射和干涉效应的影响。

6.2.2 掠海目标动态散射回波计算

掠海目标动态散射反映的是每一时刻的海面样本与不同位置、姿态的目标在时间上的一种散射变化过程，这也是建立掠海目标动态回波模型及开展回波特性仿真试验的基础。掠海目标动态散射计算流程如图 6.17 所示。

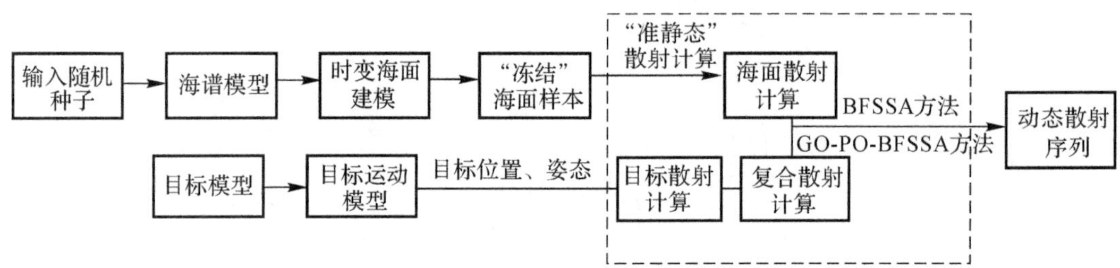

图 6.17　掠海目标动态散射计算流程

电磁散射过程发生的时间相对目标运动以及海面轮廓变化的时间要快得多，因此掠海目标的动态散射计算可以采用一种“准静态”的方法开展，在每一计算时刻，海面样本可以认为是“冻结”的，目标认为是静止的，可以采取第 2 章和第 3 章中针对静态掠海目标模型的散射建模和计算方法进行计算，从而得到随时间变化的动态散射序列。而反映动态散射序列起伏特性主要是每一时刻目标位置姿态及海面轮廓状态相对雷达入射视线的变化。目标可以按照时间的演进更新其在每一计算时刻相对雷达入射方向的位置姿态。这里定义两种坐标系来完成目标动态散射计算。

静态目标(环境)电磁散射计算通常是在目标或环境的本体坐标系下完成电磁建模并定义入射角和散射角。如图 6.18 所示，目标本体坐标系固连于目标，坐标原点 O_t 位于目标的质心处，x_t 轴平行于目标水平轴线，z_t 位于目标的对称平面垂直于 x_t 轴指向正上方，y_t 轴垂直于目标对称平面，与 x_t 轴与 z_t 轴满足右手坐标关系。目标在运动过程中，本体坐标系随着目标位置的改变而变化，目标在运动过程中位置与姿态的变化在雷达或参考坐标系下更容易描述。在散射计算前需要将目标上各点从目标坐标系转换到雷达(参考)坐标系下，再按照第 3 章中的模型处理和电磁散射计算方法开展电磁仿真。本书中我们使用雷达坐标

系，雷达坐标系通常使用北天东坐标，原点 O_r 位于雷达站心处，x_r 轴和 y_r 轴分别指向正北和正东方向，z_r 轴铅垂于水平面指向正上方。

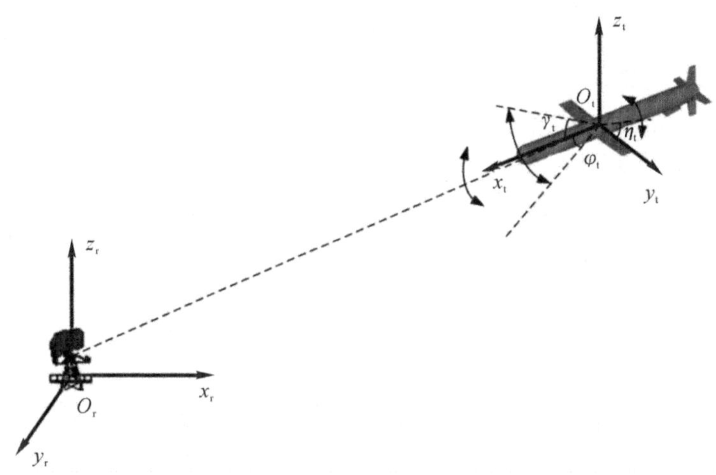

图 6.18　雷达与目标坐标系

在雷达坐标系下描述目标姿态的改变可以通过目标模型每点坐标乘以旋转矩阵进行变换。定义在每时刻目标的偏航、滚转和俯仰角分别为 $\varphi(t)$，$\eta(t)$，$\gamma(t)$，分别为绕目标本体坐标系 z_t 轴、x_t 轴、y_t 轴旋转的角度，则有

$$\begin{bmatrix} x_{pr}(t) \\ y_{pr}(t) \\ z_{pr}(t) \end{bmatrix} = \| \boldsymbol{R}_T \| \cdot \begin{bmatrix} x_{pt} \\ y_{pt} \\ z_{pt} \end{bmatrix} + \begin{bmatrix} x_r(t) \\ y_r(t) \\ z_r(t) \end{bmatrix} \tag{6-43}$$

式中：(x_{pr}, y_{pr}, z_{pr}) 代表目标各点在雷达坐标系中的坐标，(x_{pt}, y_{pt}, z_{pt}) 代表目标各点在目标坐标系中坐标，$(x_r(t), y_r(t), z_r(t))$ 为每一时刻目标质心位置在雷达坐标系中的坐标，其中：

$$\| \boldsymbol{R}_T \| = \begin{bmatrix} \cos\varphi(t)\cos\eta(t) & -\sin\varphi(t)\cos\gamma(t)+\cos\varphi(t)\sin\eta(t)\sin\gamma(t) & \sin\varphi(t)\sin\gamma(t)+\cos\varphi(t)\sin\eta(t)\cos\gamma(t) \\ \sin\varphi(t)\cos\eta(t) & \cos\varphi(t)\cos\gamma(t)+\sin\varphi(t)\sin\eta(t)\sin\gamma(t) & -\cos\varphi(t)\sin\gamma(t)+\sin\varphi(t)\sin\eta(t)\cos\gamma(t) \\ -\sin\eta(t) & \cos\varphi(t)\sin\gamma(t) & \cos\varphi(t)\cos\gamma(t) \end{bmatrix} \tag{6-44}$$

通过这种处理方式即可获取目标模型各点在雷达坐标系下的实时坐标。在每一时刻对目标-海面静态样本进行准静态电磁散射计算，可得到动态散射雷达截面积序列为

$$\sigma(t) = 4\pi \lim_{R \to \infty} R^2 (|E_s(t)|^2 / A) \tag{6-45}$$

式中：A 为电磁散射计算中的归一化几何面积，雷达接收到瞬时散射回波功率可进一步根据雷达方程获取，即

$$P_r(t) = \frac{P_t \lambda^2 \sigma(t)}{(4\pi)^3 R^4 L} G_t G_r \tag{6-46}$$

式中：P_t 为发射机功率；λ 为雷达波波长；R 为雷达到目标的距离；L 为衰减因子；G_t 为发射天线增益；G_r 为接收天线增益，对于单站共用天线的雷达有 $G_t = G_r = G$。这样雷达接收的回波信号为

$$s_r(t)=\sqrt{\frac{\lambda^2}{(4\pi)^3R^4L}}G\sigma(t)s_t(t-\tau) \tag{6-47}$$

式中：$\tau=2R/c$ 为雷达波到达接收机的延迟时间；c 为光速；s_t 表示发射信号，这里得到的信号也是实信号，对信号进行希尔伯特变换即可得到复数信号形式，而对应到实际雷达系统中，复数信号的实部与虚部满足正交关系，按照I路和Q路双通道分别进行处理。根据第2章和第3章中的电磁计算与分析，海环境中雷达接收到的掠海目标回波信号根据散射机理除过目标回波信号，还混杂有目标-海面多径散射和海杂波散射回波。在时域序列上，目标、多径、杂波是混叠在一起的，在时域上，海杂波和多径回波序列是一种杂乱无序的随机序列，如果仅从时域上分析很难提供有用的信息，一般可对散射序列进行二次变换，获取更多回波特征信息。最常用的特征信息有统计特征与多普勒谱特征。下面对动态散射回波序列的幅度统计分布特征与多普勒谱分别开展研究。

6.3 回波幅度统计模型与相关理论

6.3.1 常用幅度统计模型

海环境中的散射回波信号是一种幅度服从某种特定分布的随机信号，可以用一定的统计模型来描述。常见的几种幅度统计模型有瑞利分布、韦布尔分布、对数正态分布和K分布。这些模型都是根据不同观测条件下实际海环境中的雷达回波采集数据拟合的。本小节对这几种常见的幅度分布函数进行逐一介绍。

1. 瑞利分布(Reighly Distribution，RL 分布)

瑞利分布是一种最常见的分布。当复信号实部、虚部皆服从高斯分布时，信号的幅度分布函数包络将会服从瑞利分布。瑞利分布的概率密度函数(PDF)的表达式为

$$p(y)=\frac{y}{w^2}\exp\left(-\frac{y^2}{2w^2}\right) \tag{6-48}$$

瑞利分布的累计分布函数(CDF) 为

$$F(y)=1-\exp\left(-\frac{y^2}{2w^2}\right) \tag{6-49}$$

从表达式中可以看出，瑞利分布是一种单参数决定的分布函数，其中，y 是回波序列的幅度，w 是决定瑞利分布形状特性的唯一参数，也称为瑞利分布的形状参数，通常 w 与雷达分辨单元内的散射截面积σ 有关，且有关系式 $w=\sqrt{2\sigma/\pi}$，图 6.19 所示为取不同值时的 PDF 分布曲线。

可以看出，w 值越大瑞利分布的 PDF 曲线的包络也就越低，并且幅度分布越宽，这意味着对于形状参数 w 值较小的瑞利分布，其序列随机起伏的相关性更强，幅度分布更集中，而对形状参数 w 值较大的瑞利分布，其起伏的相关性较差，幅度分布较分散。实际观测数据表明，瑞利分布一般出现在雷达观测角比较大，雷达的空间分辨率较低，雷达分辨单元远大于海面波长情形下的雷达回波序列统计分析结果。

2. 对数正态分布(LogNormal Distribution，LN 分布)

对数正态分布的概率密度函数表达式，有

$$p(y)=\frac{1}{\sqrt{2\pi}\sigma_c y}\exp\left[-\frac{(\ln y-\mu)^2}{2\sigma_c^2}\right] \tag{6-50}$$

对应的累计概率密度函数，有

$$F(y)=1-\frac{1}{2}\mathrm{erfc}\left(\frac{\ln y-\mu}{\sqrt{2\sigma_c^2}}\right) \tag{6-51}$$

其一阶矩为

$$E(y)=\mu e^{\frac{\sigma_c^2}{2}} \tag{6-52}$$

从表达式来看，对数正态分布的概率密度函数是由 μ 和 σ_c 两个参数控制。σ_c 是形状参数，μ 称为尺度参数，对数正态分布的两个参数与雷达分辨单元内的雷达散射截面 σ 满足以下关系：

$$\mu=\frac{1}{2}(\ln\sigma-\sigma_c^2) \tag{6-53}$$

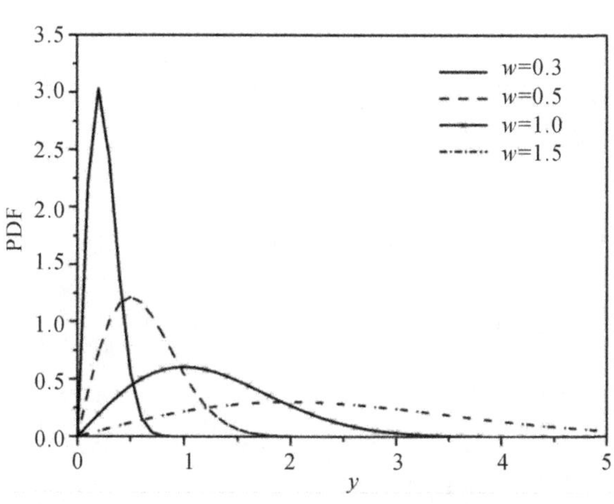

图 6.19　瑞利分布的 PDF 曲线

图 6.20 所示为参数 μ 和 σ_c 取不同值时对数正态分布的 PDF 曲线。

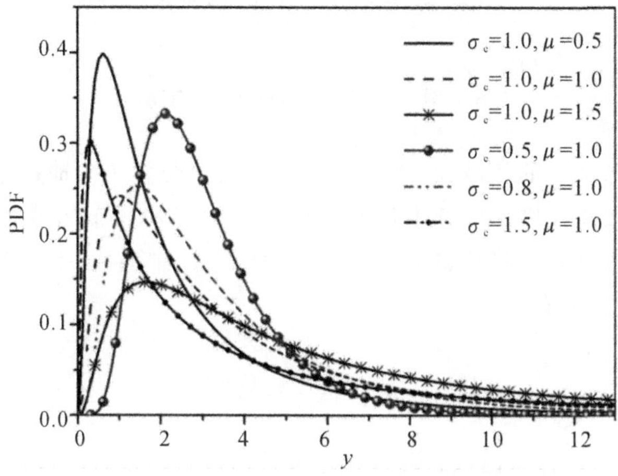

图 6.20　对数正态分布的 PDF 曲线

可以看到相对于瑞利分布，对数正态分布有较长的拖尾，μ 值越大，PDF 曲线的拖尾越长，且包络主峰较低，σ_c 越大，PDF 曲线的主峰包络越小，且向幅度小的方向集中。实测结果表明，对数正态分布在海况较低时与海杂波实际观测序列的统计分布具有较好的一致性。

3. 韦布尔分布(Weibull Distribution，WB)

韦布尔分布的概率密度函数表达式为

$$p(x)=\frac{p}{q}\left(\frac{x}{q}\right)^{p-1}\exp\left[-\left(\frac{x}{p}\right)^{p}\right] \tag{6-54}$$

对应的累计分布函数为

$$F(x)=1-\exp\left[-\left(\frac{x}{p}\right)^{p}\right] \tag{6-55}$$

其一阶矩也就是均值为

$$E(x)=q\Gamma\left(1+\frac{1}{p}\right) \tag{6-56}$$

式中：q 表示尺度参数；p 为形状参数，且这两个参数皆要大于 0。韦布尔分布的两个参数与分辨单元内的雷达散射截面 σ 的关系为

$$q=\sqrt{\sigma}/\Gamma(1+1/p) \tag{6-57}$$

图 6.21 所示为不同 p 和 q 参数时，韦布尔分布的 PDF 曲线。

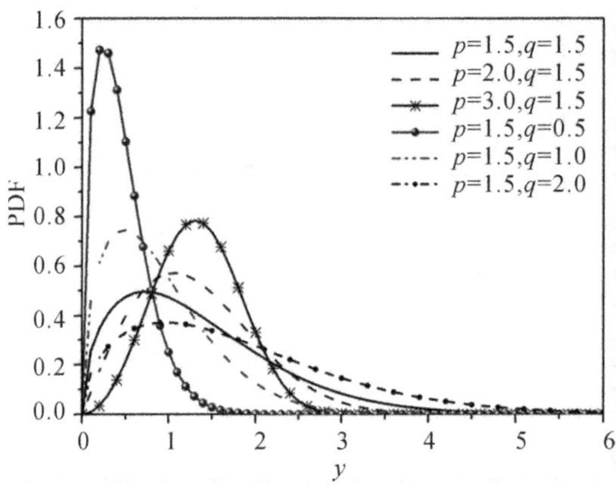

图 6.21 韦布尔分布的 PDF 曲线

可以看出，形状参数 p 的值越大，PDF 分布的极大值位置离 y 轴正增长方向越远且拖尾越短，尺度参数 q 越大曲线极大值越小且拖尾越短。韦布尔分布的分布特性是介于瑞利分布和对数正态分布之间的，通过调整韦布尔分布的两个控制参数，韦布尔分布可以转变为瑞利分布或接近对数正态分布。

4. K 分布

K 分布的概率密度函数表达式为

$$p(x)=\frac{2}{a\Gamma(v)}\left(\frac{x}{2w}\right)^{v}K_{v-1}\left(\frac{x}{w}\right),\quad v>0 \tag{6-58}$$

对应的累计分布函数为

$$F(x)=1-\left(\frac{x}{2w}\right)^{v}K_{v}\left(\frac{x}{w}\right)\Big/\Gamma(v) \tag{6-59}$$

式中：a 为尺度参数并由杂波的平均功率确定；v 为形状参数表示分布倾斜度，意味着杂波的起伏程度，v 的取值一般在 0.1～10 之间，当 $v\to\infty$ 时，K 分布变为瑞利分布，v 越小 K 分布就越偏离瑞利分布，其不对称性就越明显，较小的 v 值意味着杂波有着较长的拖尾；K_{v-1} 为第二类修正 Bessel 函数，Γ 为伽马函数。K 分布一阶矩为

$$E(x)=2a\sqrt{v} \tag{6-60}$$

K 分布的两个参数与分辨单元内的雷达散射截面 σ 具有如下关系：

$$w=\frac{1}{2}\sqrt{\frac{\sigma}{v}} \tag{6-61}$$

图 6.22 所示为 K 分布 PDF 曲线。可以发现，K 分布的拖尾要明显大于瑞利分布的拖尾。当参数 v 固定时，随着参数 v 增大，K 分布的峰值逐渐减小，当参数 w 固定时，并且峰值向 y 增大的方向移动，曲线拖尾变大；随着参数 v 的增大，K 分布的峰值逐渐减小，并且峰值向 y 增大的方向移动，而且曲线的拖尾变大。

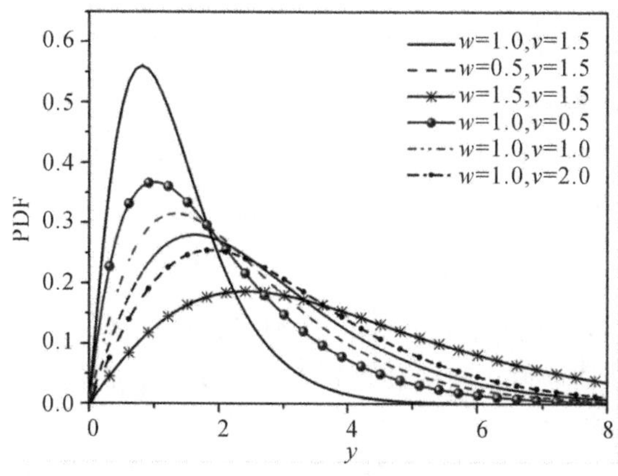

图 6.22　K 分布的 PDF 曲线

K 分布在非高斯型的地海杂波模拟中应用非常广泛，尤其当海面双尺度效应明显时与 K 分布拟合度最高。K 分布的形式具有明确的散射机理含义，主要包含两种起伏分量：一种是大尺度结构的散射，如海浪中的大尺度长波结构涌起导致空间的均值变化对大尺度分量的镜面散射产生影响，该部分分量相关时间较长，可以表现出海洋表面纹理对散射信号幅度起伏的影响；另一种为小尺度波，如毛细波结构快速变化引起的散斑效应，该分量主要为分辨单元内的散射效应，具有高斯杂波模型的一般特征，正因为 K 分布反映的散射机理更丰富，包含的幅度分布也更丰富，所以 K 分布相对瑞利分布具有更长的拖尾，尤其是在频率较高的情况下，K 分布的特征更加明显。在一些特定条件下，K 分布也可以蜕变为瑞利分布。

6.3.2　幅度统计分布判决与参数估计方法

每种统计分布模型与其分布函数参数有很大关系。而要确定幅度具有随机起伏的回波序列其分布特性最符合哪种幅度统计分布模型，就需要采用一定的判决与参数估计方法将

每种幅度统计分布模型与仿真或观测得到的实际序列统计分布进行拟合与比较，找出最能表征回波序列统计特征的模型及其对应参数。实际随机信号序列的统计分布模型通过对四种幅度分布模型的未知参数进行估计，把估计得到的参数值代入各个模型，比较杂波数据幅度分布和四种模型幅度分布，从而从这几种不同海杂波幅度分布模型中寻找一种与仿真数据相吻合的最佳分布模型。将四种幅度分布模型的理论值和杂波数据统计的幅度分布相比较，找到最符合的模型，并估计出各幅度分布模型的参数。最常用的幅度统计分布判决和参数估计方法有最大似然估计法和矩估计法，其中最大似然估计法是通过搜索运算来进行判决和参数拟合的，虽然搜索过程的运算量要高于矩估计法，但判决的准确度以及参数估计的精度更高，也更适用于被估计数据概率分布未知的情形，因此最大似然估计法在工程中的应用也更加广泛。本文主要采用的是最大似然估计法进行统计分布判决与参数判决，具体原理如下：

设 $L(y_1,y_2,\cdots,y_n;\theta_1,\theta_2,\cdots,\theta_k)$ 为似然函数，$f(y,\theta)$ 为幅度变量 $\boldsymbol{Y}$ 的概率密度函数，$\boldsymbol{Y}$ 的样本值记为 $y_1,y_2,\cdots,y_n$，$\boldsymbol{\theta}$ 为待估参数矢量集合，其包含的参数序列记为 $\theta_1,\theta_2,\cdots,\theta_k$。那么对于任意 y_i 在总体集合中取得的概率为

$$L(y_1,y_2,\cdots,y_n;\theta_1,\theta_2,\cdots,\theta_k)=\prod_{i=1}^{n}f(y_i;\theta_1,\theta_2,\cdots,\theta_k)\mathrm{d}y_i \tag{6-62}$$

记 $\boldsymbol{\theta}$ 的估计量为 $\hat{\theta}$。能够使得 $L(y_1,y_2,\cdots,y_n;\theta_1,\theta_2,\cdots,\theta_k)$ 获得最大值的 $\hat{\theta}_1,\hat{\theta}_2,\cdots,\hat{\theta}_k$ 称为 $\theta_1,\theta_2,\cdots,\theta_k$ 的最大似然估计值。若要函数 L 取得极大值，根据微积分理论可知，微分方程必须满足：

$$\frac{\partial \ln L}{\partial \theta_i}=0,\quad i=1,2,\cdots,k \tag{6-63}$$

通过求解式(6-63)，可获得 $\hat{\theta}_1,\hat{\theta}_2,\cdots,\hat{\theta}_k$ 使得函数 L 获得极大值，$\hat{\theta}_1,\hat{\theta}_2,\cdots,\hat{\theta}_k$ 便是参数 $\theta_1,\theta_2,\cdots,\theta_k$ 的最大似然估计值。利用最大似然估计法结合统计分布模型，可以获得不同分布模型估计值的表达形式。

设 N 为 Y 取得的样本数量，瑞利分布参数的最大似然估计值可以写作：

$$\hat{w}=\frac{1}{2N}\sum_{i=1}^{N}y_i^2 \tag{6-64}$$

对数正态分布的两个参数的最大似然估计值可写为：

$$\hat{\mu}=\frac{1}{N}\sum_{i=1}^{N}\ln y_i \tag{6-65}$$

$$\hat{\sigma}_c^2=\frac{1}{N}\sum_{i=1}^{N}(\ln x_i-\hat{\mu})^2 \tag{6-66}$$

韦布尔分布参数的最大似然估计值满足以下方程：

$$\frac{\sum_{i=1}^{N}x_i^p\ln x_i}{\sum_{i=1}^{N}x_i^p}-\frac{1}{p}=\frac{1}{N}\sum_{i=1}^{N}\ln x_i \tag{6-67}$$

$$q=\left(\frac{1}{N}\sum_{i=1}^{N}x_i^p\right)^{1/p} \tag{6-68}$$

方程式(6-68)没有解析解，但可借助数值法进行迭代求解。同样K分布的表示形式也

不是初等函数，其参数的最大似然估计值满足：

$$\ln[L(x_i;v,a)]=n(1-v)\ln 2-N(1+v)\ln(a)-N\ln[\Gamma(v)]+ v\sum_{i=1}^{N}\ln(x_i)+\sum_{i=1}^{N}\ln\left[K_{v-1}\left(\frac{x_i}{a}\right)\right] \tag{6-69}$$

可以通过求解对数似然函数方程组获得

$$\left.\begin{aligned}\frac{\partial}{\partial v}\left\{\sum_{i=1}^{N}\ln[L(x_i;v,a)]\right\}=0\\ \frac{\partial}{\partial a}\left\{\sum_{i=1}^{N}\ln[L(x_i;v,a)]\right\}=0\end{aligned}\right\} \tag{6-70}$$

由于式(6-70)无法获得解析形式解，所以只能通过二维搜索或者其他数值方法进行求解。对不同的杂波分布模型进行参数估计，目的就是要寻找一种典型的杂波分布模型，使其相对实测数据获得最好的拟合效果。如何评价拟合效果的优劣，就是一种统计假设检验中的拟合度检验问题。不论什么样的拟合优度检验方法，都首先要定义一个体现所选模型与目标数据拟合效果的统计量，通过该统计量来衡量验证目标数据的分布是否与所选模型相符合。目前使用较多的检验方法有皮尔逊 χ^2 检验、K-L检验和K-S检验等。K-S检验是一种最常用且稳定性较高的检验方式，特别是对于大样本条件下的检验问题具有良好的效果，因此本书采用K-S检验来对杂波序列的拟合效果进行检验。K-S检验是以样本确定的实际累积分布函数与假设分布模型的分布函数之间的差值，来判断样本数据是否符合假设的杂波分布模型，若绝对差值在允许的范围之内则认定样本数据服从该假设杂波分布模型。对于观测的实际样本 $X_1,X_2,\cdots,X_n$ 的累积分布函数可表示为

$$F_n(x)=P(\boldsymbol{X}\leqslant x)=\frac{X_i\leqslant x\text{ 的个数}}{n} \tag{6-71}$$

同时假设 $F(x)$ 为理论模型的分布函数。K-S检验的统计量定义为

$$D=\sup\mid F_n(x)-F(x)\mid \tag{6-72}$$

式中：sup 表示取值上确界；D 称为拟合度，其数值大小可以反映实际分布特性的拟合效果。如果样本数据服从假设模型的分布特性，则在大样本数量的前提下，有

$$F_n(x)\xrightarrow{n\to\infty}P(X\leqslant x)=F(x) \tag{6-73}$$

此时有 $D\to 0$。对于杂波数据的检验，只要给定一阈值 D_0，便可通过 D 与 D_0 的比较判断样本数据是否服从假设分布模型。阈值 D_0 需要通过选定显著性水平 α 来确定：

$$\alpha=P(D\geqslant D_0\mid H_0) \tag{6-74}$$

式中：H_0 表示假设成立，设定 α 后 D_0 可通过查表获得，D 值越小表明拟合程度越好，所以对于多个假设杂波分布模型的拟合效果，当以 D 值最小的杂波分布模型为样本数据的最优拟合。

6.3.3 海杂波与多径散射回波序列统计分布特性

本节主要仿真分析 X(10 GHz)和 Ku(13 GHz)波段掠海目标海杂波与多径回波统计分布特性。

1. 海杂波序列统计分布特性

首先分析海杂波序列的统计分布特性，采用图 6.17 的计算流程，仿真时长为 5 s，时间

采样间隔为 0.005 s，在每一计算时刻生成静态的海面样本，采用 BFSSA 方法计算每一时刻的海面散射场，并计算得到回波序列。每一时刻的海面样本采用 Elfouhaily 海谱来模拟生成，谱函数中的风速为 $U_{10}=5$ m/s，风向角为 $\varphi_w=45°$，海面样本的面积为 128 m×128 m，离散面元尺寸为 1 m×1 m，雷达入射角为 $\theta_i=30°$、$\varphi_i=0°$，入射频率为 10 GHz(X 波段)，这时海水的介电常数为 55.56+34.95j，不考虑雷达的传输增益和衰减，即，$G=L=1$，图 6.23 和图 6.24 所示分别为 X 波段(10 GHz)HH 极化海杂波 I/Q 双通道幅度与绝对值幅度，以及海杂波绝对值幅度分布的概率密度函数和分布函数拟合结果。

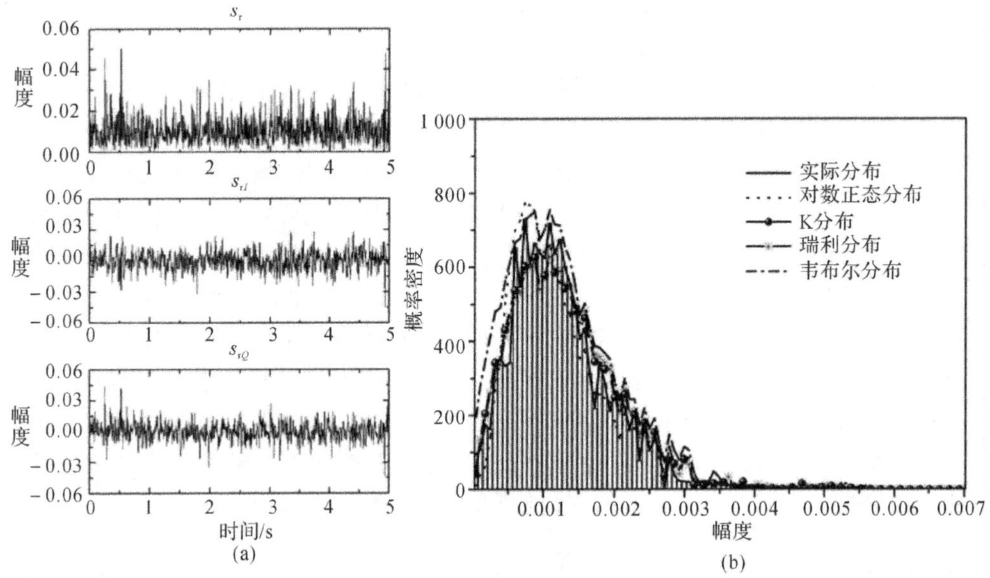

图 6.23　X 波段(10 GHz)HH 极化海杂波时域序列及幅度分布

(a)时域序列；（b)幅度统计分布

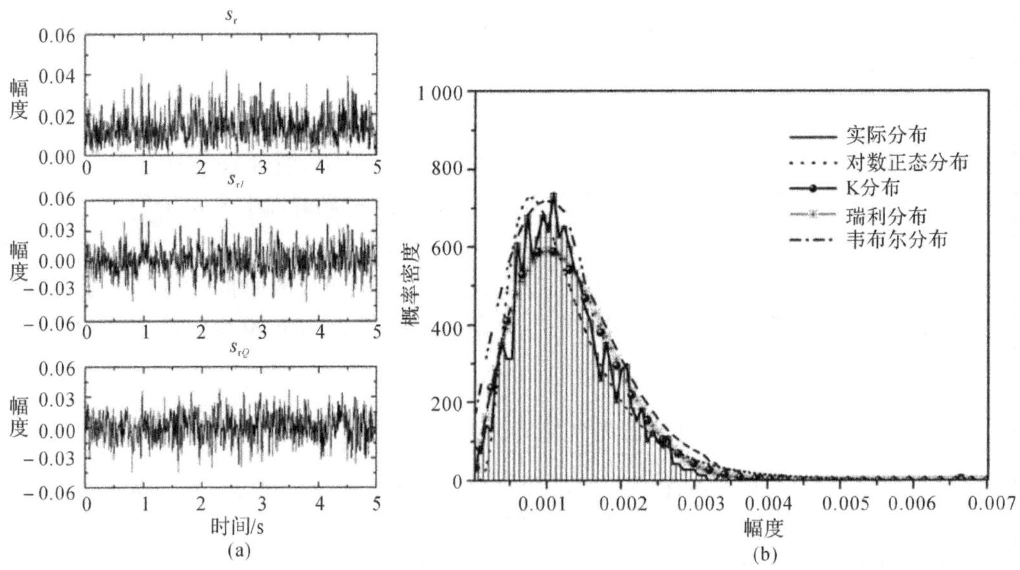

图 6.24　X 波段(10 GHz)VV 极化海杂波时域序列及幅度分布

(a)时域序列；（b)幅度分布

可以发现在此种计算条件下，两种极化的散射幅度分布相似，但在多数时间内，VV 极化海杂波散射幅值要略高于 HH 极化海杂波散射幅值，相对来说 VV 极化海杂波幅度概率密度函数也就具有更长的拖尾。采用最大似然估计方法分别对瑞利分布、对数正态分布、韦布尔分布和 K 分布的拟合度进行分析，表 6.1 给出了在此种情形 HH 极化下海杂波统计分布的拟合情况以及各分布拟合的参数值。韦布尔分布检验的 D 值为 0.050 6，相比其他分布拟合的 D 值最小。因此韦布尔分布对在该仿真条件下对海杂波幅度的概率密度分布有较好的拟合度。VV 极化杂波散射的统计分布经与韦布尔分布拟合后，拟合参数为 $q=0.007\ 2$，$p=1.665\ 7$，拟合后 D 值为 0.027 3，同样为几种分布中拟合结果最小，因此也最符合韦布尔分布。

表 6.1　X 波段(10 GHz)HH 极化海杂波统计分布参数拟合结果

分布种类	参数 1	参数 2	K-S 检验(D)
瑞利分布	0.004 4	—	0.066 6
对数分布	$-7.712\ 5(\mu)$	$0.628\ 1(\sigma_c)$	0.077 9
韦布尔分布	$0.005\ 9(q)$	$1.764\ 8(p)$	0.050 6
K 分布	$0.001\ 6(a)$	$3.590\ 6(\nu)$	0.058 4

当其他计算条件保持不变时，改变入射频率为 Ku 波段(14 GHz)，这时海面介电常数为 $\varepsilon_r=46.25+39.12\mathrm{j}$。图 6.25 给出了海杂波序列幅度统计分布及参数拟合结果。

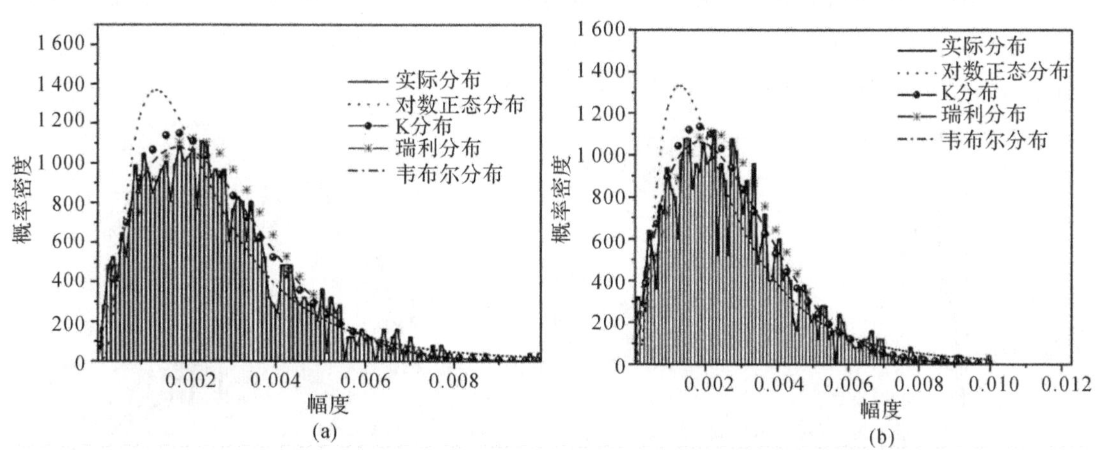

图 6.25　Ku 波段(14 GHz)海杂波幅度分布

(a)HH 极化；　(b)VV 极化

可以看出，在 Ku 波段，入射电磁波长更短，入射电磁波与海面局部结构作用更强，后向散射幅度相对 X 波段也更强。经过与四种分布函数进行拟合后，HH 极化和 VV 极化散射序列也均与韦布尔分布取得较好的拟合，对于 HH 极化韦布尔分布参数为 $p=0.007\ 1$，$q=1.653\ 3$，D 值为 0.024 9，VV 极化韦布尔分布参数为 $p=0.007\ 4$，$q=1.740\ 6$，D 值为 0.027 6。设定入射波为 HH 极化，入射频率为 14 GHz(Ku 波段)，设定入射角为 $\theta_i=45°$，$\varphi_i=0°$，进一步对海况高、低不同时的海杂波幅度分布情况进行进一步比较。保持其他条件不变，图 6.26 比较了海面风速分别取为 $U_{10}=3$ m/s 和 $U_{10}=10$ m/s，$\varphi_w=45°$时的海杂波序列统计分布及拟合结果。

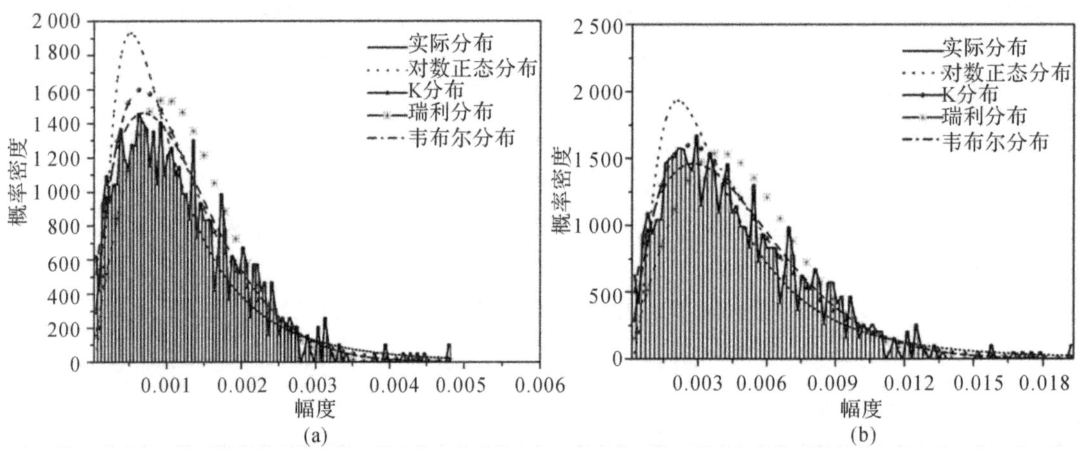

图 6.26 $\theta_i=45°$，$\varphi_i=0°$不同海况海杂波幅度统计分布

(a)$U_{10}=3$ m/s； (b)$U_{10}=10$ m/s

可以看出，风速海况较小时，海杂波后向散射的幅度也较小，幅度统计分布的主峰宽度较窄，幅度统计分布与韦布尔分布拟合较好。当风速海况增大时，海杂波的后向散射幅度也增强，幅度统计分布的主峰宽度变宽，海杂波统计分布的拖尾也更长，幅度分布更趋于 K 分布，这说明此时的海面散射成分更多，局部散射机理更复杂。我们继续研究大入射角下的海杂波统计分布情况，改变入射角为 $\theta_i=80°$，$\varphi_i=0°$，计算频率仍为 Ku 波段，其他条件不变，图 6.27 所示为两种海况下的统计分布及拟合情况。

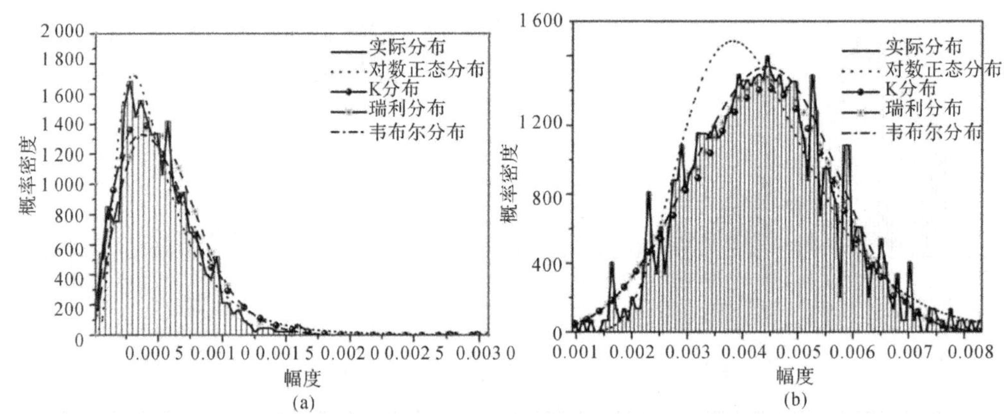

图 6.27 $\theta_i=80°$，$\varphi_i=0°$不同海况海杂波幅度统计分布

(a)$U_{10}=3$ m/s； (b)$U_{10}=10$ m/s

可以看出，当入射角为 80°时，海杂波后向散射的幅度相对入射角较小时有明显削弱。尤其是当海面风速海况较低时($U_{10}=3$ m/s)后向散射回波序列的幅度较小，且分布较为集中，这时的海杂波统计分布与对数正态分布拟合得最好。而当海况较高时($U_{10}=10$ m/s)后向散射回波序列的幅度起伏较大，分布较广，海面散射机理较复杂，这时韦布尔分布的拟合参数为 $p=1.976\ 8$，$q=0.001\ 4$，K 分布的拟合参数为 $a=0.001\ 2$，$v=31.65$，瑞利分布的拟

合参数为 $p=0.0096$，而当韦布尔分布参数 $p=2$ 时就会退化为瑞利分布，当 $v\to\infty$ 时 K 分布也会退化为瑞利分布，v 的取值一般为 1～10，此时拟合的韦布尔分布与 K 分布都接近退化为瑞利分布，所以这里与实际分布拟合较好的三种分布模型都表述的是同一种分布规律。表 6.2 与表 6.3 进一步给出了在 $U_{10}=3$ m/s 和 $U_{10}=10$ m/s，X 波段(10 GHz)和 Ku 波段(14 GHz)下，入射角分别为 30°，45°，60°，80°时 HH 极化和 VV 极化的散射回波序列的统计分布情况，在表中，各分布的名称都用其英文缩写表示。

表 6.2　$U_{10}=3$ m/s 不同条件下海杂波幅度最佳拟合模型统计

入射频率/GHz	项目	入射角							
		30°		45°		60°		80°	
	极化	HH	VV	HH	VV	HH	VV	HH	VV
10(X)	统计分布	WB	WB	WB	WB	WB	WB	LN	LN
14(Ku)		WB	WB	WB	WB	WB	WB	LN	LN

表 6.3　$U_{10}=10$ m/s 不同条件下海杂波幅度最佳拟合模型统计

入射频率/GHz	项目	入射角							
		30°		45°		60°		80°	
	极化	HH	VV	HH	VV	HH	VV	HH	VV
10(X)	统计分布	WB	WB	WB	K	WB	K	RL	RL
14(Ku)		WB	WB	WB	K	WB	K	RL	RL

由表 6.2 与表 6.3 可以得出下述结论：在 X 波段(10 GHz)和 Ku 波段(13 GHz)，当风速海况较小时，海杂波序列的统计分布基本符合韦布尔分布，而在大入射角下，HH 极化与 VV 极化的海杂波幅度分布都更符合对数正态分布，这也是由于此时海杂波的后向散射幅度较小，幅度变化也小，幅度分布的包络就比较集中。当风速海况较大时，小入射角海杂波分布仍符合韦布尔分布，当入射角为 45°和 60°时，HH 极化海杂波的统计分布仍符合韦布尔分布，VV 极化海杂波的统计分布则更符合 K 分布，而在大入射角下，海杂波的分散效应更强，局部散射成分和散射机理更加复杂，此时韦布尔分布与 K 分布也都退化为瑞利分布，这时的海杂波统计分布也更符合瑞利分布。

2. 掠海目标多径散射回波序列统计分布特性

掠海目标的多径散射回波序列同样是一种随机序列。在第 3 章中通过计算分析可以得出多径散射与入射角、入射频率、目标的高度、海况等因素等都有关系。这里选取 X 波段 10 GHz进行仿真，重点对比不同目标高度、海况下掠海目标动态多径散射回波序列的统计特性。在仿真中，始终保持目标位于仿真海面区域中心正上方，目标选取第 3 章中仿真的巡航导弹模型，目标速度为 100 m/s，迎着雷达入射方向平飞，仿真时长仍为 5 s，时间采样间隔为 0.005 s，仿真海域面积仍为 128 m×128 m，离散面元尺寸为 1 m×1 m，海水介电常数为 55.56+34.95j，每时刻海面样本模拟仍采用 Elfouhaily 海谱，风速为 $U_{10}=5$ m/s，风向与入射电磁波夹角为 45°，雷达入射角为 $\theta_i=30°$，$\varphi_i=0°$，入射极化为 VV 极化，图 6.30 对比了

目标高度分别为 $h_t=5$ m 和 $h_t=10$ m 时，掠海目标多径散射回波序列的统计分布特性。

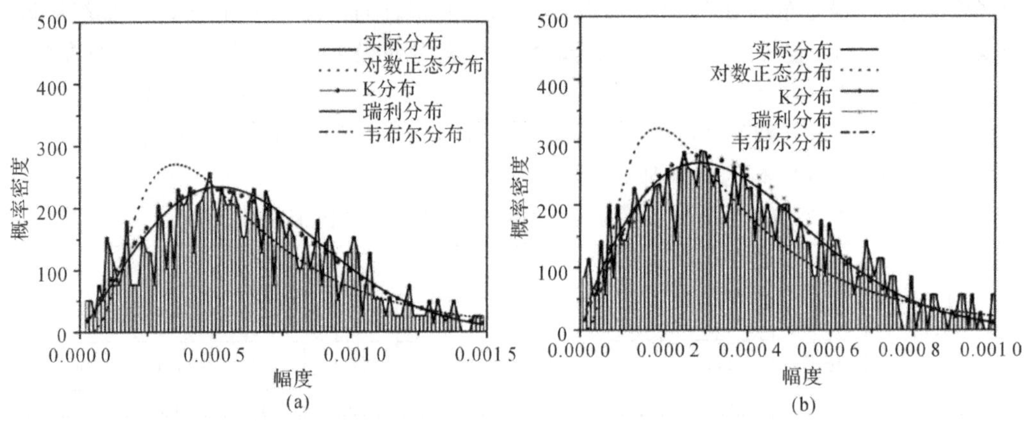

图 6.30　X 波段不同目标高度多径散射幅度统计分布

(a)$h_t=5$ m；　(b)$h_t=10$ m

可以看出，目标高度为 5 m 的回波序列统计分布相对高度为 10 m 时有更长的幅度拖尾，这也说明目标高度较低时，目标与海面的耦合散射更强，多径散射在更多时间中也要强于目标较高的情形。通过拟合分析，这时的多径散射序列统计分布都比较接近瑞利分布，同时可以发现，此种情形中的 K 分布与韦布尔分布也都退化为了瑞利分布。$h_t=5$ m 时瑞利分布的参数为 1.007 7，$h_t=10$ m 时瑞利分布的参数为 1.299 3。

保持其他计算条件不变，进一步对比在目标高度 $h_t=5$ m，风速海况不同时，多径散射序列幅度统计分布，其中，风向与入射电磁波的夹角仍为 45°，图 6.31(a)是 $U_{10}=3$ m/s 时的幅度统计分布，可以看出，相比 $U_{10}=5$ m/s 时，由于目标与海面后向耦合散射效应更强，幅度分布的拖尾也更强，说明这时的多径散射幅度更强。图 6.31(b)是 $U_{10}=10$ m/s 时的幅度统计分布，可以看出这时的幅度分布拖尾也比较长，这时的强多径散射主要是目标与局部海面大起伏波浪以及白冠层卷浪结构的耦合散射造成的。当 $U_{10}=3$ m/s 时，幅度统计分布也趋于瑞利分布，散射序列的相关性较好，而当 $U_{10}=10$m/s 时，统计分布与对数正态分布拟合度更好，这时散射序列的相关性较差。

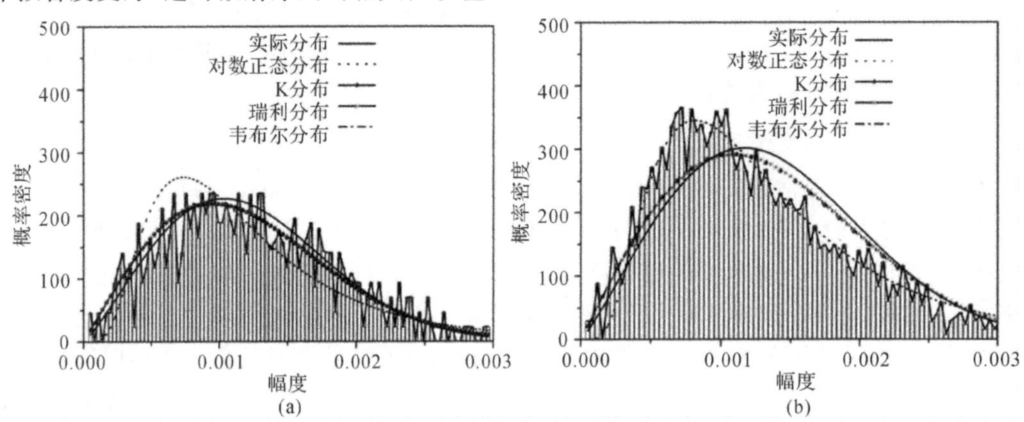

图 6.31　X 波段不同风速海况多径幅度统计分布

(a)$U_{10}=3$ m/s；　(b)$U_{10}=10$ m/s

图 6.32 进一步计算比较了入射电磁波频率为 Ku 波段 14 GHz 时，不同风速海况下的多径幅度统计分布。介电常数取 $\varepsilon_r=46.25+39.12j$，雷达入射角为 $\theta_i=30°$，$\varphi_i=0°$，入射极化为 VV 极化，风向与入射电磁波的夹角仍为 45°，目标高度仍为 $h_t=5$ m。

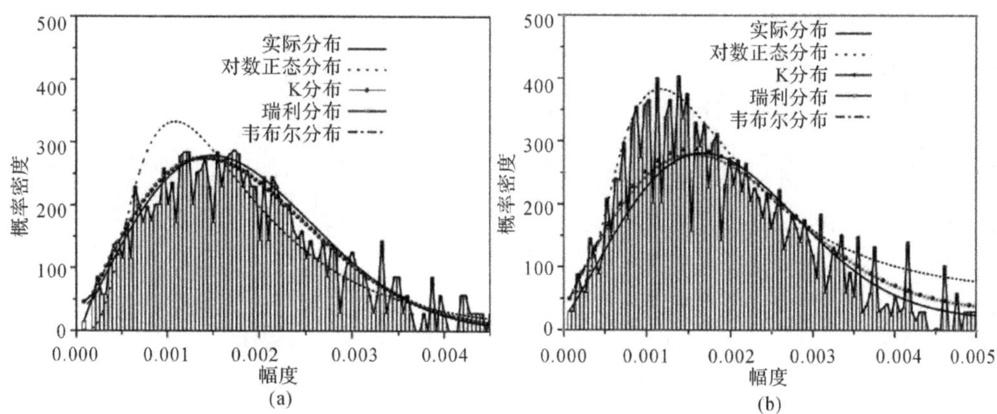

图 6.32　Ku 波段不同风速海况多径幅度统计分布

(a) $U_{10}=3$ m/s；　(b) $U_{10}=10$ m/s

可以看到，Ku 波段的散射幅度总体要强于 X 波段，统计规律与 X 波段相同，当 $U_{10}=3$ m/s 时，幅度统计分布也趋于瑞利分布，散射序列的相关性好，而当 $U_{10}=10$ m/s 时，统计分布与对数正态分布拟合度更好，散射序列的相关性较差。

图 6.33 和图 6.34 给出了在 Ku 波段，风速海况分别为 $U_{10}=3$ m/s 和 $U_{10}=10$ m/s 时，顺风与逆风情形下的多径幅度统计分布。在图 6.33 中，可以看出，当 $U_{10}=3$ m/s 时，顺风与逆风情形下的多径幅度统计分布都趋于瑞利分布，但明显顺风情形多径幅度总体更强，统计分布的拖尾也更长，这说明在顺风下，海面与目标耦合后向散射相比逆风时要更强，而逆风时统计分布与瑞利分布的拟合度要更好，说明逆风时，海面与目标耦合散射的时间相关性要好于顺风时。图 6.34 中可以看出，当 $U_{10}=10$ m/s 时，顺风与逆风情形下的多径幅度统计分布都趋于对数正态分布，而同样在顺风情形下，统计分布的幅度更强，拖尾部分(高幅度)部分的包络要明显强于逆风时的情形。

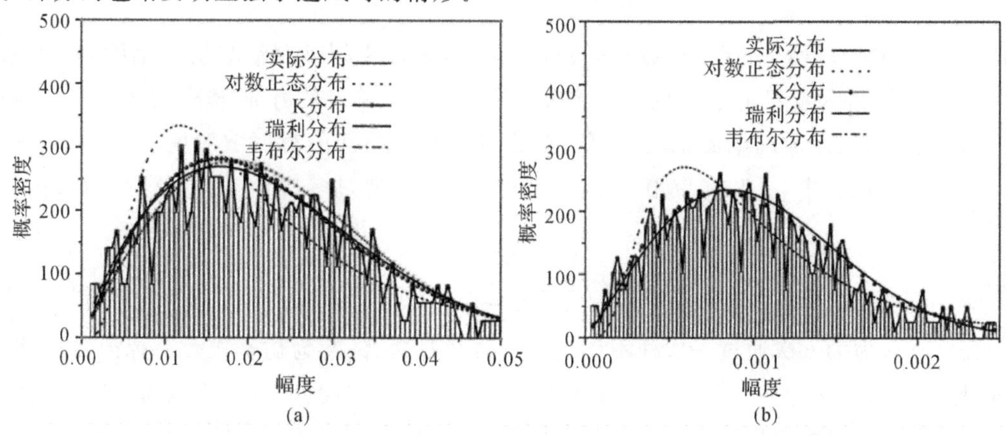

图 6.33　Ku 波段 $U_{10}=3$ m/s 时不同风向多径幅度统计分布

(a)顺风($\varphi_w=0°$)；　(b)逆风($\varphi_w=180°$)

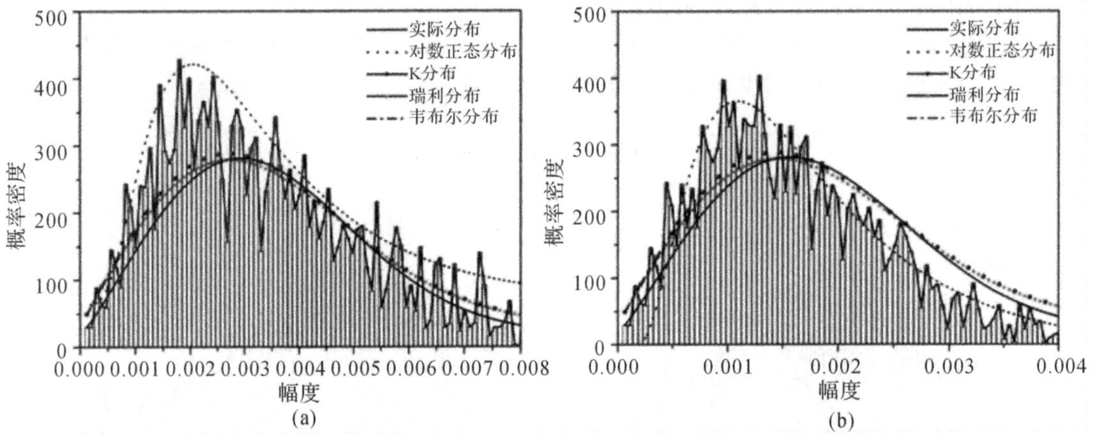

图 6.34　Ku 波段 $U_{10}=10$ m/s 时不同风向多径幅度统计分布

(a)顺风($\varphi_w=0°$)；(b)逆风($\varphi_w=180°$)

6.4　海面目标回波多普勒谱特性

6.4.1　掠海目标回波多普勒谱计算方法及机理分析

多普勒信息是雷达信号处理与目标检测中很有价值的信息。多普勒信息主要决定于目标散射单元相对雷达的径向速度,把时域上的随机信号变换到多普勒域可以更有效地利用目标、杂波、干扰的速度差异区分出目标信息。随着海浪的不断运动,各个海面局部散射单元相对雷达入射角会呈现不同的径向速度,在雷达多普勒分辨单元中,致使海浪的散射回波中包含了海浪运动的多普勒信息,同时由于各个分辨单元中海浪的运动速度和方向的差异,回波的多普勒谱具有一定的谱宽。多普勒谱可利用后向散射回波的功率谱密度变换求得:

$$S(f)=\frac{1}{T}\left|\int_0^T E_s(t)\exp(-j2\pi ft)\,dt\right|^2 \tag{6-75}$$

式中:T 为对时变海面进行仿真的时间长度,其取值通常要超过海浪起伏变化周期。$E_s(t)$ 为仿真过程中,在每个准静态时刻通过蒙特卡洛试验生成静态的海面样本,对于每一个静态的海面样本,利用前面的电磁散射计算方法来计算相应时间的海面散射场,并生成回波信号。而在统计试验中,反映实际意义的多普勒谱还需要通过多次样本计算求平均来获取,则有

$$S(f)=\frac{1}{N}\sum_{k=1}^{N}S_k(f) \tag{6-76}$$

式中:$S_k(f)$ 为第 k 次通过一次样本仿真得到的多普勒谱;N 为仿真次数。掠海目标回波成分里除了目标直接回波,主要包含海杂波和多径成分,海杂波来自海面散射,杂波特性会因为海面结构随时间的起伏变化具有时变特性,而海杂波的多普勒谱特性是多普勒域目标检测中很关心的问题。多径散射来源于目标与海面的耦合散射,多径散射的多普勒谱特性

与海面和目标散射特性均有关。考虑到掠海目标的飞行速度较快，目标、多径的多普勒频移要远大于海杂波，而海杂波强度又远强于目标与多径回波，在下面两小节中，分别对海杂波和目标-多径的多普勒特性进行研究。

6.4.2　海杂波多普勒谱特性仿真分析

时变海面后向电磁散射的多普勒谱可以反映海浪动态起伏的时变特性，由于海浪运动的诱因复杂，时变海面后向散射序列的多普勒谱包含了可以反映在不同海况和雷达入射参数下海面局部散射单元的动态状况。风速和风向参数是影响海面起伏随时间变化的主要因素。设雷达的入射角为 $\theta_i=45°$，$\varphi_i=0°$，海面风速为 $U_{10}=3$ m/s，每时刻由 Elfouhaily 海谱生成海面样本大小为 $L_x \times L_y=128$ m×128 m，面元大小取 1 m×1 m，计算频率为 14 GHz (Ku 波段)，海面介电常数为 $\varepsilon_r=46.25+39.12j$，仿真时长为 $T=5$ s，时间采样间隔为 0.005 s，图 6.35 所示为当风向角 φ_w 分别为 45°，90°(侧风)，0°(顺风)、180°(逆风)时，HH 和 VV 极化的海面散射多普勒谱。

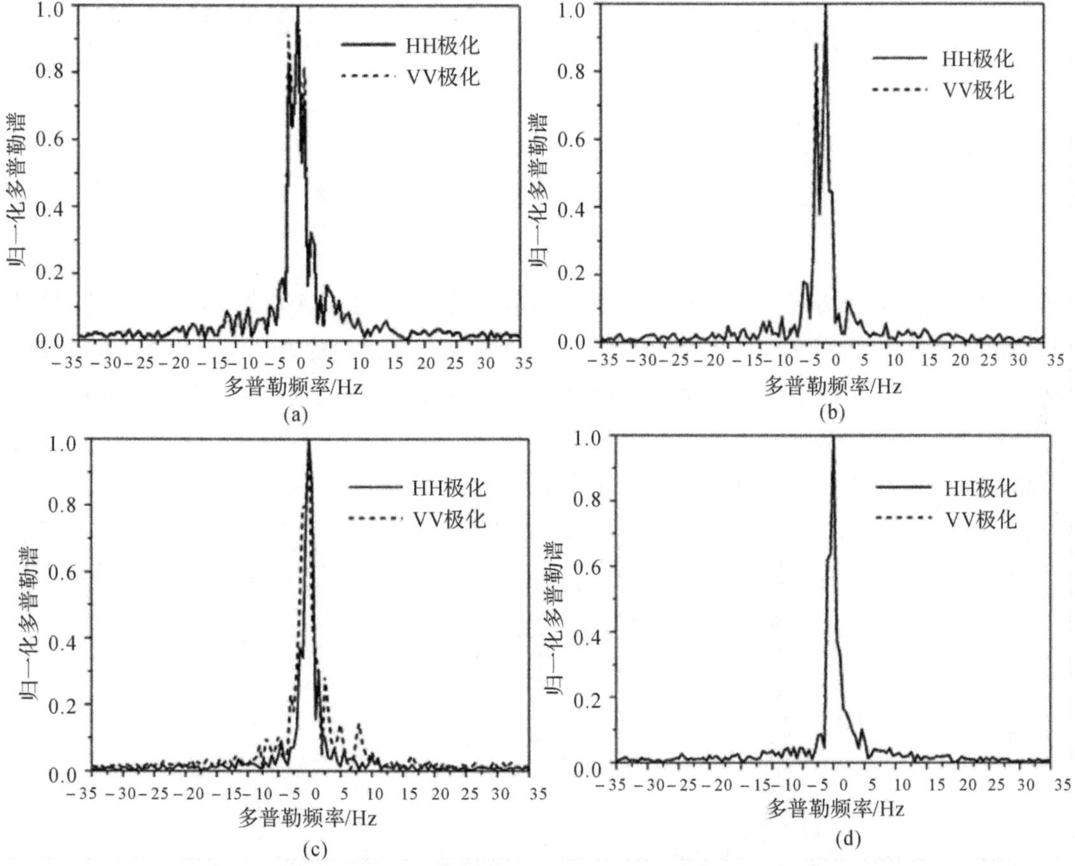

图 6.35　不同风向海杂波多普勒谱比较

(a)$U_{10}=3$ m/s，$\varphi_w=45°$多普勒谱；(b)$U_{10}=3$ m/s，$\varphi_w=90°$多普勒谱；(c)$U_{10}=3$ m/s，$\varphi_w=0°$多普勒谱；(d)$U_{10}=3$ m/s，$\varphi_w=180°$多普勒谱

多普勒谱的计算结果是对50个样本的多普勒谱计算结果取平均。可以看出，海杂波多普勒谱由于各海面散射单元相对入射波起伏变化，会发生频移与展宽的变化。在 $\varphi_w=0°$（顺风）和 $\varphi_w=180°$（逆风）的情形下，多普勒的频移和展宽会朝向相应的海面演进方向，在其他风向下正、负多普勒频率均有展宽，且会出现多个多普勒尖峰，尤其是在 $\varphi_w=90°$ 侧风状态下，多普勒谱会出现双峰，这是由于局部海面谐振 Bragg 波按照风向的传播产生的散射贡献，而这个额外的多普勒尖峰也称 Bragg 峰，其所在频率称为 Bragg 频移。不同风速海况条件下的海杂波多普勒谱比较如图 6.36 所示。

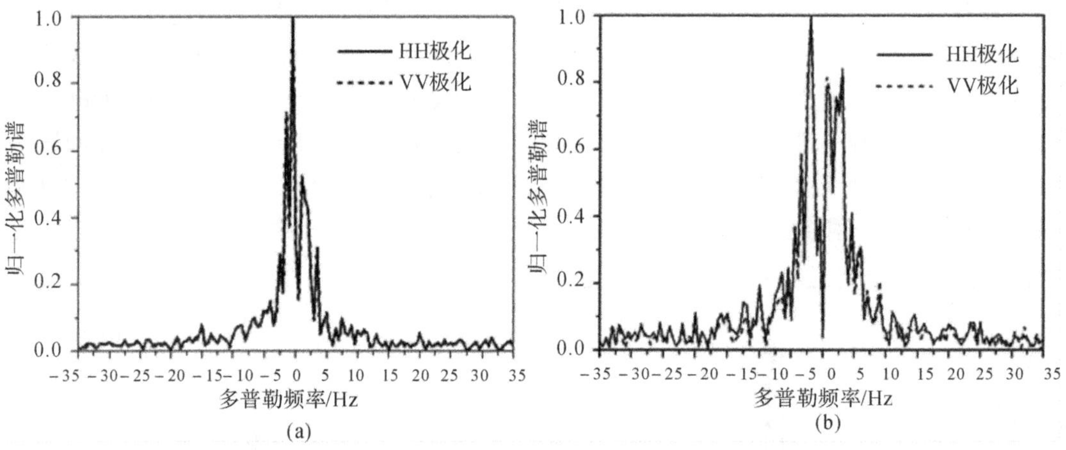

图 6.36　不同风速海况海杂波多普勒谱比较

(a)$U_{10}=5$ m/s，$\varphi_w=45°$多普勒谱；　(b)$U_{10}=10$ m/s，$\varphi_w=45°$多普勒谱

可以看出，随着海况风速的增大，多普勒谱展宽变宽，同时出现了多个多普勒尖峰，这是由于海况增高，海面面元起伏更加剧烈，导致局部海面面元之间的速度差异性更大，而当风速 U_{10} 大于 10 m/s 时，海面上碎浪、泡沫结构的覆盖率增大，导致局部海面与目标的耦合散射增强，使得多普勒展宽及多峰现象更明显。图 6.37 进一步给出了改变入射角时的海杂波多普勒谱的比较，其中海面风速及风向角参数分别取 $U_{10}=3$ m/s，$\varphi_w=45°$。

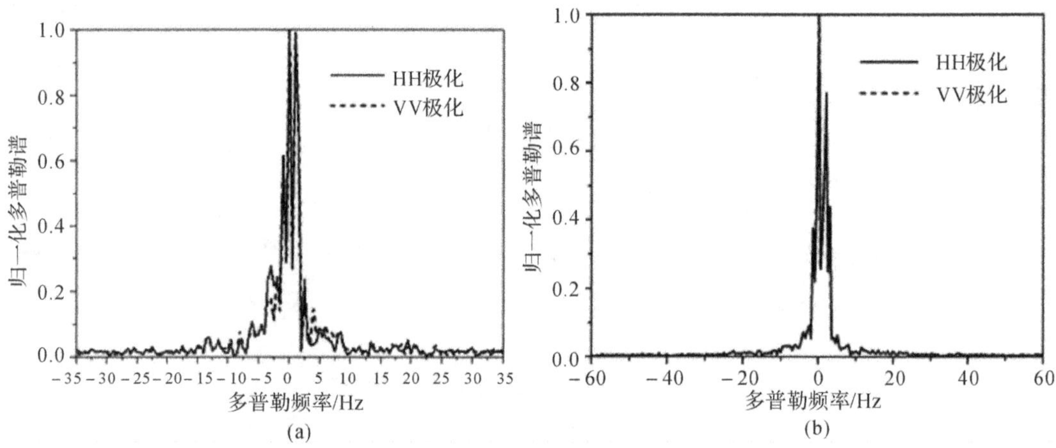

图 6.37　不同入射角条件下海杂波多普勒谱比较

(a)$\theta_i=30°$，$\varphi_i=0°$，$U_{10}=3$ m/s，$\varphi_w=45°$；　(b)$\theta_i=60°$，$\varphi_i=0°$，$U_{10}=3$ m/s，$\varphi_w=45°$

可以看出，当 $\theta_i=30°$时，多普勒谱的展宽幅度较大，当 $\theta_i=60°$时，多普勒谱的展宽程度较小。图 6.38 分别给出了 $\varphi_w=45°$，$U_{10}=3$ m/s 和 $U_{10}=10$ m/s 时，HH 和 VV 极化动态海杂波多普勒谱展宽随入射角的变化曲线。

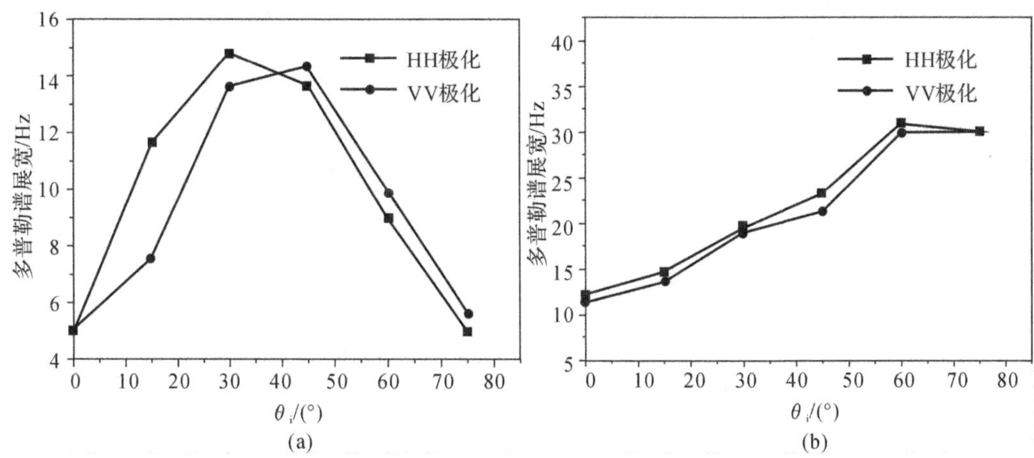

图 6.38　不同风速海况下海杂波多普勒谱展宽随入射角度变化

(a)$U_{10}=3$ m/s；　(b)$U_{10}=10$ m/s

可以看出，当 $U_{10}=3$ m/s 时，多普勒谱的展宽程度先增大再减小。由于海面散射的布儒斯特效应，在入射角为 8°附近，HH 极化海杂波多普勒谱的展宽程度大于 VV 极化。在 $U_{10}=10$ m/s 的高海况下，多普勒谱的展宽程度随入射角的增大而增大，在较大入射角下，展宽程度仍可达到 30 Hz，这是由于在高海况下，卷浪等非布拉格结构在大入射角下的散射增强作用。

6.4.3　掠海目标多径散射多普勒谱仿真分析

多径散射是目标散射单元与局部海面作用产生的镜像散射单元共同作用的结果。局部海面的起伏会导致目标镜像散射单元离散，不同的离散单元相对雷达视线角具有不同的径向多普勒频率，这也会导致目标-多径回波多普勒谱与单纯目标回波多普勒谱的差异。在本节中，选用第 3 章中计算的巡航导弹目标，设目标高度为 5 m，平行海面相对入射方向飞行，飞行速度为 100 m/s，雷达的入射角为 $\theta_i=45°$，$\varphi_i=0°$，每时刻由 Elfouhaily 海谱生成海面样本大小为 $L_x\times L_y=128$ m×128 m，面元大小取 1 m×1 m，计算频率为 14 GHz(Ku 波段)，海面介电常数为 $\varepsilon_r=46.25+39.12j$，仿真时长为 $T=5$ s，时间采样间隔为 0.005 s，计算过程中始终保持目标在海面样本中心的上方，计算并归一化得到目标与多径散射场的多普勒谱，采用 50 次计算结果做平均，不同海况下 HH 与 VV 极化目标-多径散射回波的多普勒谱比较如图 6.39 所示。

图 6.39(a)所示是单纯运动掠海目标散射的多普勒谱。可以看出，质心运动纯目标散射只有唯一的多普勒谱峰，谱峰的位置对应目标相对入射方向的径向速度。目标-多径散射回波的多普勒谱相对纯目标多普勒谱有所展宽。这是多径散射导致的镜像相对于入射波镜

像速度存在差异造成的。随着海况的升高(海面上方风速变大),目标多径多普勒谱会有多个尖峰,使得多普勒谱宽展宽。多个多普勒谱尖峰是目标与局部海面面元耦合散射产生的镜像散射单元相对于入射源有不同的多普勒频移导致的,海况越高、多径多普勒尖峰也就越多,导致的多普勒谱展宽也就越多,尤其是当 U_{10} 高于 10 m/s 时,局部海面的碎浪结构与目标耦合散射会产生较多的多普勒尖峰。

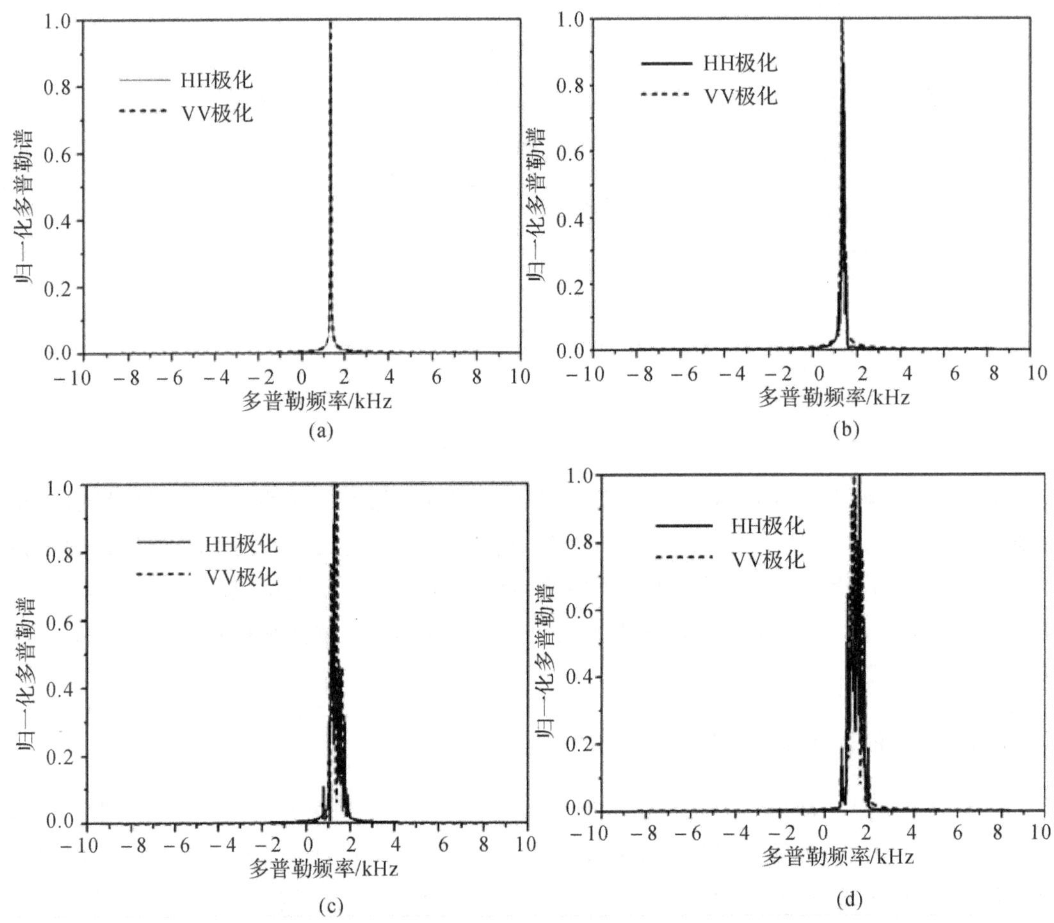

图 6.39 不同海况风速条件下目标-多径回波多普勒谱比较

(a)目标多普勒谱; (b)$U_{10}=3$ m/s 目标-多径多普勒谱;

(c)$U_{10}=7$ m/s 目标-多径多普勒谱; (d)$U_{10}=10$ m/s 目标-多径多普勒谱

图 6.40 进一步比较了顺风和逆风情形下的多径回波多普勒谱。可以看出,在顺风和逆风向下,由于风力引起的迎风面局部海面面元起伏方向不同,所以多径耦合散射对多普勒谱的展宽程度也有所不同。在顺风下,多普勒谱的展宽程度更加剧烈,尤其是当 $U_{10}=10$ m/s 时,由于局部碎浪与目标耦合散射的影响,会出现更多的多普勒谱尖峰。而由于部分海面面元在 VV 极化时会出现布儒斯特效应,使得耦合散射减弱,所以 VV 极化目标-多径多普勒谱尖峰数会少于 HH 极化。

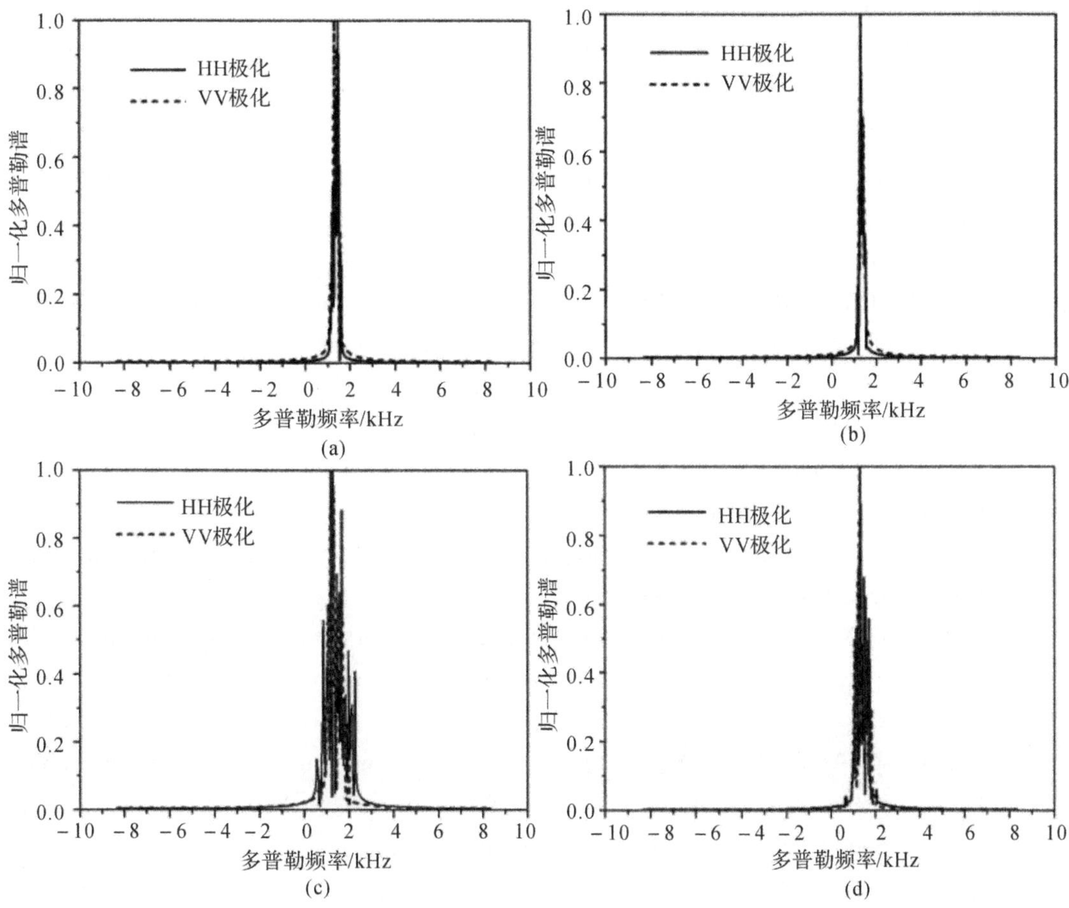

图 6.40 不同风向条件下目标-多径回波多普勒谱比较

(a)$U_{10}=3$ m/s，$\varphi_w=0°$多普勒谱；(b)$U_{10}=3$ m/s，$\varphi_w=180°$多普勒谱；

(c)$U_{10}=10$ m/s，$\varphi_w=0°$多普勒谱；(d)$U_{10}=10$ m/s，$\varphi_w=180°$多普勒谱

参考文献

[1] WARD K，ROBERT T，SIMON W. 海杂波：散射、K分布和雷达性能[M]. 2版. 鉴福升，李洁，陈图强，等译. 北京：电子工业出版社，2016.

[2] 贺文. 海杂波幅度分布参数估计与目标凝聚方法[D]. 西安：西安电子科技大学，2015.

[3] 尹志盈，张玉石. 雷达海杂波统计特性建模研究[J]. 装备环境工程，2017(7)：29 -34.

[4] MARIER L J. Correlated K - distributed clutter generation for radar detection and track[J]. IEEE Transactions on Aerospace and Electronic Systems，1995，31(2)：568 - 580.

[5] 姜斌，黎湘，廖东平，等. 广义复合杂波建模及其统计特性研究[J]. 电路与系统学

报，2006，11(3):75－79.

[6] JOUGHIN R J, DONALD B P. Maximum likelihood estimation of K－distribution parameters for SAR data [J]. IEEE Transactions on Geoscience and Remote Sensing, 1993, 31(5): 989－999.

[7] ISKANDER D R. Estimation of the parameters of the K－distribution using higher order and fractional moments[J]. IEEE Transactions on Aerospace and Electronic Systems, 1999, 35(20): 1453－1457.

[8] ISKANDER D R, ZOUBIR A M. Estimation of the parameters of the K－distribution using the ML/MOM approach[J]. IEEE Transactions on Aerospace and Electronic Systems, 2002, 2(13): 769－774.

[9] 杨鹏举，郭立新，贾春刚. Doppler spectrum analysis of time－evolving sea surface covered by oil Spills[J]. 中国物理快报:英文版，2015(4):45－48.

[10] LI C, TONG C, BAI Y, et al. Iterative physical optics model for electromagnetic scattering and Doppler analysis [J]. Journal of Systems Engineering and Electronics, 2016, 27(3):581－589.

[11] WANG J, XU X. Doppler simulation and analysis for 2－D sea surfaces up to Ku－Band[J]. IEEE Transactions on Geoscience and Remote Sensing, 2016, 54(1): 466－478.

[12] NIE D, ZHANG M, JIANG W Q, et al. Spectral Investigation of Doppler Signals From Surfaces With a Mixture of Wind Wave and Swell[J]. IEEE Trans Geosci Remote Sens Lette, 2017,14(8):1353－1367.

第7章　高动态雷达导引头海面目标回波特性建模与试验

雷达导引头是导弹用于无线电寻的制导的关键弹载设备。雷达导引头具备一部独立雷达系统的全部要素，负责导弹制导过程中的目标探测跟踪和导弹引导，是影响导弹作战性能的关键组成部分。雷达导引头攻击掠海目标时，处于下视状态，导引头回波成分较其他中、高空目标更加复杂，这也会影响最终导引头的探测跟踪性能及导弹最终的拦截成功率。由于导弹发射后导引头基本无法回收，而且弹上数据容量有限，导引头在制导后处于高动态飞行状态，其回波数据难以实时下传，所以目前真实弹道飞行中的雷达导引头回波数据很难获取。外场试验可以通过载机挂飞和造波池挂飞等方式模拟测试导引头掠海目标的回波特性，但这类试验也具有一定的局限性，难以完全模拟实际制导过程中高动态导引头、目标及动态海面"三动"情形下的导引头回波。随着计算机技术的发展，采用数值仿真技术，更加灵活地开展多种复杂导引头、目标、海况等参数条件下，高动态雷达导引头掠海目标回波特性研究，在导引头设计、评估等领域具有重要的实际意义和应用价值。本章首先给出雷达导引头的功能模型，进而结合电磁计算建立导引头探测掠海目标的回波信号模型，完成弹道飞行过程中高动态雷达导引头掠海目标回波特性数值仿真，并开展不同导引头、目标、海况条件下的回波特性分析研究。最后利用造波池回波采集试验和高动态平台挂飞试验开展导引头探测掠海目标回波特性试验研究，结合试验处理结果对雷达导引头掠海目标回波特性开展进一步的分析和讨论。

7.1　雷达导引头功能模型

7.1.1　雷达导引头系统功能

雷达导引头是建立在雷达探测、跟踪制导、自动控制等多项专门技术上的综合系统。雷达导引头有主动寻的、半主动寻的、被动寻的和复合寻的等几种制导体制，以主动寻的制导的雷达导引头为例，其主要功能组成包括天馈系统、伺服系统、发射系统、接收系统及信号处理系统等。雷达导引头通过上述各分系统的协调工作完成导弹制导过程中的阵面信号发射、回波接收、目标探测与跟踪、信号处理、目标检测、信息解算、制导信息输出等功能。图7.1所示为主动寻的雷达导引头的概略系统功能框图。雷达导引头在导弹制导过程中建立起导弹与被攻击目标之间探测跟踪的动态闭合回路，通过导引头前段的天线阵面接收回波信号，通过高频前端和中频接收将原始回波变换为满足信号处理要求的中频信号，然后完成目标信息检测、跟踪和目标信息提取，并由弹上计算机综合形成各种控制指令（包括导弹驾驶仪的引导指令、制导控制指令、控制导引头工作状态的逻辑控制指令等)。根据指令信号,导弹在一定导引规律的约束下调整弹体位置和导弹姿态,同时控制调整天线波束指向,最终使导弹飞向目标拦截位置。在这个过程中,雷达导引头探测接收到的回波特性会直接影响导引头的制导性能,而雷达导引头的弹道飞行状态反过来也会直接导致导引头接收到回波特性的差异。

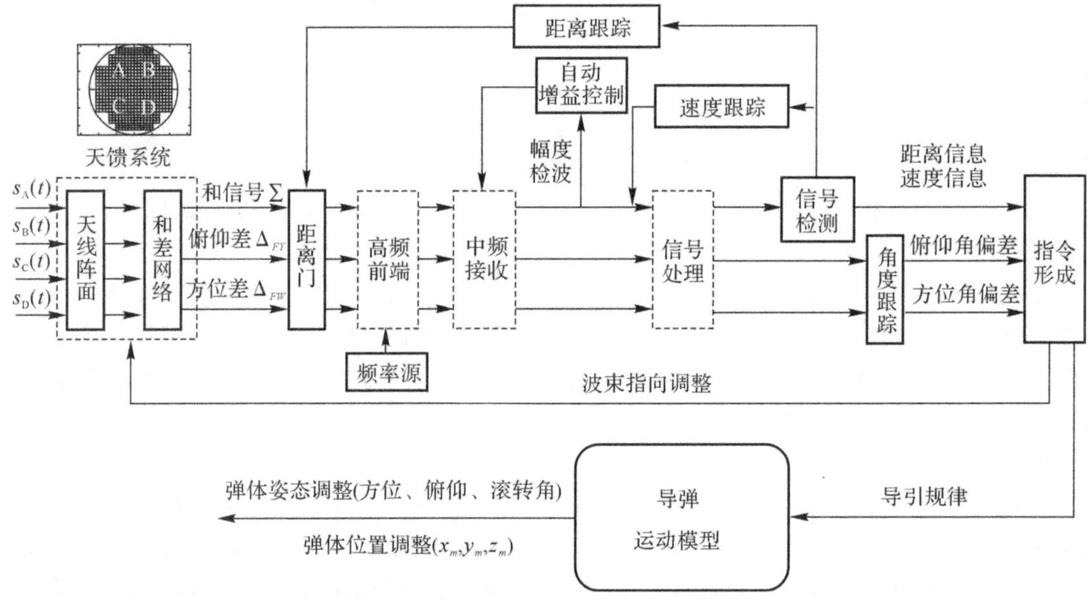

图 7.1　雷达导引头概略系统功能框图

7.1.2　雷达导引头探测跟踪回路

导引头探测跟踪过程如下:在攻击指定单批目标时,导引头开机前,火控系统提供指定目标信息,并通过预置通道传送给导引头,完成导引头波束指向角、速度门位置、距离门位置等初始参数的预置,帮助导引头在开机后快速截获目标,通过回波信号处理与检测、指令形成,调整弹道运动状态和波束指向,实现目标跟踪。雷达导引头的探测跟踪场景如图 7.2 所示。

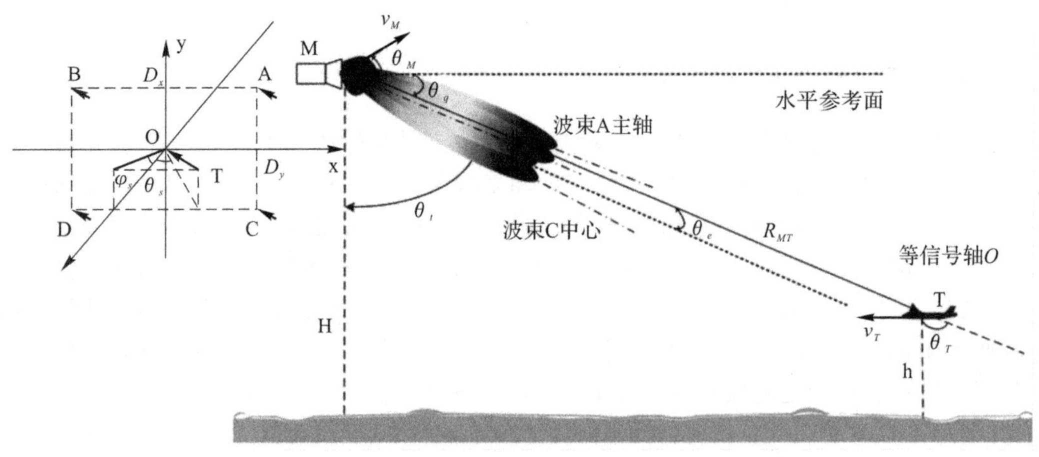

图 7.2　雷达导引头探测跟踪示意图

导弹与目标分别位于 M 点与 T 点，MT 为弹目视线，R_{MT} 为弹目距离，v_M 与 v_T 分别为导弹与目标的速度，θ_q 为弹目视线与水平参考面夹角。假设导弹与目标在同一铅垂面内运动，根据几何关系，弹目运动方程可写作

$$\frac{\mathrm{d}R_{MT}(t)}{\mathrm{d}t}=-v_M(t)\cos[\theta_M(t)]+v_T(t)\cos[\theta_T(t)] \tag{7-1}$$

$$R_{MT}(t)\frac{\mathrm{d}\theta_q(t)}{\mathrm{d}t}=-v_M(t)\sin[\theta_M(t)]+v_T(t)\cos[\theta_T(t)] \tag{7-2}$$

导弹的运动参数 $\theta_M(t)$ 和 $\theta_q(t)$ 可由引导方程约束，采用不同的约束方程即可获得不同的导引规律，目前运用比较广泛的是比例导引法，也就是使导引头速度矢量的转动角速度与导引头与目标视线转动角速度成一定比例，导引方程为

$$\frac{\mathrm{d}\theta_M}{\mathrm{d}t}=k_u\frac{\mathrm{d}\theta_q}{\mathrm{d}t} \tag{7-3}$$

式中：$\mathrm{d}\theta_M/\mathrm{d}t$ 为导引头速度矢量转动角速度；k_u 为比例导航系数；$\mathrm{d}\theta_q/\mathrm{d}t$ 为视线转动角速度。设导引头运动时，第 n 时刻跟踪到目标的俯仰、方位视线角度分别为 $\theta_q(n)$、$\varphi_q(n)$，则有

$$\frac{\mathrm{d}\theta_q(n)}{\mathrm{d}t}=[\theta_q(n)-\theta_q(n-1))/t_\Delta \tag{7-4}$$

$$\frac{\mathrm{d}\varphi_q(n)}{\mathrm{d}t}=[\varphi_q(n)-\varphi_q(n-1))/t_\Delta \tag{7-5}$$

$\theta_M(n-1)$ 和 $\varphi_M(n-1)$ 为第 $n-1$ 次跟踪的目标方位、俯仰视线角，t_Δ 为弹道仿真间隔时间帧。由比例导引方程可知，第 n 次跟踪后导引头的俯仰、方位旋转角速度变为

$$\frac{\mathrm{d}\theta_M(n)}{\mathrm{d}t}=k_u\frac{\mathrm{d}\theta_q(n)}{\mathrm{d}t} \tag{7-6}$$

$$\frac{\mathrm{d}\varphi_M(n)}{\mathrm{d}t}=k_u\frac{\mathrm{d}\varphi_q(n)}{\mathrm{d}t} \tag{7-7}$$

由此就可以推出导引头在下一仿真时刻的俯仰、方位角为

$$\theta_M(n+1)=\theta_M(n)+\frac{\mathrm{d}\theta_M(n)}{\mathrm{d}t}t_\Delta \tag{7-8}$$

$$\varphi_M(n+1)=\varphi_M(n)+\frac{\mathrm{d}\varphi_M(n)}{\mathrm{d}t}t_\Delta \tag{7-9}$$

设弹目径向相对速度为 $v_R(t)$，比例导航系数 k_u 通常取：

$$k_u=u_n\frac{v_R(t)}{v_M(t)} \tag{7-10}$$

u_n 称为导航比，需根据弹目距离进行调整。结合式(7-1)～式(7-10)可以得出结论：为了实现比例导引，同时达到最优的制导性在不同弹目距离上获取最佳的导航比，需要实时提供弹目径向速度信息、弹目距离信息和弹目视线角速度。距离、速度信息是通过导引头信号处理和检测后提取，弹目视线角速度的测量，要通过单脉冲自动测角技术来实现，雷达导引头通过单脉冲自动测角技术调整波束指向完成角度信息处理和角度跟踪。在单脉冲自动测角技术中，导引头采用四象限相控阵天线接收四通道回波信号，四象限相控阵天线可以理解为对原阵列天线的阵面分区，如图 7.3 所示。这样四个分区可形成四个波束，如图 7.2 所示。四波束接收的回波信号可分别记为 $s_\mathrm{A}(t)$，$s_\mathrm{B}(t)$，$s_\mathrm{C}(t)$，$s_\mathrm{D}(t)$。根据目标偏离波束指向引入天线阵内相位差，四路回波信号在射频合成和信号、方位差和俯仰差信号，根据每帧检

测后信息(方位/俯仰角误差)和陀螺信息进行解算,获得下一帧波束指向,完成角度闭环跟踪。导引头测角误差计算和角跟踪流程如图 7.3 所示。具体雷达导引头距离、速度、角偏差信息的处理将在雷达导引头回波信号接收、处理及检测模型中介绍。

7.1.3 雷达导引头天线收发方向图模型

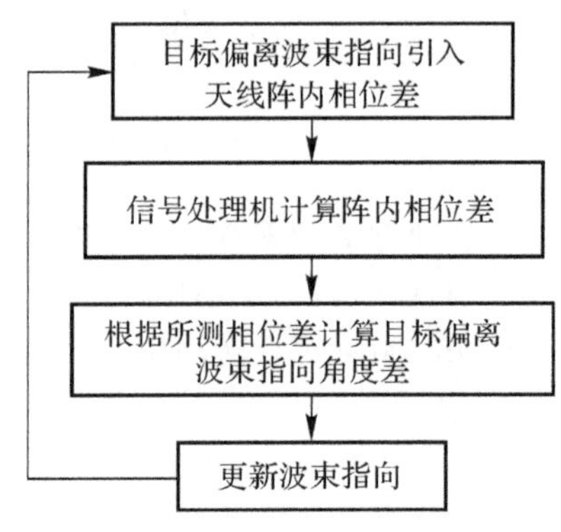

图 7.3 角跟踪流程图

雷达导引头的方向图采用相控阵天线进行波束合成。如图 7.2 中 $M\times N$ 矩形前视阵列,在导弹直角坐标系下定义方向矢量 $\boldsymbol{k}=[\cos\varphi\cos\theta \quad \cos\varphi\sin\theta \quad \sin\varphi]$,其中 θ 和 ϕ 分别为方位角和俯仰角,天线主瓣指向为(θ_0, ϕ_0)(空间角度关系参见图 7.2 中场景)。考虑天线背板隔离,我们仅关心天线口面前方的空间区域,即与天线法线方向夹角小于 90° 的空间区域。

在天线阵面上建立天线圆锥坐标系,如图 7.4 所示,坐标系固连于天线阵面,原点在天线阵面中心,阵面法向平行于导弹飞行方向,坐标系 z 轴指向天线法向弹头方向,阵元在行和列方向均等间隔放置,间距分别为 d_x 和 d_y。阵列采用分离加权方式,这里不考虑阵列间的幅相误差,则根据空间几何关系可得行列子阵的发射方向图分别为

$$F_{x_{\text{ant}}}=\sum_{m=1}^{M} I_m \mathrm{e}^{\mathrm{j}2\pi\frac{d_x}{\lambda}(m-1)(\sin\varphi-\sin\varphi_0)} \tag{7-11}$$

$$F_{y_{\text{ant}}}=\sum_{n=1}^{N} I_n \mathrm{e}^{\mathrm{j}2\pi\frac{d_y}{\lambda}(n-1)(\cos\psi-\cos\psi_0)}=\sum_{n=1}^{N} I_n \mathrm{e}^{\mathrm{j}2\pi\frac{d_y}{\lambda}(n-1)(\cos\varphi\sin\theta-\cos\varphi_0\sin\theta_0)} \tag{7-12}$$

式中,I_m 和 I_n 分别为列子阵和行子阵的加权因子,则整个阵面总的方向图为

$$F(\varphi,\theta)=F_{x_{\text{ant}}}\times F_{y_{\text{ant}}}=\sum_{n=1}^{N}\sum_{m=1}^{M} I_n I_m \mathrm{e}^{\mathrm{j}2\pi\frac{d_x}{\lambda}(m-1)(\sin\varphi-\sin\varphi_0)}\mathrm{e}^{\mathrm{j}2\pi\frac{d_y}{\lambda}(n-1)(\cos\varphi\sin\theta-\cos\varphi_0\sin\theta_0)} \tag{7-13}$$

导弹在运动过程中由于弹体姿态的变化,方向图也会出现变化,导弹横滚、俯仰、偏航角度 θ_R,θ_P,θ_y 定义如图 7.4 所示。

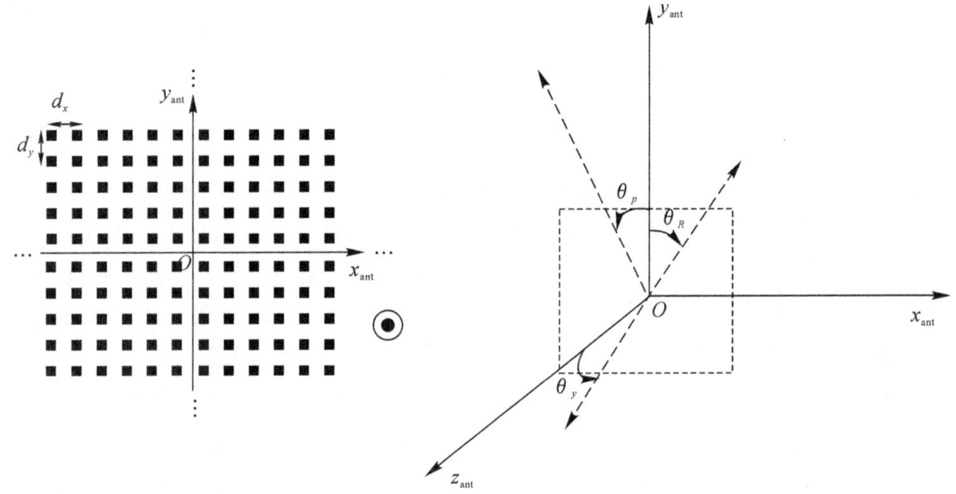

图 7.4 相控阵天线坐标及坐标旋转示意图

在导弹俯仰、偏航、横滚的状态下，天线的方向图函数通过乘以旋转矩阵进行修正，旋转矩阵的形式如下：

$$\begin{aligned}
\text{Roll} = \boldsymbol{R} &= \begin{vmatrix} \cos(\theta_R) & -\sin(\theta_R) & 0 \\ \sin(\theta_R) & \cos(\theta_R) & 0 \\ 0 & 0 & 1 \end{vmatrix} \\
\text{Pitch} = \boldsymbol{P} &= \begin{vmatrix} 1 & 0 & 0 \\ 0 & \cos(\theta_P) & \sin(\theta_P) \\ 0 & -\sin(\theta_P) & \cos(\theta_P) \end{vmatrix} \\
\text{Yaw} = \boldsymbol{Y} &= \begin{vmatrix} \cos(\theta_y) & 0 & -\sin(\theta_y) \\ 0 & 1 & 0 \\ \sin(\theta_y) & 0 & \cos(\theta_y) \end{vmatrix}
\end{aligned} \tag{7-14}$$

同时天线阵面划分为四个子阵分区如图7.1所示，导引头天线A、B、C、D四个分区所对应的波束分别记为F_A、F_B、F_C、F_D，导引头四象限波束按照和差单脉冲体制进行合成，则和差波束的形式分别为

$$F_{\sum} = F_A + F_B + F_C + F_D \tag{7-15}$$

$$F_{\Delta 1} = (F_A + F_B) - (F_C + F_D) \tag{7-16}$$

$$F_{\Delta 2} = (F_A + F_C) - (F_B + F_D) \tag{7-17}$$

图7.5根据式(7-11)～式(7-13)以及式(7-15)～式(7-17)给出了合成和差波束的方向图，其中，天线阵面参数分别为：行列阵元数$M=N=64$，行列阵元间距$d_x=d_y=0.1$ m，加权因子按切比雪夫加权系数取值。

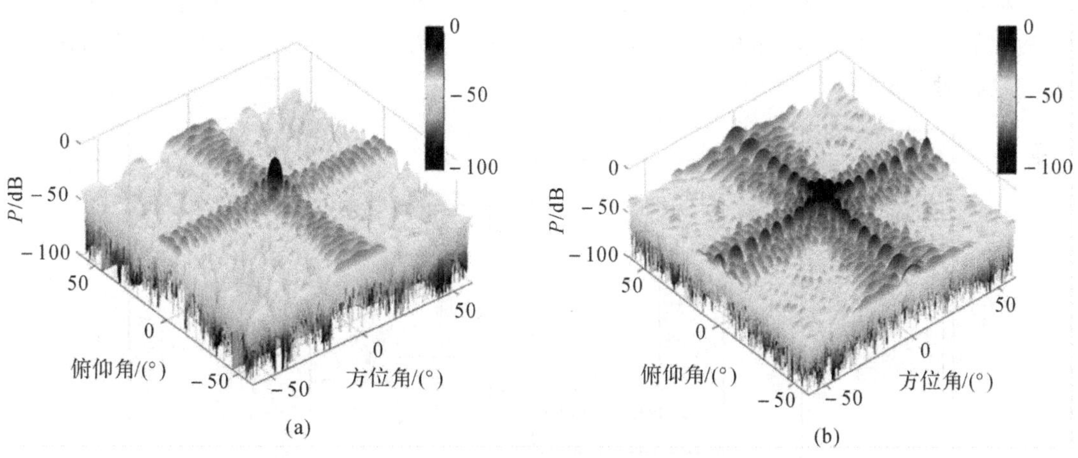

图7.5　和差天线方向图

(a) 和波束方向图；(b) 差波束方向图

7.1.4　雷达导引头回波信号接收、处理及检测模型

由导引头天线接收回波信号经过超外差混频接收变换到中频，一般意义上的雷达信号处理就是从中频开始的。雷达导引头的信号处理主要包含匹配接收、信号检测和单脉冲处理三个部分。匹配接收是使目标信号完整通过并一定程度地削减其他干扰、杂波等信号成

分的能量，从而在输出端获取最佳的相对信号强度。现代雷达导引头大都采用脉冲多普勒体制，脉冲多普勒回波信号在时域和频域上的窄通特性就是其匹配处理的基础。目标回波信号在时域上是一个周期性的窄脉冲串，它包含着目标的距离信息，在频域上回波信号是一个周期性的窄谱线组，其中一根谱线就包含了全部的目标速度信息，要完成在时域和频域上对目标信号的相关选择和匹配。在不考虑距离和速度模糊的情况下，不同距离散射单元的回波能量按照相应的距离时延散布在一个距离不模糊时延范围(T_p)之内，目标回波信号谱线的多普勒频移散布范围在一个速度不模糊频率范围(f_p)之内，因此接收机必须保证同时对时域和频域上的一定范围($T_p \times f_p$)内进行二维匹配处理。在时域上采用分时多通道并行处理，对接收信号 $s_r(t-t_0)$ 进行相关运算，假设一共并行处理 m 个距离通道，在每个距离通道内，采用距离选通脉冲与相应的回波脉冲进行的相关运算

$$\left.\begin{aligned} g_1(t) &= K\int_{-\infty}^{\infty} s'(\tau-\Delta)s(\tau+t_0-t)\mathrm{d}\tau \\ g_2(t)) &= K\int_{-\infty}^{\infty} s'(\tau-2\Delta)s(\tau+t_0-t)\mathrm{d}\tau \\ &\cdots\cdots \\ g_m(t)) &= K\int_{-\infty}^{\infty} s'(\tau-m\Delta)s(\tau+t_0-t)\mathrm{d}\tau \end{aligned}\right\} \tag{7-18}$$

距离选通脉冲具有与发射脉冲相同的脉冲参数，但时延彼此错开。$s'(t)$ 为距离选通脉冲串的基准信号，$\Delta=T_p/m$，为步进延迟量。m 个距离选通脉冲覆盖两个发射脉冲之间的距离“净区”。如果目标回波信号的时延与距离选通脉冲信号的延迟量接近或相等，那么对应的 $g_i(t)$ 就会具有一定幅度，相当于信号从相应的距离通道通过。距离通道输出信号的幅度与目标信号和距离选通脉冲之间的匹配程度成正比，因此这一时域相关处理过程在确保目标回波信号通过接收机的基础上，完成了距离选择。距离选择后的信号再进行多普勒处理，其过程如图 7.6 所示。

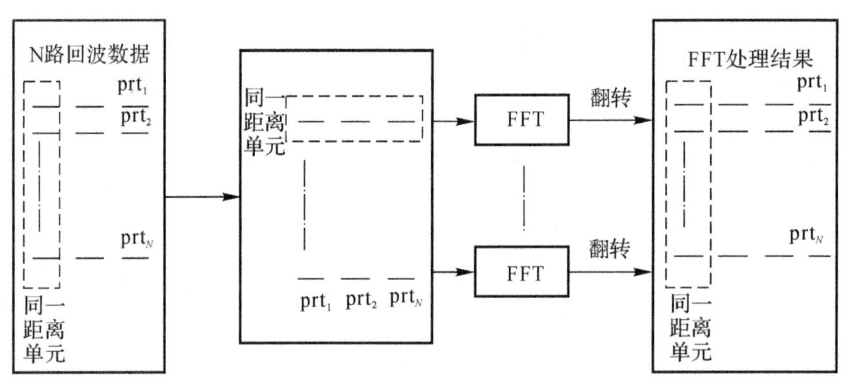

图 7.6 多普勒处理示意图

每个距离通道信号再经过 n 个速度通道进行处理。每个速度通道相当于一个窄带滤波器，对应不同的多普勒频移范围，各速度通道共同完成对两个谱线之间速度“净区”的覆盖。只要目标信号多普勒频移不在零和 $\pm f_p$ 附近，就会在频率上至少与一个速度通道相匹配，对应的速度通道就会有信号输出，而这个过程也完成了信号的相参积累。经过距离速度两次选择和匹配处理，就可以得到回波信号的距离-速度(多普勒)特性，如图 7.7 所示，完成

对目标信号的匹配接收，信号被最大程度地选择出来，干扰、杂波噪声分别从时域和频域最大程度地被压低和分离。

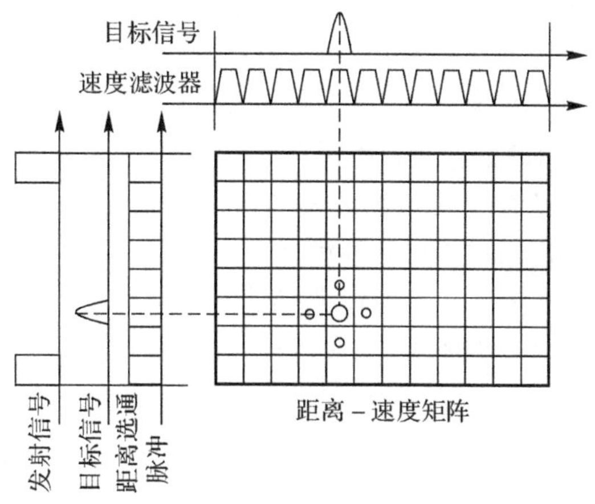

图 7.7　距离-多普勒(速度)矩阵示意图

最后进行信号检测，就是在有干扰、杂波的背景中，在距离-多普勒域通过设置门限，选择并判定目标的位置。考虑高动态弹目运动关系及环境变化对时频特性的影响。导引头接收信号的杂波、干扰背景强度是不断随时间、空间变化的，因此信号检测必须适应这种变化，通过某种方法来动态调整门限判决电平，保持虚警概率的恒定。目前在这种情景下常用恒虚警率(Constant False－Alarm Rate，CFAR) 检测，检测过程中，在保持恒定的虚警概率条件下，满足信号最佳检测的奈曼-皮尔逊准则，使正确检测的概率达到最大值。通过自适应门限进行目标检测，即检测单元两侧多个单元均值作为检测门限，如图 7.8 所示。

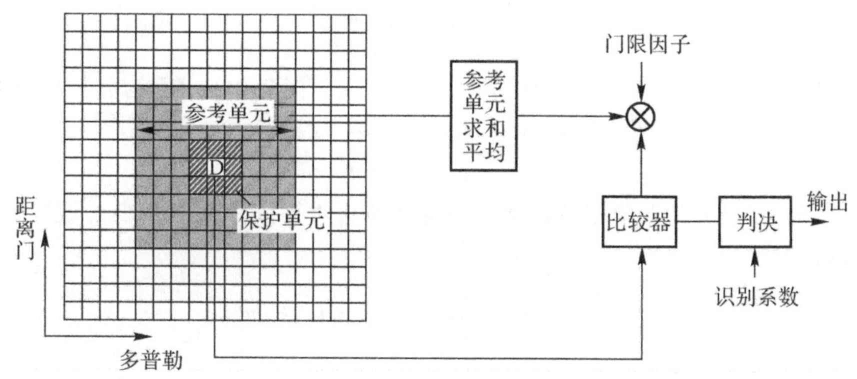

图 7.8　二维单元平均恒虚警处理示意图

通道数据经过脉冲压缩之后进行积累，形成“距离-多普勒” 二维分布图。对该二维分布图取模值处理后，形成恒虚警 (CFAR) 平面，采用两维 CFAR 检测方法，完成目标检测。在检测单元的两侧各留出一些保护单元，保护单元的总数略大于目标所占分辨单元数。同时，由于采用相参体制，可以联合利用距离维和速度维的一定数量的参考单元的平均值作为比较电平，再与检测单元进行比较，依据识别系数判断比较结果，从而判断目标的存在。

7.1.5 单脉冲模型

雷达导引头通过单脉冲接收机和天线伺服系统组成角度跟踪回路，测量导弹-目标视线角偏离目标的角误差，并将角误差送给弹上陀螺仪和伺服系统控制调整导弹弹道的运行轨迹、弹体姿态以及行波束方向图的指向。角误差测量通常采用单脉冲模型，单脉冲模型可分为振幅和差单脉冲和相位和差单脉冲。相比而言，相位和差单脉冲可以取得更好的角误差测量精度，在现代导引头的设计中应用也更为广泛，本书采用相位和差单脉冲模型推导导引头角误差的求取过程。在相位和差单脉冲模式中，四象限波束是平行指向的，如图 7.9 所示。在导引头天线阵面上建立圆锥坐标系，如图 7.9 所示。在该坐标系下，$O(\theta_0,\varphi_0)$ 为导引头等信号轴中心，也是坐标系 z 轴指向，$A(\theta_A,\varphi_A)$、$B(\theta_B,\varphi_B)$、$C(\theta_C,\varphi_C)$、$D(\theta_D,\varphi_D)$ 分别为四象限波束主轴指向，其中角度代表各波束主轴与等信号轴的夹角，$T(\theta_\varepsilon,\varphi_\varepsilon)$ 为目标位置，θ_ε 与 φ_ε 分别代表目标偏离等信号轴的俯仰角与方位角。

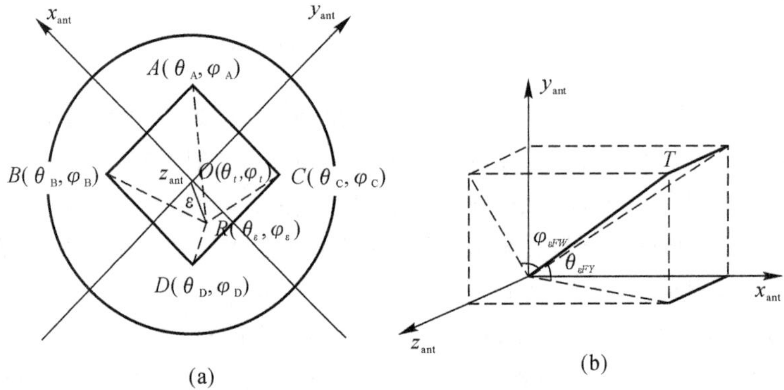

图 7.9 四象限角度及角误差定义

(a) 俯视图； (b) 正视图

导引头俯仰角误差 $\theta_{\varepsilon FY}$ 与方位角误差 $\varphi_{\varepsilon FW}$ 的定义如图 7.9(b) 所示，并且满足如下关系

$$\theta_{\varepsilon FY} \approx \sin\theta_{\varepsilon FY} = \sin\theta_\varepsilon \sin\varphi_\varepsilon \tag{7-19}$$

$$\varphi_{\varepsilon FW} \approx \sin\varphi_{\varepsilon FW} = \sin\theta_\varepsilon \cos\varphi_\varepsilon \tag{7-20}$$

设 D_A, D_B, D_C, D_D 为四象限波束接收目标回波相对等信号轴中心 O 的波程差，通过几何关系可以推得

$$D_A = \frac{D_x}{2}\sin\theta_\varepsilon\cos\varphi_\varepsilon + \frac{D_y}{2}\sin\theta_\varepsilon\sin\varphi_\varepsilon \tag{7-21}$$

$$D_B = \frac{D_x}{2}\sin\theta_\varepsilon\cos\varphi_\varepsilon - \frac{D_y}{2}\sin\theta_\varepsilon\sin\varphi_\varepsilon \tag{7-22}$$

$$D_C = -\frac{D_x}{2}\sin\theta_\varepsilon\cos\varphi_\varepsilon + \frac{D_y}{2}\sin\theta_\varepsilon\sin\varphi_\varepsilon \tag{7-23}$$

$$D_D = -\frac{D_x}{2}\sin\theta_\varepsilon\cos\varphi_\varepsilon - \frac{D_y}{2}\sin\theta_\varepsilon\sin\varphi_\varepsilon \tag{7-24}$$

根据式(7-21) ~ 式(7-24)，可以观察到 D_A, D_B, D_C, D_D 存在以下关系，即

$$D_D = -D_A \tag{7-25}$$

$$D_C = -D_B \tag{7-26}$$

并且有

$$D_{\mathrm{A}} + D_{\mathrm{B}} = D_x \sin\theta_\varepsilon \cos\varphi_\varepsilon \tag{7-27}$$

$$D_{\mathrm{A}} - D_{\mathrm{B}} = D_y \sin\theta_\varepsilon \sin\varphi_\varepsilon \tag{7-28}$$

A,B,C,D 四个等效天线象限区域中心接收的回波信号表达式可以分别写作

$$s_{\mathrm{A}}(t) = Ks_0(t)\mathrm{e}^{-\mathrm{j}kD_{\mathrm{A}}} \tag{7-29}$$

$$s_{\mathrm{B}}(t) = Ks_0(t)\mathrm{e}^{-\mathrm{j}kD_{\mathrm{B}}} \tag{7-30}$$

$$s_{\mathrm{C}}(t) = Ks_0(t)\mathrm{e}^{-\mathrm{j}kD_{\mathrm{C}}} \tag{7-31}$$

$$s_{\mathrm{D}}(t) = Ks_0(t)\mathrm{e}^{-\mathrm{j}kD_{\mathrm{D}}} \tag{7-32}$$

式中：K 表示回波信号振幅；$s_0(t)$ 表示相控阵天线等信号轴中心接收的回波信号。回波各象限区域等效波束接收回波经脉冲压缩与多普勒处理后，通过单脉冲运算器（和差器）加减运算形成和波束回波 Σ、方位差波束回波 Δ_{FW} 和俯仰差波束回波 Δ_{FY} 三路信号。和信号、方位差信号、俯仰差信号表达式可分别推得为

$$\begin{aligned}\Sigma &= s_{\mathrm{A}}(t) + s_{\mathrm{B}}(t) + s_{\mathrm{C}}(t) + s_{\mathrm{D}}(t) = Ks_0(t)(\mathrm{e}^{-\mathrm{j}kD_{\mathrm{A}}} + \mathrm{e}^{-\mathrm{j}kD_{\mathrm{B}}} + \mathrm{e}^{-\mathrm{j}kD_{\mathrm{C}}} + \mathrm{e}^{-\mathrm{j}kD_{\mathrm{D}}}) = \\ &\quad 2Ks_0(t)\left(\frac{\mathrm{e}^{\mathrm{j}kD_{\mathrm{A}}} + \mathrm{e}^{-\mathrm{j}kD_{\mathrm{A}}}}{2} + \frac{\mathrm{e}^{\mathrm{j}kD_{\mathrm{B}}} + \mathrm{e}^{-\mathrm{j}kD_{\mathrm{B}}}}{2}\right) = 2Ks_0(t)(\cos kD_{\mathrm{A}} + \cos kD_{\mathrm{B}}) = \\ &\quad 4Ks_0(t)\cos k\frac{D_{\mathrm{A}} + D_{\mathrm{B}}}{2}\cos k\frac{D_{\mathrm{A}} - D_{\mathrm{B}}}{2}\end{aligned} \tag{7-33}$$

$$\begin{aligned}\Delta_{FW} &= [s_{\mathrm{A}}(t) + s_{\mathrm{C}}(t)] - [s_{\mathrm{B}}(t) + s_{\mathrm{D}}(t)] = Ks_0(t)(\mathrm{e}^{-\mathrm{j}kD_{\mathrm{A}}} + \mathrm{e}^{-\mathrm{j}kD_{\mathrm{C}}} - \mathrm{e}^{-\mathrm{j}kD_{\mathrm{B}}} - \mathrm{e}^{-\mathrm{j}kD_{\mathrm{D}}}) = \\ &\quad 2\mathrm{j}Ks_0(t)\left(\frac{\mathrm{e}^{\mathrm{j}kD_{\mathrm{B}}} - \mathrm{e}^{-\mathrm{j}kD_{\mathrm{B}}}}{2\mathrm{j}} - \frac{\mathrm{e}^{\mathrm{j}dD_{\mathrm{A}}} - \mathrm{e}^{-\mathrm{j}dD_{\mathrm{A}}}}{2\mathrm{j}}\right) = -2\mathrm{j}Ks_0(t)(\sin kD_{\mathrm{A}} - \sin kD_{\mathrm{B}}) = \\ &\quad -4\mathrm{j}Ks_0(t)\cos k\frac{D_{\mathrm{A}} + D_{\mathrm{B}}}{2}\sin k\frac{D_{\mathrm{A}} - D_{\mathrm{B}}}{2}\end{aligned} \tag{7-34}$$

$$\begin{aligned}\Delta_{FY} &= [s_{\mathrm{A}}(t) + s_{\mathrm{B}}(t)] - [s_{\mathrm{C}}(t) + s_{\mathrm{D}}(t)] = Ks_0(t)(\mathrm{e}^{-\mathrm{j}kD_{\mathrm{A}}} + \mathrm{e}^{-\mathrm{j}kD_{\mathrm{B}}} - \mathrm{e}^{-\mathrm{j}kD_{\mathrm{C}}} - \mathrm{e}^{-\mathrm{j}kD_{\mathrm{D}}}) = \\ &\quad -2\mathrm{j}Ks_0(t)\left(\frac{\mathrm{e}^{\mathrm{j}kD_{\mathrm{A}}} - \mathrm{e}^{-\mathrm{j}kD_{\mathrm{A}}}}{2\mathrm{j}} + \frac{\mathrm{e}^{\mathrm{j}kD_{\mathrm{B}}} - \mathrm{e}^{-\mathrm{j}kD_{\mathrm{B}}}}{2\mathrm{j}}\right) = -2\mathrm{j}Ks_0(t)(\sin kD_{\mathrm{A}} + \sin kD_{\mathrm{B}}) = \\ &\quad -4\mathrm{j}Ks_0(t)\sin k\frac{D_{\mathrm{A}} + D_{\mathrm{B}}}{2}\cos k\frac{D_{\mathrm{A}} - D_{\mathrm{B}}}{2}\end{aligned} \tag{7-35}$$

在式(7-33)～式(7-35)的化简中用到了欧拉公式和三角函数和差化积公式。和差信号经由希尔伯特变换，可写作由 I,Q 两路信号组成的复信号形式，即

$$\Sigma = \Sigma_{\mathrm{I}} + \mathrm{j}\Sigma_{\mathrm{Q}} \tag{7-36}$$

$$\Delta = \Delta_{\mathrm{I}} + \mathrm{j}\Delta_{\mathrm{Q}} \tag{7-37}$$

和、差信号在希尔伯特空间满足正交关系，如图 7.10 所示。

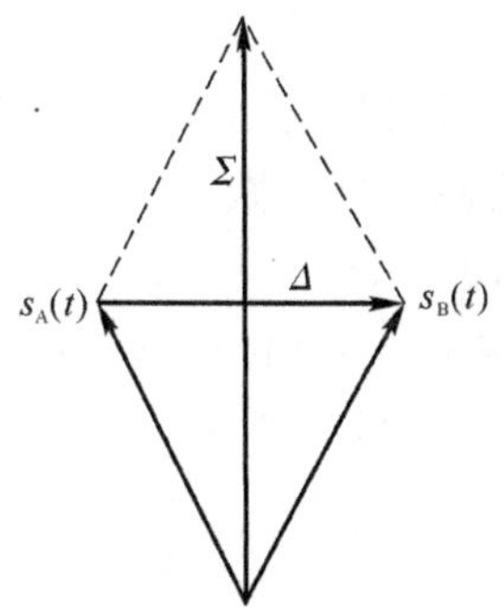

图 7-10　和差信号关系示意图

将式(7－27)与式(7－28)代入式(7－33)～(7－35)中，得到和差信号比的形式为

$$\frac{\Delta_{FY}}{\Sigma}=-\mathrm{j}\tan k\frac{D_x\sin\theta_\varepsilon\cos\varphi_\varepsilon}{2}\approx-\mathrm{j}k\frac{D_x\sin\theta_\varepsilon\cos\varphi_\varepsilon}{2} \tag{7-38}$$

$$\frac{\Delta_{FW}}{\Sigma}=-\mathrm{j}\tan k\frac{D_y\sin\theta_\varepsilon\sin\varphi_\varepsilon}{2}\approx-\mathrm{j}k\frac{D_x\sin\theta_\varepsilon\sin\varphi_\varepsilon}{2} \tag{7-39}$$

利用式(7－19)与式(7－20)中俯仰角误差与方位角误差的定义式，代入式(7－38)和式(7－39)，并进行变换可得

$$\frac{kD_x}{2}\theta_{\varepsilon FY}=\frac{\mathrm{j}\Delta_{FY}}{\Sigma}=\frac{\mathrm{j}\Delta_{FY}\Sigma^*}{\Sigma\Sigma^*}=\frac{\Sigma_{\mathrm{I}}\Delta_{FY\mathrm{I}}-\Sigma_{\mathrm{Q}}\Delta_{FY\mathrm{Q}}}{\Sigma_{\mathrm{I}}^2+\Sigma_{\mathrm{Q}}^2} \tag{7-40}$$

$$\frac{kD_y}{2}\varphi_{\varepsilon FW}=\frac{\mathrm{j}\Delta_{FW}}{\Sigma}=\frac{\mathrm{j}\Delta_{FW}\Sigma^*}{\Sigma\Sigma^*}=\frac{\Sigma_{\mathrm{I}}\Delta_{FW\mathrm{I}}-\Sigma_{\mathrm{Q}}\Delta_{FW\mathrm{Q}}}{\Sigma_{\mathrm{I}}^2+\Sigma_{\mathrm{Q}}^2} \tag{7-41}$$

进而，可以根据式(7－40)与式(7－41)，通过和信号与差信号解得俯仰角误差 $\theta_{\varepsilon FY}$ 与方位角误差 $\varphi_{\varepsilon FW}$。

7.2 基于雷达导引头的掠海目标电磁信号建模与回波仿真

7.2.1 基于雷达导引头的掠海目标电磁信号建模

根据雷达导引头天线方向图主瓣和主要副瓣照射区域确定回波计算区域，以雷达距离-方位(多普勒)分辨率划分回波单元，如图 7.11 所示。

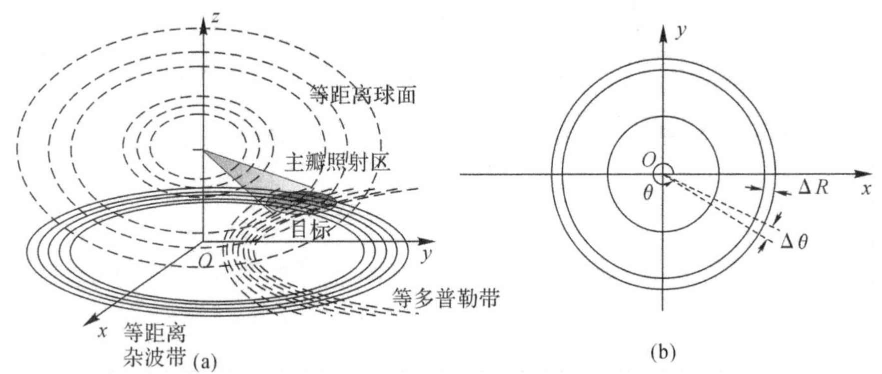

图 7.11 导引头回波计算区域划分示意图

(a) 导引头视景等距离环； (b) 距离-多普勒单元划分平面图

导引头发射的电磁波以球面波形式传播，等距离球面与海平面的相贯线为等距离环，具有相同距离的单元位于以导引头为圆心的圆弧内。模型计算单元的划分按照回波接收准则和电磁计算要求进行两次剖分，如图 7.11(b) 所示。发射脉冲宽度和视线擦海角决定了地距分辨单元的宽度。在整个雷达照射区域内，把计算区域分成若干大小为 $\Delta R\times\Delta\theta$ 的单元。ΔR 为距离环宽度，由距离分辨率决定，则有

$$\Delta R=\frac{c\tau}{2}=\frac{c}{2B_r} \tag{7-42}$$

式中：c 为电磁波传播速度；τ 为脉宽；B_r 为调频带宽；$\Delta\theta$ 为方位角间隔，与多普勒分辨率有

关，即

$$\Delta\theta \approx \frac{\lambda f_r}{4Kv_R\cos\varphi} \tag{7-43}$$

式中：K 为一个脉冲处理帧(Coherent Processing Interval，CPI) 内的脉冲数；f_r 为脉冲重复周期；v_R 为导弹速度；φ 为该计算单元的俯仰角。

海面是一种时变随机粗糙面，而其高度场 $\varepsilon(r,t)$ 随时间的变化是其在空间的传播所造成的，这种随机场可称为"冻结"的随机函数，其数学表达式满足：

$$\xi(r,t)=\xi(r-u_{\text{sea}}t,0) \tag{7-44}$$

式中：u_{sea} 为海浪传播速度。海浪是一系列谐波分量的叠加，海浪的传播速度和传播方向主要由海面主波能量的传播速度和方向决定。每一计算时刻，在参考单元生成某参考时刻海面样本，通过时空平移，在每个回波计算单元中按照其传播距离对应的传播时间生成对应位置的时变海面样本，建立整个回波计算区域的海面几何模型，每个回波计算单元再按电磁计算要求进行精细剖分供电磁计算使用。根据导引头回波信号的特点，采用时间、空间分解的方法来建立导引头的电磁回波信号模型，如图 7.12 所示。雷达接收的回波信号是目标-环境散射数据与雷达发射信号卷积的结果。雷达导引头采用线性调频脉冲信号作为发射信号，其信号形式为

$$s_t(t)=\sum_{i=0}^{N-1}A(t-nT_r)\mathrm{e}^{\mathrm{j}2\pi[f_0t+K_r(t-nT_r)^2/2]} \tag{7-45}$$

式中：f_0 为载频信号频率；$K_r=B_r/\tau$ 为线性调频率；$A(t)$ 为矩形脉冲，对脉冲宽度为 τ，重复周期为 T_r，有

$$A(t)=\text{rect}\left(\frac{t}{\tau}\right)=\begin{cases}1, & 0<t<\tau\\ 0, & \text{其他}\end{cases} \tag{7-46}$$

在时域内，将目标-海面时变动态复合散射场看成是时间函数 $\boldsymbol{W}(t)$，回波信号可以写作探测信号 $s_t(t)$ 与散射场函数 $\boldsymbol{W}(t)$ 在时域的卷积。另外，考虑散射单元的空间分布特性，要考虑散射单元空间分布对探测信号的响应，因此这里采用时空分解的方法进行掠海场景的回波建模，如图 7.12 所示。

对探测信号进行时间分解，用一定的采样频率将发射脉冲信号在时域分解为窄时间脉冲信号，窄脉冲可以看作一个瞬时冲击，其作用于空间不同距离方位的散射点，具有不同的时间延迟，在时域上合成不同时刻位置的回波。据此，对复合散射场按空间区域进行分解，在空间上，雷达导引头的回波信号是按距离分辨率划分的等距离门进行接收，落入同一距离门的散射单元进行叠加合成，从而将动态散射问题，分解为若干个准静态散射分量，最终合成回波信号。生成回波信号在空间上还要考虑天线方向图的加权，导引头的天线方向图模型在前文已经进行了介绍。导引头天线阵面采用阵列合成四象限波束。根据散射单元与每个波束夹角计算每个散射单元的方向图增益，并对散射计算单元进行幅度加权。根据雷达方程可以推导得到单个散射单元回波信号时域表达式为

$$s_r(t)=\sqrt{\frac{\lambda^2}{(4\pi)^3R^4L}}G\sigma s_t(t-\tau)\mathrm{e}^{-\mathrm{j}2\pi f_{\mathrm{d}}(t-\tau)} \tag{7-47}$$

式中：σ 为散射单元的散射系数；λ 为雷达波波长；R 为雷达到目标的距离；L 为衰减因子；G 为天线增益；f_{d} 为目标多普勒频移；$\tau=2R/c$ 为雷达波到达接收机的延迟时间，c 为光速。回

波表达式信号相位部分中的 $\mathrm{j}2\pi f_{\mathrm{d}}\tau$ 项表示目标脉冲内的走动引起的多普勒频移，称为脉内多普勒，回波表达式可进一步写为

$$s_r(k,t)=A(k)\sigma(k)\mathrm{rect}\left[\frac{t-2R(k)/c}{T_{\mathrm{p}}}\right]\varphi\left[t-\frac{2R(k)}{c}\right]\mathrm{e}^{-\mathrm{j}\frac{4\pi R(k)}{\lambda}} \tag{7-48}$$

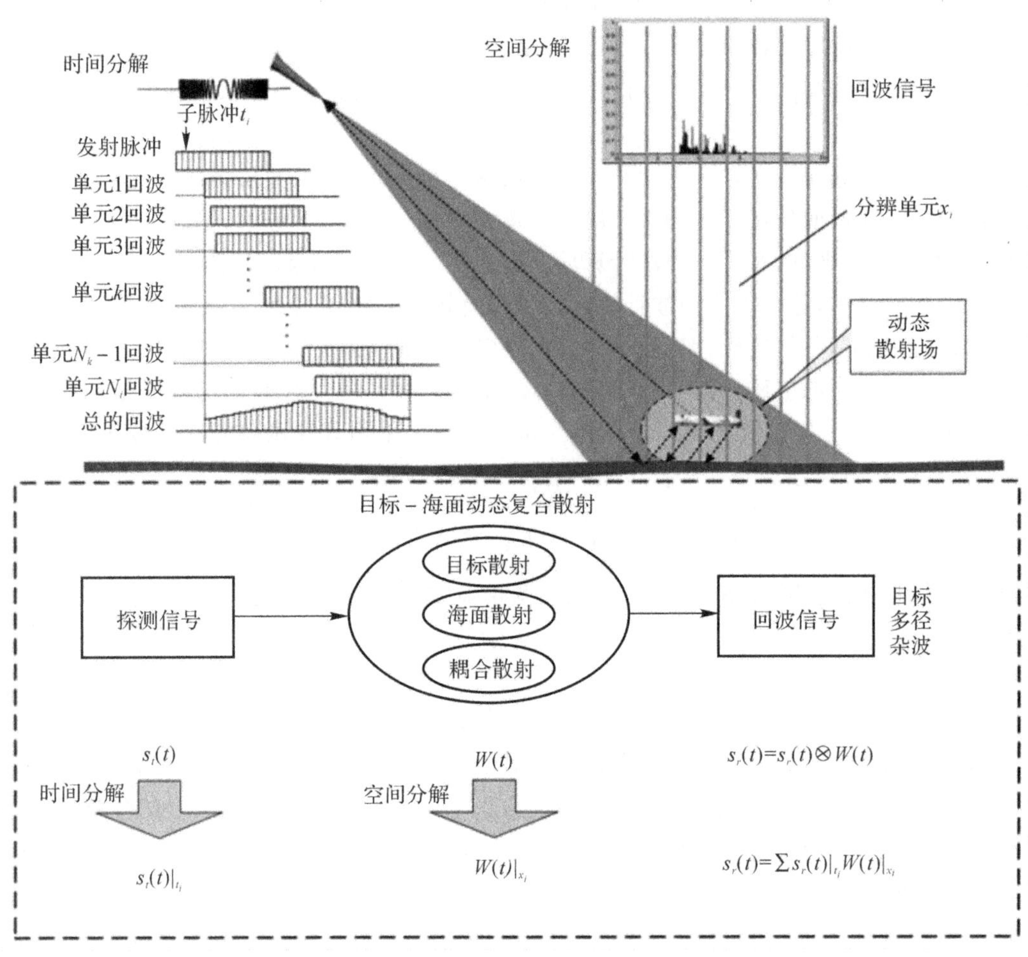

图 7.12　雷达导引头时空分解回波信号建模原理

若想获得雷达回波，就必须得到 k 个脉冲时刻所有小面元的幅度 $A(k)$，$\sigma(k)$ 以及对应相对距离 $R(k)$。$\sigma(k)$ 通过面元散射模型确定。雷达与目标的运动规律与雷达参数确定后，$A(k)$ 与直接回波的 $R(k)$ 都不难获得，而对于低速目标，可近似认为目标在脉内是静止的，回波经过零中频处理后可写为

$$s_r(k,t)=A\sigma\,\mathrm{rect}\left(\frac{t-2R/c}{T_{\mathrm{p}}}\right)\varphi\left[t-\frac{2R(k)}{c}\right]\mathrm{e}^{-\mathrm{j}\frac{4\pi R}{\lambda}}\mathrm{e}^{-\mathrm{j}2\pi f_{\mathrm{d}}t} \tag{7-49}$$

目标速度信息包含在 $R(k)$ 的变化中，若想提取多普勒信息，需获得一组脉冲的回波。弹载雷达信号处理是按照距离门进行的，第 n 个距离门内的 M 个散射点回波线性叠加在一起得到了第 n 个距离门回波数据，对于无模糊的系统，可得第 n 个距离门内散射单元的回波通过叠加，可写作

$$x(t)=\int_{-\frac{\pi}{2}}^{\frac{\pi}{2}}\int_{R_t}^{R_t+\Delta R}s_{r,n}(t,\varphi,R)\,\mathrm{d}R\mathrm{d}\varphi \tag{7-50}$$

式中：$s_{r,n}(t,\varphi,R)$ 表示第 n 个距离环中方位角为 φ 处的杂波散射点回波信号，主要考虑前方 $\pm 90°$ 视景范围内散射单元的回波。

高重频的情况还需要考虑距离模糊，在对散射单元回波信号进行叠加时，一方面需要将某一个距离环上所有散射单元电磁信号叠加；另一方面需要对 N_c 个远距离模糊过来的等距离环电磁信息进行相加。此时第 n 个距离门杂波的采样数据为

$$x(t)=\sum_{n=1}^{N_c}s_{r,n}(t)=\sum_{n=1}^{N_c}\int_{-\frac{\pi}{2}}^{\frac{\pi}{2}}\int_{R_t+(n-1)R_m}^{R_t+\Delta R+(n-1)R_m}s_{r,n}(t,\varphi,R)\,\mathrm{d}R\mathrm{d}\varphi \tag{7-51}$$

式中：N_c 表示距离模糊重数，$N_c=\mathrm{int}[(R_{\max}-H)/R_u]$；$R_{\max}$ 为雷达最大可检测距离；$R_u=c/(2f_r)$ 为雷达最大不模糊距离；$R_m=R_0+mR_u$，$m=0,1,2,\cdots,N_c$；$s_{r,n}(t,\varphi)$ 表示第 n 个距离环中方位角为 φ 处的散射单元回波信号，其形式可写为

$$s_{r,n}(t)=\int_{-\frac{\pi}{2}}^{\frac{\pi}{2}}\int_{R_t+(n-1)R_m}^{R_t+\Delta R+(n-1)R_m}s_{r,n}(t,\varphi,R)\,\mathrm{d}R\mathrm{d}\varphi=\sum_{m=1}^{M}\int_{R_t+(n-1)R_m}^{R_t+\Delta R+(n-1)R_m}s_{r,n,m}(t,R)\,\mathrm{d}R=\sum_{m=1}^{M}s_{r,n,m}(t) \tag{7-52}$$

式中：$s_{r,n,m}(t)$ 为离散化后第 n 个距离环第 m 个散射单元的散射回波。

7.2.2 全弹道雷达导引头回波仿真过程

本节给出基于电磁计算的全弹道回波仿真流程，如图 7.13 所示，该过程是一个负反馈过程。

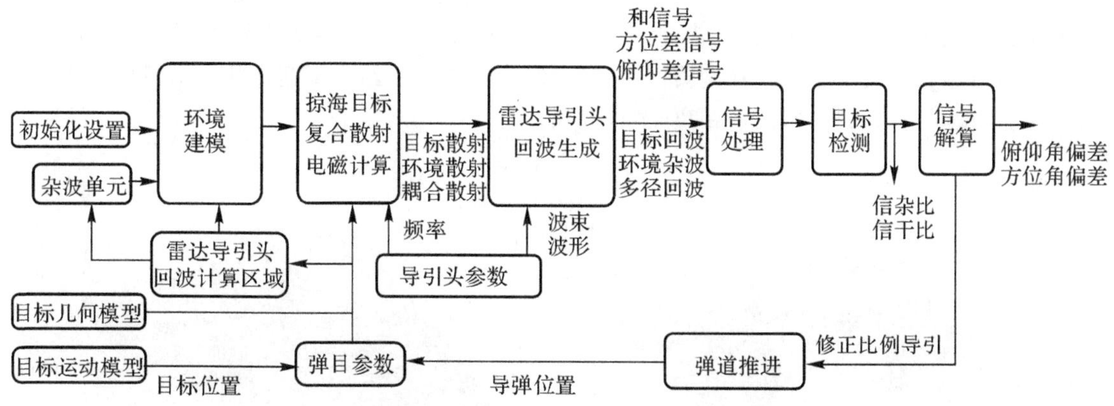

图 7.13　全弹道导引头回波仿真流程

在仿真初始化阶段，建立目标几何与运动模型，设置导引头信号与波形参数，导弹在导引头开机前根据预设弹道初始参数，按照比例导引初始段导引规律飞行，导引头开机后，在每一帧中的导引头视景内建立环境计算区域与计算模型，并完成计算模型的散射单元的划分，计算导引头视景中的目标-海面复合电磁散射并根据电磁信号模型生成和、方位差、俯仰差三路回波信号，并进行脉冲压缩和多普勒处理，在距离-多普勒图中对和路信号进行目标信号检测，并在检测位置根据和差信号解算俯仰与方位角误差，将数据代入弹道方程式中，就可以驱动整个弹道的循环推进，仿真获取全弹道。

7.2.3 不同弹目运动状态掠海目标回波距离-多普勒谱

选取导引头开机后弹道上一点，对比在该点处雷达导引头探测到不同弹目运动状态下的掠海目标回波距离-多普勒谱。保持导引头信号参数及导弹运动参数不变，图 7.14 给出侧击和尾追两种目标攻击状态下掠海目标回波处理后的距离-多普勒谱。

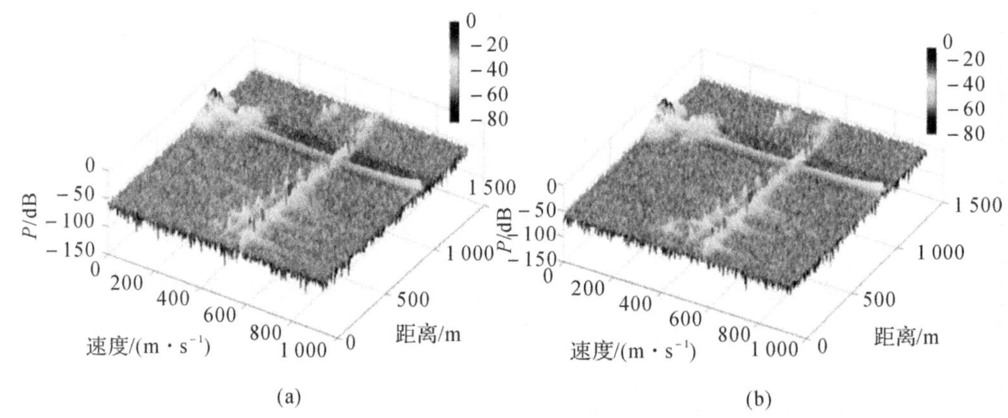

图 7.14 不同攻击状态掠海目标回波距离-多普勒谱

(a)侧击状态； (b)尾追状态

图 7.14(a)为目标侧击状态的距离-多普勒谱，这时与迎击状态相比，目标的径向速度接近 0，目标在速度维与主瓣杂波接近，目标在距离与速度维均混在主瓣杂波脊中。7.14(b)给出了尾追状态下的距离-多普勒谱，这时弹目径向速度小于主瓣杂波相对导引头的径向速度，目标在速度上会混杂在副瓣回波中。图 7.15 进一步给出了迎击状态下目标采用不同运动速度时，掠海目标回波的距离-多普勒谱。

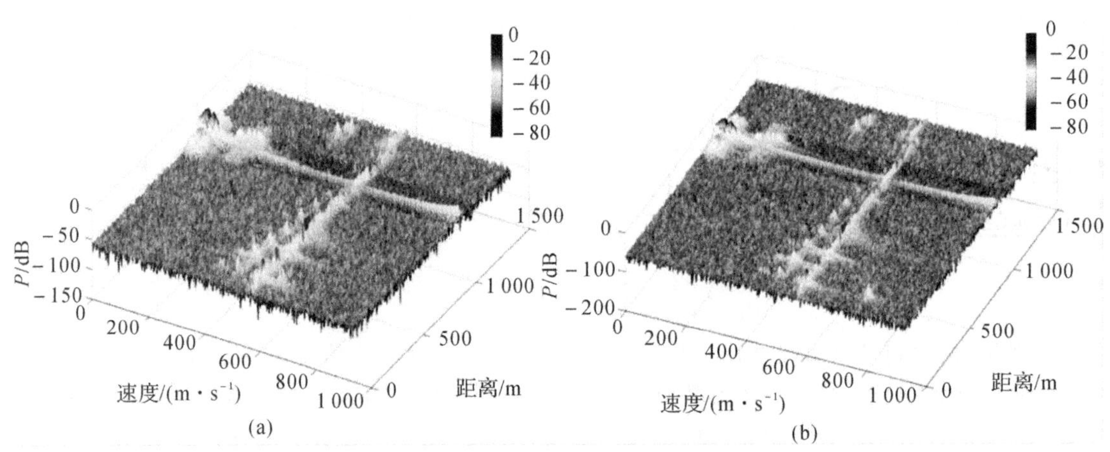

图 7.15 不同目标速度掠海目标回波距离-多普勒谱

(a)$v_t=50$ m/s； (b)$v_t=200$ m/s

图 7.15(a)(b)中目标运动速度分别为 $v_t=50$ m/s 与 $v_t=200$ m/s，可以看出目标速度越小，目标在速度维与主瓣杂波脊越近，这时从信号处理上来说，目标检测区域内的信杂比

越低，信号检测越困难。

7.2.4　不同海况条件下雷达导引头掠海目标回波距离-多普勒谱

本节对比不同海况条件下的掠海目标回波距离-多普勒谱。

前面仿真条件中海况等级都设为 1 级海况。图 7.16 进一步给出了 2 级与 3 级海况下的回波距离-多普勒谱。图 7.17 所示为在同一目标距离门内的掠海目标回波多普勒谱。根据弹目径向速度可以估算出杂波、目标在速度维的位置，可以看出随着海况的增高，后向杂波增强，且杂波多普勒谱明显展宽，目标与多径回波的多普勒谱在高海况下也有展宽，且在 3 级海况下多径回波的多普勒谱分散且出现多个尖峰，这也是由于在高海况下，局部耦合散射现象增强，从而形成了多个镜像目标，镜像目标与原目标在回波强度与多普勒维上存在差异。

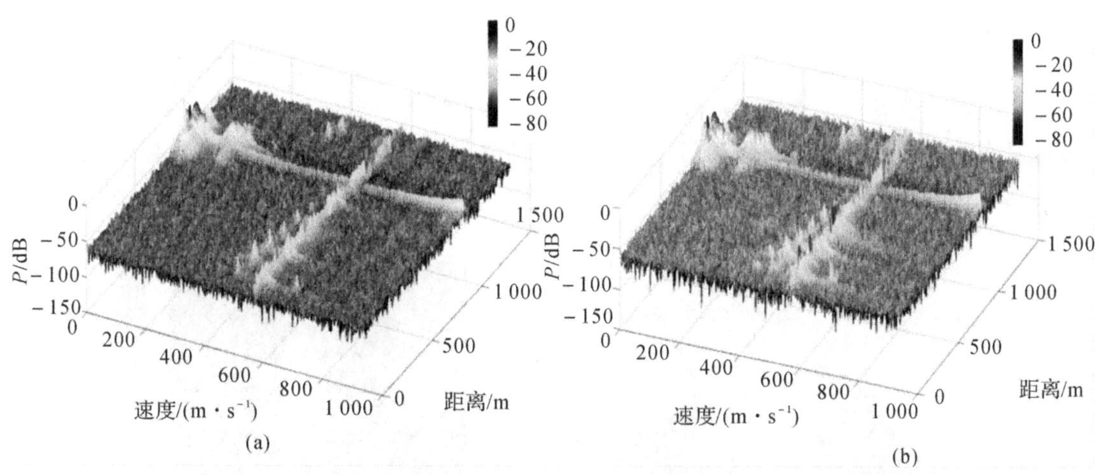

图 7.16　不同海况下掠海目标回波距离-多普勒谱

(a)2 级海况；(b)3 级海况

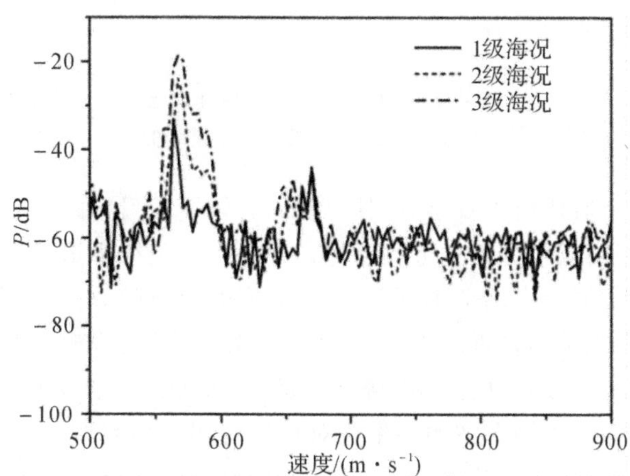

图 7.17　不同海况下目标距离门内掠海目标回波多普勒谱

7.2.5 近区回波距离-多普勒谱

1. 近区掠海目标回波特性

在拦截掠海目标时，当导弹与目标距离满足近场条件时，导引头回波相对远场时会有显著变化。本节对近区场景的雷达导引头掠海目标回波进行仿真分析，环境为1级海况海面，海面风速 $U_{10}=1.2$ m/s，海水介电常数为42.08−39.45j，导引头与目标相距500 m。水平速度为730 m/s，目标速度为200 m/s。雷达天线主瓣半功率波束宽度为3°，第一旁瓣为−20 dB。设导引头与目标相向运动即处于“迎击状态”。入射雷达波擦地角为15°，带宽为5 MHz，脉冲重频为250 kHz，回波数据为512个脉冲回波，多普勒分辨率对应方位角为0.722°。导引头距目标较近，天线波束照射的面积大大减小，主波束的水平方向投影距离仅有101 m，也就很说近区主瓣杂波占有的距离门数远远小于远区条件。这时旁瓣杂波出现在距目标较近的距离门内，同时由于主瓣照射区域的减小，主瓣杂波功率相比远区也会变小。考虑到杂波区域较小，我们可以直接生成足够大的粗糙面环境，而不需像远区那样仅生成一个距离多普勒单元大小的粗糙面样本。为了便于与远区条件下的回波进行比较，保证近区具有与远区具有相同的距离门数，导引头位于区域的一端中央。这样在距离向，近区仿真与远区仿真具有相同的单元数。仿真结果如图7.18所示。

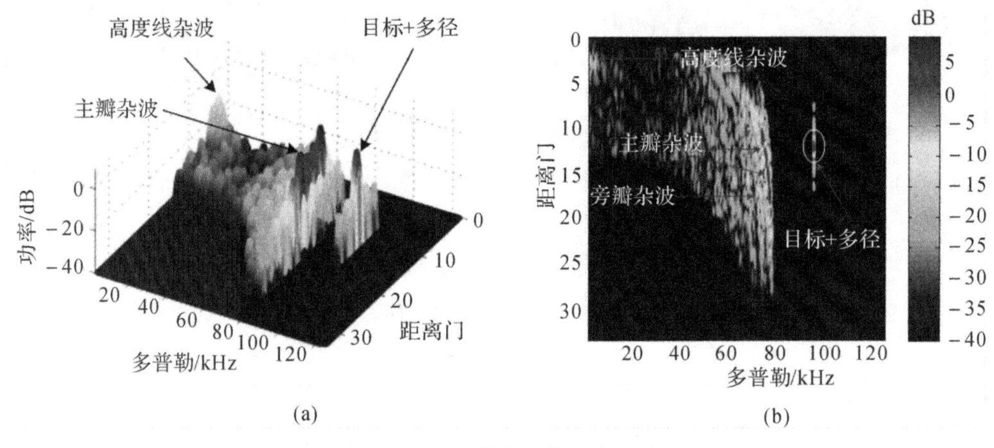

图7.18 近区掠海目标目标回波

(a)多普勒处理后回波；(b)俯视图

与远区杂波的结果对比可以观察到，如果雷达与环境或目标距离减小，目标回波与杂波的功率都会增加，这点可以根据雷达方程计算。但是由于天线主瓣照射面积的减小，目标对主瓣杂波的相对功率增加了。图7.19所示为在相同的距离门数内，近区杂波的旁瓣影响远强于远区情况，尤其在距雷达较近的区域内(距离门数较小)的旁瓣杂波影响更为明显，在雷达正下方(距离门数最小，多普勒为0)旁瓣杂波最强，该处杂波也被称为高度线杂波。总体来看，雷达距目标较近时，主瓣杂波的功率相对目标变弱但在目标附近的距离门内，旁瓣杂波的影响增强了，如果目标散射截面较小，同时处于“追击”状态，这时目标将落入较强的旁瓣杂波区域，这就大大增加了目标的检测困难。图7.19(b)为目标速度方向与雷达视线水平投影方向夹角 $\varphi=60°$ 且远离雷达情况下的距离多普勒图。可以观察到目标位于相同距离单元的旁瓣区域，旁瓣杂波的影响明显较强。

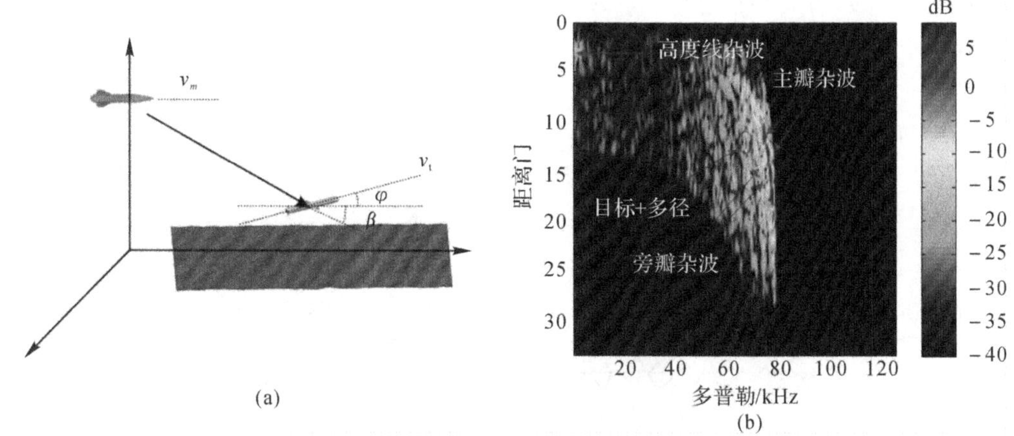

图 7.19 近区掠海目标回波（$\varphi=60°$）

(a)目标探测示意图；(b)回波距离多普勒

在远区杂波模拟中我们知道提高发射信号带宽可以有效减小距离单元内的杂波功率，这里我们将带宽提高至 50 MHz，观察近区回波信号的距离多普勒图，结果如图 7.20 所示。比较图 7.19 与图 7.20 的结果可以发现目标与多径功率峰值变化不大，但杂波，尤其是旁瓣区域的杂波明显减弱，这样目标与多径便相对更为突出，几乎与主瓣杂波功率为同一量级。因此增加信号带宽可以有效提高导引头对强杂波背景中相对速度较小或者“追击”目标的检测性能。

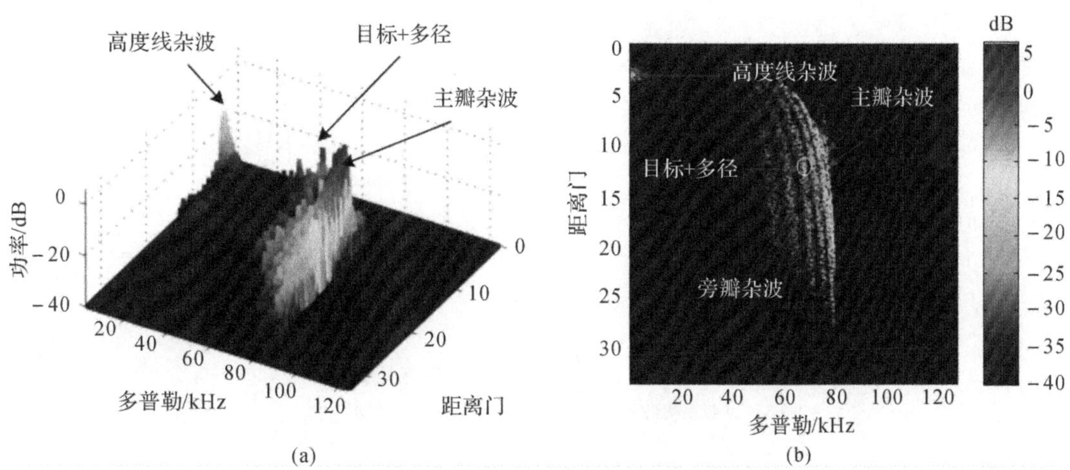

图 7.20 发射信号带宽为 50 MHz 的近区超低空目标回波（$\varphi=60°$）

(a)回波距离多普勒；(b)俯视图

2. 近区多径回波的特征与抑制

同远区情况相似，近区条件下通过多普勒信息很难辨识目标信号与多径信号，所以仍然考虑通过提高信号带宽与按布儒斯特角入射两种方法来减弱多径的影响。在近区雷达波以球面波照射到目标及其附近环境，这就导致多径信号的传播路径不同于远区，具体路径特征如图 7.21 所示。可以发现当雷达主瓣波束较宽时多径在环境表面的等效反射点仍然会落入主瓣照射区，如图 7.21(a)所示，但是当雷达主瓣波数较窄时，多径在环境表面的等效反射点会落入旁瓣区域，如图 7.21(b)所示，这时天线增益的加权会导致多径幅度大大减小。

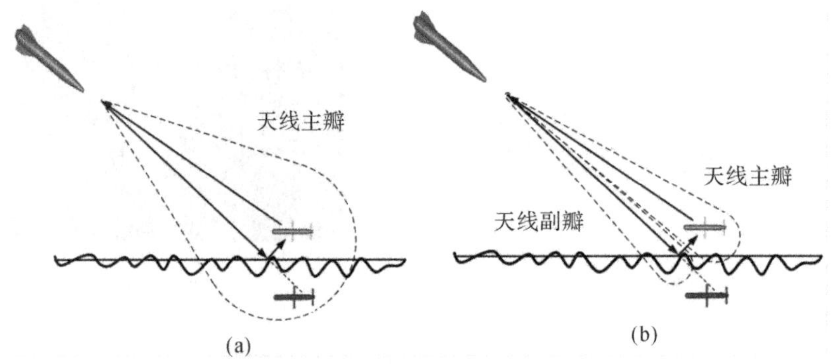

图 7.21　近区多径传播示意图

(a)反射点位于主瓣波束；（b)反射点位于旁瓣波束

图 7.22 为雷达波按擦地角 20°度入射时的目标与多径一维距离像，该仿真中雷达与目标相距 500 m，图 7.22(a)的主瓣波数宽度为 5°，该情况下等效反射点位于主波束内，图7.22(b)的主瓣波数宽度为 3°，该情况下等效反射点位于旁瓣内。对比图中结果可以发现，较窄的主波束宽度可以有效减小近区多径强度，所以选择窄波束天线是抑制多径干扰的有效方法。

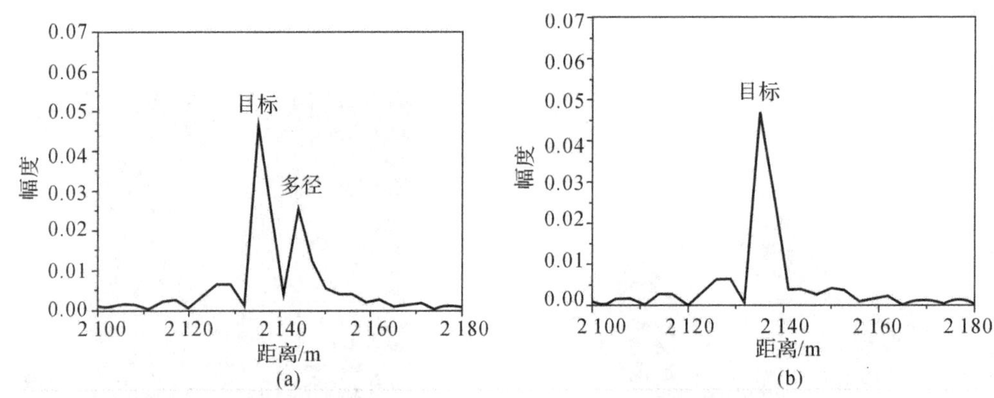

图 7.22　不同主瓣波数宽度目标-多径一维距离像

(a)主瓣波束宽度 5°；（b)主瓣波束宽度 3°

图 7.23 为雷达与目标距离分别为 1 000 m 与 500 m 时的差场与耦合场随擦地角大小变化的分布曲线。

可以看出，距离越近，布儒斯特角就越小，所以在近区范围内，随着雷达与目标逐渐接近，采用布儒斯特效应抑制多径，雷达波擦地角的选择应略小于远区布儒斯特角。综上可知选择窄波数天线与略小于远区布儒斯特角的擦地角可显著抑制多径对目标信号的干扰。对抗强杂波背景下的目标，尤其对抗低速或“追击”状态下的目标，通过提高信号带宽来减弱目标所在距离门内的杂波功率是一种十分有效的方法。

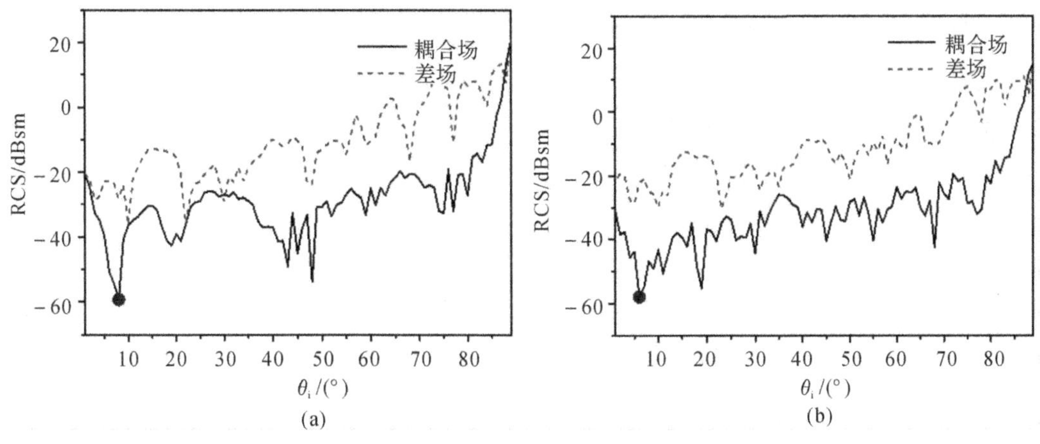

图 7.23 耦合场与差场随擦地角变化规律

(a)雷达与目标距离 1 000 m；(b)雷达与目标距离 500 m

7.3 掠海目标造波池回波采集试验

7.3.1 试验方案

在造波池试验中，通过导引头样机录取模拟采集不同海况条件下海面上方掠海目标的回波数据，对掠海目标回波特性开展进一步研究。试验设备主要包括造波池试验平台、主动导引头、导引头测控设备、数据采集器以及巡航导弹目标模型等。试验区域造波池场地尺寸为 100 m×35 m，通过人工造波，可以模拟 0～3 级海况海面，通过调整波浪产生参数，生成不同海情的海杂波背景。在试验中，用绳索悬挂导弹目标模型，目标悬挂高度为 3 m，并将其装订在柔性轨道上通过拉动绳索控制目标以一定速度进行运动，这样控制目标的运动速度为 7～9 m/s。雷达导引头悬挂于 9 m 高的吊臂上，通过测控设备调整导引头照射目标并发射信号脉冲串，采集脉冲回波数据经过信号处理。预置导引头的方位角为－8°，俯仰角为－4°，覆盖目标在海平面上运动区域，目标装订系统按一定姿态将目标横跨整个造波池水面，运动承载车带动目标掠过水面。造波池实验方案及场景示意图如图 7.24 所示。

图 7.24 造波池模拟海面上方运动目标散射回波特性测试方案示意图

7.3.2 试验处理结果

在试验中，设定导引头脉冲宽度 τ=0.125 μs，脉冲重复周期为 T_r=22.5 μs，发射信号采用带宽为 4 MHz 的线性调频脉冲串，底噪为−147 dBmw，积累脉冲数为 16 384 个，图 7.25 和图 7.26 所示分别给出了造波池模拟的 0 级海况与 1 级海况时的回波距离-多普勒谱，以及目标距离门内的多普勒谱。

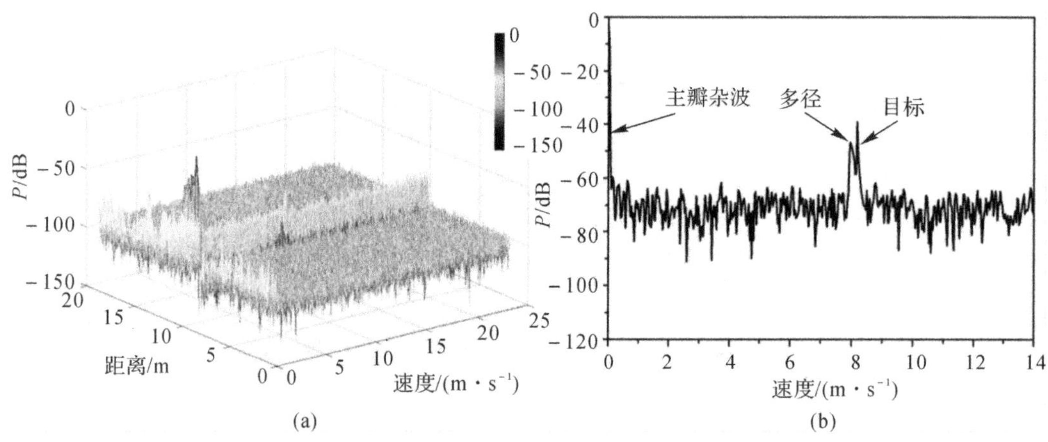

图 7.25 0 级海况造波池及上方运动目标回波处理结果
(a)距离-多普勒谱； (b)目标距离门内的多普勒谱

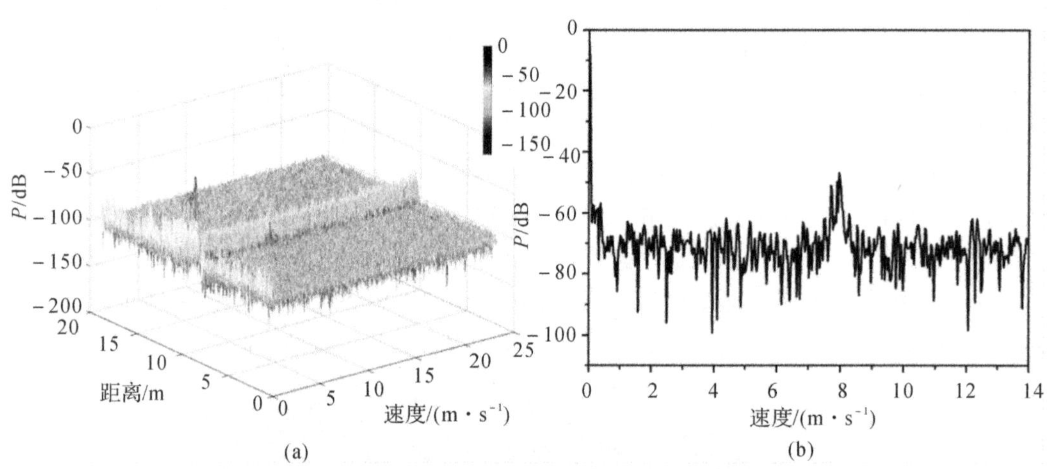

图 7.26 1 级海况造波池及上方运动目标回波处理结果
(a)距离-多普勒谱； (b)目标距离门内的多普勒谱

在距离-多普勒谱上可以看到杂波、目标与多径信号。由于导引头悬挂位置距离造波池场地较近，且处于静止状态，造波池内的散射单元相对导引头的径向速度为 0，距离-多普勒图上的杂波也都聚集在 0 多普勒频率(速度)上，且这时可以看到杂波脊在距离维上主瓣波束的覆盖区域的杂波要强于其他区域。由于目标高度较低，多径散射虽然强，但在距离上与目标差异很小，在距离维难以分辨目标与多径。取 16 384 个脉冲进行积累，可以获取较高的多普勒分辨率，根据目标速度的先验信息，在多普勒维可以辨别目标与多径。在图7.25与图7.26目标距离门内的多普勒维回波可以更清晰地看到相对导引头具有不同速度的目标、多径与杂波。图7.27和图7.28进一步给出了在模拟2级和3级海况时回波距离多普勒谱及目标距离门内的多普勒谱。可以看出，随着海况的增高，多径回波的多普勒谱展宽，且出现的多个尖峰，同时杂波多普勒谱也有一定展宽，而这也与前述章节中对掠海目标杂波及多径散射多普勒谱的仿真结果及结论相互印证。

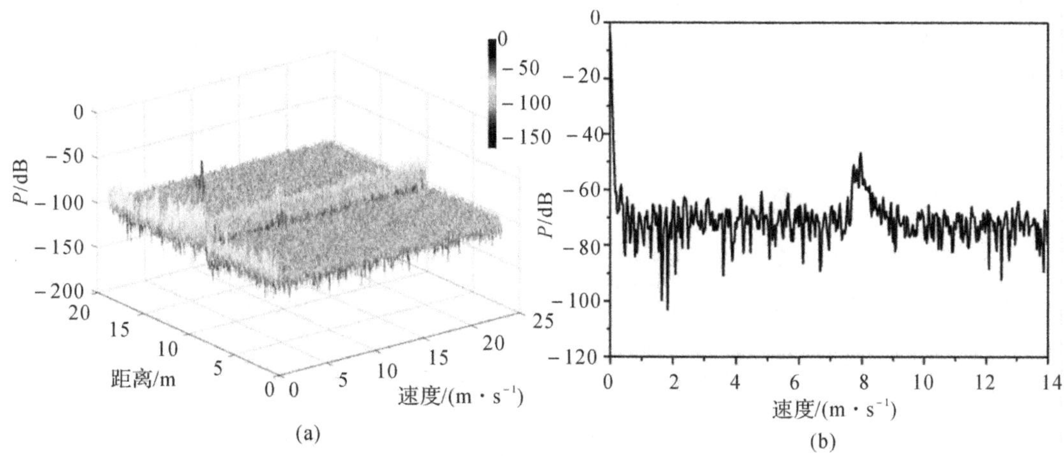

图7.27　2级海况造波池及上方运动目标回波处理结果

(a)距离-多普勒谱；(b)目标距离门内的多普勒谱

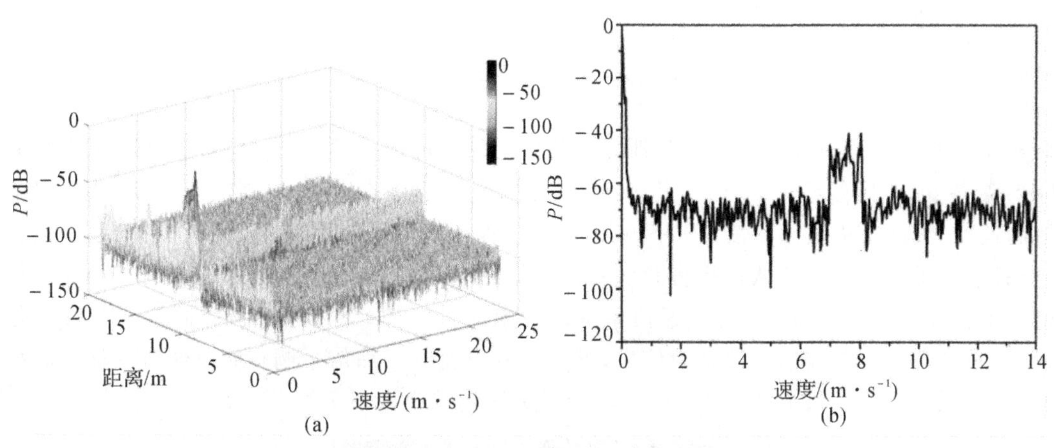

图7.28　3级海况造波池及上方运动目标回波处理结果

(a)距离-多普勒谱；(b)目标距离门内的多普勒谱

造波池试验受到试验场地的限制，无法模拟高动态导引头回波，导引头连接测控设备、电源设备等，悬挂在吊臂上很难让其像实际导弹的飞行方式进行高动态运动。而导弹目标模型的运动速度也难以精确控制，同时受到造波池尺寸和吊臂高度对照射角度有一定要求，目标的悬挂高度也有一定限制。另外，现有造波池场地只可以模拟3级以下海况海面环境，但是对于复杂高海况的海面难以模拟。综合以上因素，造波池试验只能开展有限条件下的静态导引头回波的采集分析与比对。

7.4 掠海目标高动态平台海面挂飞试验

7.4.1 试验方案

开展导引头挂飞掠海目标动态回波数据采集试验，进一步研究高动态导引头掠海目标回波特性。试验地点选择在三亚博鳌，试验中采用双机对飞形式，录取不同导引头信号带宽、探测距离、擦海角等条件下的掠海目标动态回波并进行信号处理与分析，校验动态回波数值仿真结果，进一步挖掘掠海目标的目标回波、多径、杂波特性规律。挂飞试验各分系统的配置组成如图 7.29 所示。

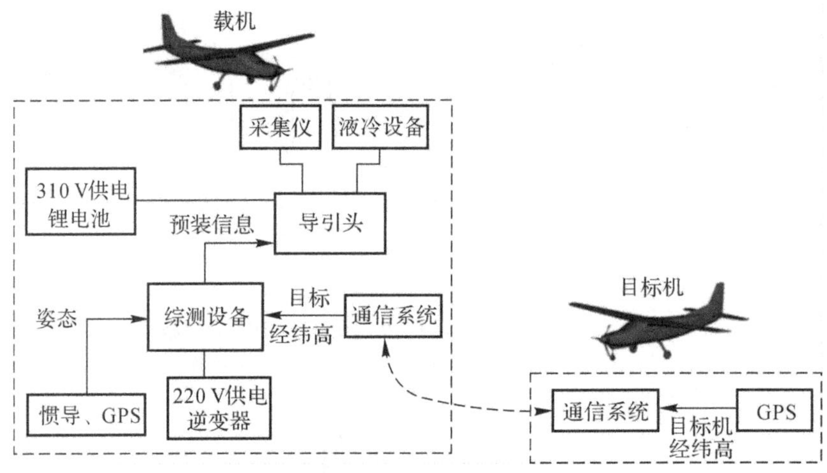

图 7.29 挂飞试验系统配置图

挂飞试验系统的各组成设备分别装在载机和目标机上。载机上的主要设备包括惯导和GPS 设备、无线通信系统、导引头及天线罩、导引头测控设备、导引头固定工装设备、附属的综测设备、数据采集仪以及液冷和供电设备等。惯导和 GPS 设备获取载机位置、高度以及姿态信息，无线通信系统从目标机获取其位置信息，并传送至综合测试设备(工控机)。目标机上主要设备有 GPS 装置、无线通信系统以及附属供电等，另外目标机上固定放置一个信标机，通过机内的射频信号源辐射信号，导引头波束通过跟踪信标调整波束照射目标。载机与目标机都选用“塞斯纳 208”型号飞机，导引头吊装配置如图 7.30 所示。

图 7.30 吊装实物外观

试验过程中，目标靶机与携带测试导引头的载机循环飞越试验场景区域，测试场景中的飞行航线约为 30 km，每个循环次装载不同的信号带宽，获取不同信号带宽下掠海目标的回波特性，如图 7.31 所示。载机飞行在约 1 200 m 的高度，目标机飞行在约 100 m 的高度，导引头挂在载机下方，载机和目标机起飞后，根据设定的航线相对飞行，载机和目标同时进入预先设定的进入点，进入航路后，上位机根据 GPS 定位系统可确定载机与目标机的相对位置关系，测试设备按照 GPS 数据计算波束指向角度和弹目距离信息，再将这些信息发送给导引头，通过调整波束跟踪信标，使得波束照射目标场景区，通过记录载机在每一回波采集帧所对应的惯导角度与波束指向角度，可以进一步比较不同照射角下的掠海目标回波特性。

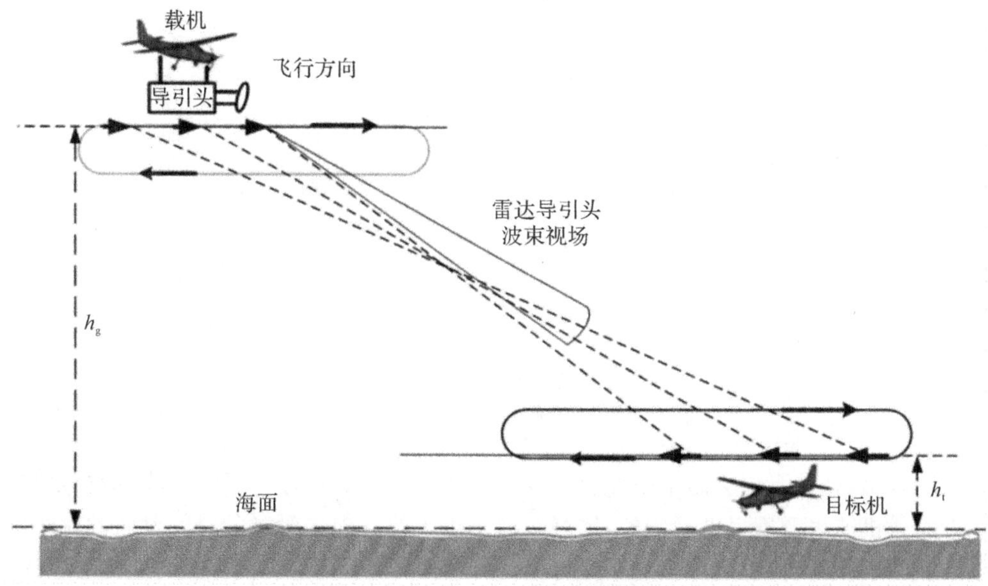

图 7.31 挂飞试验场景示意图

用风速仪、红外测距仪、辅助指南仪器分别测量风速大小和风向，通过多次测量取平均值获取挂飞场景的风速海况参数，通过相机拍摄挂飞场景的海面状况，如图 7.32 所示。在多个时段取样海水且用盐度计与温度计测量取平均，获取海水平均温度 T(℃)与盐度 S(‰)，通过 Debye 模型计算海水的介电常数。本次试验中测得，海面上方 10 m 处的平均风速为 $U_{10}=1.2$ m/s，风向与雷达照射方向的夹角为 45°，海水温度 $T=29.5$℃，盐度 $S=29.2$‰，采用双 Dybe 模型可计算得到海水介电常数为 48.22+36.83j。

图 7.32 挂飞试验场实际海面拍摄图

7.4.2 试验处理结果

图 7.33(a)给出了当带宽设置为 20 MHz 时,弹目斜距为 7.953 km,导引头仰角为 10.62°时的挂飞数据处理后的距离-多普勒谱,图 7.33(b)给出了设置计算频率、带宽、波束仰角及海面与目标参数与挂飞试验场景及参数条件相同时的数值仿真试验距离-多普勒谱结果的对比。数值仿真回波由式(7-52)得到,数值仿真及试验回波都经过脉冲压缩及式(7-18)和图 7.6 中的多普勒处理过程完成信号处理得到距离多普勒图。

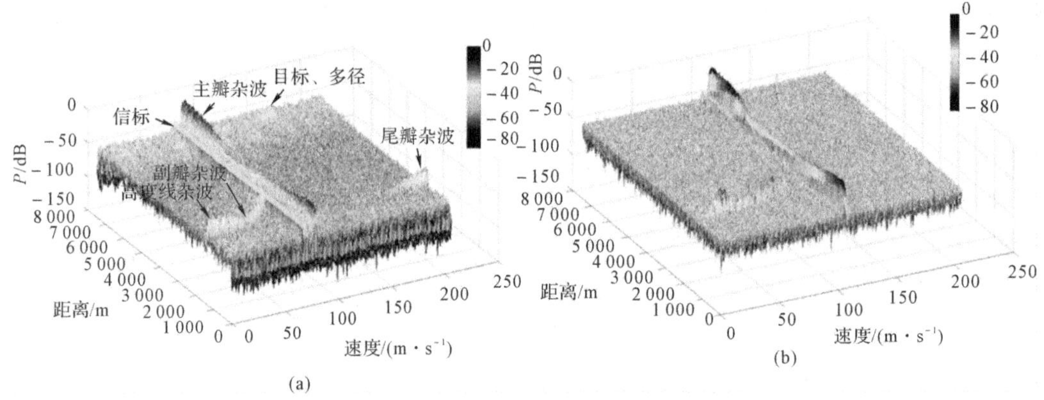

图 7.33 同条件下挂飞试验与仿真回波距离-多普勒谱对比

(a)挂飞试验结果; (b)数值仿真结果

可以看出,在挂飞试验结果中导引头视景中还可以看到信标与尾瓣杂波,信标是在挂飞试验中为载机波束调度提供标定的,尾瓣杂波是由天线后向辐射能量照射海面散射产生的,具有负多普勒频率,而数值仿真中只取了导引头前向 180°视景内的回波,因此这部分回波与杂波成分在两种结果中不同。除此之外,同条件下的掠海目标数值仿真处理结果图中,在与挂飞试验数据处理结果相同的距离-多普勒位置可以看到主瓣杂波、副瓣杂波、高度线杂波、目标回波、多径等成分,且数值仿真回波中各成分的幅度变化趋势与挂飞试验处理结果基本吻合,图 7.34 进一步将目标距离门中测试与仿真得到回波在多普勒(速度)维进行了对比。

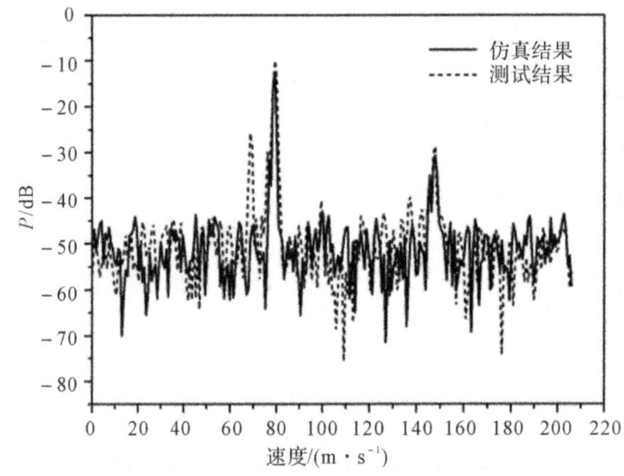

图 7.34 目标距离门内挂飞测试与仿真回波多普勒维对比

可以看出仿真结果与测试结果中的主要成分(杂波、目标回波、多径),经对比误差基本在 3 dB 以内,能够满足工程需求,这也进一步验证了导引头回波建模与数值仿真方法的正确性。图 7.35 进一步给出了弹目斜距为 11.488 km 和 14.376 km 时挂飞采集回波的距离-多普勒谱,可以看出,这时的弹目距离超出了单值测距范围,导引头的回波产生了距离模糊,导致杂波在距离维均匀分布。

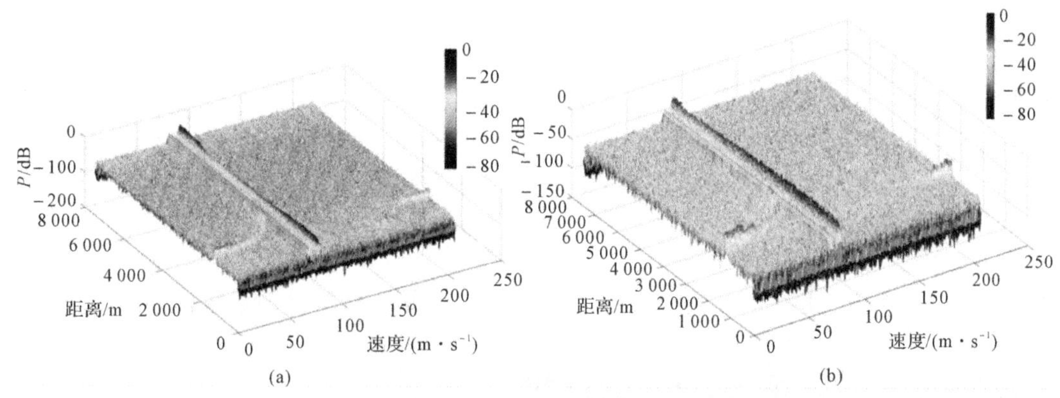

图 7.35 掠海回波测试处理结果随距离的变化

(a)弹目斜距为 11.488 km; (b)弹目斜距为 14.376 km

挂飞试验中在不同架次飞行中给导引头装订了不同的信号带宽,图 7.36 所示为带宽为 80 MHz 时,同一弹目距离处挂飞试验采集回波处理后的距离多普勒谱,图 7.37 给出了在目标距离门内,带宽为 80 MHz 与带宽为 20 MHz 时采集回波处理后,在多普勒维的回波对比。

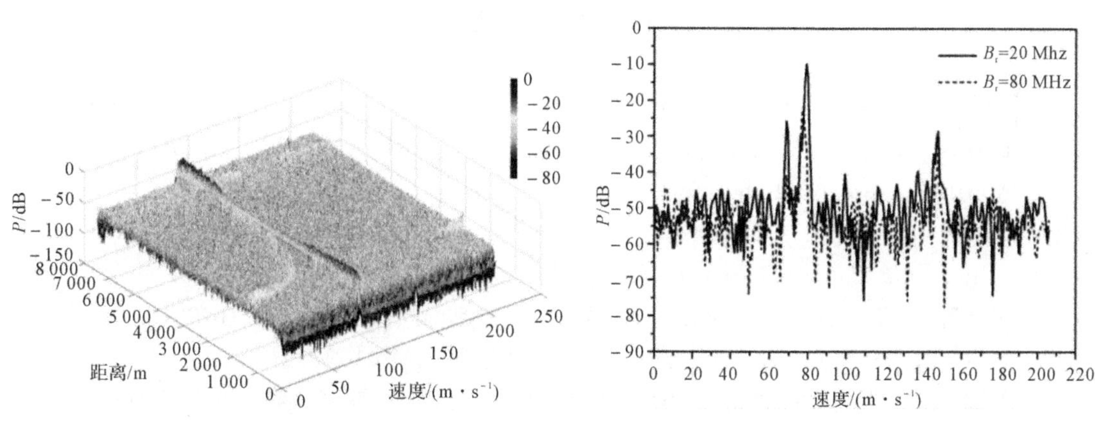

图 7.36 带宽 80 MHz 回波距离-多普勒谱　　图 7.37 目标距离门内不同带宽多普勒维回波对比

可以看出,带宽为 80 MHz 时,杂波距离单元变得更加分散,同时单个距离单元内杂波强度相比带宽为 20 MHz 时有所减弱。但在这组对比中,目标与多径随带宽的变化并不明显,目标、多径强度随带宽变化并未展现出特定规律。

通过挂飞过程导引头探测角度的变化关系,进一步探究目标、多径强度随探测角度的变化。定义信干比(Signal Interference Ratio, SIR)为目标信号与多径干扰的功率比。求取载机飞行时探测到目标与多径的信干比，根据目标预设位置，找到目标信号在距离-多普勒谱中的位置，并求取峰值点的功率作为信号功率。在目标信号周围设置计算区，在计算区内根据目标位置挖去目标信号，再搜索最大值作为多径干扰的功率，再将两者取比。图 7.38 给出了在距离-多普勒图中目标与多径回波的比较，图 7.39 给出了当带宽为 20 MHz 时，挂飞过程中每一时间帧提取的信干比与擦海角。可以看出当擦海角为 8.37°时有最小值，这个位置也在海面布儒斯特角的位置，这也印证了海环境中掠海目标后向多径回波存在布儒斯特效应，同时也证明了第 3 章中通过电磁计算得到的多径散射广义布儒斯特效应是正确的。

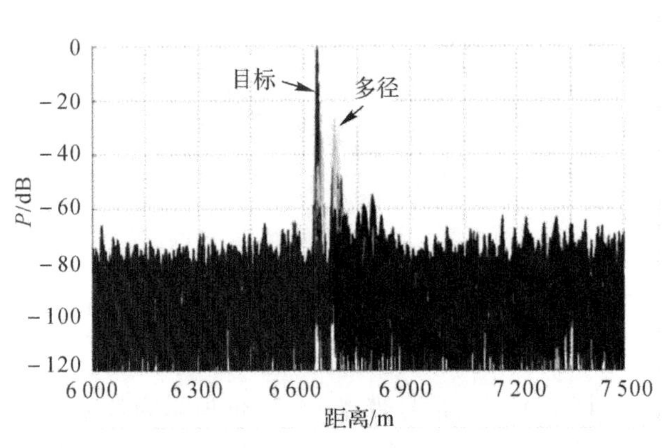

图 7.38　目标与多径比较

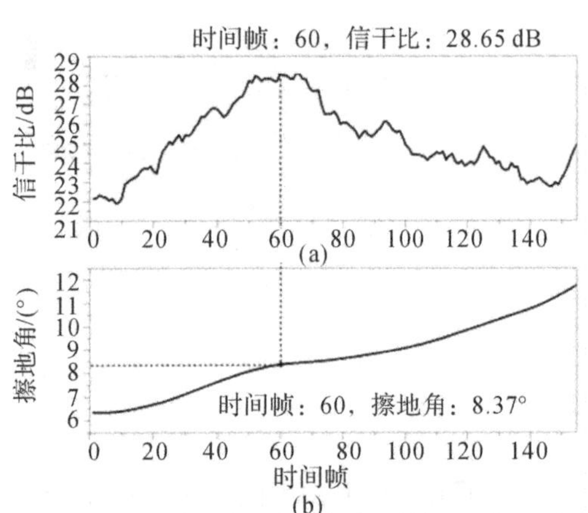

图 7.39　不同时间帧的信干比及擦海角

参考文献

[1] CIAMPA D, BUCCO D. The performance of semi - active radar guided missiles against sea skimming targets[R]. Salisbury South Australia: Aeronautical and Maritime Research Laboratory, 1995.

[2] LU C H. Radar & telemetry cooperative tracking strategy for sea - skimming targets[J]. Electronic Science and Technology, 2016, 29(4): 173 - 175.

[3] 张义胜，彭传微. 防空导弹原理[M]. 哈尔滨：哈尔滨工程大学出版社，2019.

[4] 高烽. 雷达导引头概论[M]. 北京：电子工业出版社，2010.

[5] 王博. 防空作战雷达导引头性能仿真研究[D]. 长沙：国防科学技术大学，2013.

[6] YANG Y, FENG D J, WANG X S. Effects of K distributed sea clutter and multipath on radar detection of low altitude sea surface targets[J]. IET Radar Sonar Navigation, 2014, 8(7): 757 - 766.

[7] 赵丹. 关于低空雷达导引头海面目标检测性能的研究[J]. 中国设备工程，2018(5): 77 - 78.

[8] 杨勇. 雷达导引头低空目标检测理论与方法研究[D]. 长沙：国防科学技术大学，2014.

[9] 葛致磊,王红梅,王佩,等. 导弹导引系统原理[M]. 北京：国防工业出版社，2016.

[10] 赵晶. 惯性导航/雷达导引头复合制导关键技术[M]. 北京：国防工业出版社，2018.

[11] 高烽. 多普勒雷达导引头信号处理技术[M]. 北京：国防工业出版社，2001.

[12] 徐大钊，戎建刚，谯梁，等. 雷达 CFAR 检测门限研究[J]. 航天电子对抗，2019(2)：44-47.

[13] 毛云. 雷达杂波图 CFAR 检测算法研究及实现[D]. 西安：西安电子科技大学，2018.

[14] 宋小圆. 弹载 DBS 技术与目标检测研究[D]. 西安：西安电子科技大学，2018.

[15] SAMUEL M S,BARTON D K. 单脉冲测向原理与技术[M]. 2 版. 周颖，陈远征，赵锋，等译. 北京：国防工业出版社，2013.

[16] 安红，杨莉，宋悦刚. 单脉冲雷达导引头角度跟踪环路建模及抗干扰仿真分析[J]. 航天电子对抗，2012(1)：52-57.

[17] 朱灿，钱国栋，张宁，等. 比幅单脉冲测角波束指向偏差分析[J]. 雷达与对抗，2018(2)：10-13.

第8章　机载合成孔径雷达海面目标回波模拟及成像特性

合成孔径雷达(Synthetic Aperture Radar,SAR)已经成为一种重要的地理环境遥感监测工具。作为一种主动微波传感器,它能够在全天时、全天候条件下对地球表面进行持续的监控。合成孔径雷达图像是一种高分辨雷达回波特性,近年来在海洋遥感领域也受到了广泛关注。机载合成孔径雷达(Airborne Synthetic Aperture Radar, ASAR)是一种重要的合成孔径雷达平台,可完成海洋环境目标监测,提供目标的高分辨回波成像特征,用于目标的特征提取和属性识别。海面目标场景是一个包含多个散射单元的分布式成像场景,每个散射单元有不同的散射强度,海面目标的SAR回波受到其复合散射机理调制,成像结果也可以帮助我们更加直观地观察和理解海面目标的复合散射机理。机载雷达SAR成像的理论已经比较成熟,通过电磁场数值仿真计算生成SAR回波信号并获取实际复杂环境中目标的SAR成像特性成为一种有效的手段。海面目标的散射涉及目标、海面、多径散射等多种复杂散射机理,同时目标位置和海面形态的时变性对成像特性影响也很大。本章首先介绍SAR基本原理并结合海面目标的散射机理建立SAR回波模型,基于距离-多普勒成像方法仿真研究不同目标、海况条件下海面目标的SAR成像特性。研究动态目标SAR回波模型及成像特性,仿真分析时变海面动态目标SAR成像特性,基于二阶Keystone结合Radon变换进行动态海面目标速度估计及距离走动矫正补偿。

8.1　机载雷达海面SAR回波模型

8.1.1　SAR回波采集过程及成像原理

图8.1所示为机载合成孔径雷达的工作过程。SAR回波采集过程中,雷达电磁波发射与接收模式称为“走-停-走”模式。载机沿着成像场景水平飞行,载机运动的间隔计量时间称为“慢时间”,记为$t_s=nT_r$,T_r为发射脉冲的重复周期,n为计量的时刻。每一运动间隔时刻载机运动到的位置可以记为$y_p=V_pt_s$,V_p为载机运动速度。发射接收信号时,认为载机处于“准静止”状态,由于雷达电磁波传播的速度比载机运动的速度要快得多,电磁信号的发射与接收过程相比载机运动位置随时间的变化可以认为是“瞬时”完成的,信号传播导致的回波信号延迟时间称为“快时间”。雷达在成像过程中每次接收的回波数据对应着同一成像场景,而利用有限物理尺寸的天线阵元在雷达载机平台移动,使这个阵元依次通过原来的各个天线阵元位置来实现原来完整阵列,阵元在每个位置发射一个脉冲且接收快时间回波数据,积累每个位置的数据后,用信号处理器取代微波器件的直接合成处理。雷达天线在每

个方位发射脉冲并接收回波，接收的回波存储结构是一个二维矩阵，如图 8.2 所示，其中矩阵行表示在一个脉冲时间内的距离向的采样，而矩阵列表示在整个合成孔径处理时间内不同方位接收到的脉冲，相当于对方位向进行采样。

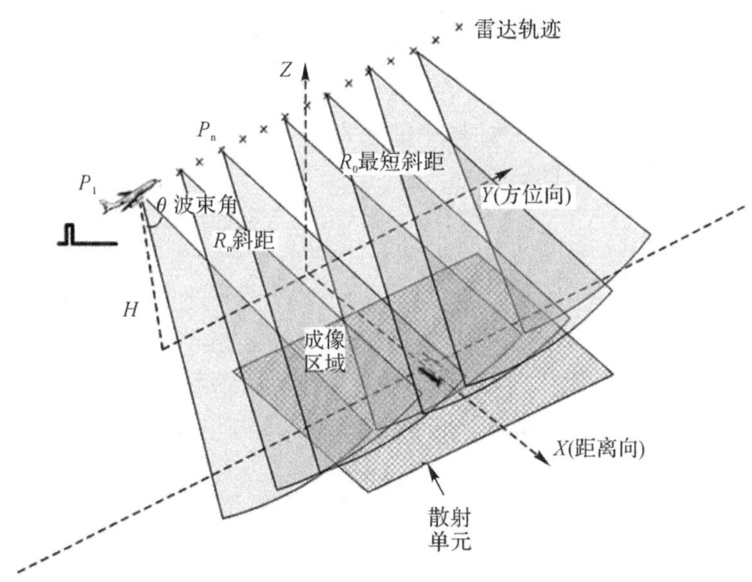

图 8.1　机载条带式合成孔径雷达工作过程

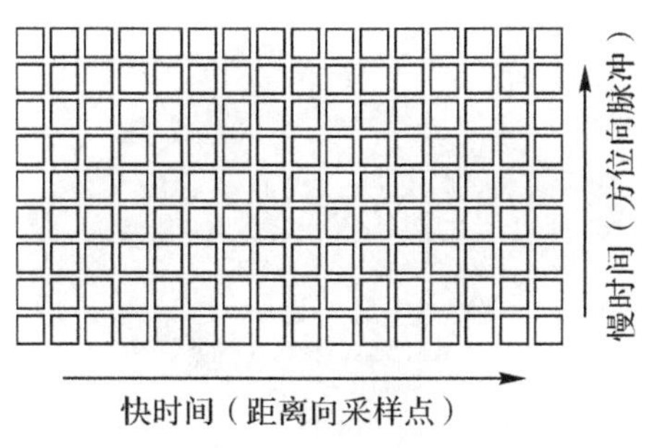

图 8.2　合成孔径雷达采集回波结构

通过对载机雷达平台在多个不同空间位置接收的回波数据的积累与合成处理达到距离和方位上的高分辨率，获取成像场景的高分辨图像。

SAR 成像效果取决于雷达在距离与方位向的分辨率。设天线方位尺寸为 D_a，λ 和 f_0 为雷达载波波长和频率，R 为雷达到成像目标的距离，天线波束宽度为

$$\theta_a = k\lambda / D_a \tag{8-1}$$

式中：k 称为天线的尺度因子，一般取值在 1.2 ～ 2.0 之间，在天线设计中进行调整。雷达的方位向分辨率为

$$\rho_{az} = R\theta_{az} = k\lambda R / D_a \tag{8-2}$$

合成孔径雷达通过雷达平台运动并在运动过程中接收每个慢时间载机位置的快时间回波数据进行合成处理，每次接收回波时只合成实际波束照射范围内录取的数据，合成孔径后

的天线等效方位向口径 D_{SAR} 为

$$D_{SAR} = V_p T_a \tag{8-3}$$

T_a 为相干脉冲积累合成时间，且有 $T_a = R\theta_{az}/V_p$，则合成孔径后的方位向分辨率为

$$\rho_{az} = R\theta_{az} = \lambda R/(2D_{SAR}) = \lambda R(2V_p T_a) \tag{8-4}$$

载机在运动中发射宽带调制脉冲信号，并通过对调制脉冲信号匹配滤波实现对探测区域散射单元的高分辨距离像，调制脉冲信号是一种具有高距离分辨率的脉冲压缩体制信号，SAR 距离向分辨率主要取决于信号的调频带宽 $B_r = K_r\tau$，其中 K_r 是调频斜率，τ 为脉冲宽度，则距离分辨率可通过下式计算，即

$$\rho_{ra} = c/2B_r = c/(2|K_r|T_r) \tag{8-5}$$

8.1.2 海面目标 SAR 几何与信号模型

机载正侧条带式(Stripmap)的 SAR 探测模式，该模式是一种最常用和最为成熟的机载 SAR 平台的回波探测模式，适用于大区域场景目标环境的成像监测。雷达天线波束在场景中平移扫描，SAR 探测几何关系和回波信号模型如图 8.3 所示。

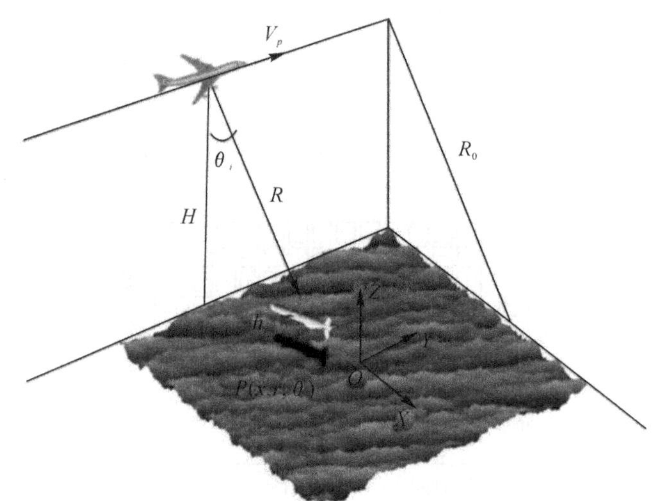

图 8.3 掠海场景条带式 SAR 探测几何关系

图 8.3 所示为条带式机载合成孔径雷达探测海面上飞行巡航导弹目标的几何关系示意图，在成像场景中建立直角坐标系 $OXYZ$，其中 X，Y，Z 坐标轴分别对应成像场景的距离、方位和高度，场景中心点 O 为坐标系原点。在场景中基于载机录取平台建立数据录取坐标系 $Orys$，这是以载机回波录取平台为坐标中心圆柱坐标系。载机雷达平台沿着 y 轴做水平匀速直线运动，载机飞行高度记为 H，波束指向与载机飞行方向垂直，波束下视角即为场景对应的入射角 θ_i。R 为雷达到环境散射点的距离，R_0 为雷达平台运动轨迹到场景中心线的距离，场景中目标与海面上任一散射单元的高度记为 h，则其与雷达载机的斜距 R 可以表示为

$$R = \sqrt{(R_0 + r)^2 + (y_p - y)^2 + (H - h)^2} \tag{8-6}$$

SAR 原始回波信号不仅包含了目标与环境的散射特性，而且包含了 SAR 雷达系统的传输特性。利用回波数据不仅可以进行 SAR 成像，还可以进行 SAR 系统分析、参数设定、

成像算法的检验。所以说相比面向图像的模拟，面向信号的模拟在 SAR 系统性问题分析、算法处理等方面具有更重要的价值。综合来看 SAR 回波模拟的意义在于：评估 SAR 成像算法提高成像新算法的开发验证；为 SAR 参数确定提供参考与依据；为 SAR 系统提供测试来源；加快 SAR 系统研发进度，降低研发成本；加深对 SAR 图像的理解。

在 SAR 原始回波模拟中主要考虑三个方面的影响，即精度、效率与通用性，所有模拟方法都是平衡这三个影响后得到的。就目前而言，没有一种方法能够同时很好地满足这三个要素。SAR 回波信号模拟可粗略划分为频域与时域方法。时域算法是按照 SAR 雷达系统的实际回波产生流程进行仿真而获得回波，仿真精度高，可移植性强，但十分耗时，工程应用比较困难。频域方法的优点是模拟效率高，但精度较时域方法差，但最重要的是频域算法在变速运动平台，含运动矫正问题、超宽带、双基地以及干涉 SAR 等方面的应用受到诸多限制。因此如何基于 SAR 雷达的工作特点，从信号产生的方面提高回波模拟效率，对于 SAR 回波模拟的推广使用乃至推动整个 SAR 系统的研究都具有重要意义。

这两个问题的关系如图 8.4 所示，第一个问题主要研究目标一环境的内在电磁散射机理，第二个则主要解决回波在信号一级的建模与产生问题。散射模型为信号模型提供散射系数，而回波信号可视为散射系数与 SAR 冲击响应函数的二维时域卷积。

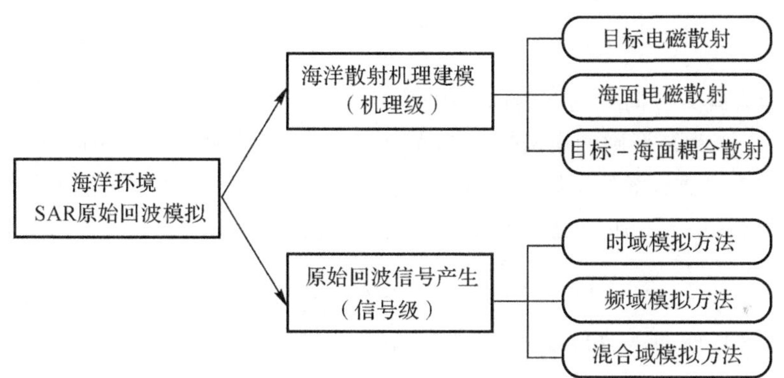

图 8.4　SAR 原始回波的研究内涵

在海场景中，载机平台、目标、海面都在运动变化，但相对于 SAR 快时间都属于慢变过程。常用海场景成像信号模型有速度聚束模型(Velocity Bunching，VB)和分布式面元模型(Distributed Surface，DS)两种。速度聚束模型是将海面散射系数乘以速度调制函数，从而反映海面海浪运动变化对 SAR 回波的调制，这种模型虽然高效、便捷，但是难以反映局部海面散射机理对 SAR 回波的调制机制，同时也难以实现目标与海背景复合场景的回波建模。分布式面元模型则是在每一慢时间计算时刻都生成一次海面样本，并按照散射计算要求进行面元划分，并完成电磁散射计算，在此基础上生成海面 SAR 回波信号。显然分布式面元模型更容易融入目标一海面复合散射背景的 SAR 回波信号模型，并且能反映局部海面目标一海面散射机理。本章采用基于布式面元模型的 SAR 回波信号建模，建立静态海面样本与目标散射的 SAR 回波模型。SAR 回波信号的本质是 SAR 脉冲响应函数 $g(t)$ 与成像目标散射系数的卷积，即

$$s_r(r,y,t)=\sigma(r,y)\otimes g(t) \tag{8-7}$$

$\sigma(r,y)$ 是成像场景中的散射单元 $P(x,y,h)$ 的散射系数 $\sigma(X,Y)$ 映射到数据录取坐标

系下的值，它包含幅度与相位，可由该处散射单元的散射场求取

$$\boldsymbol{E}_s = -\mathrm{j}k_i \frac{\mathrm{e}^{-\mathrm{j}k_i R}}{4\pi R}\sigma \boldsymbol{E}_i \tag{8-8}$$

在前面章节中，对海面目标的散射机理进行了详细的描述。SAR 平台每时刻接收的回波信号是海面散射回波、目标散射回波和目标-海面耦合散射回波共同矢量叠加作用的结果，回波场表达式可写作

$$\boldsymbol{E} = \boldsymbol{E}_{\mathrm{sea}} + \boldsymbol{E}_{\mathrm{target}} + \boldsymbol{E}_{\mathrm{multipath}} \tag{8-9}$$

在成像仿真中可以根据三者的复合散射生成 SAR 回波，也可以对每种回波成分分别处理进行特性分析。散射系数在求取过程中一般对距离进行归一化，也就是只能反映由于电磁散射引起的幅相变化。考虑到散射单元到载机距离导致时间相位延迟，在生成回波时还应包含相位因子 $\mathrm{e}^{-\mathrm{j}2\pi(2R/\lambda)}$，而散射单元上的高阶多次散射还要根据多次耦合散射路径再乘以相应的附加相位，因此 $\mathrm{e}^{-\mathrm{j}(2\pi/\lambda)l}$，其中 l 是该散射单元多次散射的电磁波传播路径长度。对于线性调频脉冲的发射信号，场景中任意散射单元经去除载频后产生的 SAR 回波信号，可以写作

$$s_r(t,t_s) = \sigma(r,y)\,\mathrm{e}^{-\mathrm{j}2\pi(2R(r,y-y_p)+l)/\lambda - \frac{j\pi K_r}{2}\{t-t_s-[2R(r,y-y_p)+l]/c\}^2} \times \omega_a^2\left(\frac{y_p-y}{Y}\right)\mathrm{rect}\left\{\frac{t-t_s-[2R(r,y-y_p)+l]/c}{\tau}\right\} \tag{8-10}$$

式中：$\omega_a(\cdot)$ 为天线方位向方向图的修正因子；$Y=\lambda R_0/L$ 为雷达天线在成像场景中的方位向照射宽度；rect$(\cdot)$ 为矩形脉冲窗函数；c 为光速。成像场景的距离和方位向，时间和距离变量有确定的关系，考虑到掠海场景属于分布式场景，SAR 回波信号代表着场景各散射单元在入射波照射下的反射能量的叠加，回波生成采用分布式思想，式(8-7) 也可写作如下形式：

$$s_r(r_p,y_p) = \iint \mathrm{d}y\,\mathrm{d}r\,\sigma(r,y)\,g(r_p-r,y_p-y,r) \tag{8-11}$$

如果不考虑目标的运动和海面上各散射单元位置和散射系数的时变，其中 SAR 脉冲响应函数为

$$g(r_p-r,y_p-y,r) = \omega_a^2\left(\frac{y_p-y}{Y}\right)\mathrm{rect}\left[\frac{2(r_p-r)-\Delta R)}{c\tau}\right]\mathrm{e}^{-\mathrm{j}\frac{4\pi}{\lambda}(\Delta R+r)-\mathrm{j}\frac{4\pi}{\lambda}\frac{B_r}{f_\tau c^2}(r_p-r-\Delta R)^2}\,\mathrm{d}r\mathrm{d}y \tag{8-12}$$

式中：$\Delta R = R - r = \sqrt{r^2-(y_p-y)^2} - r$。

在所有 SAR 成像算法中，距离-多普勒方法是一种最经典和直接的成像处理方法。该方法是将 SAR 回波进行变换在距离与多普勒域(距离时间一方位频率)到距离和方位两个维度分别进行匹配接收处理。由于载机飞行过程中合成孔径雷达的载机平台与待成像目标之间的相对运动造成距离徙动。距离徙动在距离和方位向上存在耦合，在压缩处理前要先进行解耦处理，消除回波在距离和方位向的耦合。距离一多普勒方法的处理流程如图 8.5 所示。

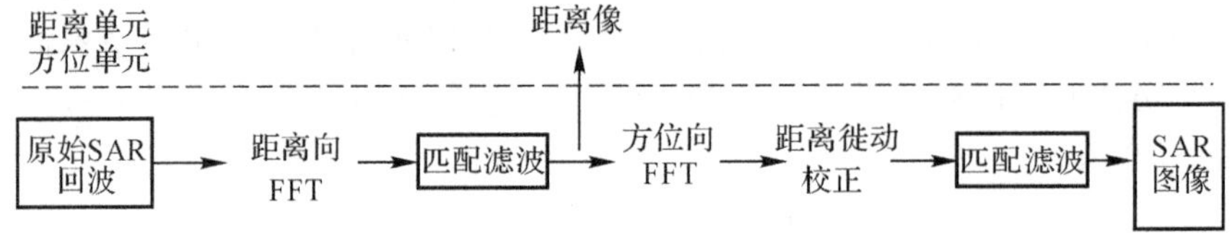

图 8.5 距离多普勒算法处理流程

原始 SAR 回波信号通过距离 FFT 后与匹配信号频谱相乘完成匹配滤波，由于直接 FFT 会导致匹配滤波后的旁瓣较高，在匹配滤波中采用切比雪夫窗函数抑制在距离频域的距离压缩后的信号旁瓣，再沿距离向作逆傅里叶反变换(IFFT)回到时域，有

$$s_{\mathrm{r}}(t,t_s)=\sigma(r,y)\,\mathrm{e}^{-\mathrm{j}\frac{4\pi}{\lambda}R(r,y-y_{\mathrm{p}})-\mathrm{j}\frac{4\pi}{\lambda}\frac{\Delta f}{fc\tau}(r_{\mathrm{p}}-r-\Delta R)^2}\times\omega_{\mathrm{r}}[t-t_{\mathrm{s}}-2R(r,y-y_{\mathrm{p}})/c]\omega_{\mathrm{a}}^2\left(\frac{y_{\mathrm{p}}-y}{Y}\right) \tag{8-13}$$

式中：$\omega_{\mathrm{r}}(\cdot)$是距离压缩后的包络，一般具有 sinc 函数形状。将式(8-13) 沿方位向进行 FFT，将信号变换到距离-多普勒域。由于函数包络沿方位向的位置不同，对不同方位会产生不同的时延，造成距离向和方位向的耦合，也就是距离徙动现象。根据驻留相位原理，方位向上具有时频关系：

$$f_{\mathrm{a}}=-K_{\mathrm{a}}\left(t_{\mathrm{s}}-\frac{y_{\mathrm{p}}}{V_{\mathrm{p}}}\right) \tag{8-14}$$

可以估算距离徙动量为

$$R_{\mathrm{rc}}(r,y-y_{\mathrm{p}})=R(r,y-y_{\mathrm{p}})-R(r,y)\approx\frac{V_{\mathrm{p}}}{2R_0}\left(\frac{f_{\mathrm{a}}}{K_{\mathrm{a}}}\right)^2 \tag{8-15}$$

可以通过插值进行补偿，也可以通过移位的方法实现补偿，也就是在二维频域上乘相位补偿函数：

$$H_{\mathrm{rcm}}(f_{\mathrm{a}};r_{\mathrm{m}})=e^{\mathrm{j}2\pi f_{\mathrm{r}}\frac{2\Delta R(f_{\mathrm{a}},r_{\mathrm{m}})}{c}} \tag{8-16}$$

最终对距离徙动校正后的信号进行方位上的匹配滤波，方位向匹配滤波时同样采用切比雪夫窗函数抑制方位压缩时的信号副瓣，再做方位向 IFFT，得到最终的成像结果。设雷达的工作载频为 $f_0=10$ GHz，X 波段，成像载机平台的高度 $h=8\ 500$ m，平台运动速度为 $V_{\mathrm{p}}=100$ m/s，方位向天线长度为 2 m，斜视角 $\theta_{\mathrm{i}}=30°$，调频带宽为 $B_r=1$ GHz，脉宽为 $\tau=4\ \mu$s，距离向与方位向的分辨率为 0.15 m。图 8.6 给出了由式(8-10) 的回波表达式，以及按图 8.5 的处理流程，由式(8-13) ～ 式(8-16) 处理后，一个点目标的 SAR 回波及成像结果。

图 8.6(a)所示是原始 SAR 采集回波，图 8.6(a)是距离脉压缩后的结果，图 8.6(c)(d)是经过距离徙动校正和方位聚焦后的结果，成像结果中的横、纵坐标分别代表沿距离向和方位向的采样点数。可以看出采用加窗匹配滤波的 RD 成像可以抑制掉传统 RD 成像方法中距离向和方位向压缩过程中产生的旁瓣，使得图像在距离和方位向都更好地聚焦，但是这里并不考虑由于载机姿态运动的不确定性、无线电波传播媒质的变化以及接收系统噪声的因素带来的误差，因此成像结果也是比较理想的。图 8.7 给出了根据巡航导弹目标的散射系数仿真的 SAR 原始回波、回波距离脉压、距离徙动校正及方位聚焦后的结果后的成像结果。

巡航导弹目标的 SAR 回波是目标上多个散射点散射回波的矢量叠加。SAR 图像是散射回波的强弱在像素域的一种映射，从巡航导弹目标的 SAR 成像结果可以观察到目标表面散射强度的分布情况。电磁波迎头照射时，目标弹头的球面结构和弹身的柱面结构产生了强的垂直镜面反射，弹翼和弹尾翼的棱边绕射也产生一定散射强度，但弱于弹头和弹身。

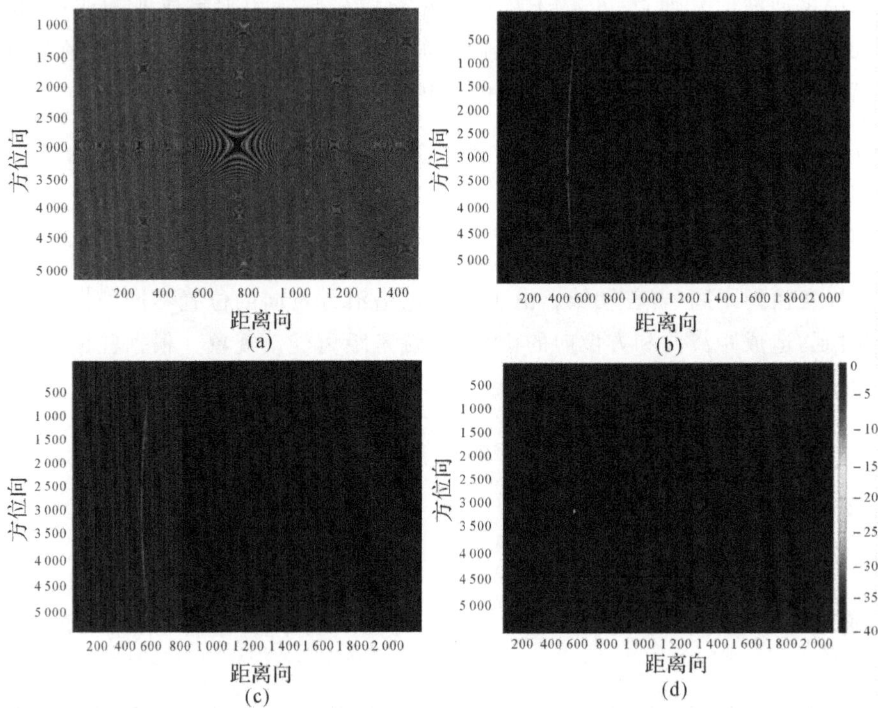

图 8.6 点目标距离多普勒回波及 SAR 图像

(a)原始回波； (b)距离压缩； (c)距离徙动校正； (d)方位聚集

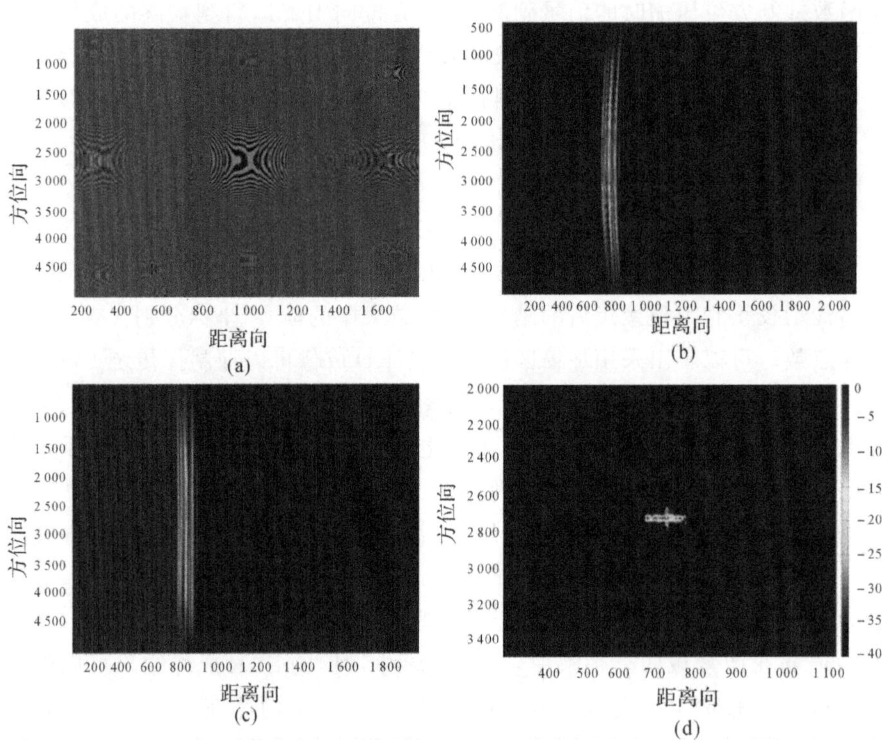

图 8.7 巡航导弹目标距离多普勒 SAR 回波及成像

(a)原始回波； (b)距离压缩； (c)距离徙动校正； (d)方位聚集

8.2　海面目标 SAR 成像

8.2.1　海面舰船目标 SAR 成像

海面目标的 SAR 成像是其电磁散射机理的一种直接映射。而关于海面目标电磁散射机理的研究在前面章节已经进行了论述，主要包含目标与海面的直接散射、二次及高次耦合散射、多尺度海面结构散射及其与目标之间的耦合散射。

下面对海面舰船目标 SAR 成像结果进行仿真，同时给出了卫星 Sentinel－1A 影像作为参照，图 8.8 中仿真条件为：俯仰角为 40°，方位角分别为 0°与 30°时进行的仿真结果，由于 Sentinel－1A 的分辨率远不及本书仿例，很难通过视觉将一次与二次散射区分，所以主要观察舰船的方位姿态对成像结果的影响。

根据上述的理论分析可以判断，图 8.8(b)(d)中灰度最亮的线为二次散射特征，一次散射在图 8.9(a)中表现的十分弱。同时再结合现有的文献得出的结果，图 8.8(a)(b)中最明亮的部分也为二次散射特征，但是图 8.8(a)中一次散射几乎无法观察到，笔者认为这是实际海洋 SAR 像中较强的散斑以及舰船 CAD 建模的误差造成的。整体来看，二次散射特征在 SAR 像中的轮廓通过本文的二次散射模型得到了较好的体现。

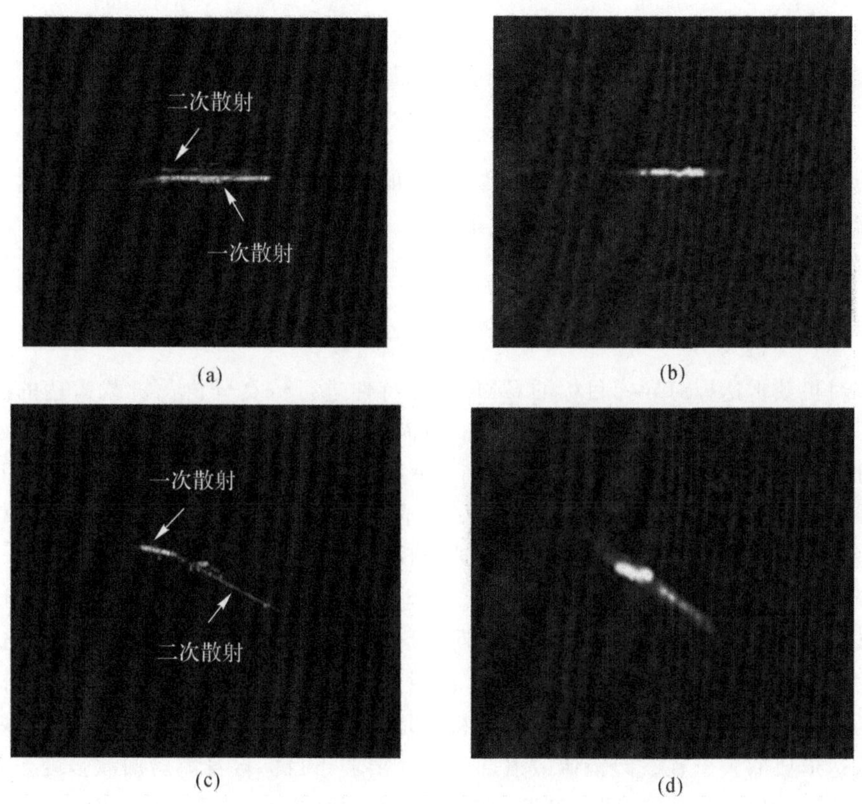

图 8.8　海面舰船成像

(a)仿真结果；(b)Sentinel－1A 影像；(c)仿真结果；(d)Sentinel－1A 影像

下面对其他仿真条件下的舰船目标 SAR 像进行仿真。将俯仰角改变为 20°，方位角依然为 0°与 30°，其他海洋与雷达参数不变，得到仿真结果如图 8.9 所示。从图中可以看出，俯仰角变小，海面的回波增大，造成 SAR 像中海洋背景杂波更为突出。根据电磁传播模型，二次散射在距离维的位置应该在一次散射之后，从图 8.9(a)中的结果可以看出这种现象。在图 8.9(a)中由于舰首部分的倾角在成其一次散射在 SAR 像中几乎被海杂波淹没，但其二次散射作为一种强散射机理，在 SAR 像依然能够表现出来。所以对于海面舰船来说，二次散射是识别其轮廓的重要特征，尤其是在较小的方位角下，二次散射特征极为突出。

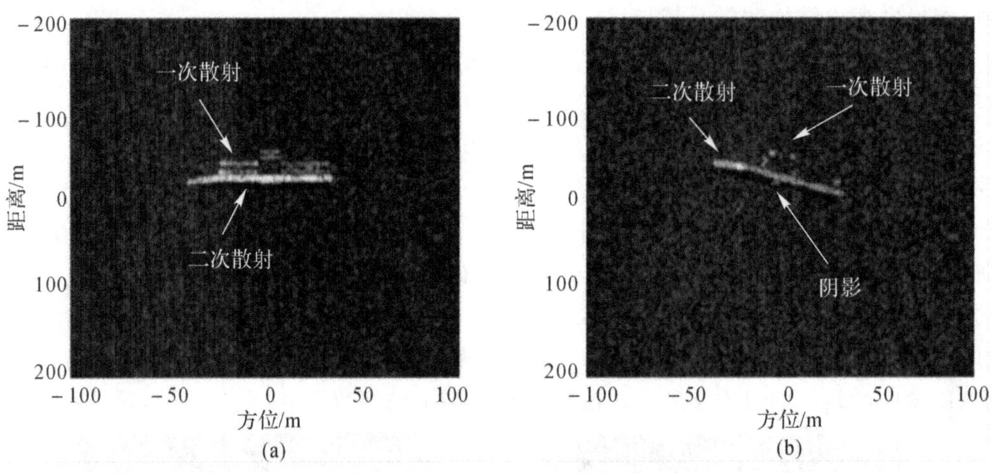

图 8.9　不同方位角海面舰船成像

(a)方位角为 0°；（b)方位角为 30°

总的来说，在海面舰船目标 SAR 成像中，舰船的一次与二次散射特征的显示效果主要取决于雷达波的入射俯仰角与方位角，其中方位角的影响更为明显。对于海杂波而言，俯仰角越小海洋背景杂波越强。

8.2.2　掠海导弹目标 SAR 成像特性

本节对机载雷达掠海导弹目标的 SAR 成像特性进行仿真分析。机载雷达的工作频率为 10 GHz，入射角为 45°，目标高度为 10 m，海面上方风速为 $U_{10}=5$ m/s，风向为 45°，距离和方位分辨率为 0.15 m，颜色条灰度反映了 SAR 图像的强弱。图 8.10 分别给出了 HH 极化与 VV 极化 SAR 掠海巡航导弹目标的 SAR 成像特性。为了更好地观察掠海目标场景的 SAR 成像特性反映出的散射机理，在此仿真中不考虑噪声的影响。

可以看到，SAR 图像的强弱纹理能很直观地可以反映真实海面波浪的起伏特性以及目标上各散射单元处强度的差别。海面上的阴影区是由于目标对海面局部结构形成遮挡造成的，这部分结构的海面面元不散射电磁波。同时，可以观察到，由于目标与海面耦合散射，产生目标的镜像散射回波的像。目标镜像的特点是其具有很强的类目标性，在目标探测、识别中会对雷达形成欺骗干扰。但镜像散射回波强度要弱于目标自身散射回波强度。并且在距离向上，镜像相对于目标像有明显延迟，在方位向有明显扩展，这也反映了目标-海面局部耦合散射效应。

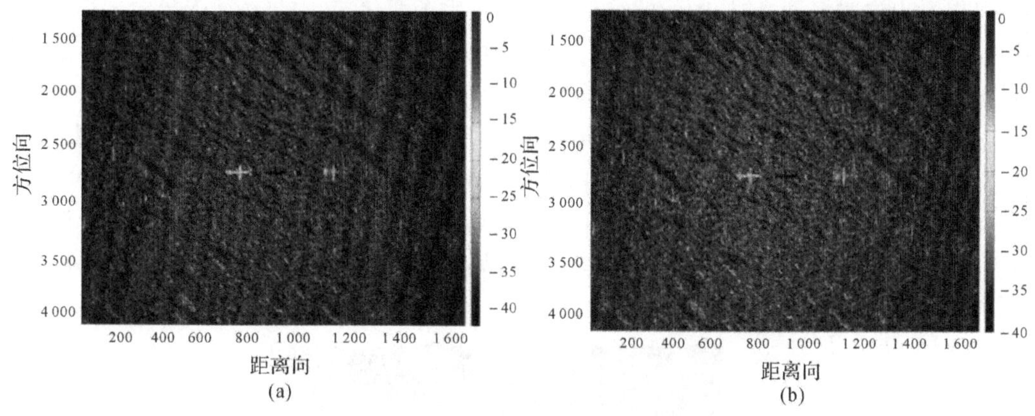

图 8.10　不同极化掠海巡航导弹目标 SAR 图像

(a)HH 极化；(b)VV 极化

图 8.11 进一步对比了在不同风速海况下 SAR 掠海巡航导弹目标的 SAR 成像特性。同时在这里我们把目标高度下降为距离海面 5 m。图 8.11(a)与图 8.11(b)仿真中所对应的风速海况分别是 $U_{10}=3$ m/s 和 $U_{10}=10$ m/s。可以看出，在不同风速海况下海面 SAR 图像的纹理及多径散射形成的目标镜像的成像都出现了较大不同。首先目标高度下降，目标强散射点与海面多径散射造成的 SAR 成像强度明显增强，并且我们可以看出由于遮挡效应形成的阴影区位置以及镜像位置发生变化，更加靠近目标图像位置。而当 $U_{10}=3$ m/s，风速海况较低时，由于海面风浪起伏较弱，以毛细波散射为主，这时的海面成像结果也可以反映毛细波的起伏纹理。而这时的镜像汇聚效应比 $U_{10}=5$ m/s 好，也是由于在低海况下，局部海面的倾斜效应较弱的缘故，而且这时的后向多径散射强度也要更强，所以镜像散射点的 SAR 成像强度也要更强。当 $U_{10}=10$ m/s 时，海面上多尺度结构散射形成了 SAR 图像的纹理也可以反映海面的起伏特性，图像的大尺度纹理反映了海面的大尺度波浪起伏，而在高海况下海面局部碎浪和泡沫结构增强了局部海面图像的强度。而且这时镜像的扩散效应比较明显，这是由于此时的局部海面的倾斜效应较强，但是由于与局部海面特殊结构存在导致散射增强，局部多径耦合散射效应也相应增强，导致镜像图像强度也会增强。图 8.12 给出了其他条件不变，$U_{10}=10$ m/s，改变风向为 135°时的仿真结果。

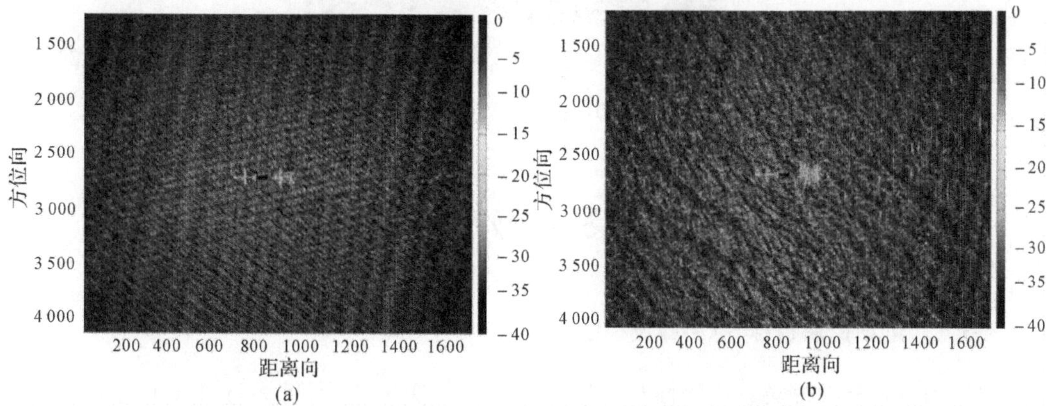

图 8.11　不同海况下掠海巡航导弹目标 SAR 图像

(a)$U_{10}=3$ m/s；(b)$U_{10}=10$ m/s

可以看出这时海面 SAR 图像的纹理随风向发生了变化，基本与海面随风向传播的几何轮廓相一致。但是风向的改变对目标及多径散射影响不大，所以目标和多径散射形成的镜像目标的 SAR 图像基本没有太大变化。图 8.13 进一步给出了改变风向为 0°(顺风)，海况不变，导弹姿态也改变为弹头指向平行于载机运动航向的方向，即载机对导弹目标侧向照射时所对应的 SAR 成像结果，可以看出这时海面 SAR 图像的纹理也出现了相应的变化，基本贴合顺风时随风向传播的海面几何轮廓。对目标来说侧面照射时弹身的柱面后向散射很强，可以反映到 SAR 图像中，同时弹身与海面形成二面角的强后向耦合散射结构也产生了对应的镜像目标的 SAR 图像。

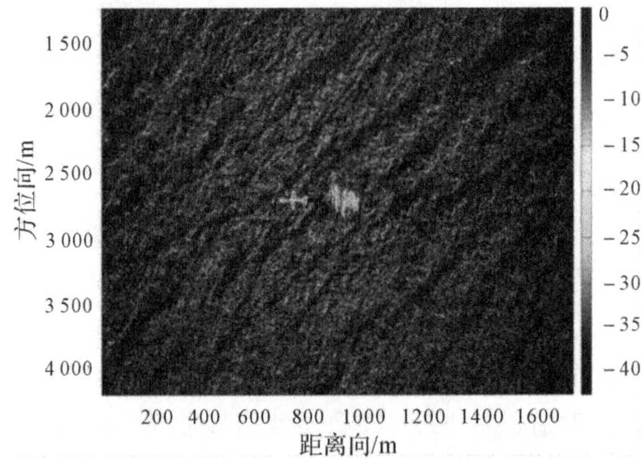

图 8.12　$\varphi_w=135°$掠海巡航导弹目标 SAR 图像

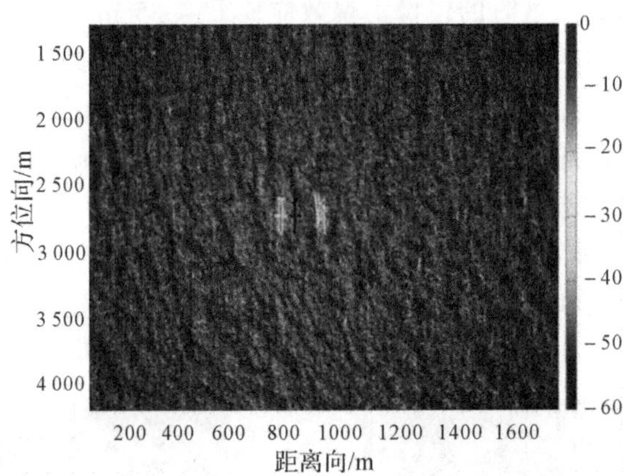

图 8.13　$\varphi_w=0°$掠海巡航导弹目标侧向 SAR 图像

8.3　时变海面上方运动掠海目标 SAR 成像

8.3.1　运动掠海目标 SAR 回波模型

实际掠海目标探测场景中海面与目标都是运动与变化的，而目标与海面的运动会带来回波中距离相位项的变化，从而对 SAR 成像特性产生影响。在合成孔径时间内，掠海目标的移动距离一般要远小于 SAR 载机平台到目标的距离，而目标与海面的运动变化相对 SAR 信号发射与接收的时间也属于一种慢变化，因此这种运动变化一般也按照 SAR 回波接收的慢时间节拍处理。在每一个发射接收信号的快时间内，目标与海面都认为是处于静止状态的，而在慢时间时刻则考虑载机与场景中成像点运动变化的位置，如图 8.14 所示。

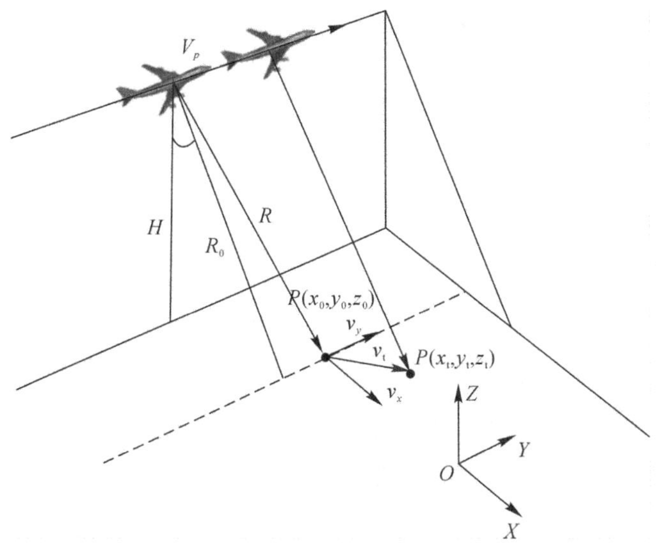

图 8.14　动态掠海场景条带式 SAR 几何关系

这样实际运动掠海目标场景散射点的回波可以写作

$$s_r(t,t_s)=\sigma[r(t_s),y(t_s)]\,\mathrm{e}^{-\mathrm{j}2\pi\{2R[r(t_s),y(t_s)-y_\mathrm{p}]+l\}/\lambda-\frac{j\pi K_r}{2}[t-t_s-\{2R[r(t_s),y(t_s)-y_\mathrm{p}]+l\}/c]^2}\times$$

$$\omega_\mathrm{a}^2\left[\frac{y_\mathrm{p}-y(t_s)}{Y}\right]\mathrm{rect}\left(\frac{t-t_s-\{2R[r(t_s),y(t_s)-y_\mathrm{p}]+l\}/c}{\tau}\right) \tag{8-17}$$

$$s_r(t,t_s)=\sigma(x,y)\,\mathrm{e}^{-\mathrm{j}\frac{4\pi}{\lambda}R(t_s)-\mathrm{j}\pi K_r\left(t-\frac{R(t_s)}{c}\right)}\times\omega_r[t-t_s-2R(t_s)/c]\omega_\mathrm{a}^2\left(\frac{y_\mathrm{p}-y}{Y}\right) \tag{8-18}$$

在运动掠海目标成像场景中，成像点与成像载机平台的斜距是随慢时间而变化的，$R(t_s)$ 为每一成像场景散射单元随慢时间变化的实时斜距，而这也改变了每一慢时间时刻的回波相位项，最终影响 *SAR* 成像特性。下面我们对这种影响进行详细分析，设成像场景中的点相对于原始位置沿 X 和 Y 方向的速度分别为 v_x 和 v_y，不考虑成像场景中点的加速运动以及在高度方向上的变化，这样每个慢时间记录时刻成像点的实时坐标可以写作（$x_t=x_0+v_xt_s,y_t=y_0+v_yt_s,z_t=h$）。运动目标与载机雷达的实时斜距可写作

$$R(t_s)=\sqrt{((x_0+v_xt_s)^2+[(V_\mathrm{p}-v_y)t_s-y_0]^2+(H-h)^2} \tag{8-19}$$

式中：H 是载机的高度；h 是成像点的高度，将 $R(t_s)$ 在 $t_s=0$ 处按 Taylor 级数展开，写成如下形式

$$R(t_s)=R_0+R^{(1)}t_s+\frac{1}{2}R^{(2)}t_s^2+o(t_s) \tag{8-20}$$

式中：$R_0=\sqrt{[x_0^2+y_0^2+(H-h)^2]}$，为雷达和成像场景点的初始距离；$R^{(1)}$ 和 $R^{(2)}$ 代表斜距的一阶导数和二阶导数，其表达式分别为

$$R^{(1)}\mid_{t_s=0}=\frac{1}{R_0}\{(x_0+v_xt_s)v_s+[(V_p-v_y)t_s-y_0](V_p-v_y)\}=\frac{1}{R_0}[(x_0v_x-y_0(V_p-v_y))] \tag{8-21}$$

$$R^{(2)}\mid_{t_s=0}\ \frac{v_x^2+(V_p-v_y)^2}{2R_0} \tag{8-22}$$

$\rho(t_s)$ 表示高阶无穷小量，这里进行忽略，将式(8-21) 与式(8-22) 代入式(8-20)，可得

$$R(t_s)\approx R_0\ \frac{x_0v_x-y_0(V_p-v_y)}{R_0}t_s+\frac{(V_p-v_y)^2+v_x^2}{2R_0}t_s^2 \tag{8-23}$$

根据回波相位项与斜距的关系，有

$$\varphi(t_s)=\frac{4\pi}{\lambda}R(t_s) \tag{8-24}$$

而对于雷达录取坐标系，在距离向上的运动速度分量也可以写作 $v_r=v_x\cos\theta_i$，而在正侧式条件下，也是多普勒频移可以推得

$$f_d=\frac{1}{2\pi}\frac{d\varphi(t_s)}{dt_s}=\frac{2}{\lambda R_0}\{(y_0V_p-y_0v_y-x_0v_x)-[(V_p-v_y)^2+v_x^2]t_s\} \tag{8-25}$$

而如果不考虑成像目标运动，单由载机运动产生的多普勒频率为

$$f_{ds}=\frac{2}{\lambda R_0}(y_0V_p-V_p^2t_s) \tag{8-26}$$

则可以推出，运动目标相对静止目标产生的多普勒频率差异为

$$\Delta f_d=\frac{2}{\lambda R_0}[(y_{0p}-y_0v_y-x_0v_x)+(2V_pv_y-v_y^2-v_x^2)t_s] \tag{8-27}$$

在式(8-27) 中，运动目标引起的多普勒频率中心移动，即为

$$\Delta f_{dc}=\frac{2}{\lambda R_0}(y_0V_p-y_0v_y-x_0v_x) \tag{8-28}$$

二阶导数对应的多普勒调频率偏移量为

$$k_{dr}=\frac{2}{\lambda R_0}(2V_pv_y-v_y^2-v_x^2) \tag{8-29}$$

可以看出 SAR 运动目标回波的形式与静止目标相似，但是成像点距离向运动速度会影响多普勒中心频率和调频率，多普勒中心频率的变化会使得成像点在方位向聚焦时偏离原本的真实位置，由式(8-28) 可得，在合成孔径时间内，运动目标的方位向位置变化为

$$y'_0=\frac{\lambda R_0}{2V_p}f_{dc}T_s=\frac{\lambda R_0}{2V_p}\left[\frac{2y_0V_p}{\lambda R_0}-\frac{2(x_0v_x+y_0v_y)}{\lambda R_0}\right]T_s=\left(y_0-\frac{x_0v_x+y_0v_y}{V_p}\right)T_s \tag{8-30}$$

如果将方位向目标的起始位置设为 0，即 $y_0=0$，可以得到方位向偏移量为

$$\Delta y=\frac{x_0v_x}{R_0V_p} \tag{8-31}$$

可以看出方位向偏移量主要受目标距离向速度影响且与距离向速度成正比。而 SAR 图像的聚焦质量主要受到多普勒调频率变化的影响，由于多普勒调频率的变化，与目标距离向和方位向的运动速度都有关，而在相位上多普勒调频率会引起相位的变化量，称为二阶相位误差，则有

$$\varphi^{(2)}(t_s)=\pi(\underline{T_s})^2k_{dr}=\frac{\pi T_s^2}{4}\frac{2}{\lambda R_0}(2V_pv_y-v_y^2-v_s^2) \tag{8-32}$$

二次相位误差的存在改变了回波信号的多普勒调频率，如果仍采用针对静止目标点的匹配函数进行方位向的压缩，二阶相位误差的存在会导致方位向压缩时的不匹配，导致压缩后的波形主瓣展宽，这样就会产生匹配误差，使得图像散焦与模糊。

8.3.2　运动掠海目标 SAR 成像特性仿真分析

本节对运动掠海巡航导弹目标的 SAR 成像特性进行仿真分析，雷达工作频率仍为 10 GHz(X 波段)，入射角为 45°，距离和方位分辨率为 0.15 m，载机沿方位向运动，运动速度为 $V_p=100$ m/s，图 8.15 和图 8.16 给出了巡航导弹目标沿距离向和方位向按不同速度运动时的成像结果。

图 8.15 给出的是导弹目标具有距离向速度时的仿真结果，导弹目标的弹头方向垂直载机飞行航线，图 8.15(a)(b)中目标距离向速度分别为 $v_x=50$ m/s 和 $v_x=100$ m/s，可以看出相对静止导弹目标的成像结果，具有距离向速度的目标在方位向上的位置发生了偏移，并且偏移量的大小与距离向速度的大小成正比，同时当目标速度较大时，目标图像在距离向上有一定的形变与扩展，这与理论分析结论相同。

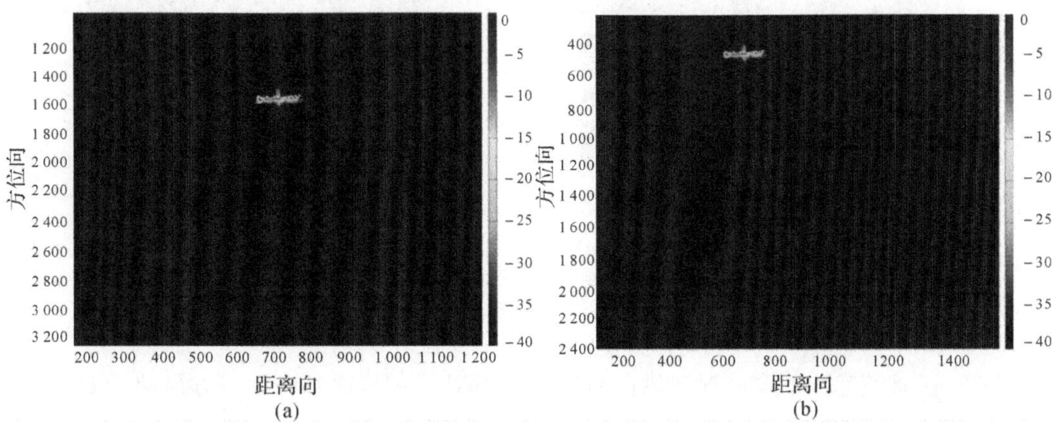

图 8.15　具有不同距离向运动速度的巡航导弹目标 SAR 图像

(a) $v_x=50$ m/s；　(b) $v_x=100$ m/s

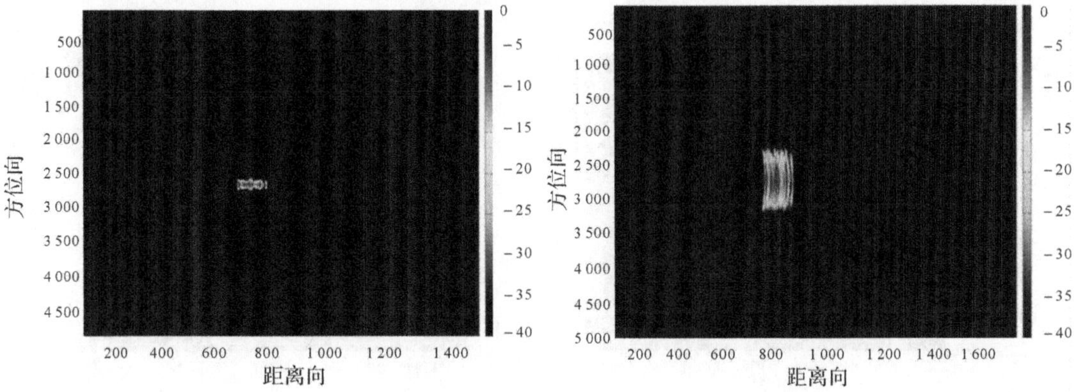

方位向
距离向
(a)
方位向
距离向
(b)

图 8.16　具有不同方位向运动速度的巡航导弹目标 SAR 图像

(a) $v_y=10$ m/s；　(b) $v_y=50$ m/s

图 8.16 给出了巡航导弹目标具有方位向运动速度时的 SAR 成像结果，为了更好地分析方位向速度对 SAR 图像的影响，目标的距离向速度设为 0，目标弹头仍然垂直载机方位向的运动方向。图 8.16(a)中目标的方位向运动速度为 $v_y=10$ m/s，可以看出，对较小的方位向运动速度，目标在方位向上也出现了一定的散焦，图 8.16(b)中增大方位向速度为 $v_y=50$ m/s，这时目标图像已经完全散焦，这也是方位向高阶距离相位向具有速度敏感性的缘故。接下来我们来看时变动态海面对成像结果的影响，图 8.17 与图 8.18 给出了不同海况下静态海面和时变动态海面成像结果的对比。

图 8.17 为较低海况时的海面 SAR 图像，这时海面上方风速为 $U_{10}=5$ m/s，风向为 45°，如图 8.17(a)所示，可以看到由于海面散射单元位置的变化在合成孔径时间内相比目标要小得多，时变动态海面的 SAR 图像纹理相对静态海面图像有一定的散焦，但相对速度较大的动态目标 SAR 图像这种影响变化要小得多。

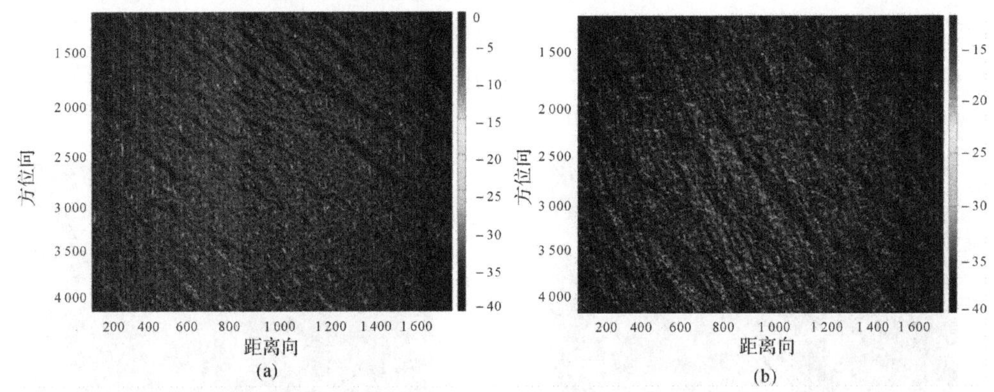

图 8.17 低海况时变海面与静态海面样本 SAR 图像对比

(a)静态海面； (b)时变海面

图 8.18 改变给出改变海况和风向时的海面 SAR 图像，这时海面上方风速为 $U_{10}=10$ m/s，风向为 135°，如图 8.18(a)所示。可以看出当海况较高时，由于每一慢时间时刻海面散射单元的位置变化较大，海面 SAR 图像的纹理出现了更加明显的移位和散焦。图 8.19 进一步给出了时变海面上掠海飞行的运动巡航导弹目标 SAR 成像结果。在仿真中，海面上方风速参数为 $U_{10}=10$m/s，风向为 135°。

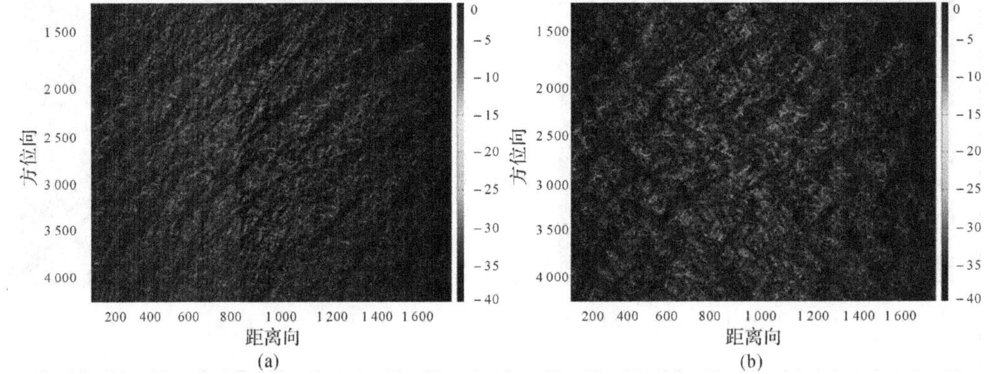

图 8.18 高海况时变海面与静态海面样本 SAR 图像对比

(a)静态海面； (b)时变海面

可以在图 8.19(a)中观察到海面上导弹目标的阴影，据此可以知道静态目标导弹真实的位置，而由于目标距离像运动导致导弹目标的 SAR 图像位置在方位向上出现了明显的偏移，海面以及目标镜像的 SAR 图像也出现了明显的散焦。在图 8.19(b)中，目标方位向的运动导致目标与镜像都出现了散焦现象。

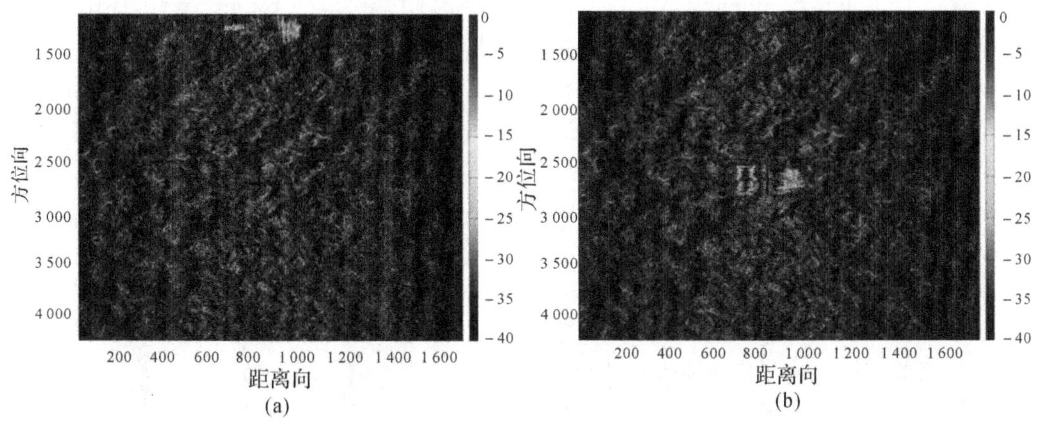

图 8.19　时变海面上方掠海目标 SAR 图像

(a)距离向运动掠海目标；（b)方位向运动掠海目标

8.3.3　基于 Keystone 的动目标成像矫正方法

目标运动改变了掠海目标 SAR 回波的相位特性，从而对 SAR 图像质量以及从 SAR 图像中获取真实目标的几何形状与位置等特征信息的准确度产生了很大影响，因此需要采用一些方法对 SAR 图像进行矫正和重聚焦。经典的矫正和重聚焦方法有相位差分法(Phase Difference, PD)、子视图相关法(Map Drift, MD)、相位梯度自聚焦法(Phase Gradient Autofocus, PGA)等。这些方法是基于相位误差函数的 SAR 成像自聚焦方法，在运动目标及平台 SAR 成像中运用很广泛。但这类方法的特点是需要已知运动目标的速度或者在运动目标多普勒调频率完成准确估计的基础上开展，对具有不同运动速度的分布式散射单元的 SAR 成像确并不适用。Keystone 方法是另一类广泛用于动目标 SAR 成像补偿的方法，它最先由 R. P. Perry 等提出并用于动目标 SAR 成像，其优点是可以在无需知晓目标运动信息的条件下对相位误差进行矫正。掠海成像场景的特点就是目标与海面场景散射单元的运动速度存在较大差异，通过距离压缩后，目标、海面及多径散射回波混杂，很难对各个散射单元的运动参数分别估计和相位补偿，而 Keystone 方法在之前文献中也很少用于动态掠海场景 SAR 成像，这里基于 Keystone 方法开展动态掠海场景 SAR 动目标图像矫正与重聚焦。

在 Keystone 方法中，需要定义一个新的慢时间变量，将原本的慢时间轴调整为新的时间频率函数，即

$$t_s = \frac{f_0}{f_0 + f_r} t'_s \tag{8-33}$$

这个过程也称为一阶 Keystone，将载频为 f_0 的距离压缩后的回波相位项变换到快时间频率域和慢时间时域，则 SAR 回波相位项的表达式可以写作

$$\varphi(f_r,t_s)=\frac{4\pi(f_0+f_r)}{c}R_0-\frac{4\pi(f_0+f_r)}{c}v_x t_s+\frac{2\pi(f_0+f_r)}{c}\frac{(V_p-v_y)^2}{R_0}t_s^2 \tag{8-34}$$

成像场景中目标运动带来的回波相位项变化主要包含一阶相位误差引起的回波多普勒中心偏移(Doppler Frequency Migration, DFM)及距离走动(Range Walk Migration, RWM)和二阶(高阶)相位误差引起的距离弯曲(Range Curvature Migration, RCM)。在式(8-34)中 $k_1 t_s$ 以及 $k_2 t_s^2$ 项均与距离频率变量 f_r 产生耦合关系。其中 $k_1 t_s$ 导致目标出现距离走动,$k_2 t_s^2$ 导致目标出现距离弯曲。经过式(8-33)变换后代入式(8-34),SAR 回波相位可以写作

$$\varphi(f_r,t_s)=\frac{4\pi(f_0+f_r)}{c}R_0-\frac{4\pi f_0}{c}v_x t_s'+\frac{2\pi f_0^2}{c(f_0+f_r)}\frac{(V_p-v_y)^2}{R_0}t_s'^2 \tag{8-35}$$

可以看到经过变换后的相位项消除掉了 $k_1 t_s$ 与 f_r 的耦合,补偿了回波包络的平移,也就矫正了距离走动,但是回波相位仍剩有 $k_2 t_s^2$ 与 f_r 的耦合项。如果要消除高阶相位误差,可以采用高阶 Keystone,其变换表达式可以写作

$$t_s=\left(\frac{f_0}{f_0+f_r}\right)^{1/n}t'_s \tag{8-36}$$

这里取二阶 Keystone,$(f_0+f_r)^{1/2}$ 可作 Taylor 级数展开并代入式(8-34),有

$$\varphi(f_r,t_s)=\frac{4\pi(f_0+f_r)}{c}R_0-\frac{4\pi f_0}{c}v_x t'_s-\frac{2\pi f_r}{c}v_x t'_s+\frac{2\pi f_0(V_p-v_y)^2}{cR_0}t'^2_s \tag{8-37}$$

可以看到经过二阶Keystone变换后的相位项消除了 $k_2 t_s^2$ 与 f_r 的耦合项,完成了距离弯曲的矫正,但是仍保留了距离走动项 $2\pi f_r v_x t'_s/c$,要补偿距离走动项需要估计散射单元的运动速度及运动轨迹。这里采用基于Radon变换的方法及距离走动矫正函数来补偿剩余的距离走动。Radon 变换是将图像矩阵在特点角度的射线方向进行特性变换,含有距离走动项的运动散射单元回波经脉压后是一条斜线,如图 8.20 所示。通过 Radon 变换检测斜线参数可以估计出目标距离向速度。

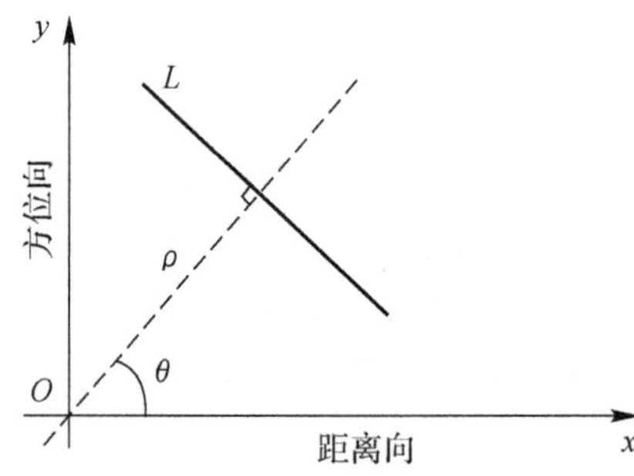

图 8.20　Radon 变换估计运动参数示意图

$$f(\rho,\theta)=\iiint f(x,y)\delta(\rho-x\cos\theta-y\sin\theta)\mathrm{d}x\mathrm{d}y \tag{8-38}$$

式中:$\delta(\cdot)$ 为冲击响应函数,图 8.20 中的直线 L 为运动散射单元经过二阶 Keystone 后目标图像,L 的斜率为 $\cot\theta$,而 *Radon* 变换的作用是将图像中的像素点沿参考原点 O 到直线进行

积分。这样我们可以得到目标沿距离向估计的速度为

$$v_x^e = c\Delta t\tan\theta/(\Delta t_s \sin\theta_i) \tag{8-39}$$

式中:Δt 与 Δt_s 分别为快时间与慢时间的采样间隔。这样距离走动矫正函数可以定义为

$$F_c(f_r, t_s) = e^{j\frac{2\pi f_r v_x^e \sin\theta_i t'_s}{c}} \tag{8-40}$$

通过给脉压后的回波乘以式(8-40)中的距离走动矫正函数就可以完成剩余距离走动项的矫正。图 8.21 给出了距离向和方位向运动速度都为 10m/s 的巡航导弹目标距离压缩后经过基于 Keystone 方法校正后的图像。其中图 8.21(a)是一阶 Keystone 后的结果,8.21(b)是二阶 Keystone 及距离走动矫正后的结果。

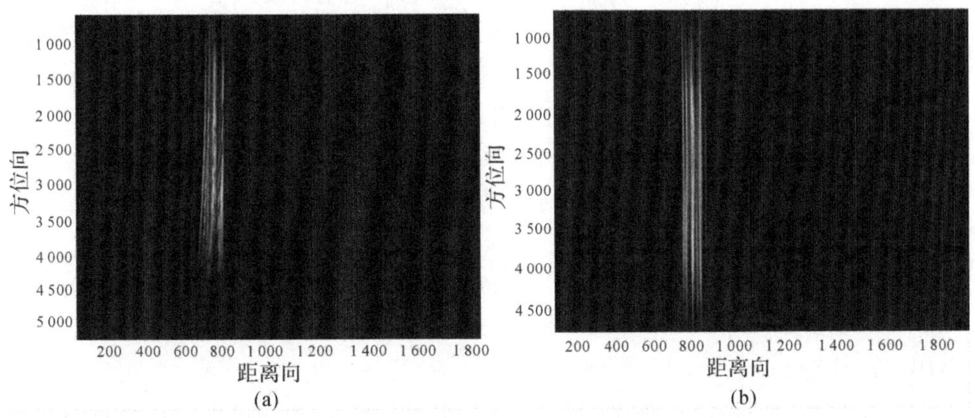

图 8.21　基于 Keystone 的距离压缩后矫正图像

(a)一阶 Keystone；(b)二阶 Keystone 及距离走动矫正

可以看出采用一阶 Keystone 处理校正了距离走动但是仍然有距离弯曲存在,而采用二阶 Keystone 结合距离走动矫正后可以消除掉图像的距离走动和距离弯曲对 SAR 距离压缩后回波的影响。图 8.22 给出了对时变海面上运动掠海飞行目标的回波采用二阶 Keystone 及距离走动矫正后得到的 SAR 图像。

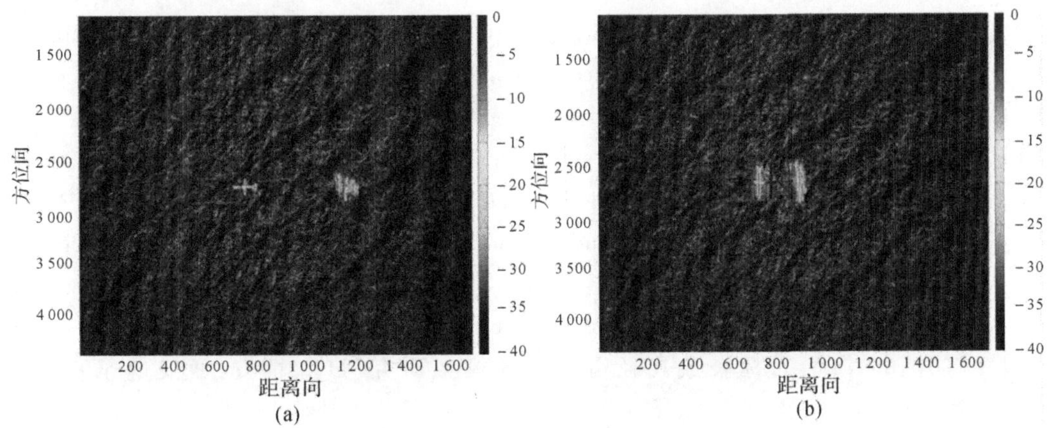

图 8.22　时变海面上方掠海目标重聚焦 SAR 图像

(a)距离向运动目标；(b)方位向运动目标

可以看出对距离向和方位向运动的掠海导弹目标以及其多径散射产生的镜像，通过二阶 Keystone 及距离走动矫正补偿，消除掉距离弯曲与距离走动以及多普勒频移后经方位像压缩后能达到 SAR 图像重新聚焦的效果。而对于海面散射单元，由于其各个散射单元运动速度极低，通过二阶 Keystone 去掉其距离与多普勒的耦合后，其剩余距离走动影响对 SAR 图像影响很弱，因此也可以实现海面散射单元 SAR 图像的重聚焦。

参考文献

[1] 杨薇. 机载 SAR 回波仿真与图像模拟[D]. 成都：电子科技大学，2014.

[2] 霍耀，宋元鹤，张群. SAR 场景目标原始回波数据仿真[J]. 弹箭与制导学报，2008(6)：272－274.

[3] 王天. 机载雷达对海面目标 SAR/ISAR 成像方法[D]. 成都：电子科技大学，2019.

[4] 齐媛媛. 动态目标 SAR 回波仿真与图像模拟[D]. 南京：南京航空航天大学，2017.

[5] 柯兰德. 合成孔径雷达系统与信号处理[M]. 韩传钊，等译. 北京：电子工业出版社，2014.

[6] LIU B, HE Y. SAR raw data simulation for ocean scenes using inverse Omega－K algorithm[J]. IEEE Transactions on Geoscience and Remote Sensing, 2016, 54(10):6151－6169.

[7] WEST J C. The effect of range－to－velocity ratio on simulated SAR images of ocean wind waves[J]. IEEE Transactions on Geoscience and Remote Sensing, 1993, 31(1):299－303.

[8] SWIFT C T, WILSON L R. Synthetic aperture radar imaging of moving ocean waves[J]. IEEE Transactions on Antennas and Propagation, 1979, 27(6):725－729.

[9] VACHON P W, RANEY R K, EMERGY W J. A simulation for spaceborne SAR imagery of a distributed, moving scene[J]. IEEE Transactions on Geoscience and Remote Sensing, 1989, 27(1):67－78.

[10] FRANCESCHETTI G, IODICE A, RICCIO D, et al. SAR raw signal simulation of oil slicks in ocean environments[J]. IEEE Transactions on Geoscience and Remote Sensing, 2002, 40(9): 1935－1949.

[11] LIU P, JIN Y Q. Simulation of synthetic aperture radar imaging of dynamic wakes of submerged body[J]. IET Radar, Sonar & Navigation, 2017. 11(3): 481－489.

[12] TOPORKOV J V. Analytical study of along－track InSAR imaging of a distributed evolving target with application to phase and coherence signatures of breakers and whitecaps[J]. IEEE Geoscience and Remote Sensing Letters, 2014, 11(8):1385－1389.

[13] 赵言伟. 海面目标合成孔径雷达成像模拟研究[D]. 西安：西安电子科技大学，2011.

[14] CUMMING L G, WONG F H. 合成孔径雷达成像：算法与实现[M]. 洪文，胡车辉，韩冰，等译. 北京：电子工业出版社，2012.

[15] SABRY R. Basic slant range－doppler modeling of moving scatterers for SAR

applications[J]. IEEE Geoscience and Remote Sensing Letters, 2008, 5(1):8 - 12.

[16] FAN W, ZHANG M, et al. Modified range - doppler algorithm for high squint SAR echo processing[J]. IEEE Geoscience and Remote Sensing Letters, 2019,16 (3): 422 - 426

[17] LI X, XING M, XIA X G, et al. Simultaneous stationary scene imaging and ground moving target indication for high - resolution wide - swath SAR system[J]. IEEE Transactions on Geoscience and Remote Sensing, 2016, 54(7):4224 - 4239.

[18] 杨猛. 机载 SAR 地面动目标成像技术[D]. 长沙:国防科学技术大学, 2015.

[19] 孔德峰. SAR 复杂运动目标成像技术研究[D]. 秦皇岛:燕山大学, 2017.

[20] ZHU S, LIAO G, QU Y, et al. Ground moving targets imaging algorithm for synthetic aperture radar [J]. IEEE Transactions on Geoscience and Remote Sensing, 2011, 49(1):462 - 477.

[21] 李道京. 高分辨率雷达运动目标成像探测技术[M]. 北京:国防工业出版社, 2014.

[22] YANG L, BI G, XING M, et al. Airborne SAR moving target signatures and imagery based on LVD[J]. IEEE Transactions on Geoscience and Remote Sensing, 2015, 53(11):5958 - 5971.

[23] PERRY R P, DIPIETRO R C, FANTE R L. SAR imaging of moving targets[J]. IEEE Transactions on Aerospace and Electronic Systems, 1999, 35(1):188 - 200.

[24] CHEN X, GUAN J, LIU N, et al. Maneuvering target detection via radon - fractional fourier transform - based long - time coherent integration[J]. IEEE Transactions on Signal Processing, 2014, 62(4):939 - 953.

[25] ZENG C, DONG L, XI L, et al. Ground maneuvering targets imaging for synthetic aperture radar based on second - order keystone transform and high - order motion parameter estimation[J]. IEEE Transactions on Geoscience and Remote Sensing, 2019, 12(1):4486 - 4501.